2018

广东省科学技术厅 编

SPM 南方出版传媒
广东人民出版社
·广州·

图书在版编目（CIP）数据

广东科技年鉴．2018年卷 / 广东省科学技术厅编．— 广州：广东人民出版社，2020.7

ISBN 978-7-218-14367-5

Ⅰ．①广… Ⅱ．①广… Ⅲ．①科学研究事业—广东—2018—年鉴 Ⅳ．①G322.765-54

中国版本图书馆CIP数据核字（2020）第114624号

GUANGDONG KEJI NIANJIAN（2018 NIAN JUAN）

广东科技年鉴（2018年卷）

广东省科学技术厅 编

出 版 人：肖风华

责任编辑：段太彬
封面设计：李 苹
责任技编：周星奎

出版发行：广东人民出版社
地　　址：广州市海珠区新港西路204号2号楼（邮政编码：510300）
电　　话：（020）85716809（总编室）
传　　真：（020）85716872
网　　址：www.gdpph.com
印　　刷：广州市快美印务有限公司
开　　本：889mm×1194mm 1/16
印　　张：26.75　　字数：797千
印　　数：600册
版　　次：2020年7月第1版　2020年7月第1次印刷
定　　价：300.00元

《广东科技年鉴》编辑部（广东省科技创新监测研究中心）
地址：广州市连新路171号3号楼5楼508室
电话：（020）83163342　　网址：www.gdstic.cn

如果发现印装质量问题，影响阅读，请与承印公司（020-61300400）联系调换。

编　辑　说　明

一、《广东科技年鉴》是广东省科学技术厅主编的综合性科技年刊和资料性工具书，其编辑部设在广东省科技创新监测研究中心。该年鉴1992年创刊，每年出版一卷，旨在全面、系统、准确地记录广东省的科技工作、科技进步情况，为各级政府制定科学决策、科研企事业单位制定发展战略提供依据和参考，为广大读者了解和研究广东科技事业提供信息资料和数据。

二、《广东科技年鉴》采用分类编辑法，以篇目、分目、条目组成框架结构的主体部分，2018年卷共设11个篇目。全书条目的标题统一用黑体加【 】表示，个别包含多方面资料的条目则在文内用楷体标题表明各段资料的主题。

三、《广东科技年鉴》（2018年卷）主要载录2017年度广东科技工作的进展，所刊载的内容和资料，由有关省直单位、高等院校、科研院所、企业、各地级以上市科技局、省科技厅机关各处室及厅属各单位撰写，并经撰稿单位和部门负责人审核。

四、本年鉴统计数据均经撰稿单位与统计部门核对，某些对应指标数据在上卷刊出后作了调整的，以本卷刊出的数据为准；标点符号、数字用法、计量单位和各种专业术语等，均依照国家最新编辑出版规范和行业规定。

五、本书编纂得到各有关单位的大力支持，在此深表谢意。本书疏漏之处，敬请读者指正。

《广东科技年鉴》编辑部

2020年5月

《广东科技年鉴》（2018年卷）
编辑委员会

编辑部

目　录

特　载

科技政策与投入

基础条件建设与科技产出

科技创新体系

科技协同创新

科技成果与知识产权

产业、行业科技发展

科技社团及科技宣传交流

地市科技发展

科技统计资料

大事记

附　录

Table of Contents

Special Features

Scientific and Technological Policy and Investment

Basic Condition Construction and Science and Technology Output

Science and Technology Innovation System

Scientific and Technological Coordination and Innovation

Scientific and Technological Achievements and Intellectual Property

Industry, Trade Scientific and Technological Development

Scientific and Technological Associations and Popularization and Exchanges

City Level Scientific and Technological Development

Statistical Materials of Science and Technology

Chronicle of Events

Appendix

特载

综　述

【概况】　2017年，全省科技综合实力和自主创新能力实现新突破，区域创新能力首次超过江苏跃居全国首位，其中企业创新、创新环境、创新绩效3个指标均排名第1。科技投入产出持续增加，全省研发（R&D）投入占GDP比重提高到2.65%，有效发明专利量、PCT国际专利申请量及专利综合实力连续多年居全国首位；关键核心技术不断获得突破，技术自给率达72.5%，科技进步贡献率达58%；共有38项重大科技成果获国家科学技术奖，并首次实现了牵头完成特等奖项目零的突破，另有4项广东省牵头完成的项目获技术发明奖，创广东省历史新高；新增5位“两院”院士。

【区域协同创新体系】

珠三角创新一体化建设　全面推进珠三角国家自主创新示范区建设，率先落实好国家自主创新示范区“6+4”政策，推动自创区九市开展政策创新。加快构建广深科技创新走廊，出台《广深科技创新走廊规划》，形成“一廊联动、十核驱动、多点支撑”的创新局面，广州、深圳的龙头带动作用更加凸显。加快推进粤港澳大湾区创新合作，着手制定粤港澳大湾区科技创新行动方案。

科技促进粤东西北振兴发展　2017年安排下达粤东西北地区科技计划项目经费共计3.8亿元，同比增长27%。建立珠三角高新区与粤东西北高新区对口帮扶机制，鼓励珠三角高新区与粤东西北高新区开展产业分工、园区帮扶合作，中山对口潮州、惠州对口茂名、东莞对口韶关等高新区对口帮扶建设进展良好。加快专业镇产业协同创新中心建设，2017年认定专业镇27个，全省共有440个，其中粤东西北已建有260个。

全省高新区创新发展　印发《广东高新区创新发展战略提升行动实施方案（2017—2020年）》，推动高新区形成新的集聚效应和增长动力。实施国家级高新区地级以上市全覆盖行动计划，国务院批复汕头高新区为国家级高新区。2017年，全省23家省级以上高新区共实现营业总收入3.25万亿元，同比增长11.5%；工业总产值2.84万亿元，同比增长15.6%；出口6 636.27亿元，增长5.6%；净利润2 479.29亿元，增长19.8%。2017年全省国家级高新区在全国排名中全部实现位次提升，深圳高新区跃居全国第2、广州高新区进入全国前10。

完善国际与区域科技合作机制　建立多层次国际科技合作机制，推动与以色列、荷兰、奥地利及英国开展双边合作项目，实施国家重点研发计划战略性、政府间国际科技创新合作重点专项，取得显著成效。组织国际科技项目对接会，与英国创新署共同签署了产业技术研发合作谅解备忘录，进一步搭建国际科技交流平台。加强粤港澳台科技交流与合作，继续组织实施粤港联合资助计划。

【科技创新平台体系建设】

加强实验室体系建设　在再生医学与健康、网络空间科学与技术、先进制造科学与技术、材料科学与技术领域正式启动建设首批4家广东省实验室。加快国家重点实验室建设，目前广东省国家级重点实验室共27家，其中，国家重点实验室12家、企业国家重点实验室13家、省部共建国家重点实验室2家。推进省重点实验室提质培优，2017年新建省级重点实验室29家，累计达306家，覆盖了广东省重点发展领域。

推进产业创新平台建设　加快广东省技术创新中心建设，广东聚华印刷显示技术有限公司、美的集团两个企业牵头组建成省技术创新中心。

惠州IMEC广东分中心、深圳中村修二研究院、中山第三代半导体材料与器件创新中心等一批产业支撑平台建设进展顺利。新建院士工作站36家，累计158家；新建企业科技特派员工作站54家，累计249家。新组建1 564家省级工程技术研究中心，累计达4 215家，其中国家级23家，全省工程中心研发投入累计超过753亿元，新产品产值达13 688.6亿元。

完善科技服务平台体系建设　在科技公共服务、技术交易、科技企业孵化和创新创业服务等方面，持续培育一批重大科技成果产业化基地、科技成果转化示范机构及各类科技服务机构。加快重大科技成果转化数据库建设，启动建设全省科技成果登记与信息汇交平台，促进科技成果信息公开和科技成果转化。

强化农业科技园区和创新平台建设　加强农业科技创新中心和星创天地建设，全省共有现代农业科技创新中心及基地212家、星创天地59家，逐步构建梯次发展、层次分明的广东省农业科技园区体系。出版国内首部省级层面的农业科技园区创新能力评价报告——《广东农业科技园区创新能力评价报告2015》。国务院批准同意深圳以创新引领超大型城市可持续发展为主题，建设国家可持续发展议程创新示范区

【培育壮大各类创新主体】

高新技术企业培育　2017年，全省国家高新技术企业总量超3.3万家，总量全国第一。高新技术企业（简称“高企”）入库培育企业累计达2万家，储备了一批创新能力强的科技型中小企业。印发《广东省高新技术企业树标提质行动计划（2017—2020年）》，评选发布了广东省高新技术企业综合创新实力百强、税收贡献百强、成长性百强企业。

大力扶持科技型中小微企业　加大企业研发补助力度，全年共有7 713家企业提交申请，比2016年增长一倍，2017年共有7 586家企业获得补助资金34.77亿元，平均每个企业的补助金额为45.8万元，体现了对科技型中小企业支持的倾斜，产生了巨大的社会效应。

全面推动企业研发机构建设　召开广东建设国家科技产业创新中心暨企业研发机构工作现场会，引导和支持大型工业企业普遍建立研发机构，支持不同的企业采取不同的建设模式，形成模式多样、功能完善、布局优化的企业研发创新体系。截至2017年年底，全省3 062家主营业务收入5亿元以上的工业企业实现了研发机构全覆盖，13 700家规模以上工业企业建立了研发机构，覆盖率超过30%。

加快培育发展新型研发机构　2017年，全年新认定省级新型研发机构39家，总数达219家，共有研发人员超过3万人，平均每家机构从事研发工作的人员超过140人，形成了较为扎实的研发团队。全省新型研发机构研发总投入约147.3亿元，平均每家机构研发投入达0.7亿元，获得发明专利授权约8 500项，成果转化收入和技术服务收入约614.5亿元，累计创办孵化企业约4 660家，其中孵化和创办高企约1 130家。

【加强基础研究和核心技术攻关】

加强基础研究和应用基础研究　积极承担国家自然科学基金项目，2017年获国家自然科学基金项目数为3 210项，创历史新高；2011—2017年，获青年科学基金资助项目数年平均增长率为11.52%。基础研究资助体系不断完善，新增设立广东省—温氏集团联合基金项目，省基金投入方式向多元化发展。国家大科学装置建设取得新突破，8个在粤国家大科学装置建设顺利推进，其中东莞散裂中子源主体工程顺利完工进入试运行并首次打靶成功。

组织实施省重大科技专项和应用型科技研发专项　继续组织实施计算与通信芯片、新型印刷显示、智能机器人、增材制造（3D打印）等重大科技专项，完成了一批重点领域核心关键技术和重大创新产品的布局。据统计，应用型科技研发专项共开展1 153项核心关键技术研发，其中99项瞄准国际领先或先进水平，325项瞄准国内领先或先进水平，产生创新产品635个，实现新增销售收入80.19亿元，新增利税12.84亿元，一大批科技成果实现转化和产业化。

产业技术创新联盟组建　以行业龙头、骨干企业牵头，联合产业链上下游企业、高校、科研院所、金融机构等加快组建产业技术创新联盟，2017年新增联盟82个，累计总数达到286个，实

现全省地市全覆盖。截至2017年年底，联盟累计建立省部级以上各类创新平台300多个，承担省部级以上科技项目1 300多项，累计攻克产业关键、核心、共性技术近3 000项，申请专利近3万件，获得专利授权超过1万件，新增利税超过4 500亿元，为企业培养了高层次技术和管理人才8 000多名。

【科技成果转化和产业化】

深化省部院产学研合作　健全省部院产学研合作机制，“三部两院一省”产学研合作机制进一步深化。组织实施一批产学研协同创新成果转化项目，促进产学研合作项目落地。成功举办首届中国高校科技成果交易会，现场展览展示、推介和交易项目近7 000项，180多所高校与350家企业成功牵手，交易科技成果696项，签约金额39.9亿元。

加快技术转移体系建设　加快推进华南技术转移中心建设，目前运营实体公司注册成功，建设资金落实到位，办公场地等基本落实。申报创建珠三角国家科技成果转移转化示范区工作进展顺利。推动技术市场繁荣发展，2017年，全省共认定登记技术合同17 423项，合同成交总额达949.47亿元，同比增长20.24%，其中技术交易额达928.62亿元，同比增长21.15%，实现大幅增长。

完善孵化育成体系建设　落实孵化器财政奖补政策，建立健全“众创空间—孵化器—加速器”的全孵化链条。全省21个地市实现孵化器、众创空间全覆盖，其中，众创空间达735家，科技企业孵化器781家；在孵企业2.36万家，新增毕业企业超2 600家，吸纳就业人数超31.6万人。

【创新生态环境建设】

完善落实创新驱动重大政策　实施《广东省促进科技成果转化条例》，出台进一步完善省级财政科研项目资金管理实施意见等政策。开展创新政策法规落实“问题库”梳理和整改工作，以省政府办公厅通知形式正式印发《2013年以来落实广东省科技创新政策问题库》。开展重大创新政策宣讲、评估和摸底，组织召开了24场巡回宣讲培训会，实现了21个地级市线上线下宣传全覆盖。

推动科技金融产业融合发展　出台普惠性科技金融、科技企业挂牌上市等多项政策措施，搭建覆盖全省的线上和线下相结合的科技金融服务体系。国际风投创投中心建设取得新进展，股权投资基金规模达1.1万亿元，新增上市公司98家。改革政策性基金的出资方式和管理模式，省财政出资71亿元新组建了广东省创新创业基金。持续承办中国创新创业大赛3个赛区（广东赛区、深圳赛区和港澳台赛区）的赛事，2017年全省参赛企业5 850家，参赛企业数量占全国报名数的1/5，吸引近100家省内外知名创投机构与参赛企业对接，获得投资或获得投资意向的项目超过200个，金额超30亿元。

加快引进创新创业团队和人才　继续深入实施“珠江人才计划”“扬帆计划”“广东特支计划”等重大人才工程。其中，2017年“珠江人才计划”新引进46个创新创业团队，“扬帆计划”新引进17个创新创业团队，“广东特支计划”资助科技创新领军人才30名、科技创业领军人才28名、科技创新青年拔尖人才97名。充分运用省部院产学研合作机制引进人才。

（陈锡强）

重大会议和科技活动

【广东省创新发展大会】 2月7日，省委、省政府在广州召开广东省创新发展大会，这是广东省连续第三年以创新发展为主题召开全省大会，宣示了推进创新驱动发展的坚定决心。会上，深入学习贯彻习近平总书记系列重要讲话精神，贯彻落实中央经济工作会议和全国科技创新大会精神，部署加快推动广东省创新驱动发展，表彰了获得2016年度广东省科学技术奖的先进单位和个人。中共中央政治局委员、广东省委书记胡春华出席会议并讲话，省长马兴瑞主持会议。省人大常委会主任李玉妹，省政协主席王荣，省领导任学锋、许勤、邹铭、蓝佛安等出席会议。省委有关部委、省直有关单位、省有关人民团体、中直驻粤有关单位主要负责同志，各地级以上市及顺德区党委、政府和相关部门主要负责同志，国家级和省级高新区管委会主要负责同志，部分科研院所、高等院校主要负责人，高新技术企业、新型研发机构代表，部分省科学技术奖评审委员会委员及获奖者代表参加会议。

胡春华代表省委、省政府向全省广大科技工作者、企业家和各界人士致以崇高敬意和衷心感谢。要求全省上下深入学习贯彻习近平总书记系列重要讲话精神，进一步增强使命感和责任感，坚定信心，再接再厉，真抓实干，乘势而上，按照既定决策部署，推动创新驱动发展战略取得实实在在的进展。强调要牢牢扭住国家科技产业创新中心这个核心定位，加快实施创新驱动发展核心战略，不断开创创新发展新局面。

马兴瑞强调，各地、各部门要认真传达学习、贯彻落实这次会议精神，牢牢扭住国家科技产业创新中心这个核心定位不动摇，下更大决心、花更大气力全面系统推进国家科技产业创新中心建设。要狠抓任务落实，抓住八个方面重点任务和科技研发、科技成果转化等关键环节，攻坚克难、抓细抓实，形成推动创新发展的强劲合力。要优化创新服务，深化科技领域“放、管、服”改革，下决心为各类创新主体松绑减负，持续增强创新的活力和动力。要营造爱才、用才、尊敬人才的良好氛围，增强全社会的创新发展意识，提高全民科学素养，加大知识产权保护力度，使广东真正成为吸引各类人才创新创业的沃土。

副省长袁宝成总结了前一阶段广东省创新发展工作情况，并对下一阶段工作做具体部署。他指出，各地各部门要全力抓好打造国家科技产业创新中心各项工作落实，推进珠三角国家自主创新示范区和全面创新改革试验试点省建设，加快科技创新平台体系建设，全面提升企业自主创新能力，加强关键核心技术攻关和成果转化，完善产学研协同创新模式，推进科技金融产业融合发展，深入推进大众创业、万众创新，推动科技创新服务社会民生。

会上颁发了2016年度广东省科学技术奖。省委常委、省人大常委会副主任徐少华宣读《广东省人民政府关于颁发2016年度广东省科学技术奖的通报》。胡春华为突出贡献奖获奖者华南理工大学教授、中国科学院院士吴硕贤和中山大学中山眼科中心教授刘奕志颁奖。马兴瑞为特等奖获得者代表东莞市横沥镇镇长何植尧颁奖。珠三角九市和汕头、湛江、茂名市作大会发言。

（摘自广东省科学技术厅官网）

【2017年珠三角国家自主创新示范区建设工作会议】 3月22日，2017年珠三角国家自主创新示范区建设工作会议在广州召开。会议总结了2016年珠三角国家自主创新示范区（以下简称“珠三角国家自创区”）建设情况并部署2017年工作。

会议听取了黄宁生对珠三角国家自创区2016

年工作的总结和2017年工作要点，听取了杨军关于珠三角国家自创区先行先试政策制订的说明与下一步工作安排，听取了省住房城乡建设厅总工程师陈天翼关于珠三角国家自创区空间发展规划编制工作进展情况及下一步工作安排。

袁宝成充分肯定了珠三角各市和省有关部门在珠三角国家自创区建设中取得的显著成绩，要求按照2017年既定决策部署，重点做好三个方面工作。一是要将珠三角国家自创区作为本省建设国家科技产业创新中心和粤港澳大湾区城市群发展的核心载体和主战场来抓。二是要切实落实好珠三角国家自创区的系列部署，努力把广东省高新技术企业的数量优势转化为发展优势，加快形成多支柱的新兴产业体系，争取在珠三角国家自创区内率先实现企业研发机构全覆盖，加快形成“1+1+7”的创新发展格局。三是要进一步完善珠三角国家自创区建设工作推进机制，加强评价监测和督导。袁宝成副省长强调，各地市和省有关单位要积极开拓进取，敢为人先，扎实有序地推进珠三角国家自创区建设，努力开创广东省创新驱动发展新局面。

珠三角九市分管市领导，市科技、规划部门和国家高新区管委会负责同志，省有关单位负责人，省科技厅高新处负责同志参加了会议。

（钟士岗）

【广东省建设国家科技产业创新中心暨企业研发机构工作会议】　9月26日，广东省建设国家科技产业创新中心暨企业研发机构工作会议在广州召开。中共中央政治局委员、广东省委书记胡春华主持会议并讲话。省长马兴瑞出席会议并讲话。省人大常委会主任李玉妹，省政协主席王荣，省领导任学锋、王伟中、林少春、江凌、袁宝成等参加会议。惠州市、东莞市、广汽汽车工程研究院、深圳大疆创新科技公司、珠海纳睿达科技公司负责人作交流发言。

胡春华强调，要始终坚持国家科技产业创新中心定位不动摇，充分发挥广东市场化程度高、科技成果转化能力强的优势，把创新落到产业上、落到发展上。要牵住高新技术企业培育这个“牛鼻子”，聚焦创新发展八大举措，持续用力，久久为功，加快形成以创新为主要引领和支撑的经济体系和发展模式，为全国实施创新驱动发展战略提供支撑。

胡春华强调，要引导和推动大企业广泛设立研发机构，支撑企业转型升级提升水平。大力提高企业研发机构覆盖率，主营业务收入5亿元以上大型工业企业年内全部设立研发机构，推动规模以上工业企业普遍设立研发机构，重点支持科技型中小企业设立研发机构。大力提高企业研发机构层次和水平，积极争取国家级高水平创新平台落户广东省，支持现有国家级平台和大型骨干企业中央研究院做优做强，支持企业“走出去”设立或并购境外研发机构。

胡春华强调，要建立多元化的科技服务体系，满足广大中小企业的技术需求。充分运用产学研合作机制，支持高等院校、科研院所与企业开展技术合作。加快建设公共技术服务平台和专业技术服务机构，为企业提供各类研发服务和技术解决方案。鼓励中小企业充分运用大企业的研发平台和资源，开展联合技术攻关，支持企业成立研发小组开展创新活动。

胡春华强调，要狠抓各项工作落实。抓好工业企业研发机构建设行动方案的实施，省有关部门要进一步细化工作方案和工作举措，分解落实目标任务，各市要制定事后奖补等政策措施，支持引导企业建设研发机构。要加强考核督导，把企业研发机构建设纳入全省创新驱动发展考核范畴。

马兴瑞强调，全省各地、各部门要切实增强建设国家科技产业创新中心责任感和紧迫感，发挥优势，找准问题，有的放矢，全力以赴把这项工作抓紧抓实抓好。要坚持科学谋划、聚焦重点，做好顶层设计，集中优势资源，加快在重点区域、重大平台和重点产业上取得突破。要大力培育各类创新主体，培育壮大高新技术企业，全力推进高水平大学和高水平理工科大学建设，大力推进高水平科研机构建设。要全面推动企业研发机构建设，鼓励领军企业在全球布局建设研发机构，引导骨干企业独立建设研发机构，支持企业以产学研方式建设研发机构，推动中小企业以协同创新形式建立研发机构。要进一步营造良好创新生态环境，落实创新激励政策，打造创新人才高地，加速科技成果转化，大力发展科技金融，加强知识产权保护运用，努力推动国家科技产业创新中心建设工作取得更大成效。

会上，副省长黄宁生通报全省科技创新工作进展和企业研发机构建设情况。

（摘自广东省科学技术厅官网）

【珠三角国家自主创新示范区科技金融工作推进会】 11月22日，珠三角国家自主创新示范区科技金融工作推进会在广州召开，主要任务是贯彻落实十九大会议精神，回顾总结近年来广东省科技金融工作情况，进一步深化科技和金融结合，促进科技成果产业化和高新技术企业做大做强。会议指出，党的十九大报告提出要着力加快建设实体经济、科技创新、现代金融、人力资源协同发展的产业体系，科技和金融作为两个关键因素，是发展实体经济的两个强大引擎，必须紧密结合起来。加快建立以企业为主体、市场为导向、产学研深度融合的技术创新体系，能为金融资本提供一个广阔的资源配置市场，而金融则为科技创新引入市场机制，有效地支持科技创新，促进科技成果转化。会议要求，广东省各地、各有关部门要遵循科技创新和金融创新客观规律，积极引导金融资源向科技领域配置，重点做好引导发展科技信贷、培育发展创业投资、发展多层次资本市场、完善科技金融服务体系等方面工作，大力构建多层次、多渠道、多元化的科技投融资体系，促进科技与产业、市场、资本高效对接，走出一条具有广东特色的科技金融结合道路，为全省实施创新驱动发展战略、建设国家科技产业创新中心和创新型广东提供有力支撑。会上，有关单位和机构签订了《广东省促进科技企业挂牌上市专项行动战略合作协议》《共建华南技术转移中心合作框架协议》《科技创新一号股权投资基金合作协议》《关于组建广东粤科科技创新二号投资基金之合作框架协议》等。会议同期举行科技金融工作政策演讲和项目推介会。

（田何志）

【2017中国（东莞）国际科技合作周】 2017年12月8—10日，2017中国（东莞）国际科技合作周在东莞市国际会展中心和会展国际大酒店举行，由科技部与广东省政府共同主办，科技部国际合作司、广东省科技厅、广东省科学院、中国科学院广州分院和东莞市人民政府联合承办，并同期举办科研机构创新成果交易会、第二届中国科技创新论坛、全国对俄科技合作基地联盟第十次会议、2017东莞高层次人才活动周等活动。

本届合作周以“科技合作、产研对接、共创未来”为主题，设立展览总面积约25 000m^{2}的6大主题展览、18场科技论坛、83场项目路演和万江、凤岗、松山湖等3个子会场活动，并举办十大科技项目签约、十大企业技术难题招标、十大科技成果拍卖等专题活动，聚集了近30个国家和地区的495家科技单位参展，其中有314家来自中国科学院、全国地方科学院系统的科研机构以及海外有关科研机构，包括26家中国科学院所属科研机构、45家中央部属及新型研发科研机构、98家地方科学院所属科研机构、21家广东省科学院所属科研机构、33家国际科研机构、86家孵化高科技企业参展，重点展示科创成果1 286项，发布科创成果上万项；吸引了来自美国、澳大利亚、白俄罗斯、加拿大、英国、法国、德国等国家和我国港澳台地区的境外嘉宾260多人和国内各大高校、科研机构、科技服务机构和科技企业的境内嘉宾1 600多人，超过10万人次观（听）众参与。同时，围绕粤港澳大湾区建设，规划1 000m^{2}的“粤港合作·香港科技成果馆”，专题展示香港高校、科研机构及科技企业的最新科技成果和粤（莞）港科技合作成果。

（王少波）

【2017广东国际应用科技交易博览会暨粤港澳大湾区创新与投资展】 2017年12月18—20日，由广东省科学技术厅、广东省人民政府港澳事务办公室、广东省教育厅和广东省发展和改革委员会指导，广州市科技创新委员会、广东省生产力促进中心支持，广东省产学研合作促进会、粤港澳高校联盟联合主办的“2017广东国际应用科技交易博览会暨粤港澳大湾区创新与投资展”在广州中国进出口商品交易会展馆举行，以展览展示、专业研讨、项目路演、推介恳谈、投融对接为形式，以粤港澳大湾区科技产业投资为牵引，搭建起应用科技成果、技术、项目和产品的投资交易平台，这也是第二届广东国际应用科技交易博

览会。

这次博览会以“创新汇智、领动未来”为主题，设置了粤港澳高校联盟知识转移成果特展区、交大系校企创新与技术特展区，以及云计算与大数据、智能制造装备、光学镜头、生物识别与人脸识别、无人驾驶与无人机、VR&AR等专业展区。展会同期还举办了多场活动，邀请了粤港澳三地大学校长和代表，展开关于高校如何通过产研融合助推湾区经济转型升级的对话；邀请了法律界、产业界专家一起聚焦数字经济，共同探讨大数据的产业应用和法律边界；邀请了来自五所交通大学的教授和校友企业家们，纵论交通大学独特的学科优势和丰富的校企资源，在粤港澳大湾区智慧生态圈建设中如何充分地发挥作用。展会还搭建了项目路演平台，吸引了省内外100余家投资机构观看，为参展高校和企业的创新创业项目提供了充分展示的平台。

此次博览会吸引了近200家参展单位，其中省内外高校28所，展示科研成果和前沿技术600多项，另有来自国内外、具备核心技术产品的科技企业180多家。展会三天内观展人员超过万人，其中投资人和采购商等专业观众2 000余名，初步达成合作意向168项，开展首日意向合同额就超过6 000万元。

（李　蓉）

【第19届中国国际高新技术成果交易会】　2017年11月16—21日，第19届中国国际高新技术成果交易会（以下简称“高交会”）在深圳市举行。

该届高交会以“聚焦创新驱动，提升供给质量”为主题，总展览面积12万m^2，有102个国家和地区的3 049家展商参展，带来的高新技术项目达10 020项，涵盖了物联网、智能制造、人工智能、节能环保、AR/VR、互联网+、大数据、无人系统、智慧城市、航空航天、新能源、新材料、光电平板和现代农业等领域。46个国家及欧盟在内的49个外国团组参加了该届高交会，其中27个“一带一路”沿线国家参展。

该届高交会举办各种高层次论坛、专业技术论坛、行业沙龙、技术会议等活动共252场。来自102个国家和地区的59.2万人次观众参观了主会场和分会场，专业观众人气指数达到了242，也就是说平均每个展位每天接待242位专业观众。

在该届高交会上，27所知名高校精心组织众多科研成果进行展示；包括机器人3D无序分拣系统、飞行机器人、红外隐身衣、智慧城市解决方案、柔性超快充放电池、无人驾驶技术等在内的1 704项新产品和539项新技术首次亮相，占展览项目总量的22.4%，63家企业举办了专门的新产品新技术发布活动。由65家海内外的创新载体带来329家创新创业企业，越来越多的创新载体组织创新企业抱团参加高交会，成为新趋势。

该届高交会首次设立的初创企业展中，超过200家初创企业报名参展，161个初创科技企业、创客、个人发明者参加了初创企业展和创客展，高交会正成为初创科技企业融资、寻求技术合作、开拓市场的重要平台。

该届高交会还专门举办“一带一路”创新合作论坛，来自比利时、瑞士、英国、西班牙、德国、文莱等国家的使领馆代表、政府代表、企业代表对本国与深圳潜在的合作机会进行了探讨与分析。华亚中心还分别与深圳市国际交流合作基金会、文莱艾尔碧全球绿色科技公司、Dswiss德瑞丝集团、瑞中企业家协会等企业和机构签署了合作备忘录。

该届高交会呈现了几大特点：一是新产品、新技术发布活跃；二是创新载体参展活跃；三是初创企业热情高涨；四是投融资活跃；五是与新产业结合度高。

高交会积极组织卓有成效的展览展示、会议论坛、交流活动等，发挥高交会在推动战略性新兴产业发展、推进大众创业万众创新、深化和扩大国际科技和经济交流合作、改善民生和促进生态文明建设等方面的积极作用，在高新技术领域的“行业风向标”“技术风向标”“创新风向标”的作用更加彰显。

（摘自中国国际高新技术成果交易会网站）

【广东省自然科学基金与基础研究工作经验交流会】　2017年12月25日，广东省自然科学基金与基础研究工作经验交流会在广州召开。广州市科技创新委员会、中山大学、广东省科学院、南方科技大学、温氏集团等单位代表，以及省杰出青年基金、国家杰出青年基金获得者代表和省基金管理先进工作者代表做了典型发言。会议表彰了省基金管理先进工作单位、先进工作者和长期工作者。

省委、省政府历来高度重视基础研究工作，从政策导向、资金保障、资源配套等方面为我省基础研究发展奠定了坚实基础，推动广东省基础研究工作取得了显著成效。会议指出，各地、各有关部门要认真贯彻落实党的十九大精神，按照中央和省委、省政府关于加强基础研究的部署要求，从夯实科技创新发展的基础着手，从解决广东省优势特色产业发展的重大科学问题着手，把基础研究和应用基础研究摆在优先发展的位置，重点在新能源、新材料、信息网络、生物医药、节能环保、低碳技术和绿色经济等领域前瞻布局，加快建设本省基础研究和应用基础研究重大创新平台体系，带动高水平前沿科学和先进技术研究发展，为全省实施创新驱动发展战略、建设国家科技产业创新中心提供有力支撑。

（摘自广东省科学技术厅官网）

【广东省新型研发机构创新发展工作交流会】

2017年12月26日，广东省新型研发机构创新发展工作交流会在广州召开，主要任务是贯彻落实党的十九大精神，总结近年来省级新型研发机构发展情况，推广典型新型研发机构发展经验模式，探讨新型研发机构未来发展方向，部署推进本省新型研发机构的发展建设，不断完善本省区域创新体系。省科技厅、各地市科技管理部门分管新型研发机构的负责人，各有关高校和科研院所的负责人，全省新型研发机构代表及有关的专家学者共200多人出席会议。

会议指出，新型研发机构作为广东创新发展的新业态，经过近几年的迅速发展，新型研发机构的数量和质量有了显著提升，已经成为广东实施创新驱动发展战略的重要抓手，也为全省的科研体制改革提供了宝贵的经验。会议指出，要从推动全省深入实施创新驱动发展战略，建设国家科技产业创新中心的高度，紧紧抓住粤港澳大湾区和广深科技走廊建设的历史机遇，加强对新型研发机构的定位、功能和发展模式的总结，形成具有典型性、可推广的经验模式，由点带面、由先进带后进，在全省范围内建立起一批质量过硬的新型研发机构。

省科技厅厅长指出，省科技厅将深入学习党的十九大会议精神，认真贯彻落实省委、省政府关于创新工作的重要部署，以这次工作交流会为契机，凝聚力量，真抓实干，努力促进新型研发机构发展上水平，以新型研发机构建设促进全省区域创新能力建设，将新型研发机构打造成为广东实施创新驱动发展的“示范区”和“窗口”。

会上，典型机构代表和专家在大会分享了经验。与会代表参观了清华珠三角研究院、中国科学院广州生物医药与健康研究院、广州智能装备研究院有限公司等新型研发机构。

（摘自广东省科学技术厅官网）

【2017中国海外人才交流大会暨第19届中国留学人员广州科技交流会】 12月20日，2017中国海外人才交流大会暨第19届中国留学人员广州科技交流会（以下简称“2017海交会”）在广州开幕。2017海交会以“智汇、创新、共赢”为主题，以“面向海内外，服务全中国”为宗旨。按照国际化、专业化、市场化、信息化的原则，2017海交会实现了三个转变，即办会内容由人才交流向“人才交流+成果交易”转变，参会群体由高层次人才向“高层次人才+高技能人才”转变，办会模式由政府主导向“政府引导+企业主导”转变，实现总体定位向“吸引海外留学人员回国创新创业”“吸引高层次海外人才来华交流合作”“促进已回国海外高层次人才跨地区交流”转移，合力推动全球化创新资源的流动与配置，实现国内需求与国际人才、科技、资本和产业的互融互通。

2017海交会展览展示面积超50 000m^2，同比增加1倍。整体参展参会近50 000人次，规模超过往届，会议成果丰硕。据统计，共有来自世界各地3 500多名海外人才参会，有意向回国创业发展者占70%，带来科技发展项目2 000多项，如欧洲科学院通讯院士陈云，乌克兰国家科学院安东·纳乌莫维茨副院长、尤里·米哈伊洛维奇院士等多名独联体院士，中国科学院院士沈保根、陈和生，以及世界技能组织主席西蒙·巴特利、美国硅谷著名人工智能项目孵化器创始人及总裁约翰·维格鲁先生等到场交流。国内方面，来自

4个直辖市和香港、澳门特区在内的32个省级行政区的378个代表团，携2 000多个项目、上万个岗位需求到场，彰显全国各地引才引智的决心和气魄。

2017海交会继续保留了历届大会由教育部和科技部联合举办的“春晖杯”海外人才创新创业大赛，人社部举办的中国海归创新创业成果发布会暨海归创新创业研讨会，中科院举办的前沿科学论坛，欧美同学会（中国留学人员联谊会）推出的成果交流对接等活动。国家部委对大会给予更多支持，注入更多优势资源。在往届大会基础上，科技部增办了科技创新之路论坛、中欧高技能产业创新论坛，欧美同学会增办了建言献策座谈会、“一带一路”研讨会和海外人才百城同台招聘会，人社部将“技能中国行”活动与大会“高技能人才成果展”结合在一起等。

（张　静）

【首届中国高校科技成果交易会】 2017年6月22—24日，由教育部和广东省人民政府作为指导单位，教育部科技发展中心、广东省科学技术厅、广东省教育厅、广东省经济和信息化委员会及惠州市人民政府共同主办的首届中国高校科技成果交易会（以下简称“科交会”）在惠州会展中心举行。

该次大会以“跨越产学鸿沟　携手创新共赢”为主题，分为展览展示、论坛会议和推介交易等三大版块，重点围绕智能装备、微电子、大数据与通讯、新材料、海洋科学与工程、干细胞与组织工程、精准医疗、节能与新能源、环保与资源综合利用、人工智能等十大行业领域，设置了交易合作、重点项目展览展示、论坛会议、“蓝火大讲堂”院士专场报告会等多种交流活动，吸引了众多国内外知名高校参展参会。参展高校达200所，其中剑桥大学、牛津大学、加州大学洛杉矶分校、康奈尔大学等国外高校12所，港澳高校3所，“211工程”“985工程”高校80所，包括清华大学、北京大学、复旦大学等。组委会征集高校科技成果约1万项，重点推介展示6 600项，收到企业技术需求2 500项，吸引了近3 000家企业报名参会，180多所高校与350家企业成功牵手，交易科技成果696项，签约金额39.9亿元，其中惠州企业揽下456项，签约金额24.87亿元，科技成果转化重大平台投资建设项目签约2宗，金额510亿元，参观人数达到2.4万人，企业、金融机构等专业观众1.8万人。

大会以重点联系的国内20—30所北京和东北、中南、西南片高校、科研院所为主，将全国重点高校、科研机构国家级科研创新平台、重点人才创新团队和重大成果转移项目整合上线，开放给全国高校、科研院所、地市科技局、企业和高新区、专业镇等实施对接，实现线上联系，线下对接，与成果交流对接会、省外高校、科研院所成果对接活动等联动。

（李　蓉）

科技政策与投入

科技政策法规

【科技政策法规研究与制定】

印发《2013年以来落实广东省科技创新政策问题库》 2017年，省科技厅牵头开展创新政策法规落实“问题库”梳理和整改工作。8月，省政府办公厅正式印发《2013年以来落实广东省科技创新政策问题库》（以下简称《问题库》）。

《问题库》分科技立法、科技成果转化、创新治理等16个方面，对2013年以来广东省出台的115个科技创新政策文件中的158项具体政策内容落实情况进行了系统梳理，明确了各项政策措施的牵头部门，分析了政策落实过程中存在的问题及其原因，提出了进一步推进政策落实的建议。《问题库》编制是开展政策落实情况评估分析的新手段新形式，对督导推进科技创新政策贯彻落实具有重要意义。

拟制《广东省进一步优化科技创新环境的若干政策措施》 2017年，按省委、省政府要求，省科技厅积极开展新一轮科技创新政策制定工作。先后赴上海、江苏、重庆、四川、山东、湖北、陕西学习调研，深入了解兄弟省市制定实施科技创新政策的创新举措和经验做法。系统梳理各类创新主体对创新政策的需求，召开多场座谈会，收集整理各地政策文件，摸清广东科技创新制度障碍及成因，形成创新政策需求汇总表。结合前期省内外调研情况和科技创新政策需求整理情况，起草形成《广东省进一步优化科技创新环境的若干政策措施》初稿，从发展普惠性科技金融、加快人才集聚、创新土地利用机制和项目审批体制、加速科技成果转化和建立协同管理机制等方面，提出优化广东科技创新环境的若干政策措施。

制定《〈广东省促进科技成果转化条例〉配套措施分工方案》 2017年，省科技厅全力推进《广东省促进科技成果转化条例》（以下简称《条例》）贯彻落实工作，制定了《〈广东省促进科技成果转化条例〉配套措施分工方案》（以下简称《分工方案》），并于7月30日经省政府同意后正式印发。

《分工方案》按照《条例》主要制度内容，对需要制定配套措施的条文进行逐条梳理，提出包括改革科研项目管理、建立科技报告制度、支持首台套装备政策、建立定价免责和投资免责机制、建立企业科技成果转化补助机制等13项配套政策任务，明确各自任务的牵头部门和配合部门，推动各部门、各单位出台相应配套举措，确保《条例》各项规定有效实施，保障促进科技成果转化的相关制度落到实处。

（史利兵　王增栩）

【科技政策法规宣传与落实】

为贯彻落实全省创新发展大会精神，进一步推动科技政策法规落实落地，按照省委、省政府部署要求，省科技厅把宣讲培训作为推动科技政策法规贯彻落实的重要环节，多形式、多渠道开展科技政策法规宣传解读工作。

巡回宣讲活动 面向全省各地市组织开展20多场“广东省2017年重大科技创新政策法规巡回宣讲培训会”，结合各地市实际需求形成“地市定制”个性化宣讲培训内容，实现了21个地市线上线下宣传全覆盖，各级科技行政管理部门、高校、科研院所等相关负责同志8 200余人参与培训活动，6 100家企业派员参会。

专题培训会 省科技厅联合省国税、省地税、建设银行组成专家宣讲团，5—6月期间，面向全省各地市组织开展了“广东省2017年重大科技创新政策法规巡回宣讲培训”。该宣讲培训活动分4个阶段，共组织召开了24场巡回宣讲培训会，其中广州、深圳、东莞市各2场。活动灵活运用报社、杂志社、电视台等传统媒体与门户网站、微信公众号、网络电视等新媒体，全方位、多角度和适时在线开展创新政策宣传解读及跟踪报道，实现21个地市线上线下宣传全覆盖。宣讲活动共吸引各级科技行政管理部门、市直机关、县（市、区）、高校、科研院所等相关负责同志8 200余人及6 100家科技创新型企业代表参与。现场免费派发培训资料4万余份，调查问卷8 200多份，推送讲课光盘1 000余份，适时在线授讲10余万人次。

2017年11月21日，面向高校院所组织召开“贯彻落实科技成果转化政策研讨会”，邀请国内知名专家作专题演讲，提升高校院所科技成果转移转化能力。2017年12月19日，面向高新技术企业、科技企业孵化器等单位的科研、财务、资产、人事等管理部门负责人，组织开展“科技创新税收优惠政策专题研讨会”，加强创新创业主体对税收优惠政策的理解和运用。

多媒体融合宣传　利用杂志社、电视台等传统媒体与门户网站、微信公众号、网络电视等新媒体，多方位、多角度、全覆盖地持续开展科技政策法规宣传解读，线上线下推送政策宣讲课件。运用科技政策法规宣讲成果，制作宣讲课件，刻录光盘，精准推送，同步实现宣讲视频挂网共享，使宣讲成果惠及更多创新主体，扩大科技创新政策法规的知晓度、受惠度。

省科技厅委托广东省技术经济研究发展中心对境内外及省内外最新科技政策“干货”进行跟踪、归纳、凝练，以专题的形式，编辑形成《科技政策专列》12期，向省科技厅等省直相关单位、省科技厅各处室、21个地级市、120多个区县科技管理部门、省内骨干科技企业和高校派送。

（夏兴林　陈锡强　王静雯）

科技人才

【珠江人才计划】 2017年，省人力资源和社会保障厅开展“珠江人才计划”高层次人才认定工作，该项目细分为科技创新领军人才、高端经营管理人才、金融人才、青年拔尖人才和海外来粤短期工作专家5个类别，首次由原来评审竞争性资助改为直接认定资助，引进高层次人才更加灵活便捷，通过认定引进高层次人才比往年大幅度增加。组织对“珠江人才计划”第二、第三批引进领军人才34个项目进行结题验收，获评“优秀”的项目10个。对第四批领军人才19个项目进行中期考核，做好跟踪服务工作。继续实施博士后资助项目，引进全球前200名高校海归优秀博士后50名，主要集中在生物医药、信息技术、材料科学工程等关键领域。

2017年，省科技厅组织实施2017年度“珠江人才计划”引进创新创业团队项目和本土创新创业团队项目，共有53个创新创业团队项目获批支持。

【扬帆计划】 2017年，省人力资源和社会保障厅组织实施2016年度扬帆计划“引进紧缺拔尖人才项目”“培养高层次人才项目”“培养高技能人才项目”“博士后扶持项目”，共评出“引进紧缺拔尖人才”20名、“培养高层次人才”31名，审核通过“培养高技能人才”349名、“博士后扶持项目”人才39名。截至2017年年底，扬帆计划共引进紧缺拔尖人才81人，培养高层次人才126名，培养高技能人才2 115名，扶持博士后116人次。

2017年，省科技厅组织实施2017年度扬帆计划“引进创新创业团队项目”共有15个创新创业团队项目获批支持。

【广东特支计划】 2017年，省人力资源和社会保障厅组织实施2016年度广东特支计划“杰出人才”“百千万工程领军人才”“百千万工程青年拔尖人才”项目，共评出广东特支计划“杰出人才”17名、“百千万工程领军人才”26名和“百千万工程青年拔尖人才”47名。截至2017年年底，广东特支计划共遴选杰出人才（南粤百杰）93人、百千万工程领军人才86人、百千万工程青年拔尖人才146人。

2017年，省科技厅组织实施2017年度广东特支计划科技创新领军人才项目、科技创业领军人才项目和科技创新青年拔尖人才项目，共有30名科技创新领军人才、30名科技创业领军人才和61名科技创新青年拔尖人才获批支持。

【专业技术人才队伍建设】 2017年，中共广东省委办公厅、广东省人民政府办公厅印发《关于深化职称制度改革的实施意见》，提出五方面16条措施，大力推动向不同层级政府部门、事业单位、新型研发机构、龙头企业、社会组织下放职称评审权，激发用人主体人才评价活力；实行评委会组织管理办法及评审委员库管理暂行办法、审前和结果“双公示”制度、评委抽取和评审会议召开“两监督”制度，自主评审单位承接管理机制和备案机制等，为客观公正评价人才提供机制保障。普遍建立面向非公专业技术人才的职称服务机制，减少职称评审中不必要的证书证明，启用专业技术人才职称管理系统，为专业技术人员提供便捷服务。2017年，省人力资源和社会保障厅联合省委组织部等5部门印发《关于鼓励高校科研院所科研人员创新创业有关人事管理问题的意见》，鼓励高等学校、科研机构拥有科技成果的科技人员创办科技型企业，鼓励高等学校、科研院所设立一定比例的流动岗位，吸引具有创新实践经验的企业家、科技人才兼职；联合省教育厅出台《广东省关于深化高等教育领域简政放权放管结合优化服务改革的实施意见》，继续将岗位设置、公开招聘、职称评审、薪酬分配、人员调配相关权限推广下放到所有高校。2017年，省人力资源和社会保障厅举办专业技术人才知识更新工程国家级高研班4期，实施省级知识更新工程高级研修、急需紧缺人才培养和岗位培训项目培训计划293项，培训专业技术人员10万名；“省专业技术人员继续教育管理系统”与“省中小学教师继续教育信息管理系统”完成数据对接，解决了中小学教师继续教育学时衔接问题。截至2017年年底，全省共有专业技术人才573万人，其中具有高级职称或博士学位以上的高层次人才74万人（含非公企业）。全省在粤工作院士191人（其中全职在粤院士43人、双聘院士148人），百千万工程国家级人选150人；国家级专业技术人员继续教育基地2个（华南农业大学、南方医科大学）。

【高层次人才信息化建设】 2017年，省人才服务局高层次人才服务专区使用高层次人才网上“一站式”服务平台，线上线下受理院士、领军人才、创新科研团队成员等高层次人才的停居留和出入境、落户、子女入学等26项“一站式”服务申请共1 405项，办结率达98%。截至2017年年底，该局搭建的“高层次人才信息库”在库的高层次人才增至840多名，内容涉及大数据、智能机器人、节能环保、生物医药、电子信息技术、装备制造、新能源新材料等领域。

【博士后科研工作站】 2017年，省人力资源和社会保障厅等13个部门联合印发了《关于加快新时代博士和博士后人才创新发展的若干意见》，提出五方面18条政策，创建博士工作站，设立博士和博士后创新创业基金，建立博士和博士后事业编制保障制度，建立全球博士和博士后人才招募机制。实施博士后资助项目引进全球前200名高校海归优秀博士后50名；全年累计1 596名博士后进站，646人出站，约510人留粤工作。截至2017年年底，全省共有博士后科研流动站147家，科研工作站363家，省博士后创新实践基地323家，在站博士后共4 331人。

【境外高层次人才引进】 省外国专家局出台《关于开展外籍和港澳台高层次人才认定工作的通知》，截至2017年年底共完成75名外籍高层次人才认定和21名港澳台高层次人才认定，经认定的外籍和港澳台高层次人才可享受出入境、停居留及聘雇外籍家政人员等便利。2017年广东省入选国家外国专家局引进境外技术管理人才项目7个，新增省属高校“111”基地1个，实施省重点高端外国专家项目、引智成果示范推广、海外名师和留学人员创业资助等100多个。全面实施外国人来华工作许可制度，截至2017年年底累计核发外国人来华工作许可2万多份，其中高端人才【A类】近6 000份。

赴俄罗斯、白俄罗斯、乌克兰招才引智，推动与乌克兰国家科学院、莫斯科理工大学、白俄罗斯国立工业大学等机构与广东省建立人才合作关系。2017年，继续实施多年的“海外专家南粤行”活动等，集中国内国际优秀人才为地方创新驱动献计献策，活动实施以来累计20多名院士、2 000多名海外专家和400多名其他高层次人才与近4 000家企事业单位进行接洽，达成合作意向600多个。省人力资源和社会保障厅继续组团参展“中国海外人才交流大会暨第19届中国留学人员广州科技交流会”，参加第十六届中国（深圳）国际人才交流会。推进特色留学人员创业园建设，截至2017年年底，全省共有各级留学人员创业园56家，其中国家级5家。

（谢琳琳　广东省引进创新科研团队专项办公室）

【科技干部教育与培训】 2017年，广东省科技厅全年共举办各类管理培训班37期，培训科技干部、专业技术人员1 953人次，开展科技创新政策法规巡回宣讲24场，8 200余人现场学习，网上在线学习人数4万余人；组织星火科技培训讲座52场，听众5 200多人次。

2017年首批科技专家服务团任前动员培训班　4月27—28日，由中共广东省委组织部和广东省科技厅联合主办、广东省生产力促进中心承办的首批科技专家服务团任前动员培训班在广州举办，首批科技专家服务团成员65人参加培训。

4月27日，首批科技专家服务团成员及派出单位领导、对接挂职的19个地市科技局和市委组织部领导130多人参加了开班仪式。

首批科技专家服务团采取全新的“组团”方式，把全省科技创新资源向珠三角及粤东西北地区汇聚，以高新区为主战场，服务本省创新驱动发展。培训班为期2天，由省直单位的有关领导和专家、省科技厅有关处室负责同志分别作了努力完成好新时期广东的新使命，紧扣四链融合推进创新发展，广东省高新区、自主创新示范区、孵化育成体系发展情况，高新技术企业政策，产学研合作，科技金融等专题报告；并安排优秀挂职干部代表作经验分享和交流。

2017年广东省科技奖励业务培训会　为做好2017年度广东省科学技术奖励申报和推荐工作，提升科技奖励项目的申报推荐质量，省科技厅在全省组织召开了3场广东省科技奖励业务培训会。5月22日，首场培训会在广州召开，来自全省各主要高校、科研院所、省直单位、地市科技行政管理部门、拟报奖单位等有关人员350余人参加了培训。省科技厅围绕科技奖励政策文件、奖种设置、申报流程、填写注意事项、形式审查要求等内容作了重点讲解。广东省科技创新监测研究中心围绕阳光政务平台申报流程、系统操作等内容作了详细演示。

2017年广东省技术转移专员培训班　为贯彻国务院《关于印发促进科技成果转移转化行动方案的通知》精神，落实省政府《关于进一步促进科技成果转移转化的实施意见》要求，加强广东省技术转移人才培育和专业化队伍建设，由省科技厅委托广东省生产力促进中心举办了2期广东省技术转移专员培训班。

第一期培训班于5月17—19日在广州举行。来自全省高校、科研院所等相关单位共计138人参加了培训，培训内容包括技术经纪人素质和能力、技术转移与成果转化案例与经验、技术产权交易与服务、技术合同认定登记、知识产权保护和运用、知识产权交易与运营等。

第二期培训班于9月14—15日在广州举行，全省高校、科研院所等相关单位共计65人参加了培训。培训班邀请了省内外科技成果转移转化领域知名专家以及经验丰富的技术经纪人为学员授课。主要专题包括：技术经纪人概论与技术经济实务、知识产权保护及运用、技术转移与成果转化案例与经验分享、技术合同认定登记以及广东省重大科技成果转化数据库介绍及使用。

广东省2017年重大科技创新政策法规巡回宣讲培训科技管理干部专场　7月19—20日，广东省2017年重大科技创新政策法规巡回宣讲培训科技管理干部专场在东莞市召开。全省各地市科技局及东莞镇街科技局等相关同志，部分高校、科研院所、新型研发机构等负责同志共110余人参加本次培训活动。

省科技厅相关处室分别对《广东省自主创新促进条例》《广东省促进科技成果转化条例》相关内容、企业研发补助相关政策、科技计划项目管理改革与体系建设政策、财政科研项目资金管理若干政策意见、如何通过政府引导基金解决中小企业融资难问题、科技企业孵化器培育相关政策、高新技术企业培育及税收优惠相关政策、新型研发机构建设相关政策、科技创新券后补助相关政策等主题内容进行了深入解读和分享。

与会代表还参观了广东生益科技股份有限公司、电子科技大学广东电子信息工程研究院，观摩了企业生产通道、国家工程中心实验室和EMC实验室，听取了企业负责人对本单位基本情况的介绍，了解了企业和研究院的建设、运行、管理和发展情况及最新科学研究进展和效益，深化了对东莞市创新驱动和转型升级的理解。

2017年西藏林芝市科技管理干部研修班　11月20—27日，由省科技厅主办，委托广东省科技干部学院承办的2017年西藏林芝市科技管理干部研修班在广州举办，来自西藏林芝市15位科技管理干部参加了为期8天的专题研修学习，通过学习交流，学员了解了广东依靠科技创新加快经济发展的具体做法，进一步拓宽视野，创新工作思路，提高综合素质，并增进粤藏两地科技交往和友谊。

研修班邀请省科技厅、省农业科学院、省微生物所、省科技情报研究所等科研院所的领导、专家学员授课，主要包括“现代农业科技与特色农业发展”“食用菌优质高效种植与深加工”“推进‘双创’‘四众’及科技企业孵化器建设”“县域科技创新能力建设”“林业生态工程理论与实践”等专题，并组织学员赴珠三角高新区参观学习。

2017年广东省科技人才业务水平与管理能力提升培训班　省科技厅委托广东省科技干部学院承担的“广东‘三区’科技人才培训与选派人才专项管理研究”项目，主要针对广东老、少、边“三区”经济社会科技发展现状和技术推广、创新创业需求培训科技人才，2017年围绕科技人才业务水平和管理能力提升的目标，举办了2期培训班。

6月19—23日，在五华县举办了2017年五华县第一期管理干部能力提升培训班，五华县40位学员参加了培训。9月26—30日，在五华县举办了2017年第二期五华县科技人才业务水平与管理能力提升培训班，五华县53位科技人才参加了本期培训班。

培训课程结合五华县科技人才工作需要而设置，针对五华县农业科技发展现状，进行了现代农业科技与特色农业发展和沙田柚与三华李的种植与防治等专题讲座，同时利用联想集团的核心管理理念和经验，在五华县科技人才管理能力中引入新的管理理念和管理方法。希望通过本次培训，使五华县科技人才进一步提升业务水平、拓展工作思路、创新工作方法。

2017年青海省西宁市城东区宗教界人士培训班　11月6—13日，由青海省西宁市城东区统战部主办，广东省科技干部学院承办的2017年青海省西宁市城东区宗教界人士培训班在广州举办，来自青海省西宁市城东区宗教界人士共34人参加了为期8天的专题培训。

本期培训班邀请了广东省社会科学院、广东社会主义学院、广东民族研究院、广州市委党校、华南师范大学、广东工业大学等相关机构专家为学员授课，主要包括“十九大全会精神解读”“新一届中央治国理政方略”“社会主义核心价值观”“全面理解宗教信仰自由政策”“发挥宗教人士的作用，促进宗教和谐”和“全面理解和落实党的宗教工作基本方针，依法管理宗教事务”等专题。

专业技术人员继续教育与培训　2017年广东省科技干部学院举办专业技术人员继续教育与培训班29期，累计培训1 128人次，主要包括：高职院校和中等职业院校中层干部管理执行力、教学管理、课堂教学法、职业核心能力、电子商务、计算机专业技能、企业管理、继续教育公需课、投资建设项目管理师考前培训、管理咨询师考前培训、计算机专业技能、会计专业资格、出版专业技术人员资格培训、房地产经纪职业资格培训等专题。培训班的举办促进了专业技术人员技能水平的提高。

星火科技培训　2017年广东省科技干部学院承担星火科技计划项目，加强农业科技服务体系和农村科技人才队伍建设，促进现代农业科技创新成果推广应用，重点开展以农村科技创新创业带头人、农业技术推广人员、种养殖大户、专业农民、新型职业农民等为对象的农业科技培训，指导并协助省级星火培训基地和各星火学校举办培训班和讲座52次，培训5 600多人次。

（曾煜洲）

科技计划项目

【科技计划项目管理】

省级科技计划中后期监理和验收工作省市协同改革试点　为贯彻落实国务院深化“放管服”改革，启动实施省级科技计划中后期监理和验收工作省市协同改革试点。制定省级科技计划中后期监理和验收工作省市协同改革试点实施方案，建立省市纵向协同的工作责任制，即省科技厅主要负责重点、重大省级科技计划项目中后期监理和验收工作，由试点市科技主管部门对其所推荐的小型和一般项目中后期监理和验收工作负责，省科技厅以备案制方式进行管理，并每年通过按比例抽查考核等方式进行监督。广州市、深圳市、东莞市作为首批试点市已于2017年7月1日起正式启动试点工作，截至2017年年底，省市两级各部门统筹联动，密切配合，3个试点市共完成验收项目268个，为下一步全面推进改革奠定了良好基础。

科研项目实施与验收结题　建立厅机关项目验收责任人制度，完善验收进度季度通报制度，在通报业务处室和地市的基础上，新增对主要高校、科研机构和省直有关单位等责任主体的通报和分析。截至2017年年底，省科技厅全年完成验收结题的项目4 731项。

扎实推进省重大、重点项目组织工作。2017年全年共组织验收项目601个，比上年增长32.67%。其中，集中会议验收468个，现场验收133个；达到合同要求通过验收的项目570个，验收通过率为94.4%，比上年增长1.24%；据统计，已组织验收的601个项目累计实现新增销售收入442.57亿元，新增利税45.53亿元，形成新产品（材料、装备）1 399台（套），获得专利授权1 090件，引进培养人才4.32万人，各项指标均超合同要求。

加大力度开展终止结题项目专项清理工作。截至2017年年底，38个终止结题项目已在省科技厅公众网上予以公示，并签发《广东省科技计划项目终止结题通知书》，涉及财政资金1 179万元，涉及追缴财政资金298.99万元，并对5个因承担单位主观原因导致项目无法继续实施的终止结题项目作信用记录。

科研信用　2017年，制定发布《广东省科学技术厅关于省级科技计划（专项、基金等）严重失信行为记录与惩戒暂行规定》，根据项目巡视检查和审计、财政、纪检等外部监督认定和反馈的结果，对省级科技计划和项目相关责任主体在项目申报、立项、实施、验收和评估等全过程发生的严重失信行为，按程序进行客观记录，并采取相应限制措施进行惩戒。截至2017年年底，根据审计报告等正式处理决定或意见，处理严重失信行为的相关责任主体累计17项（个），并采取信用记录、通报批评和取消相关责任主体承担及参与省级科技计划项目资格等惩戒措施。同时，正向引导和负面惩戒并举，继续推行专家信用分级管理，截至2017年年底，已有超过28 433名入库专家确认接受实施细则的管理，专家科技咨询质量明显提升。

按照科技部统一要求，省科技厅会同相关主管单位认真查办《肿瘤生物学》集中撤稿事件，从行政调查和专家评议两方面对论文造假、论文质量、论文署名情况、撰写发表过程、代写代投第三方机构、论文作者承担项目、论文使用、论文发表费用及支付情况等方面开展彻查。同时，对涉事论文作者承担广东省科技计划项目、基金情况进行全面排查，形成撤稿涉事论文相关责任主体的处理意见：自2017年起，取消某某大学5名涉事人员承担及参与广东省科技计划任务资格5年，并纳入广东省科研信用记录。

多管齐下，进一步扩大科研信用管理的影

响力。一是推动跨部门信用信息共享。截至2017年年底，广东省科研信用信息平台已实现与省发改委的“信用广东”信息平台数据对接，并将工商经营异常名录、法院失信被执行人名单、重大税收违法案件信息接入了省科研信用信息平台系统。二是加强信用管理宣传。通过微信公众号平台，向科研人员解读最新的信用管理规定。三是组织落实行政许可和行政处罚等信用信息“双公示”工作，严格执行公示时限，公示率达100%。

科研项目绩效评估　为加强过程监管，完善组织管理，总结成效经验，2017年省科技厅开展了省应用型科技研发专项、高新技术企业培育专项和企业研发费补助专项的绩效评估工作。本次评估按照客观、公正和科学的原则，借助广东省技术经济研究发展中心、中国科学院科技战略咨询研究院、工业和信息化部电子第五研究所等专业机构的力量，综合应用关键技术就绪水平、案卷研究、数据统计、案例分析、实地调研、座谈研讨等方法，历经评估方案制定、培训、自评估、书面评审、现场考察、报告撰写等阶段，共邀请专家113名，采集分析15 887家企业或项目的关键数据，实地考察有代表性的企业139家，经过反复讨论、提炼，形成3个专项绩效评估报告。评估报告对3个专项的实施进展、实施成效和存在问题等进行全面系统地分析，并提出相应的对策建议，获得了省领导的批示和肯定。同时，配合科技部、省人大和省财政厅开展中央引导地方科技发展专项资金绩效评价、企业研发补助资金绩效评价和2016年度专项经费绩效自评等工作，相关专项资金使用绩效获得好评。

（詹　谦　蒋　毅　郭昳琦　李侠广）

【公益研究与能力建设】　省科技厅组织编制2017年度社会发展、农村科技领域的申报指南，设23个专题，共申报5 195项（形审通过4 923项），经过专家评审最终立项594项，下达省财政科技经费17 001万元（含纵向协同专项资金调剂1 000万元和省中医药科学院配套500万元），立项率为12.1%。支持和引导高校、科研院所开展人口与健康、资源与环境、海洋科技、公共安全、现代农业技术、对口科技援助等方面的关键共性技术攻关以及创新型技术和产品开发，提升广东省公益研究机构的综合创新能力和成果转化应用能力。其中农业科技领域共设11个专题，立项208项，支持财政经费7 400万元。

（叶毓峰）

【前沿与关键技术创新】　2017年，广东省继续开展前沿与关键技术创新，经公开征集及论证，省科技厅在三大领域共7个专题发布项目指南，组织实施一批重大专项，分别为计算机与通信芯片领域：新一代信息通信芯片和核心应用芯片；智能机器人领域：智能机器人关键零部件研制与产业化；增材制造领域：3D打印技术在先进制造中的应用和增材制造基础、应用软件及行业解决方案。经评审报省政府批示共立项49项，立项金额为20 100万元。

计算机与通信芯片领域　已进行了多媒体终端设备专用芯片、物联网专用芯片、卫星导航终端专用芯片等多种类型芯片的设计与研发工作，部分项目还开展了流片，并进行了功能的测试与验证改版，基本能达到项目合同的阶段技术指标。此外，EDA技术创新支撑平台与集成电路产品检测与质量监督检验共性支撑平台的建设工作也在有序开展中，依据平台能力建设内容与功能定位，升级与完善EDA设计平台，建设软硬件协同仿真验证平台，保障相应的技术支撑，并逐步向广大芯片设计公司提供合适的设计环境和EDA公共服务。

智能机器人领域　项目实施促进了国产机器人的使用和发展，有利于提高广东省制造业的核心竞争力，促进产业结构优化升级，促进高端装备制造、新材料和新能源汽车等新兴产业的发展。截至2017年年底，智能机器人专项申请发明专利100多件，制定国家、行业和地方标准1项以上，组建产业技术创新联盟2个（华南智能机器人创新研究院成立了珠江西岸智能机器人产业应用创新联盟及华南智能机器人技术创新联盟），培育形成3个产业集群（广州、佛山、东莞）。

增材制造领域　项目实施在生物医疗3D打印技术、带动了上下游企业的发展、提高材料利用率等方面产生了良好的社会效益。生物医疗3D打印技术和产品研发专题形成的一系列3D打印医疗器械已在临床中为患者造福，促进医疗往个性化、精准化方向发展，为医疗卫生事业的进步起到突出作用。例如2017年，南方医科大学第三附属医院进行了全球首例3D打印钛合金髋臼内固定板植入手术，形成良好的行业应用示范。

移动互联网关键技术与器件领域　2017年度围绕VR/AR的3D显示建模及优化、VR/AR的人机交互等技术，VR/AR的典型行业示范应用，移动互联网数据服务支撑平台技术，面向移动应用服务数据的信息安全保障技术等方面给予了重点扶持。2017年该领域专项共受理项目164项，立项项目22项，共资助金额6 600万元。

（李　蓉　钟士岗）

【产业技术创新与科技金融结合】　2017年产业技术创新与科技金融结合专项资金共分两批次下达。第一批计划安排12 936万元，其中，2017年省级科技发展专项资金纵向协同管理省市联动项目（科技金融方向）拟立项26个，计划安排资金7 986万元；第六届中国创新创业大赛（广东赛区）创新创业补贴拟补贴456家获奖企业，计划安排资金4 350万元；2018年第七届中国创新创业大赛广东赛区和港澳台赛区的组织与实施拟各安排资金300万元，共600万元。第二批下达的科技项目计划共312项，下达金额共4 950万元。第六届中国创新创业大赛（广东赛区）创新创业补贴共立项456项，下达资金为4 350万元。

（田何志）

【协同创新与平台环境建设】　2017年，省科技厅根据《广东省科技创新平台体系建设方案》的要求和精神，设立“科技公共服务体系建设”专项资金，大力培育和建设技术转移交易平台、科技成果转移转化机构、科技中介服务机构、重大科技成果产业化基地等，努力建设功能综合化、结构网络化、服务专业化、覆盖科技创新全链条的科技公共服务体系。专项资金共设有重大科技成果转化数据库、重大科技成果产业化基地、科技成果转移转化示范机构、科技服务机构培育、科技公共服务共性技术示范推广、科技公共服务体系支撑等专题。

重大科技成果转化数据库专题　重点依托广东省生产力促进中心和华南技术转移中心建设广东省重大科技成果转化数据库，征集与发布科技成果，开发利用科技成果数据资源，实现技术供需方自动匹配，精准推送技术信息，运用互联网和移动互联网技术手段实现动态在线服务以及转移转化重大科技成果等功能，形成集科技成果供需方征集、筛选入库、线上线下匹配、转移转化一体化服务体系。

重大科技成果产业化基地专题　依托重点科技园区和行业骨干企业，建设一批科技成果产业化基地，推动国内外重大科技成果在基地转化和产业化，为科技成果转化提供产业共性技术研发、技术集成应用、中试熟化、仪器装备及中试生产线等资源以及提供研发设计、检验检测、技术咨询等公共服务。重点支持精准医疗、高端医疗器械、节能环保技术与装备等新兴产业领域的科研成果产业化基地建设。该专题共支持项目11项。

科技成果转移转化示范机构专题　科技成果转移转化示范机构具有孵化育成和投融资功能，开展成果转移转化和产业化服务，围绕产业发展需求，建立市场化服务机制，实施专利成果转化与产品产业化。通过技术转让，工艺流程改造，研发外包服务，专利产业化、转让、许可、质押融资等手段转化一批市场前景好、产业带动性强的科技成果。该专题共支持项目9项。

科技服务机构发展专题　该专题分生产力促进中心、科研众包平台、创新创业服务机构、粤东西北地区科技服务机构4个子课题，共支持项目72项。

（1）生产力促进中心：围绕中小企业科技服务需求，集成和整合利用省、市、县各级科技创新资源、降低中小企业创新成本，打造生产力服务品牌；依托基层生产力促进机构建设支撑本地支柱产业发展所需的研发设计、检验检测认证、科技咨询、技术培训等公共技术服务平台；开发差异化、资源共享、功能互补的生产力促进服务模式及产品，构建完整的省、市、县、镇四级生产力促进服务网络。

（2）科研众包平台：利用“互联网+”、云服务、大数据等先进信息技术构建科研众包平台，建设一批设计、研发任务分发和交付平台；科技型企业通过科研众包平台发布技术需求，与技术供给方对接寻求技术解决方案。

（3）创新创业服务机构：创新创业服务机构主要分布在高新区、专业镇、科技园区等创新资源集聚地，为广大创业者提供创业便利，为大学生创业提供创业场所、创业咨询、创业辅导、科技政策、市场开发等服务；鼓励科技服务业百强机构在本领域拓展科研外包分包任务，支持科技人员开展创新创业活动。

（4）粤东西北地区科技服务机构：在粤东西北地区的高新区、专业镇、电子商务园、产业转移园等产业集聚区，扶持和培育一批技术转移、检验检测认证、电子商务、科技培训、知识产权、创业孵化、科技金融等领域的科技服务机构。

科技服务共性技术示范推广应用专题　示范推广一批应用于中小企业的供应链管理、产品追溯体系、电子商务、智慧物流等共性技术及产品；示范一批节能减排、绿色生产、智能制造、数字虚拟技术，应用于产品设计和生产制造过程；示范推广一批应用于文化、教育、卫生、健康、安全、计量等社会公共服务领域的前沿技术及新产品。该专题共支持项目68项。

科技公共服务体系支撑专题　开展创新方法推广应用、科技创新券、科技成果评价定价、互联网+科技展览、科技成果转移转化监测等科技公共服务；开展技术经纪人、技术转移专员、科技中介服务机构从业人员等科技培训。该专题共支持立项25项。

农业基地、可持续发展实验区建设　2017年度农业基地、可持续发展实验区建设领域申报指南设2个专题，共申报92项（形审通过66项），经过专家评审最终立项20项，下达省财政科技经费1 000万元，立项率30.3%，支持农村创新创业环境和平台（星创天地）建设和可持续发展实验区建设。

（严军华　叶毓峰）

【应用型科技研发专项】　2017年度，经指南征集及组织专家论证，应用型科技研发专项选取广东省“十三五”科技规划期间重点发展领域，以新材料以及高端装备制造领域为主要支持方向进行应用产业化攻关，新材料领域主要在先进结构材料与高性能复合材料、特种功能材料、稀土与纳米材料、碳材料与超材料4个方向进行支持；高端装备制造主要在数控机床、工业机器人两大技术方向进行支持，2017年应用型科技研发专项在两个专项领域共立项21项，投入经费10 800万元。

碳材料与超材料专题　该专题由南方科技大学牵头，根据可见光波段的全息成像技术在三维显示、光学防伪等领域已经广泛应用，而传统的亚波长光学元件存在双图像显示的问题，提出基于光学几何相位的超构表面，可通过单次电子束曝光制备16阶相位梯度，从而实现了衍射效率高于80%的光学全息成像。项目将结合电子束曝光、纳米压印等技术实现光学超构表面的大面积、低成本加工。

特种功能材料专题　该专题由华南理工大学牵头，开发具有高催化活性的电极材料和高电导率的电解质，通过研发超薄电解质涂层的制备工艺，并将其厚度降低到10μm左右，实现SOFC中低温下工作目标，加速其商用发电进程。

稀土与纳米材料专题　该专题由中山大学牵头现有电子纸产品以二氧化钛白色粒子和锰铁氧化物黑色粒子为原料实现电泳式黑白显示，模式单一的问题提出将稀土发光材料（简称RO）和纳米二氧化钛（简称TO）进行核壳结构材料产业化开发和在电子纸产业中的应用，使新开发的电子纸产品既可在非激发状态下保持原有黑白显示，又可在激发状态下实现彩色显示，从而达到电子纸多模彩色显示的效果。

先进结构材料与高性能复合材料专题　该专题由金发科技公司牵头实施的项目，针对我国电子电气和汽车等行业对高性能TLCP材料强烈需求，解决高耐热TLCP共混改性过程中热降解以及填料分散等技术难题，开发出耐热性高（HDT≥300℃）、高温条件下尺寸稳定性优异的高性能热致液晶聚合物（TLCP）树脂，并形成年产千吨级产业化放大工艺，完成相应装备设计开发。

工业机器人专题　中科院深圳先进制造研究院何凯研究员课题组针对船舶除锈是造船的重要环节和修船的关键组成部分，提出基于高压水射流技术的船舶除锈机器人成套装备技术，利用高压水射流对船体除锈，对环境无任何污染，采用真空抽干水分并回收锈渣来防止返锈，应用大负载爬壁机器人来搭载除锈装置作业，操作安全可靠，实现船舶的绿色、高效、高质量和低成本除锈清洗。

数控机床专题　广东省智能机器人研究院马修泉教授牵头研究的激光切割在工业生产中得到了广泛的应用。该专题瞄准更快速度、更高精度、更大板厚的板材切割市场需求，将自主研发激光切割专用万瓦级超高功率光纤激光器、超高功率智能激光切割头以及高速度高精度数控运动系统，在工艺综合优化基础上将工艺与装备进行有机集成，从而实现薄板高达50～100m/min的超高速切割，最大切割板厚达30mm，切割面粗糙度达3.2μm，设备在超高速切割领域打破了目前基本靠进口的格局。

高端新型电子信息领域　2017年度在新型芯片和关键元器件、行业专用软件与信息安全产品、移动互联应用和服务、云计算与大数据规模化应用等领域给予重点扶持，要求以先进、成熟的技术实现规模化应用。2017年该领域专项共受理项目130项，立项项目13项，共资助金额6 900万元。

（李　蓉　钟士岗）

基础条件建设与科技产出

基础研究

【概况】 2017年，广东省继续对接国家重大基础研究计划，通过重点项目、重大基础研究培育项目，在新一代信息技术、高端装备制造、绿色低碳、生物医药、数字经济、新材料、海洋经济等战略性新兴产业进行布局；针对本省经济、社会、科技战略发展的重点科学问题和关键技术问题，通过NSFC—广东联合基金，在农业、人口与健康、资源与环境、先进材料与智能精密制造、智能信息处理与新一代通信、管理等领域给予支持，重点解决广东省及周边区域经济社会、科技战略发展的重大科学问题和关键技术问题，从而促进本省经济和社会可持续发展，提升自主创新能力和国际竞争力。

【国家自然科学基金委员会—广东省人民政府自然科学联合基金】 2017年是国家自然科学基金委员会—广东省人民政府联合基金（以下简称“NSFC—广东联合基金”）项目第三期协议实施的第2年，根据第三期NSFC—广东联合基金协议的精神，通过NSFC—广东联合基金引导社会科技资源投入基础研究，重点解决广东省及周边区域经济社会、科技发展战略的重大科学问题和关键技术问题，带动广东省的科技发展和人才队伍的建设，提升在广东地区高等院校与科研院所的自主创新能力和国际竞争力，NSFC—广东联合基金战略定位从“立足广东，面向全国”上升为“立足广东，辐射华南，面向全国”。

项目申报与资助情况 2017年NSFC—广东联合基金正式接收项目申请共计68项，涉及12个省、市、自治区的32个依托单位，其中广东省内依托单位申请项目53项，占总数的77.94%。共资助重点支持项目21项，集成项目2项，直接经费为8 100万元，其中广东牵头16项，广东牵头与外地合作4项，省外牵头与广东合作7项。

表3-1-1 NSFC—广东联合基金资助项目情况表（2013—2017）

年份	立项总数（项）	由广东牵头的项目				由外地牵头的项目			
		立项数（项）	占立项总数	与外地合作项目数（项）	占广东牵头项目数	立项数（项）	占立项总数	与广东合作项目数（项）	占外地牵头项目数
2013	32	24	75.0%	11	45.8%	8	25.0%	7	87.5%
2014	32	19	59.4%	7	36.8%	13	40.6%	11	84.6%
2015	27	22	81.5%	13	59.1%	5	18.5%	3	60.0%
2016	30	18	60.0%	5	27.8%	12	40.0%	10	83.3%
2017	23	16	69.6%	4	25.0%	7	30.4%	7	100.0%

华南陆壳结构与南海北部地质过程研究 该项目由中山大学王岳军教授团队承担。理解面状陆内造山的规律及陆内再造—边缘海形成转换过程是当前地球科学研究的前沿问题，也是理解大陆形成演化的急需。华南大陆发育全球罕见的面状陆内造山作用，是破解陆内造山机理的天然实

验室。南海北部作为华南大陆向南自然延伸的拉张型大陆边缘，是耦合华南陆内改造及南海形成演化的桥梁。近几十年已在该区取得了一系列成果，但对华南沿海构造地貌变迁及南海北部沉积沉降缺乏整体性研究，缺乏对深部背景、浅部结构与周缘动力之间耦合作用的集成研究。

项目基于当前国内外研究进展及存在不足，以海陆结合为突破口，通过聚焦“华南陆壳结构与南海北部地质过程”核心主题，开展以地质学和地球物理学相结合为特色的多学科综合性集成研究：（1）重塑华南内陆与南海北部重要变革阶段深部状态与浅部构造的结构面貌及岩浆作用的时空规律；（2）建立沿海中新生代构造地貌变迁与南海北部沉降之间的耦合关联；（3）从不同空间尺度阐明不同时段华南大陆演变与南海北部形成过程，以引领学科交叉、融合与发展，完善与发展板块构造和大陆动力学理论，为华南内陆和南海海域的矿产资源探查和减轻自然灾害提供基础理论支撑和前瞻性研究。

面向高性能计算的柱矢量光束光互联基础研究及关键器件与系统　该项目由深圳大学袁小聪教授团队承担。针对目前HPC光互联面临的光束模式单一、传输延迟大等关键问题，提出发展新型柱矢量光束（CVB）复用调控手段，结合硅基集成器件及特种光纤技术，实现面向E级HPC的新型CVB复用光互联。

研究内容包括：（1）探索CVB光场调控及光互联复用机制，实现CVB的高效复用与解复用；（2）研究基于硅基超表面和硅基强限制波导的CVB光束复用、解复用器件，面向HPC板间光互联实现CVB复用发射与接收；（3）研制支持CVB模式复用传输的环形和空芯微结构光纤，实现低串扰、低时延的CVB模式复用光纤传输；（4）在国家超算广州中心协助下，演示机柜间的大容量CVB复用光互联系统。项目通过研究CVB光束调控机理、集成器件、互联系统，形成自主核心光互联复用技术，奠定其在新一代E级HPC中的应用基础。

（段依竺）

【国家自然科学基金】　2017年，广东省获国家自然科学基金项目数为3 372项，资助经费超过18.3亿元，位居全国第4位。其中，广东省新增国家自然科学基金重点项目45项，位居全国第4位；新增国家杰出青年基金获得者6人，位居全国第7位；新增国家自然科学基金优秀青年科学基金获得者24人，位居全国第7位。华南理工大学唐本忠院士团队获得基础科学中心项目1项，直接经费高达1.8亿元；南方科技大学陈晓菲院士获国家自然科学基金重大项目1项；中山大学刘奕志教授、中山大学李仲飞教授分别获得国家自然科学基金创新群体项目资助。此外，中山大学获得国家自然科学基金资助经费873项，资助总经费超过5亿元，位居全国第6位。

表3-1-2　广东省获国家自然科学基金项目TOP20依托单位名单（2017年）

排序	依托单位	项目数（项）	直接经费（万元）
1	中山大学	873	50 437.31
2	华南理工大学	252	34 387.83
3	深圳大学	277	13 414.07
4	南方医科大学	246	11 017.20
5	暨南大学	241	10 414.00
6	南方科技大学	106	8 119.50
7	华南农业大学	134	7 534.77
8	广东工业大学	127	6 078.60

（续上表）

排序	依托单位	项目数（项）	直接经费（万元）
9	广州医科大学	137	5 067.66
10	中国科学院南海海洋研究所	59	5 041.00
11	华南师范大学	80	4 403.10
12	中国科学院深圳先进技术研究院	80	4 218.00
13	中国科学院广州地球化学研究所	53	3 818.00
14	广州中医药大学	91	3 542.45
15	广州大学	80	3 214.50
16	中国科学院华南植物园	37	2 502.50
17	汕头大学	46	2 008.10
18	北京大学深圳研究生院	23	1 549.00
19	香港大学深圳研究院	23	1 446.50
20	香港理工大学深圳研究院	25	1 372.00

（段依竺）

【广东省自然科学基金】 2017年度广东省基础与应用基础研究专项资金（省自然科学基金）设研究团队、重大基础研究培育、杰出青年、重点项目、自由申请、博士科研启动、粤东西北创新人才联合培养项目7个类别。研究团队项目资助团结协作、勇于创新、优势互补的优秀科学家群体开展研究；重大基础研究培育项目围绕广东省十大重大科技专项和八大战略性新兴产业领域开展基础与应用基础研究；杰出青年项目资助35周岁以下取得博士学位或副高及以上职称并具备良好科研能力和潜质、协同创新能力强的青年人才开展学术研究；重点项目资助围绕广东省经济社会发展重要需求开展基础与应用基础研究；自由申请项目鼓励自由探索，特别是鼓励青年科学家开展创新研究；博士科研启动项目资助获博士学位不超过3年的青年科研人员开展基础研究；粤东西北创新人才联合培养项目支持科研人员围绕粤东西北优势特色创新领域开展基础与应用基础研究。广东省已经形成较全面的多学科基础研究资助体系，为提升本省原始创新能力奠定了坚实的基础。

项目申报与资助 2017年，按照“科技业务管理阳光再造行动”精神要求，省自然科学基金项目正式受理申报11 124项，其中研究团队101项，重大基础研究培育198项，杰出青年383项，重点项目391项，自由申请8 787项，资助研究团队项目10项、重大基础研究培育项目18项、杰出青年项目47项，重点项目57项、自由申请项目907项、博士科研启动项目672项（含纵向协同管理项目）、粤东西北创新人才联合培育项目41项。

博士科研启动项目 2017年，省科技厅以“试点先行、择优协同、绩效导向、整合资源、高效服务”为原则，根据2014—2016年3年期间获得省自然科学基金博士科研启动项目与国家自然科学基金青年科学基金项目平均立项数情况，选取排名前10位的高等院校和排名前7位的科研院所开展省自然科学基金博士科研启动项目纵向协同试点工作，共资助博士科研启动项目672项（含纵向协同管理项目）。纵向协同财政资金为3 000万元左右，试点单位可按不超过1：1的比例配套纵向协同经费。通过博士科研启动项目纵向协同，进一步简政放权，将项目推荐立项、经费使用和后期具体管理权交给17个高等院校和科研院所，减少审批流程，极大发挥了纵向协同试点单位与青年科研人员的积极性与主动性，同时带动相关单位3 000万元资金投入基础研究领域，也极大鼓励了本省更多的青年科学家积极争取国家基金项目。

杰出青年　2017年是广东省自然科学杰出青年基金实施的第6年。省杰出青年项目从实施开始，培养方向就定在贴近服务广东发展的战略目标，以不拘一格的方式，在全国首创培养35周岁以下并且具备良好科研能力和潜质、协同创新能力强的青年帅才。2017年，16个单位的47位青年才俊获得专家评审通过，他们当中，100%具有博士学位，有高级职称的占了90%以上，平均年龄只有33岁。

受广东省自然科学基金资助项目发表论文情况　根据Science Citation Index Expanded（SCIE）数据库统计，2017年，受广东省自然科学基金资助项目发表SCI收录论文共计6 225篇，比2016年的4 692篇净增1 533篇，增长率高达32.67%。SCI收录论文被引频次总计19 198篇次，去除自引的被引频次总计18 226篇次，每篇论文平均引用次数是3.07，单篇被引次数最高为90次。2017年受广东省自然科学基金资助项目发表SCI收录论文共涉及自然科学、工程技术、医学等学科领域共211个学科类别。发表SCI收录论文数排名前10的学科依次为：化学、材料科学、工程学、物理学、科技其他主题、肿瘤学、计算机科学、生物化学与分子生物学、细胞生物学和药理学。合作发文量排名前10的国家和地区依次为：美国、澳大利亚、英国、加拿大、新加坡、德国、日本、中国台湾、法国和瑞典。发表SCI收录论文数排名前10的研究机构依次为：中山大学、华南理工大学、中国科学院、暨南大学、南方医科大学、深圳大学、华南师范大学、广东工业大学、广州医科大学和华南农业大学。

经检索SCI数据库发现，2017年广东省科研机构作为第一或通讯作者在*Nature*、*Science*上共发表13篇论文，比2016年增加了4篇。其中，在*Nature*上发表论文8篇，即华南农业大学发表2篇（其中1篇与深圳市兰科植物保护研究中心和清华大学深圳研究生院合作发表），华大基因与华南理工大学（非第一或通讯作者）合作发表1篇，深圳疾病预防控制中心与南方科技大学合作（非第一或通讯作者）发表1篇，中山大学、暨南大学附属第一医院、香港城市大学深圳研究院和香港中文大学（深圳）各发表1篇；在*Science*上发表论文5篇，中山大学、深圳大学、华大基因、中国科学院深圳先进技术研究院和中国农业科学院深圳农业基因组研究所各发表1篇。

根据CNKI中国知网——中国学术期刊网络出版总库（检索时间为2018年8月30日）统计，2017年受广东省自然科学基金资助项目发表的中文期刊论文共3 662篇，与2016年的3 472篇相比，增长了5.5%。论文数位居前10位的学科依次是：肿瘤学、计算机软件及计算机应用、中药学、环境科学与资源利用、生物学、外科学、电力工业、化学、自动化技术、企业经济。论文数排前10的研究机构依次为：中山大学（含附属医院）、华南理工大学、南方医科大学（含附属医院）、广东工业大学、暨南大学（含附属医院）、广州中医药大学（含附属医院）、华南农业大学、广州大学、华南师范大学、广东海洋大学。

（段依竺　邱　莹）

科技基础条件

【概况】 2017年，省科技厅与省财政厅联合开展科技基础条件资源调查工作，联合国家、深圳市的调查工作，获取广东省地区总体的科技资源状况。调查对象主要包括高等学校、科研院所及转制院所在内的202家单位，时期资料为2016年度。调查结果显示，截至2016年年底，上述调查对象拥有单台套价值30万元以上的大型科学仪器设备共计7 478台（套），原值总额为87.656 4亿元，其中外部共享2 969台（套），大型科学仪器设备涉及的专职实验研究人员总计36 864人，其中博士学位9 996人，硕士学位13 899人；拥有生物种质和实验材料资源库（馆、园、圃、场）66个；科学数据库36个，其中外部共享18个；科技活动人员76 918人，其中正高级9 320人，副高级15 517人；高层次专家中，两院院士104人，长江学者181人，国家杰出青年基金获得者260人；科技产出方面，当年承担课题总数量44 267项，其中国家级9 121项，省部级12 991项；当年发表科技论文58 849篇，其中EI检索收录9 590篇，SCI检索收录18 079篇，ISTP/ISCD检索收录3 782篇；当年已发布的主持或参加制订、修订的标准393项，其中国际标准10项，国家标准104项，行业标准231项；当年获授权的知识产权中，专利12 582项，植物新品种35项，软件著作权1 378项；当年获得科技成果奖励数量619项，其中国家级46项，省部级333项。

（郑伟鸿）

【实验室体系】

首批广东省实验室建设 2017年，省委、省政府对标国家实验室建设，以打造“国家实验室预备队”为目标，在再生医学与健康、网络空间科学与技术、先进制造科学与技术、材料科学与技术领域正式启动建设首批4家广东省实验室，首批省实验室由省委、省政府主导，广州、深圳、东莞、佛山市政府承建。

再生医学与健康广东省实验室是省市联动、多方共建的战略科技力量，主要联合中国科学院广州生物医药与健康研究院共建，瞄准干细胞与再生医学理论与技术的前沿研究，针对由人口老龄化带来的国民健康重大需求，通过国际化团队和成果引进以及国内相关单位的强强联合，着力推进再生医学前沿、组织器官重塑、标准化与临床前、再生医学应用四大学科方向的重点平台建设，打造再生医学与健康高水平前沿研究、临床应用、成果转化及产业化以及高水平人才培育的大型综合性研究基地。

网络空间科学与技术广东省实验室作为国家和广东省的重大战略科技力量，该实验室由广东省政府批准，深圳市政府投资组建，以哈尔滨工业大学（深圳）为主要共建单位，与北京大学深圳研究生院、清华大学深圳国际研究生院、深圳大学、南方科技大学、香港中文大学（深圳）、深圳先进院、华为、中兴通讯、腾讯、深圳国家超算中心、中国电子信息产业集团、中国移动、中国电信、中国联通、中国航天科技集团等高校、科研院所和高科技企业等优势单位联合共建。实验室以服务国家和区域发展战略为己任，重点布局网络通信、人工智能和网络空间安全等研究方向，推动网络信息产业发展，积极推动粤港澳大湾区打造国际科技创新中心。

先进制造科学与技术广东省实验室面向世界科技前沿、面向国民经济主战场，围绕国家和广东省重大需求，集聚、整合国内外优势创新资源，打造先进制造科学与技术领域国内一流、国际高端的战略科技创新平台。实验室以“顶天立地，全面开放，以人为本，注重实效”为建设宗旨，先期确定了机械工程、光学工程、材料科学与工程、电子科学与技术、生物医学工程、计算机科学与技术6个学科方向，部署了机器人及其关键技术、微纳制造、面向生命科学的高端仪器装备、遥感信息、新材料、半导体技术与装备等7个研究方向。

材料科学与技术广东省实验室坐落于东莞市，毗邻中国散裂中子源，以中国科学院物理研究所为主要建设单位，与东莞市政府、中国科学院高能物理研究所共建，定位于成为有国际影响力的新材料研发南方基地、未来国家物质科学研究的重要组成部分、粤港澳交叉开放的新窗口及具有国际品牌效应的粤港澳科研中心。实验室瞄准前沿新材料探索、材料科学重大关键问题和核心瓶颈技术，包括结构材料、功能材料以及新概念材料等研究方向。未来将布局前沿科学研究、创新样板工厂、公共技术平台和大科学装置、粤港澳交叉科学中心四大核心板块，形成“前沿基础研究→应用基础研究→产业技术研究→产业转化”的全链条研究模式。

重点实验室建设　加快推进国家重点实验室建设，在粤国家重点实验室达27家，其中国家重点实验室12家、企业国家重点实验室13家、省部共建国家重点实验室2家。推进省重点实验室提质培优，2017年新建省级重点实验室29家，省重点实验室累计达306家，覆盖了全省重点发展领域。

（黄江康　李　莎）

【生物种质资源】　2017广东省科技资源调查2016年度数据（202家法人单位纳入调查范围，其中有34家法人单位拥有）显示，广东省拥有生物种质资源保藏机构66家，按保藏资源类型划分，其保藏机构（机构数—家，资源保藏种类—种，保藏总量—份/株/号）分别为：植物种质资源保藏机构（35，21 835，203 643）、动物种质资源保藏机构（18，4 245，877 332）、微生物菌种保藏机构（5，3 318，56 971）、人类遗传保藏机构（3，6，86 376）、植物标本保藏机构（2，3 028，6 225）、动物标本保藏机构（2，5 700，216 319）、其他资源保藏机构（1，26，5 460）。2016年度，年提供资源总份数为57 231份/株/号，年提供资源总次数为70 744次，年提供服务收入达1 008.13万元，其中对外单位年提供资源总份数为15 222份/株/号，对外单位年提供资源总次数为16 558次，对外单位年提供服务收入达983.13万元。

（余　亮　罗俊博）

【实验动物管理】　2017年，省科技厅继续完善行政审批标准化管理，在已完成实验动物相关材料合规性和合法性审查基础上，根据《广东省机构编制委员会办公室关于做好行政许可事项标准应用实施工作的通知》要求，积极加强行政执法管理标准化工作，出台了《广东省科学技术厅关于实验动物行政处罚自由裁量权的规定》和《广东省科学技术厅实验动物行政处罚自由裁量权执行标准》，起草修订《广东省实验动物行政审批规程》《广东省实验动物行政处罚规程》《广东省实验动物监督检查工作规范》和《广东省实验动物行政许可现场评审规程》等相关管理制度和操作规程。加强了对事项申办、受理环节的监督监控，确保服务过程可考核、有追踪、受监督，通过并向社会公布监督举报电话，接受公众监督。

2017年受理实验动物行政许可事项申请量59件，办结量61件（含2016年已受理2件），办结率100%，网上办结率为67.8%，超期办结数为0件，超期办结率为0。其中，实验动物生产许可平均办理时间为11.33个工作日，实验动物使用许可平均办理时间为11.96个工作日，总体平均办理时间压缩比为41.76%。同时，省科技厅已将实验动物生产许可及实验动物使用许可的承诺办理时限从20工作日缩减为14个工作日，时限压缩比达30%。

2017年通过“广东省实验动物公共服务平台”和“国家企业信息平台”等，对各许可单位提交的自查报告实施书面监督检查，依法对其中1家单位实验动物许可予以注销。全年完成对22家实验动物生产许可单位的实验动物质量监督检测和45家实验动物使用许可单位的质量监督检测。处理了1起涉及违反《广东省实验动物管理条例》的举报投诉事项，依法进行了现场核实和调查取证，未发现违法行为，并将处理情况及时告知投诉人。

截至2017年年底，全省累计共发放144个实验动物许可证，其中生产许可证22个，使用许可证122个，涉及医药企业、医院、检测机构、科研院所、高校等单位。通过实施实验动物生产、使用许可管理，2017年没有发生一起由实验动物引发的人兽共患病事件，保障了社会生物公共安全。根据“广东省实验动物公共服务平台”的统计数据，2017年生产哺乳类实验动物85.29万只，禽类实验动物47.64万只，生产环境总面积10.69万m^2。使用实验动物总量86.29万只，完成动物实验2.03万次，使用许可环境总面积7.98万m^2，对广东省的生命科技创新及医药产业的发展起到了积极的促进作用。

（余　亮　邓少嫦）

【大型科学仪器共享平台】 贯彻落实《国务院关于国家重大科研基础设施和大型科研仪器向社会开放的意见》（国发〔2014〕70号）和《广东省人民政府促进大型科学仪器设施开放共享的实施意见》（粤府函〔2015〕347号），推进开展大型科研设施与仪器向社会开放试点省工作，探索区域性开放共享服务管理模式。

政策制度逐步完善　不断完善政策体系，通过对大型科学仪器设施共享试点问题、管理方式及相关政策研究，2017年起草了《广东省大型科学仪器设施开放共享管理办法（试行）》等多项措施办法，计划于2018年颁布。广东省科技资源共享服务平台上发布开放共享制度170多条。

试点工作逐步深入　通过科研设施与仪器开放共享试点省建设工作，为全面推进广东科研设施与仪器开放共享以及探索市场化管理积累经验。截至2017年12月，试点省建设项目中，仅10家供方试点单位的统计就显示，提供仪器共享服务80 011家，服务收入约20亿元，成效突出。有效助力基础前沿科学研究，促进了科学发明创造，提升了产品质量，促进了经济、产业和社会全面创新。同时，基于广东省大型仪器设施开放共享试点工作，编著《广东省科研设施与仪器开放共享机制研究》，系统研究科技资源共享服务的内涵和要素、模式与类型、内容与方式、机制与体制等，推动解决科技资源的“不平衡不充分发展”问题，将为我国从事科研设施与仪器开放共享的相关单位和人员的决策和管理提供参考依据和案例。仅13家供方试点单位报送到粤科汇30万元以上大型仪器共达2 472台（套），其中可外部共享的仪器设备1 420台（套），服务单位超过5万家，支撑项目超过1.4万项。

平台市场化与标准化　截至2017年年底，已按照国家相关标准规范建设完成广东省科技资源共享服务平台（简称粤科汇，www.showzy.cn）——广东省科研设施与仪器开放共享服务平台，实现了仪器在线服务平台·粤科汇·国家仪器网络管理平台的无缝对接。探索科技资源共享服务平台市场化运行模式，引入平台第三方服务机构，开展平台市场化工作，实现集共享资讯、资源整合与共享、在线服务、数据管理、试剂耗材等于一体的“互联网+科技资源”，实现了线上与线下结合，初步构建成政府指导与市场运行、线上与线下服务有机结合的共享服务体系，发挥平台互联网优势，积极开展公共服务，推动本省科技创新。

同时，为推动科技资源整合共享和开放服务，有效促进建成覆盖全省各类大型科学仪器设备、统一标准规范、功能强大的专业化、网络化管理服务体系，广东省着手起草开放共享相关标准集，作为国家标准的有效补充，目前已有《大型科学仪器设施共享服务平台运行规范》《大型科学仪器设施共享服务平台数据交换规范》等地方标准（并完成征求意见），作为国家标准的有效补充。

（余　亮　陈树敏　方少亮）

科技创新体系

科技创新平台

【珠三角国家自主创新示范区】 2017年，珠三角国家自主创新示范区（以下简称“自创区”）围绕打造国家科技产业创新中心的战略目标，不断完善工作机制，着力细化工作举措，精准聚焦创新驱动发展“八大举措”，取得了实实在在的工作成效。全年实现地区生产总值7.58万亿元，研发投入经费支出突破2 100亿元，占地区生产总值比重超2.82%，高技术制造业增加值9 047亿元，高新区内高新技术企业占纳入统计企业比重达到66%。

一是产业高端集聚发展。珠江西岸先进装备制造业产业带增加值3 129.7亿元，珠江东岸电子信息产业实现工业增加值超6 937.8亿元。新增国家级创新型产业集群试点4个、试点培育4个。高企存量超3.15万家，比2016年新增1万家。

二是区域创新能力显著提升。2017年度国家高新区评价（试行）显示，自创区9家国家高新区排名全部实现提升，其中深圳、广州高新区分别跃居全国第2和第10位。启动广州再生医学与健康、深圳网络空间科学与技术等首批4家广东省实验室建设，建设1家国家级产业创新中心、1家国家级制造业创新中心。

三是创新资源加快集聚发展。截至2017年年底，自创区经省政府批准认定的新型研发机构共191家，占全省总数的87.2%。拥有本地院士、双聘院士150名，引进领军人才36名，引进省创新创业团队49个，引进博士3 542人、硕士47 076人。发明专利授权量为44 361件，同比增长18.73%；PCT国际专利申请量为26 681件，同比增长13.87%。

四是创新创业氛围越发浓厚。自创区建有孵化器700家、众创空间645家，80%以上县区建有孵化器、众创空间等孵化载体；国家级孵化器103家，纳入国家级孵化器管理体系的众创空间214家，占全省的比例均超90%。注册私募投资机构3 424家，比年初增加899家，其中备案私募基金708只，管理资金规模1 668.10亿元。

五是开放协同发展体系不断完善。积极推进广深科技创新走廊，印发《广深科技创新走廊规划》。推动自创区、自贸区联动发展，广州、珠海出台“双自联动”实施方案。推动全省高新区创新一体化发展，中山对口潮州、东莞对口韶关等高新区对口帮扶建设进展良好。

（钟士岗）

【高新技术产业开发区】 2017年，本省高新区大力实施创新驱动发展战略，积极推进珠三角国家自主创新示范区建设，园区发展方式加快转变，新动能加速成长，在推动全省创新发展中发挥了标志性引领作用。全年全省23家省级以上高新区实现工业总产值2.8万亿元，同比增长15.6%；实现利润2 479亿元，同比增长19.8%；实际上缴税收1 550亿元，同比增长8%。

一是经济创造能力不断提升。2015—2017年，全省高新区主要经济指标保持15%以上的增速，远高于全省平均水平；全省高新区工业增加值率超25%，净利润率达6.5%，新产品销售占产品销售收入的比重超30%。全省有7家国家高新区营业收入超过1 000亿元，4家国家高新区营业收入增速在20%以上。

二是结构优化和动力转换不断加快。新升级的清远高新区、汕头高新区已成为当地创新发展的核心载体。全省拥有国家创新型产业集群14个，省级创新型产业集群12个。2017年全省国家高新区高新技术企业占纳入火炬计划统计企业数超65%，其中广州、珠海、佛山高新区占比超70%；实现新产品产值超9 000亿元。

三是创新创业热潮持续涌现。一大批高校、

科研院所、大型企业、新型研发机构、创业投资机构在高新区建立孵化平台。近3年全省高新区年新增注册企业增速超30%；全省国家高新区拥有“瞪羚企业”346家，居全国第2，其中深圳、广州高新区“瞪羚企业”数量在全国国家高新区中分别排名第3、第4。

四是开放协同发展水平不断提升。高新区已经成为区域经济发展的引擎，全球创新资源集聚能力不断增强。截至2017年年底，全省高新区的国家级国际科技合作基地达10个，广州、深圳高新区成为国家“海外高层次人才创新基地”。

（钟士岗）

【专业镇】　2017年，省级技术创新专业镇（以下简称“专业镇”）继续以“创新驱动”为主导，以加快产业转型升级、培育战略性新兴产业、提高自主创新能力、加强产业协同创新中心建设。在专业镇工作机制体制创新、产学研合作、产业集群发展与动态发展评价等方面开展了多项工作，继续稳步推动专业镇的创新发展。

专业镇认定与培育　2017年，专业镇认定工作进一步规范，全年共新增省级专业镇27家（见表4-1-1、图4-1-1），经过统一调整后，专业镇截至2017年年底，省级专业镇总数达到434家。全省专业镇产业规模不断扩大、结构不断优化、综合实力持续提升。全省工农业总产值超千亿元的专业镇达11家，超百亿元的专业镇达155家，工农业总产值超百亿的镇比上一年增加9家。

表4-1-1　2017年新认定的省级技术创新专业镇名单

序号	专业镇名称	特色产业
1	佛山市三水区西南街道	饮料食品
2	韶关市曲江区松山街道	钢铁
3	韶关市乐昌市梅花镇	绿色蔬菜种植
4	韶关市乐昌市廊田镇	水稻现代农业
5	韶关市始兴县隘子镇	香菇
6	河源市紫金县义容镇	生猪养殖
7	河源市紫金县南岭镇	茶叶
8	河源市和平县阳明镇	钟表
9	河源市紫金县龙窝镇	茶叶
10	梅州市梅县区南口镇	文化旅游
11	梅州市大埔县百侯镇	旅游
12	梅州市五华县华阳镇	蔬菜
13	梅州市兴宁市新陂镇	优质稻种植与加工
14	梅州市大埔县湖寮镇	蜜柚种植
15	惠州市惠东县吉隆镇	制鞋
16	惠州市博罗县石湾镇	电子信息
17	惠州市惠东县平海镇	滨海旅游
18	惠州市博罗县湖镇镇	电子材料

（续上表）

序号	专业镇名称	特色产业
19	东莞市寮步镇	智能制造
20	东莞市南城街道	金融服务
21	江门市台山市赤溪镇	能源制造
22	茂名市电白区七迳镇	精细化工
23	茂名市高州市大井镇	蛋鸡
24	茂名市信宜市洪冠镇	南药
25	潮州市饶平县联饶镇	水果及农产品加工
26	揭阳市普宁市池尾街道	纺织服装
27	云浮市罗定市苹塘镇	稻米

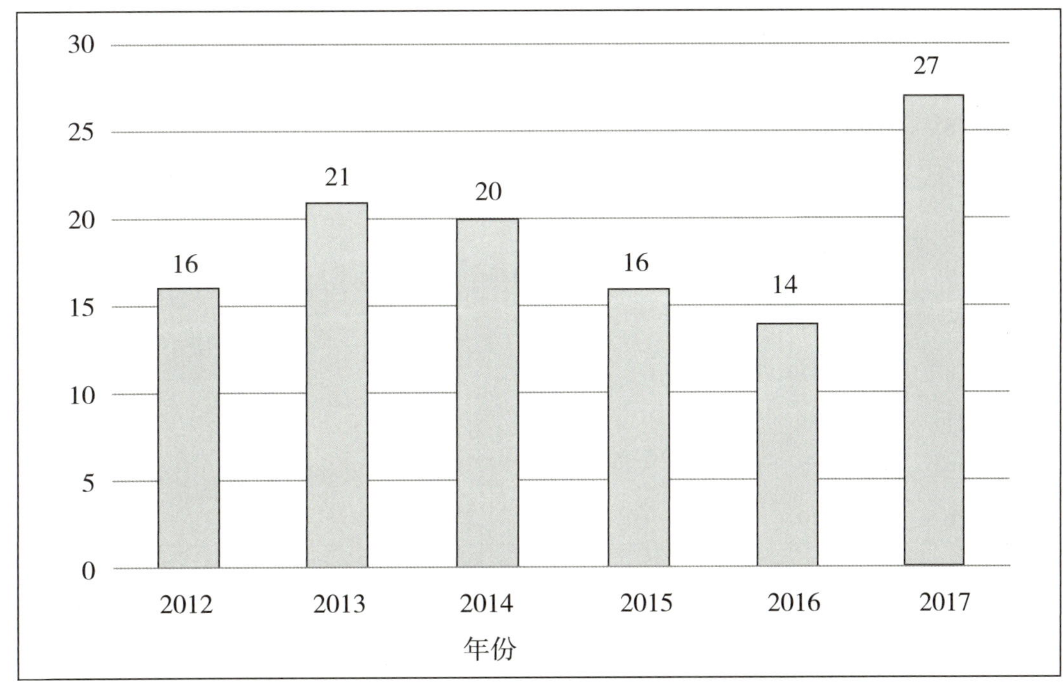

图4-1-1　广东省“十二五”以来新增省级专业镇数量（2012—2017）

专业镇经济与社会建设　专业镇经济规模持续扩大，推动区域经济增长。据2017年12月数据，经广东省科技厅认定的专业镇数量达434家，遍布全省20个地级市（除深圳外）。2017年，广东全省专业镇实现地区生产总值（GDP）31 456.3亿元，较上年增长2 288.3亿元，占广东全省GDP总量的比重达35.0%，省级专业镇镇均GDP达73.1亿元，较上一年度提高2.5亿元。佛山、东莞的专业镇经济贡献度均超过90.0%，汕头、江门、中山等地市的专业镇经济贡献度超过70.0%，云浮、潮州、梅州、揭阳等地市的专业镇经济贡献度超过50.0%（见表4-1-2、图4-1-2）。十八大以来，全省专业镇经济总量稳步增长，对全省居民就业、财政收入和经济可持续发展的贡献巨大，为做好专业镇科技创新和高质量发展工作，推动产业布局、人才建设、高技术提升与产业化领域项目加快实施，打造产业有特色、科技有优势、企业有活力的创新高地奠定了坚实支撑。

表4-1-2　广东省专业镇基本情况表（2017）

地区	专业镇（家）	常住人口（人）	GDP（亿元）	工业总产值（亿元）	出口值（亿元）	企业（家）	规模以上企业（家）	高新技术企业（家）
全省合计	434	45 883 026	31 456.29	68 516.85	15 790.20	866 584	29 980	8 603
广州市	6	1 203 394	580.89	797.93	172.35	20 025	916	146
韶关市	18	586 999	136.70	402.75	2.86	1 820	93	7
珠海市	6	661 292	526.47	1 329.78	534.18	8 058	584	292
汕头市	29	2 681 687	1 781.10	3 190.23	381.97	28 668	1 537	180
佛山市	38	8 002 580	9 337.77	23 521.01	3 134.11	200 943	8 015	2 047
江门市	25	2 807 523	2 438.94	4 586.49	930.32	38 948	2 245	534
湛江市	17	1 860 976	384.52	398.04	41.67	10 092	305	28
茂名市	19	1 593 327	571.75	670.65	26.40	34 585	307	39
肇庆市	22	1 470 840	687.89	1 114.47	93.80	10 634	782	76
惠州市	25	2 144 994	1 502.04	4 954.88	2 058.13	19 324	1 532	414
梅州市	50	2 670 275	639.58	505.14	89.63	19 115	684	40
汕尾市	8	853 011	317.75	629.01	59.19	5 673	131	10
河源市	24	1 045 759	318.94	252.51	13.76	3 528	182	10
阳江市	15	946 493	595.56	1 096.62	96.00	5 439	335	21
清远市	9	737 487	233.03	951.99	61.89	1 398	219	39
东莞市	36	8 481 004	6 755.21	14 430.03	5 979.16	339 868	6 978	3 326
中山市	18	2 462 355	2 374.30	5 326.71	1 664.13	76 427	2 883	1 306
潮州市	21	1 748 675	678.09	1 322.92	126.34	17 717	710	46
揭阳市	22	2 331 547	1 099.09	2 221.66	245.78	13 417	1 040	26
云浮市	26	1 594 599	496.67	814.03	78.55	10 905	502	16

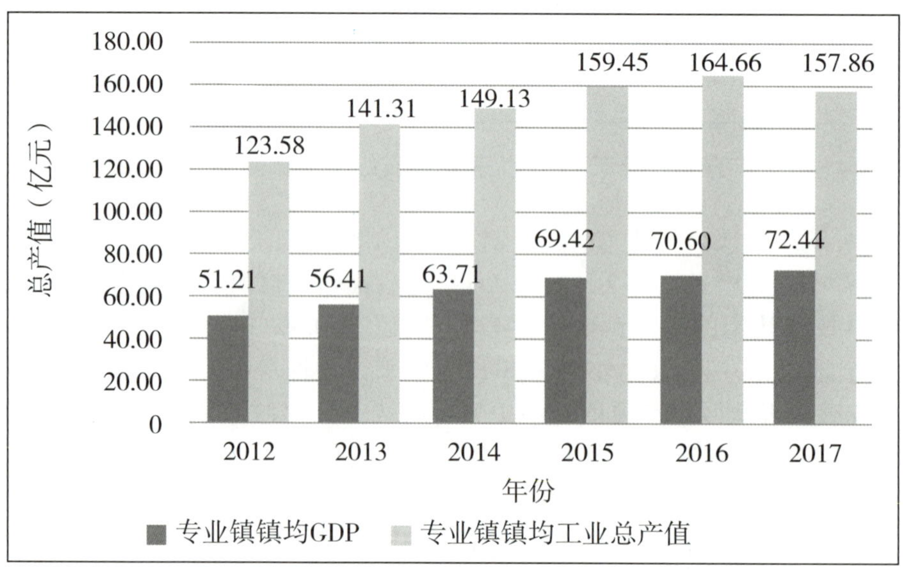

图4-1-2　十八大以来专业镇平均GDP和平均工业总产值

专业镇产业集群效应显著，推动创新资源集聚。2017年，全省专业镇平均企业集聚度达1 997个/镇，较上年度提高279个。其中，珠三角地区专业镇企业平均集聚度达4 058个/镇，较上年度提高793个。全省专业镇名牌名标总数3 867个，集体商标数和原产地商标数188个，共参与制定修订行业标准1 747件；设有研发机构的规模企业数为6 541家，机构覆盖率较上年度提高8.8个百分点；与高校、科研院所共建科技机构数共724个；创新服务平台完成和参与的成果转化项目670项，成果转化项目产值达42.8亿元。全省专业镇协同创新工作加快推进，科研综合能力水平明显提高，是全省科技成果产出的重要基地。

专业镇研发条件持续改善，加快创新能力提升。截至2017年12月，全省专业镇全社会科技投入达450.4亿元，共拥有111.5万名各类科技人员，占专业镇各类产业职工总数的6.6%；研究与开发（R&D）人员共31.4万人，每万人口中的R&D人员数达68人，全省专业镇创新环境条件持续改善。专利申请量和授权量分别达219 286件和120 778件，在全省总量的占比分别是34.9%、36.3%。专业镇镇内高新技术企业共计8 603家，占全省总数的26.1%；高新技术企业较上年度增加3 780家，高新技术企业工业总产值达18 723.5亿元，占相应工业总产值的比重达27.3%，集群内知识产权成果产出和企业高新技术发展取得较大进步。

形式多样、层级多元的科技创新载体得到不断丰富和完善，已成为专业镇创新驱动发展重要着力点。截至2017年年底，全省专业镇的创新服务机构共2 909家，建有公共创新服务平台340多家，当年共培训人员达24.1万人次，对外服务企业达6.0万家。

专业镇农业产业发展提速，引领农业创新新格局。全省农业类别专业镇比重提高，已成为提升专业镇发展水平和发展质量的重要方面。截至2017年年底，全省农业专业镇数量共计有146个，较2016年增加13个，占比已达33.6%，粤北和粤西地区是主要集聚区。2017年，全省农业专业镇特色产业总产值达501.6亿元，较上年度增加43.2亿元，增长9.4%。当年共完成科技投入12.8亿元，相较上一年度增加2.0亿元，一方面，政府科技投入方面，韶关、湛江、茂名、梅州、河源、潮州、云浮7个市农业专业镇科技投入均占专业镇全镇财政支出的3.0%以上；另一方面，政府在农业专业镇上的科技投入达2.3亿元，占农业专业镇全社会科技投入的17.5%，市场导向作用增强，包含企业在内的非政府资金已成为科技投入主体。农业类公共创新平台完成研发项目102项，支出研发经费3 286万元，成果转化实现转化项目数40个，实现产值3.07亿元，对外技术服务专业镇企业1 122个次，公共创新服务体系支撑农业经济与产业发展的能力显著提升。

农业专业镇专利申请和授权总量提高，结构改善。2017年，全省农业专业镇专利申请总量和专利授权总量分别为4 950件和2 031件，专利产出以实用新型专利和外观专利为主，实用新型专利申请量、发明专利申请量占全部专利申请的比重分别为53.4%、13.4%。优质产品和著名商标的获取水平方面稳步提升，其中名牌产品上升为117个，著名驰名商标数增加至137个。

专业镇跨区域学习交流活跃，形成常态化合作机制。2017年，继续深化专业镇跨省份、跨地区镇域经济、县域经济交流合作，形成常态化机制，推动专业镇经验走出广东，走向全国。依托广东省专业镇发展促进会，组织全省各级科技管理部门、专业镇工作、特色经济企业、行业协会相关人员，赴浙江、内蒙古、贵州开展特色小镇建设、农牧业、高新技术产业和大数据产业交流合作，进一步提高相关人员理论和实践水平，推动专业镇学习全国其他省份先进的发展模式、发展理念和管理经验，促进交流与合作，打造区域品牌，实现专业镇跨区域合作共赢。

专业镇协同创新发展评价开展，强化管理服务工作。2017年，为深入贯彻落实创新驱动发展战略部署，省科技厅开展省级专业镇协同创新发展评价工作。创新发展评价范围为认定已满3年的省级专业镇，采取书面评价和现场考核相结合的方式，针对产业集聚情况、公共创新服务体系情况、综合创新发展情况等方面开展评价，形成了优秀、合格和不合格评价结果，并对在发展过程中遇到行政区域变动或产业发展方向变化等原因导致专业镇与实际情况不符的进行了统一调整。

（李蓉 张熙 苏炜）

孵化育成体系

【科技企业孵化器】　2017年，广东省将孵化育成体系建设作为实施创新驱动发展战略的重要抓手，全省科技企业孵化育成体系建设进入提质增效阶段。2017年12月科技部火炬中心公布了2016年国家级孵化器评价结果，广东省获得优秀和良好等级的国家级孵化器数量占全国的11.09%，数量和比例均居全国第2，孵化器绩效不断提升。

实施孵化器倍增计划。截至2017年年底，全省建有孵化器781家，实现了孵化器数量双倍增，其中国家级孵化器总数达110家；众创空间作为服务创业初期、团队为主的新型孵化载体，是“众创空间—孵化器—加速器”科技孵化育成链条的重要组成环节，全省数量达735家，其中纳入国家级孵化器管理体系的众创空间共234家，孵化器和众创空间数量均继续保持全国第1。全省实现了21个地市孵化器、众创空间全覆盖，珠三角地区80%以上县区实现孵化器、众创空间全覆盖。

同时，开始组织实施广东省科技企业孵化育成体系提质增效行动，引导孵化器围绕战略性新兴产业源头培育和传统产业转型升级，实现从注重载体建设向注重主体培育的转变、从注重企业集聚向注重产业培育转变。2017年新增毕业企业超2 600家，其中毕业当年收入超过1 000万元的企业达30%以上，高新技术企业超1 600家，累计上市（新三板挂牌）企业超430家；毕业企业平均孵化时限为24个月，毕业率达34%，大幅加速在孵企业成长，提高初创企业成活率。

修订孵化器后补助政策。修订完善《广东省科学技术厅　广东省财政厅关于科技企业孵化器后补助试行办法》。

推动孵化载体国际化发展。大力支持孵化器依托中以、中德、中新等对外合作建设国际化孵化平台，支持粤港澳台合作建立孵化平台，鼓励并支持有条件的孵化机构在海外建设分支机构或孵化基地，提升孵化平台吸引全球高端创业项目和团队的能力。在开展国家级和省级孵化器认定基础上，开展港澳台和国际化孵化器认定工作，共有11家获得专家评审通过。

2017年全省孵化器基金总额达120亿元，在孵企业当年获得的风险投资额近70亿元。2017年全省孵化器吸纳就业人数达到31.6万人，其中吸纳应届大学毕业生3.6万人；当年孵化服务企业3.8万家，其中在孵企业2.35万家；创业导师数量达到5 800人，对接辅导创业企业近1.5万家。出现了一批专注于互联网、生物医药、机器人与智能制造、新材料、文化创意等战略性新兴产业的专业孵化器，带动一批行业龙头企业围绕自身产业链建设专业孵化器，不断催生出新产品、新产业、新服务、新业态，源源不断为经济发展提供新活力。

此外，承办了科技部火炬中心的全国孵化器主任培训班，指导省孵化器协会举办了5期全省孵化器从业人员培训班，举办了中国孵化器30周年系列活动，举办了粤港澳大湾区创新生态高峰论坛，推进与香港科技园的粤港创新创业合作。

（文晓芸）

【新型研发机构】　从2014年起，省科技厅在“广东省协同创新与平台环境建设专项资金”中，增设了新型研发机构扶持专题，对新型研发机构初创建设、科研仪器购置、加大研发投入和创业孵化等给予专项资金支持，有力地促进了新型研发机构的发展和壮大。

2017年以来，全省新型研发机构进入了一个快速发展的阶段。经过大范围高强度的宣传和培育，各地市掀起了一股新型研发机构建设热潮。广州、佛山、东莞等13个地市针对新型研发机构出台了专项政策文件，并有14个地市设立了专项资金支持新型研发机构发展。2017年，经省政府批准新认定39家省级新型研发机构。截至2017年年底，全省共有219家省级新型研发机构，有研发人员近26 000人，拥有单价10万元以上的科研仪器设备原值达到117 312万元，有效发明专利达到11 744项，累计创办和孵化的企业4 302家，其中高新技术企业900多家。从已获批的机构来看，新型研发机构在遵循市场与创新规律、破除体制弊端、充分利用产学研合作机制、加速创新人才集聚方面起到了良好的模范带头作用，充分释放了创新活力，成为全省实施创新驱动发展的新动力。

发布《广东省新型研发机构管理暂行办法》，从机构的发展定位、申报、认定、管理、评估、权利、义务等方面提出规范的流程与举措，为新型研发机构未来的发展提出明确的定位，这在全国尚是首个省级新型研发机构的管理办法。

（李　蓉）

【可持续发展创新示范区】 2017年，根据省政府领导对《国务院关于印发中国落实2030年可持续发展议程创新示范区建设方案的通知》的批示，加快推进国家可持续发展创新示范区创建工作，通过召开专家座谈会、征求有关市政府意见、开展专题调研、召开地市科技部门座谈会，加强与科技部对接沟通，积极研究部署本省创建工作，报请省政府推荐广州、深圳作为广东省创建地区。

（沈　思）

企业技术创新

【企业研发补助】　为引导企业加大研发投入，开展技术创新活动，2015—2017年，广东省在全国率先实施企业研发财政补助政策，共有12 850家（次）企业获得补助，补助金额70.03亿元。同期，这些获补助企业研发投入总额为1 949.6亿元，财政补助资金与企业研发投入的比例是1：28，带动效应十分明显。这项政策是广东省支持企业加大研发投入、提升企业创新能力的重大举措，是支持企业开展研发活动方式上的重大探索和创新，普惠性和引导性的特点十分突出，既能降低企业的创新成本，又能起到结构性减税的作用，受到企业的普遍欢迎，实施成效十分显著。

企业研发补助政策的补助对象和依据清晰、明确，通过对企业可加计扣除的研发费用给予一定比例的补助，既规范了企业财务管理，降低了企业的创新成本，又起到了结构性减税的作用，受到企业的普遍欢迎。主要有以下3个突出特点：一是普惠性，面向全省（除深圳市）投入研发资金、开展研发活动的企业；二是引导性，发挥好财政资金“四两拨千斤”的作用，激励企业有计划、持续、稳定地增加研发投入；三是协同性，以企业研发费用税前加计扣额为依据核定企业研发投入金额，形成支持企业创新税收优惠政策和财政补助资金的联动效应。

实施总体情况　2015—2017年期间，共12 850家（次）企业获得补助，补助金额70.03亿元。2015年，全省共1 494家企业获得企业研发财政补助，总金额12.11亿元，平均每家企业资助强度达到81.08万元；2016年，共有3 770家企业获得企业研发财政补助，总金额23.15亿元，平均每家企业资助强度为61.41万元；2017年，全省共7 586家企业获得省研发补助，总金额34.77亿元，平均每家企业资助强度45.83万元（见图4-3-1）。

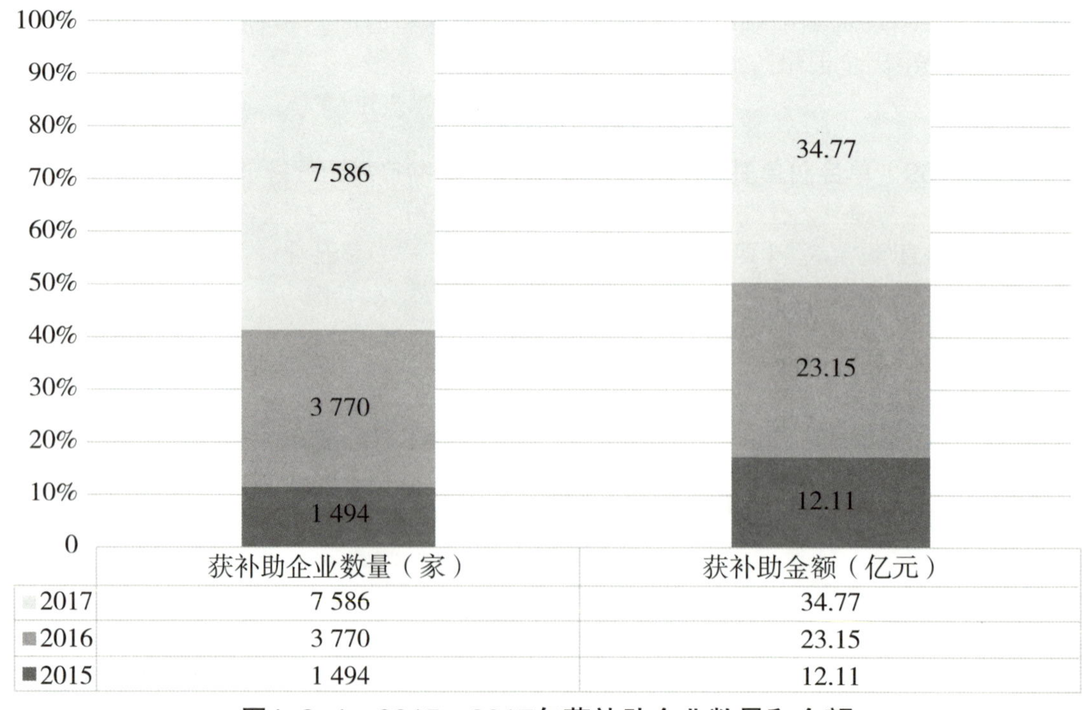

	获补助企业数量（家）	获补助金额（亿元）
2017	7 586	34.77
2016	3 770	23.15
2015	1 494	12.11

图4-3-1　2015—2017年获补助企业数量和金额

企业研发补助实施3年以来，成效显著。

一是引导效应显著，有效引导企业规范研发管理活动，有力地推动企业加大研发及创新要素投入力度，获补助的企业已普遍建立了研发准备金制度（或研发经费管理制度），2015年、2016年、2017年连续3年获得补助的1 200家企业研发投入分别为339.81亿元、366.46亿元、352.43亿元，研发投入持续稳定，同时企业研发投入在营业收入中的占比持续上升，分别为3.83%、3.94%、4.29%，增长率分别为2.8%和8.95%。

二是带动效应显著，企业研发智力资源投入持续稳定增加，2015年、2016年、2017年获补助企业高层次科技人员占科技人员比例分别为15.91%、20.22%、21.31%，所占比例逐年提高。

三是转化产出作用凸显，带动企业创新产出逐步增加，2015年、2016年、2017年获补助企业平均每家企业新增专利授权量分别为2.73个、2.13个、6.56个，每家企业新增专利申请量分别为7.96个、6.44个、11.15个。

四是财税政策叠加效应不断显现，2015年、2016年全省研发费用加计扣除企业数量增长率分别是81.73%和113.7%，获补助的非高新技术企业被认定为高企的数量占比分别为33.23%和50.8%，均呈现上升趋势。

五是积极涵养优质税源，区域财政活血、造血能力持续提升，获补助企业由2015年的1 494家增长至2017年的7 586家，政策惠及面不断扩大，地方企业的活力和创富能力日益增强。

研发补助政策受到企业的普遍欢迎。一是企业认为研发补助申报成本低、负担小，企业只要做好上一年度研发费用加计扣除相关工作及年初的研发准备金备案工作即可；二是没有干预企业微观研发活动，企业可以自主、有计划、稳定地开展研发活动；三是覆盖面广，企业无论规模如何、是否盈利、什么行业，只要按程序走完申报流程，基本都能获得补助，不少从来没有拿到过财政科技计划项目的企业因此而受惠。

2017年度企业研发补助情况　2017年，全省共7 586家企业获得省研发补助，总金额34.77亿元，平均每家企业资助强度45.83万元。

（1）企业研发投入规模情况。在获得省研发补助的企业中，研发投入500万元以下的共有4 802家，占获补助企业数量的63.3%，研发投入在500万元以上（含500万元）的共有2 784家，占获补助企业数量的36.7%。从获补助企业的研发投入规模的数量来看，获补助对象约2/3的企业是中小企业，1/3的企业是大企业，数量上中小企业是主力。从获补助企业的研发投入金额来看，研发投入500万元以下的4 802家企业研发费用总额为97.55亿元，研发投入在500万元以上（含500万元）的2 784家企业研发费用总额为547.72亿元，大企业研发投入占80%以上，说明大企业筹措和投入研发资金的能力远远超过中小企业。

（2）企业区域分布情况。2015—2017年，珠三角8个地市获得补助的企业数量共有11 787家，占全省获补助企业数量的91.73%，补助金额62.76亿元，占全省补助金额的89.62%；粤东西北12个地市获得补助的企业数量共有1 063家，占全省获补助企业数量的8.27%，补助金额7.27亿元，占全省补助金额的10.38%。无论是获补助企业的数量，还是企业获得的补助资金，珠三角都占了约九成，粤东西北只占一成，区域差距十分巨大。

（斯　恒　张宏丽）

【规模以上企业科技创新】　2017年，广东规模以上企业科技创新投入和能力继续增强，创新质量得到提高，与东部沿海和发达省市相比，其优势得以继续保持。

创新投入　2017年，广东科技创新人力投入仍以工业企业为主体，并持续增长。全省从事R&D活动人员88.0万人，其中，工业企业R&D活动人员为69.6万人，比上年增长19.0%。工业企业R&D活动人员占全省R&D活动人员的比重达79.1%。全省R&D人员折合全时当量为56.5万人年，其中，工业企业R&D人员折合全时当量为45.7万人。

2017年，广东R&D经费内部支出2 343.6亿元，其中，工业企业R&D经费内部支出1 865.0亿元，比上年增长11.3%。工业企业R&D经费内部支出占全省R&D经费内部支出比重达到79.6%。2017年，企业当年研发用仪器设备投入力度略有减少。规模以上工业企业当年研发用仪器设备投入为124.4亿元，比上年减少2.1%（见表4-3-1）。

表4-3-1　广东R&D投入情况（2013—2017年）

指标	2013年	2014年	2015年	2016年	2017年
R&D人员（万人）	65.2	67.5	68.0	73.5	88.0
R&D人员全时当量（万人年）	50.2	50.7	50.2	51.6	56.5
R&D经费内部支出（亿元）	1 443.45	1 605.45	1 798.17	2 035.14	2 343.6
工业企业R&D经费内部支出（亿元）	1 237.48	1 375.29	1 520.55	1 676.27	1 865.0
工业企业当年研发用仪器设备投入（亿元）	118.3	124.3	115.4	127.0	124.8

创新实力　2017年，广东以工业企业为创新主体的态势得到继续发展，创新主体实力得到增强。全年，广东工业企业开展R&D项目（课题）7.3万项，较2016年增加44.7%。2017年，广东工业企业申请发明专利8.62万件，较上年增长27.2%；广东工业企业新产品产值35 466.5亿元，新产品销售收入达34 863.0亿元，分别比上年增长 21.3%和 21.6%（见表4-3-2）。

表4-3-2　规模以上工业企业创新实力情况（2013—2017年）

年份	R&D项目/课题数量（万项）	发明专利申请量（万件）	新产品产值（亿元）	新产品销售收入（亿元）
2013	4.69	4.72	17 981.2	18 013.7
2014	4.29	5.56	20 057.0	20 313.3
2015	3.73	5.16	23 056.2	22 642.5
2016	5.07	6.82	29 230.4	28 671.4
2017	7.30	8.62	35 466.5	34 863.0

区域优势　珠三角地区工业企业科技活动投入水平和科技活动质量在省内继续保持优势。2017年，珠三角地区9市工业企业R&D经费支出1 761.26亿元，占全省工业企业R&D经费的94.4%；R&D人员64.6万人，占全省工业企业的92.8%；发明专利申请8.39万件，占全省工业企业的96.7%；新产品产值33 549.2亿元，占全省工业企业的 94.6%。

广东工业企业创新投入仍处于全国前列。工业企业R&D经费投入总量连续两年超过江苏，位居全国首位，R&D人员投入也位居全国之首。

（吴　娱）

【创新方法推广应用】　2017年，广东省继续加强全省创新方法推广应用工作，注重总体布局与分工协作，形成了多部门协同推进的格局。一是不断优化推广应用工作平台体系，提升专家团队和工作团队服务能力和水平；二是持续强化咨询式培训业务，通过培训，训练和提高企业人员分析问题与解决问题的能力，为企业培养一批具备本地化创新方法的人才团队，并产生一批高价值的专利等成果，全力支撑企业技术创新能力提升和促进区域创新驱动发展。

创新方法支撑政策和制度研究　2017年，广东省创新方法推广应用研究中心继续发挥作用，一方面不断开展创新方法支撑政策和制度的研究工作，为全省工作的统筹规划做好服务，并继续做好监督和管理创新方法培训及企业应用试点工作；另一方面不断强化创新方法培训和咨询师资团队建设工作，进一步梳理咨询式培训大纲和规范内容，将培训流程标准化，并结合企业的特殊需求，提供定制化创新方法培训服务，满足企业的技术创新需求。

创新方法宣传和学术交流　2017年，广东省创新方法研究会持续开展创新方法宣传工作，编印发放《创新与方法》4期，共4 000册，及时宣传报道了广东省创新方法工作情况与成效；梳理了全国创新方法师资情况，并编印了2期杂志，发送到国内其他省市，大大提高了该期刊的影响面；在师资中开展了创新方法学术研究和工作研讨，并参加国内外高水平创新方法学术论坛，持续为社会各界提供了创新方法的专业化服务。

创新方法人才培养　2017年，广东省创新方法推广应用研究中心组织本省创新方法师资团队，在广州、深圳、云浮、中山、韶关等地为企业开展了创新方法普及培训和创新工程师培训，为企业培养创新工程师团队，全年累计组织开展创新方法培训近70期，其中创新工程师培训5期，进化树专题培训1期，累计参训人数超过10 000人次。在企业传播创新方法，扩大创新方法的受众群体，有效推进了创新方法在全省的应用。

创新方法企业应用和成果　在创新方法推广应用企业试点示范培育方面，比亚迪集团有限公司、珠海格力电器股份有限公司等企业连续多年导入创新方法培训并应用创新方法，形成了稳定的创新方法骨干人才，不断解决企业中的各种技术创新问题。TCL多媒体研发中心通过学习进化树理论体系和知识，探索构建企业技术产品的进化树体系。与此同时，创新方法培训还走进县域龙头企业，在广东凌丰集团股份有限公司和广东万事泰集团股份有限公司分别开展了创新方法的咨询式培训，帮助企业解决了近20项技术难题，有效提升了企业的技术创新水平。

（严军华）

【工程技术研究中心】　截至2017年年底，广东省拥有国家级工程中心23家，省级工程中心4 215家，其中2017年新认定的省级工程中心1 564家。省级工程中心依托企业组建的有3 466家（占82.23%），依托高校组建的有553家（占13.12%），依托科研院所组建的有196家（占4.65%）。

省级工程中心行业布局不断优化，覆盖了电子信息技术（647家）、电子元器件及集成电路（272家）、先进制造（929家）、高端装备（226）、新材料（899家）、生物医药及医疗器械（326家）、食品与轻化工（280家）、农业技术（218家）、新能源与高效节能（184家）、资源与环境（180家）、高技术服务业（54家）等重点产业领域。省级工程中心地域分布情况为：珠三角地区3513家，占全省的83.34%；粤东地区（汕头、潮州、揭阳、汕尾、梅州、河源）412家，占全省的9.77%；粤西地区（湛江、茂名、阳江、云浮）166家，占全省的3.93%；粤北地区（韶关、清远）115家，占全省的2.96%（见表4-3-3）。

表4-3-3　广东省工程技术研究中心区域分布表

序号	地区	地市	数量（家）
1	珠三角	广州	1 371
2		深圳	253
3		佛山（含顺德区）	631
4		东莞	291
5		惠州	154
6		江门	239
7		中山	265

（续上表）

序号	地区	地市	数量（家）
8	珠三角	肇庆	118
9		珠海	191
10	粤东	潮州	49
11		汕头	166
12		汕尾	10
13		揭阳	55
14		梅州	60
15		河源	81
16	粤西	云浮	30
17		阳江	28
18		湛江	58
19		茂名	50
20	粤北	韶关	41
21		清远	74
合计			4 215

2017年，支持国家工程中心培育项目8项，总计2 400万元。据统计结果，省级工程技术研究中心承担的科研项目超过34 967项，其中国家级项目2 456项；承担或参与制订国家标准、行业标准3 732项。全省工程中心的研发投入超过753亿元，申请专利69 237件，获专利授权41 461件；转让研发成果9 091项，转让研发成果收入1 192 521万元；新产品产值达13 688.6亿元，出口销售收入11 699 064万美元；税后利润24 587 658万元，产生了巨大的经济效益，为广东省实施创新驱动发展提供强有力的技术支撑，促进了产业转型升级。

（李　蓉）

高等院校科技创新

【高校主要科研指标】

科研人力资源　2017年全省普通高校从事教学与研究人员总数为124 473人，其中理、工、农、医类（以下简称“科技”）人数为72 012人，人文社会科学类（以下简称“人文社科”）人数为52 461人。

2017年全省普通高校从事教学与研究人员中，具有高级职称（正高和副高职称之和）的人数为41 960人，其中科技类高级职称有25 930人，人文社科类有16 030人。具有博士学位者共28 653人，其中科技类有19 593人，人文社科类有9 060人。

科研活动经费　2017年全省普通高校当年投入科研经费总额为187.71亿元，其中科技类经费为167.83亿元，占总经费的89.41%；人文社科类经费为19.88亿元，占总经费的10.59%。

2017年全省普通高校当年政府投入的科研经费为133.42亿元，占全省普通高校当年投入科研总经费的71.08%。其中，投入至科技类的经费为123.05亿元，占科技类总经费的73.32%；人文社科类为10.37亿元，占社科类总经费的52.17%。

2017年全省普通高校当年企事业单位投入的科研经费为32.01亿元，占全省高校当年投入科研总经费的17.05%。其中，投入至科技类经费为27.74亿元，占科技类总经费的16.53%；人文社科类的经费为4.27亿元，占人文社科类总经费的21.49%。

2017年全省普通高校当年其他经费投入的科研经费为22.28亿元，占全省高校当年投入科研总经费的11.87%。其中，投入至科技类经费为17.04亿元，占科技类总经费的10.15%；人文社科类的经费为5.24亿元，占人文社科类总经费的26.34%。

研究机构　2017年全省普通高校共拥有上级主管部门批准的研究机构1 422个。其中，科技活动机构1 098个，包括国家级机构53个，省部级机构801个，其他主管部门机构244个；人文社科研究活动机构324个，包括国家高端智库2个，省级智库13个，教育部重点研究基地10个，省部共建基地3个，省级基地73个，省级实验室14个，其他主管部门机构209个。

科研项目　2017年，全省普通高校投入项目经费合计118.97亿元，占全省普通高校当年投入科研经费的63.38%。在研项目84 211项，其中当年新立项项目32 237项，当年新立项项目投入经费85.56亿元。

科技类项目当年投入经费109亿元，在研项目48 910项，其中新立项项目21 369项，新立项项目当年投入经费77.58亿元。

人文社科类项目当年投入经费9.97亿元，在研项目35 301项，其中新立项项目10 868项，新立项项目当年投入经费7.98亿元。

科研成果　2017年，全省普通高校共发表学术论文87 815篇，其中在国外发表学术论文28 716篇。全年发表科技类学术论文62 605篇，其中在国外发表学术论文27 246篇，三大索引（SCI、EI、ISTP）收录论文28 932篇。发表人文社科类学术论文25 210篇，其中在国外发表学术论文1 470篇。

2017年，全省普通高校出版各类图书2 965部，其中出版科技类图书925部，人文社科类图书2 040部。2017年全省普通高校出版专著1 080部，其中科技类231部，人文社科类849部。

2017年，全省普通高校签订技术转让合同680项，合同金额19 194.4万元，当年实际收入11 976.6万元。

2017年，全省普通高校申请专利20 042件，其中发明专利11 818件，占专利申请总数的58.97%；获专利授权8 616件，其中发明专利3 527件，占专利授权总数的40.94%。截至2017年年底，全省高校拥有专利30 020件，其中发明专利13 657件，占专利拥有总数的45.49%。

根据各校统计报表汇总，2017年全省普通高校共获得各类成果奖416项。其中，科技领域获得国家级二等奖以上奖励15项，省部级二等奖以上奖励114项；人文社科领域获得部级奖228项。

2017年，全省普通高校科技类项目中共有129项国家级重大、重点项目验收。其中，“973计划”项目10项，国家科技支撑计划项目9项，“863计划”项目11项，国家自然科学基金重大、重点项目96项，军工项目3项。全省普通高校人文社科类项目中，国家级项目结项155项，教育部人文社会科学研究项目结项297项。

学术交流　2017年，高校在开展科技类学术交流方面，合作研究共派出2 752人次，接受2 060人次；出席国际学术会议10 287人次，交流论文4 735篇；主办国际学术会议197场次，国际学术会议特邀报告1 366篇。

在开展人文社科类学术交流方面，合作研究共派出1 176人次，接受796人次；出席国际学术会议1 816人次，交流论文1 125篇；主办国际学术会议196场次。

（张　婧）

【中山大学】　2017年，中山大学加强科研组织，坚持以“三个面向”为指导，以科学分析为基础，以“三大”建设为抓手，以目标管理为导向，以“三有对接”为突破，以推进科研分类评价改革为支撑，引领科研工作持续高速发展。

科研项目与经费　2017年中山大学科技项目到账经费27.57亿元。获批国家自然科学基金项目873项，批准直接经费5.044亿元，集中受理期获资助项目数位居全国高校第2，立项金额位居全国高校第3；牵头获批国家重点研发计划20项，居全国高校第4。

2017年获批省市科技计划项目资助经费超3.4亿元，其中，广东省科技计划立项201项，合同经费合计1.492亿元（不含产学研合作领域项目和重点实验室专项）；广州市科技计划项目立项229项，合同经费合计1.93亿元。

科技成果及专利　该校有3项科研成果获2017年度高等学校科学研究优秀成果奖（科学技术），其中一等奖2项；6项成果获2017年度中华医学科技奖，其中一等奖2项；以第一完成单位获得2017年度广东省科学技术奖14项，其中突出贡献奖1项、一等奖4项。肿瘤防治中心马骏教授荣获首届全国创新争先奖状。中山眼科中心刘奕志教授荣获2017年度何梁何利基金科学与技术进步奖。

2017年，陈小明院士等5位科学家入选科睿唯安“高被引科学家”。肿瘤防治中心高嵩教授课题组解析人类MFN1片段的晶体结构并提出线粒体外膜融合机制模型，该研究成果在线发表于英国*Nature*杂志。化学学院张杰鹏教授、陈小明院士团队在*Science*发表关于化工分离的突破性进展。附属第一医院何晓顺教授领衔的器官移植团队成功实现全球首例“无缺血”人体肝移植术。

2017年，该校申请专利990项，比上年增长12.12%，获专利授权440项，比上年增长10.28%。

科研平台建设　2017年，中山大学获准建设广东省重点实验室2个，广东省工程技术研究中心21个（见表4-4-1）。

表4-4-1　中山大学新增省部级以上科研平台（2017年）

序号	建设单位（院/系）	名称
1	地球科学与工程学院	广东省地球动力作用与地质灾害重点实验室
2	传播与设计学院	广东省舆情大数据分析与仿真重点实验室
3	土木工程学院	广东省地下空间开发工程技术研究中心
4	电子与信息工程学院	广东省智能光信息处理与应用工程技术研究中心

（续上表）

序号	建设单位（院/系）	名称
5	生命科学学院	广东省重要经济鱼类健康养殖工程技术研究中心
6	环境科学与工程学院	广东省室内空气污染控制工程技术研究中心
7	环境科学与工程学院	广东省废弃物3R工程技术研究中心
8	地理科学与规划学院	广东省公共安全与灾害工程技术研究中心
9	化学工程与技术学院	广东省热带海洋动态防腐材料工程技术研究中心
10	化学工程与技术学院	广东省海洋生物质化工原料及其功能化转化工程技术研究中心
11	海洋科学学院	广东省海岸与岛礁工程技术研究中心
12	中山医学院	广东省健康医疗大数据工程技术研究中心
13	公共卫生学院	广东省环境与健康风险评价工程技术研究中心
14	公共卫生学院	广东省营养转化工程技术研究中心
15	药学院	广东省中药超临界流体萃取工程技术研究中心
16	药学院	广东省仿制药一致性评价工程技术研究中心
17	药学院（深圳）	广东省干细胞与创新药物工程技术研究中心
18	附属第一医院	广东省烧伤与伤口精准诊治关键技术与系列产品研发工程技术研究中心
19	孙逸仙纪念医院	广东省口腔颌面头颈数字化精准修复重建工程技术研究中心
20	附属第三医院	广东省微创脊柱外科工程技术研究中心
21	附属第三医院	广东省慢阻肺康复工程技术研究中心
22	附属第六医院	广东省炎症性肠病精准诊疗工程技术研究中心
23	附属第八医院	广东省辅助循环创新工程技术研究中心

“天琴计划”建设工作稳步推进。2017年，积极争取广东省对“天琴计划”建设支持，编制完成空间引力波探测地面模拟装置项目建议书并通过了深圳市组织的建议书评审，预期2018年年底前开工；编制完成天琴一号试验卫星项目建议书并通过国家国防科工局立项评审；完成激光测距台站上山公路60%的土方开挖工程和山顶台站站址平整，即将开展山洞实验室的开挖工程。

海洋科考船建设工作进展顺利。2017年，国家发改委和教育部支持5 000万元用于科考船建设，已完成船体设计招标，开始进行概念设计。正式成立了科考船建设指挥部。此外，2017年组织夏季和冬季科考航次各1次。

南海研究院建设获实质进展。开展了首批设备论证采购，初步建立了南海研究院组织管理体系。南方海洋实验室建设方案通过了广东省科技厅组织的省实验室建设方案专家综合论证，获得组织部门领导与专家的高度认可。

精准医学平台取得阶段性建设成效。2017年，由学校精准医学科学中心牵头，联合11家单位，向广东省卫生和计划生育委员会申报了“广东省精准医疗综合创新平台建设项目”，已通过项目初评。完成精准医学科学中心筹建的生物医学大数据中心机房建设。

超算中心强力支撑功能显现。超算中心各类科研项目经费支持总额超过1.2亿元，支撑了800

项国家级课题研发工作，服务用户数已经超过2 500家，系统全年平均利用率达到70%，最高利用率达到85%，是全球用户数量最多，应用范围最广的超算中心之一。2017年，天河二号蝉联世界超级计算机500强（TOP500）与高度共轭梯度基准测试（HPCG）排名第2位，是唯一一个两项关键排名都进入前3的系统。

（徐　静　张　超）

【华南理工大学】　2017年，华南理工大学科技工作在“双一流”建设和学校广州国际校区建设的大力驱动下，坚持面向国际科技前沿，以国家、广东省重大科技需求为导向，开拓创新，不断加大重大项目、重要奖励、重点基地和高层次人才争取工作的组织策划力度，科技创新能力和科研综合实力进一步增强。

科研项目和经费　2017年，华南理工大学新增自然科学类科研项目超过2 700项，到校科研项目经费超过21亿元。

在基础研究方面，获批国家自然科学基金项目252项，直接经费超3.4亿元，年度经费总量排名全国高校第12位，较2016年增长90%；牵头的“分子聚集发光”基础科学中心项目获批立项，5年资助总金额达2亿元，是国家自然科学基金委迄今资助力度最大的项目，截至2017年年底全国共7家单位获批，其中仅有清华大学和华南理工大学两所高校；新增国家杰青2人、优青3人，首次获批数理学部的优青；新增广东省自然科学基金研究团队4个，广东省杰青12人，新增数量居广东首位。

在应用研究方面，牵头承担国家重点研发计划项目6项，课题21项，经费超过2.7亿元，其中，“高性能长寿命燃料电池发动机系统的开发研制”单项经费突破5 400万元，创广东省高校单项经费支持最高纪录。承担各类省市科技计划项目超400项，经费超3亿元。

科技人才队伍建设　该校围绕广东经济社会发展需要，通过引育结合，积极培养、引进高水平的师资队伍，聚集高端创新人才，打造了一支由包括16名院士、10名“973计划”首席科学家、25名长江学者特聘教授、38名国家杰出青年科学基金获得者、20名优秀青年科学基金获得者、14名国家中青年科技创新领军人才、45名珠江学者、2个国家自然科学基金创新群体、3个科技部重点领域创新团队、18个教育部创新团队、10个广东省创新科研团队等组成的高水平创新人才队伍和科学家群体，为粤港澳大湾区和广深科技创新走廊建设提供强大的人才支撑，助力广东构筑具有全球影响力的人才高地。

科研成果　2017年度学校获省部级以上自然科学类科技奖励33项（见表4-4-2），其中：国家科技进步奖3项；高等学校科学研究优秀成果奖（科学技术）5项，其中一等奖3项，牵头获一等奖数量在全国高校排名第12位；广东省科学技术奖突出贡献奖1项，这是华南理工大学获得的第4个广东省科学技术突出贡献奖；2017年度广东省科学技术奖24项，其中一等奖5项、二等奖9项、三等奖10项。

表4-4-2　2017年度华南理工大学部分获奖项目

序号	项目名称	负责人	获奖类别
1	流域水环境重金属污染风险防控理论技术与应用*	党　志	国家科技进步奖二等奖
2	干坚果贮藏与加工保质关键技术及产业化*	宁正祥	国家科技进步奖二等奖
3	木特大型交直流电网技术创新及其在国家西电东送中的应用*	蔡泽祥	国家科技进步奖二等奖
4	污染水体中重金属高效吸附材料研制及应用基础研究	党　志	高等学校科学研究优秀成果奖（科学技术）一等奖
5	造纸行业清洁生产和末端治理相结合的水污染全过程控制集成技术	陈克复	高等学校科学研究优秀成果奖（科学技术）一等奖

（续上表）

序号	项目名称	负责人	获奖类别
6	多孔介质内含相变过程多相多组分输运机理*	樊栓狮	高等学校科学研究优秀成果奖（科学技术）一等奖
7	瞿金平		广东省科学技术奖突出贡献奖
8	氧化物薄膜晶体管技术及其在柔性有机发光显示	彭俊彪	广东省科学技术奖一等奖
9	半导体发光器件跨尺度光功能结构设计与制造关键技术	汤　勇	广东省科学技术奖一等奖
10	动力用煤降损与环境污染治理关键技术研究及工程应用*	马晓茜	广东省科学技术奖一等奖
11	高品质电子陶瓷元件关键技术及大规模产业化*	凌志远	广东省科学技术奖一等奖
12	50MW级生物质直燃发电技术研究及工程示范*	廖艳芬	广东省科学技术奖一等奖

注：*表示华南理工大学为非牵头单位

据中国科学技术信息研究所公布的结果显示，2017年华南理工大学科技论文质量进一步提高，发表“卓越国际论文”（即论文发表后的影响力超过其所在学科的一般水平）1 396篇，较上一年度增长40.44%，占SCI收录论文总数的56.68%，这一比例在卓越国际论文数前30名的高校中排名第1。1篇论文入选2007—2017年我国被引次数最高的10篇论文（排名第4），累计被引次数达2 642次。统计显示，2016年度华南理工大学论文被SCI、EI和CPCI-S索引共收录5 820篇，其中SCI索引收录2 463篇，比上年增长11.0%，在全国高等院校中排名第20；EI索引收录2 720篇，在全国高等院校中排名第9；SCI学科影响因子前1/10的期刊论文536篇，在全国高等院校中排名第12。

产学研工作　2017年，华南理工大学积极拓宽渠道，进一步提升了服务地方产业能力，荣获2017年中国产学研合作创新奖。在企事业委托项目方面，学校横向新签订理工类技术合同达1 888项，合同金额达到11.07亿元，较2016年实现了大幅度增长，创下历史新高，稳居广东高校榜首。在校企联合研发平台建设方面，2017年累计与科大讯飞、欣旺达电子、天王电子、利泰制药等规模以上企业共建24个校企联合实验室，单个实验室企业投入超过200万元，累计经费达到5 100万元。联合相关行业龙头企业新建国家特色农产品深加工产业技术创新战略联盟，以及精准医学、大数据、智能化建筑、工业机器人等13个省市级产业技术创新联盟。

2017年，华南理工大学围绕“一带一路”倡议、粤港澳大湾区和广深科技创新走廊建设，进一步深化校地合作，依托校地联合创新平台与广州、佛山、东莞、珠海、中山等地区市政府在创新创业人才培养、科技成果转化、高新技术企业孵化和产学研合作等领域继续加强交流与合作。广州现代产业技术研究院在2017年获批广州市技术转移示范机构（中心）建设支持。华南协同创新研究院2017年获批国家级孵化器培育单位和东莞市名校研究生培养（实践）基地、东莞市“倍增计划”专业服务资源池专业服务机构，同时再次获批东莞市创新团队，成为东莞市34家新型研发机构中连续两年获批创新团队的两个单位之一。中新国际联合研究院引进启动6个研发平台，共建成16个中试实验室，开展了17个国际科技合作项目。中山市华南理工大学现代产业技术研究院建成第三代半导体材料与光电子器件创新平台，开展科技对接活动50余次，服务企业300余家，培训企业技术人员150余人，获2016年度中山市新型研发机构优秀奖。

2017年，佛山市顺德区人民政府在广州大学城卫星城产业社区佛山市顺德区陈村镇顺联机械城提供4万m^2场地和投入2亿元资金与华南理工大学合作共建了华南理工大学国家大学科技园顺德创新园区。作为学校科技成果转化的对外展示窗口，顺德创新园区将通过机制创新和科技创新，以科技创新帮助顺德夯实重点产业、发展新兴产业和培育未来产业，完善学校技术转移体系。

知识产权工作　2017年，华南理工大学2项专利荣获第十九届中国专利奖，使得学校自2009年以来以第一完成单位获中国专利奖数量达23项（金奖1项），获奖总数位居全国高校前列。此外，2017年2项专利获广东专利优秀奖，1人获广东专利发明人奖；3项专利成果获第二十二届全国发明展览会金奖。

2017年专利申请量4 025件，其中发明专利申请量2 914件，同比增长均超过20%，发明专利占比超过72%；获专利授权量2 004件，其中发明专利授权量1 146件。2017年学校发明专利申请公开量排名全国高校第2位，发明专利授权量和有效发明专利拥有量均排名全国高校第6位。2017年PCT共申请149件，近3年平均增长率超过30%；41件PCT进入国家阶段，获授权国外专利15件；世界知识产权组织发布的《2017世界知识产权指标》报告显示，华南理工大学跻身全球前100名专利申请人，排名全球第67位，在国内高校中排名第7位。

科研平台建设　2017年，学校新增31个省部级以上科研机构（见表4-4-3），使得学校省部级及以上自然科学类科研机构增至163个。其中，获批建设热带特色健康食品国际科技合作基地、半导体显示与光通信器件研发国家地方联合工程研究中心、AMOLED工艺技术国家工程实验室（校企合作）等4个国家级科研基地，使得学校国家级自然科学科研机构增至25个。

表4-4-3　华南理工大学新增省部级以上科研平台（2017年）

序号	校内建设单位	名称
1	机械与汽车工程学院	半导体显示与光通信器件研发国家地方联合工程研究中心
2	食品科学与工程学院	国家热带特色健康食品国际科技合作基地
3	材料科学与工程学院	AMOLED工艺技术国家工程实验室
4	材料科学与工程学院	软物质科学与技术学科创新引智基地
5	生物科学与工程学院	合成生物学与药物制备国际合作联合实验室
6	软件学院	大数据与机器人智能粤港澳联合实验室
7	计算机科学与工程学院	广东省计算智能与网络空间信息重点实验室
8	环境与能源学院	广州市能源材料表面化学重点实验室
9	轻工科学与工程学院	广东省特种纸与纸基功能材料工程技术研究中心
10	食品科学与工程学院	广东省特种酶工程技术研究中心
11	新闻与传播学院	广东省大数据与计算广告工程技术研究中心
12	电子与信息学院	广东省智能网络通信与计算工程技术研究中心
13	机械与汽车学院	广东省智能无人船与系统工程技术研究中心
14	环境与能源学院	广东省生态透析环境治理工程技术研究中心
15	材料科学与工程学院	广东省金属材料表面功能化工程技术研究中心
16	电子与信息学院	广东省智能传感器与专用集成电路工程技术研究中心

（续上表）

序号	校内建设单位	名称
17	软件学院	广东省软件开发与服务工程技术研究中心
18	化学与化工学院	广东省电化学能源工程技术研究中心
19	建筑学院	广东省风景园林工程技术研究中心
20	材料科学与工程学院	广东省柔性OLED显示工程技术研究中心
21	软件学院	广东省多媒体智能营销工程技术研究中心
22	环境与能源学院	广东省植物纤维高值化清洁利用工程技术研究中心
23	食品科学与工程学院	广东省香蕉精深加工与综合利用工程技术研究中心
24	建筑学院	广东省智慧城市规划工程技术研究中心
25	材料科学与工程学院	广东省智能焊接制造装备及机器人工程技术研究中心
26	计算机科学与工程学院	广东省人工智能中医工程技术研究中心
27	机械与汽车工程学院	广东省智能与康复装备工程技术研究中心
28	环境与能源学院	广东省能源材料表面化学工程技术研究中心
29	机械与汽车工程学院	广东省金属增材制造工程技术研究中心
30	生物科学与工程学院	广东省生物制药工程技术研究中心
31	土木与交通学院	广东省水利工程安全与绿色水利工程技术研究中心

科技交流与合作　2017年，学校承办了第一届材料基因工程高层论坛，2017食品非热加工与营养国际会议，第六届极端荷载下结构性能、保护及加固国际会议，中国转化医学高峰论坛等大型学术会议30余次。

4月18—19日，2017软物质科学与技术国际学术研讨会在广州召开，会议由华南理工大学、北京大学协办，来自美国、欧洲、日本、中国香港及内地的近150余位专家学者出席。研讨会共分为8节，围绕物理、化学、材料、工程等多个学科领域，分为10个大会特邀报告和15个邀请报告，包括美国科学院院士、美国工程院院士、欧洲科学院院士、中国科学院院士以及日本紫绶褒章获得者在内的多名专家分享了其在软物质研究领域的最新成果。

4月28—29日，第一届国际脂类科学与生物技术研讨会在广州召开，会议由华南理工大学和广东省脂类科学与应用工程技术研究中心主办，来自美国、欧洲、日本、澳大利亚、马来西亚、中国澳门以及内地多所大学和科研机构的100余位专家学者参加会议。研讨会围绕脂类代谢与营养以及脂质组学研究，新型油脂资源挖掘、功能性与安全性评价，以及功能性脂的生物法制备等脂类科学与工程前沿发展方向及与之相关的科学问题展开讨论。美国伯纳姆医学研究中心的韩贤林教授、天津医科大学的副校长余鹰教授、澳大利亚迪肯大学的Barrow Colin教授等14位来自国内外的特邀代表作大会报告。

10月25—27日，2017微生物化学—生物学国际会议在广州召开，会议由华南理工大学主办，来自欧洲、美洲及亚洲等多个科研院校的科学家和研究人员50余人参会。会议邀请来自中国科学院、英国皇家科学院、英国牛津大学、英国华威大学、美国肯塔基大学等单位的9名国内外资深专家做大会报告。会议对当前微生物天然产物化学，生物学的研究进展及热点，细菌、放线菌、海洋真菌等来源的天然产物的结构解析，合成基因簇挖掘及调控，药物开发等进行了深入探讨。

11月21—23日，第一届材料基因工程高层论坛在广州召开。论坛由中国工程院化工、冶金与材料工程学部，工业和信息化部产业发展促进中心及中国材料研究学会主办，华南理工大学和广州市新材料产业发展促进会承办。新材料领域的31位院士，500余专家、学者、企业家代表出席。论坛设高通量材料计算与设计、高通量材料制备与表征、材料服役与失效行为、材料信息技术4个分论坛，围绕“十三五”新材料产业发展、材料基因计划的进展、材料信息学、高通量计算在生物材料中的应用等主题展开深入探讨，共进行各种学术报告97场。

11月26—28日，2017食品非热加工与营养国际会议在广州举行，由中国食品科学技术学会非热加工分会主办，华南理工大学承办，来自15个国家和地区的600多位代表参加此次会议。包括美国工程院院士R. Singh Paul教授在内的*Journal of Food Engineering*、*Food &Function*、*Journal of Functional Foods*以及*Ultrasonics Sonochemistry*等6个本领域权威SCI收录期刊主编进行主旨演讲。65场学术报告分别介绍了食品非热加工技术、新型加工对营养风味的影响、非热加工装备、食品营养与健康、功能性食品等领域最新进展。

12月8—10日，中国转化医学高峰论坛暨广东转化医学年会在广州召开，会议由中国转化医学联盟、中国精准医学学会（筹）主办，华南理工大学和广东省转化医学学会等承办。来自国内外的近800名专家学者、政府部门负责人、医务工作者、投资人等出席。会议以“成果·转化·精准·健康”为主题，魏于全院士、黄荷凤院士等作了11个大会报告。设置了肿瘤学分会场、妇幼健康分会场、医学影像学分会场和医药技术创新产品转化论坛四个分会场，共同探讨转化医学、精准医学的发展趋势。

12月11—12日，第六届极端荷载下结构性能、保护及加固国际会议在广州举行，由华南理工大学主办，深圳市建筑设计研究总院有限公司、香港城市大学和中山大学合办，来自21个国家的133位学者参加。中国科学院、加拿大皇家协会、加拿大工程院、美国密歇根州立大学、新加坡南洋理工大学等单位的专家作会议特邀报告，67位专家学者在分组会议上做了报告。大会共收到了157篇详细摘要，录用了84篇会议全文。与会专家就材料在高温、动力荷载等条件下的性能，高性能材料，结构在爆炸、冲击、地震、火灾、飓风等极端荷载下的性能，结构加固与保护等领域的热点问题进行交流和研讨。

（杨　军）

【暨南大学】　2017年，暨南大学（以下简称“暨大”）紧紧围绕建设高水平大学这一中心工作，坚持“质量是生命，创新是灵魂”的办学理念，本着学校“宁静致远工程”的指导思想，坚持“搭大平台、组大团队、拿大项目、出大成果”的科研发展思路，以学科集群和发展工科/医科来布局本校理工医科的科技发展，主要从抓质量、抓团队、抓大项目、抓平台、抓政策入手，完善管理制度，成效逐步体现。

科研项目与经费　2017年，暨大获科研项目经费6.54亿元，其中国家重点研发计划项目获资助4项，国家重点研发计划课题获资助10项，合计获资助经费1.1亿元；国家自然科学基金获批243项，经费首次突破亿元，全国排名32位；获批2017年国家科技重大专项项目7项，合计经费超过2 500万元；获批广东省应用型科技研发专项及省重大专项项目4项，累计经费达2 000万元；广州市科技计划2017年获批经费3 170万元；首次获批2018年度装备预研教育部联合基金一般项目2项，获批经费200万元；中央高校基本科研业务费2 940万元；新立项建设国家级平台1个、省部级平台21个；签订横向合同222项，到账经费13 195万元。

科研平台建设　截至2017年年底，暨大共有省部级及以上重点实验室（工程中心）77个，境外联合实验室14个。2017年，该校平台建设有了新的突破：（1）新增网络安全检测与防护技术国家地方联合工程研究中心（广东）；（2）中药现代化与创新药物研究国际合作联合实验室获立项建设；（3）首次获批广东省培育国家工程技术研究中心，国家耐磨材料工程技术研究中心纳入培育，获得300万元的资助；（4）新增广东省数据安全与隐私保护重点实验室、广州市精准化学药物研究重点实验室等省重点实验室和“大气有机物污染与健康风险预警粤港澳联合创新平台”省创新平台。

产学研工作　继续推动地方研究院建设工作，再获批2个新型研发机构，与多家企业达成产学研合作：（1）2017年12月7日，肇庆暨南大学绿色发展研究院正式揭牌成立，东莞暨南大学研究院一期顺利完成，并启动二期建设，二期启动经费预计可获得东莞市政府9 800万元的财政支持，并吸纳社会投资1个亿；（2）获批2个广东省新型研发机构；（3）新建8个校企联合平台。

科技交流与合作　为加强科研工作者的交流与沟通，促进创新思维和学科交叉，继续为老师搭建学术交流平台，暨大在2017年统筹组织了一系列学术沙龙活动（共180场），为科技工作者提供交流和沟通的平台。

人才团队建设　2017年，暨大通过机制创新，包括人才引进政策、特区建设政策、考核评价政策和有效的资源配置，引导学科集群发展，在优势学科领域和方向上，逐步形成具有较强特色和优势的科研组团和团队，较有代表性的有资源环境团队、创新药物团队、光电信息与传感技术团队、生物材料团队等。这些团队，已成为暨大争取重大重点项目的中坚力量，特别是团队中的科技骨干成长迅速。2017年，3支科研团队入选广东省“珠江人才计划”引进创新团队，获资助经费6 000万元，分别为环境与气候研究院引进的“含碳组分大气环境行为及效应研究团队”，环境学院引进的“环境污染与妊娠糖尿病研究海外青年团队”，光子技术研究院引进的“大数据绿色光子存储技术海外青年团队”。暨大在中央高校基本科研业务费中专门设立了“青年基金”和“杰出人才培育项目”，对具备潜质的科研人员进行重点培养。2017年，暨大获国家自然科学基金优秀青年基金4项，广东省杰出青年基金项目4项、广东省特支计划科技创新领军人才1人，广东省特支计划青年拔尖人才9人。

科技成果与专利　暨大叶文才教授团队“中药和天然药物的三萜及其皂苷成分研究与应用”荣获2017年度国家科学技术进步奖二等奖；王一飞教授团队 “一种治疗痛风性关节炎的药物及其加工方法和应用”发明专利荣获2017年中国专利奖优秀奖；以第一单位获得广东省科学技术奖二等奖4项，获得广东省科学技术奖三等奖1项。

2017年申请专利289项，比2016年增长53.7%，获授权123项。

（张舒婷）

【华南师范大学】　2017年，华南师范大学围绕高水平大学建设和世界一流学科建设的目标要求，狠抓重点平台、重大项目与奖励培育、促进产学研合作服务社会和军民融合发展，积极推动新形势新常态下科技体制机制改革创新。学校科技工作稳步发展，在重大科技项目、军民融合、高端平台、管理创新多方面取得良好成绩。

科研项目和经费　2017年，华南师范大学获科技项目经费1.41亿元，其中科技纵向项目经费1.21亿元，包括学校作为第一承担单位获批经费1.16亿元及合作经费544.3万元，横向实到科技经费2 010万元。国家自然科学基金项目共获批立项81项，经费4 452万元。获批国家重大重点科技项目6项，承接重大科技任务的能力和持续性明显增强。连续获批国家重大科研仪器研制项目、重点国际合作研究项目。全国唯一获批国家自然科学基金委与奥地利科学基金会合作研究项目。作为承担单位获批国家重点研发计划课题3项。

科研成果　该校以第一完成单位获得2017年度高等学校科学研究优秀成果奖（自然科学奖）二等奖2项，包括朱竑教授主持的“新文化地理学的理论与实践”项目与陈艳萍教授主持的“积分方程和最优控制的高阶与高效算法研究”项目。

全校以第一单位发表三大索引收录论文1 398篇，其中SCI收录论文824篇、EI收录论文547篇、ISTP收录论文27篇。

知识产权工作　2017年，全校共申请专利435项（其中PCT国际专利11项，美国专利3项，国内发明专利356项，实用新型专利64项，外观设计1项）；获得授权专利206项（其中美国专利授权1项，国内发明专利授权159项，实用新型专利44项，外观设计专利2项）。计算机软件著作权89项。举办“专利的申请与挖掘技巧”专题讲座、专利申报工作座谈会，开展专利申请促进活动，承办2017年广州市大学生知识产权知识竞赛活动等。

产学研工作　2017年学校与清远国家高新

区、中山市火炬区、惠州潼湖区、海南林业局、安徽宣城等地区和机构进行科技合作对接。与广州市科技创新委员会首次联合举办“Lab to Market——光电技术专场产学研路演对接会（华师专场）”。组织参加中国创新创业成果交易会、广东省高水平大学建设推进会暨产学研对接大会、首届中国高校科技成果交易会等多场成果交易会，并在首届中国高校科技成果交易会上现场成交4个项目，荣获最佳组织奖。

科研平台建设　2017年，学校新增省部级科研平台10个，包括：广东省工程技术研究中心7个（广东省透明导电薄膜材料工程技术研究中心、广东省光子中医信息治疗仪器工程技术研究中心、广东省城市排水管理与污水处理工程技术研究中心、广东省智能科学工程技术研究中心、广东省生态与健康工程技术研究中心、广东省新型超声成像设备工程技术研究中心、广东省心脑血管个体化医疗大数据工程技术研究中心），广东省重点实验室1个（广东省光信息材料与技术重点实验室），广州市重点实验室1个（广州市类纸显示材料与器件重点实验室），广东省科技装备动员保障基地1个。

科技交流与合作　2017年，华南师范大学成功举办核函数逼近方法在机器学习中应用国际会议、“社交网络及教育大数据”CCF广州专题论坛、微观经济理论与实验经济学国际研讨会等大型学术活动，共举办60多场学术活动，其中14场新世纪论坛。

5月19—21日，首届核函数逼近方法在机器学习中应用国际会议（International Conference of Kernel-Based Approximation Methods in Machine Learning）在华南师范大学举行，来自世界各地20多位专家学者出席本届会议，分享与交流了国际前沿课题“机器学习与数据分析中的核函数逼近方法”的最新发展与方向。本届会议是国内首次举办关于数学中人工智能理论的国际性学术会议。

针对社交网络和大数据对教学的影响、难点、利弊分析、未来挑战等问题，6月10日，由中国计算机学会（CCF）广州分部和青年计算机科技论坛（YOCSEF）广州分论坛联合主办，华南师范大学计算机学院承办的“社交网络及教育大数据”专题论坛在华南师范大学举行。共有来自中山大学、华南理工大学以及IT企业的100多人参加了本次论坛。演讲嘉宾分别做了学术报告和技术分享，特别是在panel环节，大家就社交网络在教学中应用的利弊，教育大数据对于教学是不是灵丹妙药，以及人工智能是否会取代教师等问题进行热议。

9月22—23日，2017年微观经济理论与实验经济学国际研讨会（2017 SCNU Workshop on Microeconomic Theory and Experiment）在华南师范大学成功举办，来自全球的20多位专家学者出席本次研讨会。本次研讨会主题为经济中的竞争和冲突行为，所报告的论文涉及高管信任实验研究、有平局的全支付拍卖机制设计、塔洛克竞争中最优的入场费—奖金比例、序贯塔洛克竞争中的贝叶斯游说、排序竞争与拆台行为、群体间的争先竞争、外部干预与国内冲突、动态团队竞争中的均衡玩家排序、存在规模技术报酬的双边冲突网络、不完美信息下博弈中的事先沟通实验研究、家庭中的竞争行为与父母的定居选择、国际贸易冲突等丰富而前沿的主题。

（张　雯）

【华南农业大学】　2017年，华南农业大学紧紧围绕高水平大学建设核心目标，贯彻落实创新驱动发展战略，通过完善体制机制、创新工作方法、激活要素资源，搭平台、建团队、育成果、促转化，团结和带领全校科技工作者，凝心聚力，砥砺奋进，推动科技事业迈上新台阶。

科研项目与经费　2017年，该校科研经费保持稳定增长态势，全校到位经费达6.08亿元。同时，该校创新科研项目组织模式，深入挖掘科技创新资源，提升了承担重大重点项目的能力，基础研究实力显著增强。

全年新增自然科学纵向项目662项。其中，2017年牵头承担2项国家重点研发计划项目，主持承担重点研发计划课题13项，参与课题50项，合同经费达12 313万元。获批广东省科技计划项目重大专项和应用型研发专项3项，立项经费1 400万元。

国家自然科学基金项目立项数达134项，资助经费7 534.77万元，并且在国际合作、重大项目等方面取得多项历史性突破。其中，1个项目获国家自然科学基金重大项目资助，2个项目获国家自然科学基金委与国际农业研究磋商组织合作研究项目资助，1个项目获外国青年学者研究基金项目资助。此外，在基础研究项目的支持下发表了多篇高水平学术论文，如张超群教授以该校为第一作者单位在材料领域权威期刊*Progressin Polymer Science*上发表影响因子高达25.766的综述论文。

全年新增人文社科纵向项目191项，合同金额2 298万元；签订横向合同42项，合同金额610万元。该校国家社科基金项目及教育部人文社科项目的立项数继续在农林院校中名列前茅，其中金惠教授获得国家艺术基金立项。

科研平台　2017年，该校获批省部级以上科研平台7个，包括广东省动物营养调控重点实验室、广东省农业大数据工程技术研究中心、广东省水稻移栽机械装备工程技术研究中心、广东省动物病毒载体疫苗工程技术研究中心、广东省农林生物质工程技术研究中心、广东省农业水土信息无人机遥感工程技术研究中心、农业部甘蔗全程机械化科研基地。此外，国家农业制度与发展研究院挂牌并被省委宣传部批准为广东省重点智库。科研平台及智库建设为该校科技创新发展提供了重要的创新要素。

科技人才队伍　2017年，该校新增中国科学院院士1人，广东省高等学校珠江学者岗位计划特聘教授2人、青年学者4人及讲座教授1人；2人入选广东省特支计划科技创新领军人才，1人入选广东省特支计划青年拔尖人才，“兽医微生物耐药性创新研究团队”入选2016年度科技部重点领域创新团队。同时，该校继续推进青年科技人才培育，遴选确定22位青年科技人才予以培育，2016年获得培育的17位自然科学类青年科技人才中有14位获得国家自然科学基金资助，资助率达到82.4%，比全校平均青年基金资助率高53.2个百分点，比全国平均资助率高60个百分点。

科技成果与知识产权　2017年，该校共获各级各类自然科学类科技奖励45项，其中获国家科技奖2项、省部级科技奖一等奖4项。罗锡文院士主持完成的“水稻精量穴直播技术与机具”项目获2017年度国家技术发明奖二等奖，这是该校首次荣获国家技术发明奖，也是全国3项农林类技术发明奖之一、广东省4项技术发明奖之一。骆世明教授等人参与的“作物多样性控制病虫害关键技术及应用”项目获2017年度国家科技进步奖二等奖。同时，2017年共获广东省第七届哲学社会科学优秀成果奖3项，其中一等奖1项、二等奖2项。

此外，该校全年共获授权知识产权427件（其中获专利授权273件），通过审定的植物新品种19个。共发表各类论文4 457篇，其中，被SCI、EI、CPCI三大索引收录论文分别为1 306篇、522篇、47篇。

产学研结合　2017年，该校全面推进华农（肇庆）生物产业技术研究院、华农（潮州）食品研究院的企业化运行，分别注册了研究院有限公司；与珠海创客产业投资有限公司签订《共建“海峡两岸农业发展研究院”合作框架协议》；与大北农集团达成合作意向，拟合作共建华南农业大学—大北农研究院。同时，积极推动该校技术成果转移转化中心的实质化运行，编制了《华南农业大学技术转移转化中心建设方案（草案）》。全年共签订技术转移转化合同550项，合同金额10 846.81万元，有力地促进了科技成果转移转化。

科技交流活动　2017年，该校举办国内外学术交流活动共270场次，进一步扩大国际交流与合作。例如，5月11日，举办华南农业大学紫荆国际青年科学家论坛，海内外47所高校56名各领域的优秀青年学者及高层次英才齐聚一堂，为该校发展战略搭建交流平台；11月4—5日，举办第22届功能语言学与语篇分析高层论坛，来自英国、阿根廷、澳大利亚等国外代表参加会议；11月18—19日，举办第九届智能计算及应用国际会议，来自加拿大、日本和中国香港、内地智能计算和人工智能方面的150多位专家学者，共同研讨智能计算的最新进展与研究成果。同时，该校积极组织各类科技成果参加大型科技展览会共12次，进一步扩大该校科技成果的社会影响力。

（毛苑菁　谢洁芬　严会超）

【南方医科大学】　2017年，南方医科大学实施创新驱动发展战略，紧紧围绕“冲一流，补短板，强特色”建设目标，在国家级重大项目、国家科技奖励、公共科技服务平台、获授权发明专利等方面取得新突破，科技综合实力显著增强。2017年，该校新增“分子生物与遗传学”进入ESI全球前1%学科，加上之前进入ESI全球前1%学科“临床医学”“药理学与毒理学”“生物学与生物化学”“神经科学与行为学”，共计5个学科进入ESI全球排名前1%，综合排名居内地高校第65位。

科研项目　2017年，该校承担各类科研项目738项，资助经费31 181.2万元，立项数及资助经费均创历史新高，较2016年分别增长23.2%和35.5%。牵头承担了4项国家重点研发计划项目，承担了8项重点研发计划子课题，较2016年均有大幅提升。获国家自然科学基金项目245项，包括重点类项目4项、优青项目2项，获立项数较2016年增长12.9%，排名全国高校第27位，获立项数及排名均为历史最好成绩。获得广东省重大项目6项、广州市健康医疗协同创新重大专项4项。

科研成果　获2017年度广东省科学技术奖一等奖2项、三等奖1项，2017年度中华医学科技奖三等奖1项。获得授权专利175项，其中发明专利78件，比上一年度增长22.2%，同时，获授权国际发明专利4件。根据2017年中国科学技术信息研究所公布的资料，该校2016年度发表SCI收录论文1 132篇，在全国高等学校中名列第57位，在全国医药类院校中名列第3位，比上一年度前进1位。在高水平科技论文收录方面，该校有“中国卓越科技论文”913篇，在全国高校排名第50名，其中，南方医院有“中国卓越科技论文”352篇，在全国医疗机构中排名第9名。《南方医科大学学报》再次荣获中国科技期刊最高荣誉奖——“百种中国杰出学术期刊”，影响因子上升至1.753，综合评价得分位列全国医药大学学报类期刊第1、广东省所有学科学术期刊第1。

刘思德教授团队在国内最早提出大肠平坦型病变包括侧向发育型肿瘤的概念，首创REMR治疗低位直肠的大型平坦型肿瘤；积极开拓和推广ESD等内镜诊治新技术，提升了我国结直肠早癌的检出率；首次报道了LZTS1、Smac、XAF1、FHL2、PRAS40、Rac1等结直肠癌发生、浸润相关分子标志物，技术在北京协和医院等全国范围内的多家医院推广，为提升我国结直肠癌的诊治水平做出了贡献，“结直肠癌内镜诊治特征及相关分子机制的实验研究”获2017年度广东省科学技术奖一等奖。

孙剑教授团队制定统一的乙肝母婴阻断临床管理标准流程，实现乙肝母婴零传播。建立并验证了适合中国乙肝患者临床特点的疾病风险预测模型，在国际上首次报告替诺福韦艾拉酚胺（TAF）在HBeAg阳性慢乙肝患者中的疗效，阐明了HBV感染与脂肪性肝病的交互作用对疾病进展的影响。项目组受邀在*Lancet*等杂志撰写综述或述评13次。“慢性乙型肝炎和脂肪性肝病的防诊治系列创新及其推广应用”研究成果在全国60家医院39 945例患者中广泛应用，取得良好的社会效益，获2017年度广东省科学技术奖一等奖。

科研平台　科研支撑平台建设稳步前进，新增广东省工程技术研究中心4个，分别为广东省口腔医学临床转化工程技术研究中心、广东省脊柱外科虚拟现实与器械工程技术研究中心、广东省消化内镜工程技术研究中心、广东省临床数据仓库工程技术研究中心；新增广东省医疗高地平台建设公共卫生领域创新平台3个。该校中心实验室第一批大型仪器全部对外开放共享，全年使用时机20 000小时，使用人次5 767次。SPF动物实验设施运行稳定，新的SPF动物实验设施建设进入扩建阶段。

科技交流活动　该校与意大利帕维亚大学签署《关于建立“虫媒传染病研究国际合作联合实验室”的协议》，建设方案已报送上级主管部门审批。与广东省疾病防控中心达成合作意向，共建新型研发型研究院。主办了2017中国腹腔镜胃肠外科研究组临床研究国际研讨会、第七届国际创伤骨科高峰论坛等学术会议，承办了包括国家自然科学基金联合基金重点项目中期检查及结题验收会议在内的各类学术会议。

（陈金源）

【广州中医药大学】

科研项目　2017年，广州中医药大学科研原始创新能力大大加强，科研综合实力稳步提高。本年度获得国家自然科学基金资助91项，直接经费合计金额达3 542.45万元，创历年新高。其中，刘中秋教授项目获得国家自然科学基金海外及港澳学者合作研究基金项目立项，直接经费234万元。共获得省自然、省科技计划立项98项，合计资助金额达2 915万元。卢琳琳获得省杰青项目立项，陈雷雷、陆丽明获省特支计划项目立项。另外，获广州市科技计划立项24项，经费840万元。2017年共计承担横向合作项目67项，金额达1 282万元。

科研管理　积极探讨科研团队的管理模式，不断优化科研团队管理，注重科研团队的实际产出，2017年共投入4 639万元用于科研创新、科研平台和团队建设。在高水平大学和创新强校经费支持下，广州中医药大学在科研公共服务平台建设上大力投入，获得了跨越式的发展。截至2017年年底，全校拥有六大公共服务平台：华南针灸研究中心、国际中医药转化医学研究所、中西医结合基础研究中心、创新中药研发公共服务平台、岭南医学研究中心、广东省中医药科学院。公共科研服务平台的建设极大增强了该校科技创新能力和水平。在学校科研平台的强大支撑下，学校组建共计18个科研创新团队，累计投入经费1 810万元。2017年陈东风教授“中药小分子调控iPSCs成软骨分化的网络共激活机制”团队获广东省自然科学基金团队项目立项。

科研环境营造　为了创造良好的科研环境，广州中医药大学在人才队伍培养、科研带动教学和科研平台管理方面积极拓展，锐意创新。截至2017年年底，学校六大公共服务平台已入驻PI 25人，科研助理19人，开展本科生教学，接收本科生329人进入平台实验室开展教学科研工作，带教本科生2 194人，带教14 538课时，为学校本科教学评估工作增加了内涵。平台硬件环境日趋完善，各科研平台的升级改造工程按期进行。

学校通过科研平台引进的各类高水平人才34人，其中杰出学者1人，青年学者有19人，后备人才2人，杏林讲座教授12人。平台现拥有“珠江学者”5名，珠江学者讲座教授1名，“长江学者”讲座教授2名，海外杰青2名，广东省特支计划领军人才1名。

知识产权保护　广州中医药大学以挖掘和弘扬中医药文化为己任，突出特色，彰显优势，坚持不懈抓认识、抓规划、抓平台、抓项目、抓保障，在广东省高水平大学建设中取得了一批标志性成果。

2017年度该校在国内核心期刊发表论文共5 580篇，发表 SCI收录论文749篇；共组织成果登记7项，完成登记3项；组织第一附属医院冼绍祥教授负责项目“益气活血利水法治疗心衰（慢性心力衰竭）体系创建及推广应用”及第二附属医院吕玉波教授负责项目“中医临床路径技术体系建立与推广应用”申报国家科学技术进步奖，顺利通过国家中医药管理局的提名推荐。第二附属医院参与的项目“神经根型颈椎病中医综合方案与手法评价系统”获2017年国家科学技术进步奖二等奖，第二附属医院卢传坚教授领衔的“当代名老中医养生保健经验在健康促进领域中的推广应用”项目获2017年度广东省科学技术奖三等奖。

2017年，该校共申请专利51项，获授权专利11项，其中发明专利9项。2017年科技产业园“连梅颗粒”临床批件达成转让意向，协议经费1 200万元；“广藿香醇在制备男性性功能障碍药物或保健品中的应用” 转让金额50万元附加年销售额2.0%提成；“一种延缓皮肤衰老的中药组合物”“一种延缓男性衰老的药物组合物”“一种更年期抗衰老的药物组合物”等3项职务发明转让金额为30万元整，专利发明的质量和实用性同步提升。

产学研合作　2017年，广州中医药大学签订的技术委托、技术咨询及共同产品研发横向合作合同共计67项，涉及金额1 282万元。该校与多家单位经多次洽谈磋商达成合作协议，合作共建了“广州中医药大学—江门市松森生态农业有限公司广陈皮产学研基地”“广州中医药大学—广东望天湖现代农业科技有限公司中药产学研基地”“广州中医药大学—广东良田农业科技有限公司中药产学研基地”等，签约工作有序进行。在为地方服务方面，该校分别向广州市德力渔业有限公司、广州永诺生物科技有限公司、广东良田农业科技有限公司等派驻企业特派员，为企业提供科学技术支持；与广州市科学技术协会达成广州科普一日游系列服务协议；基础医学院实验教学中心还面向市民开展了“趣味医学——认识我自己”等活动。

学术交流活动　2017年，广州中医药大学共举办各类学术讲座100余场，承办了广州中药产业史与品牌传承学术交流会等学术交流活动。多次邀请“珠江学者”“长江学者”作客学术讲坛，通过讨论、批评、质疑激发新灵感、启迪新思维，通过频繁互动迅速了解国际中医药顶尖动态，不仅为知识、经验、成果的交流提供了良好的平台，更为进一步的探讨、研究奠定了扎实的学术基础。

在国际学术交流方面，2017年广州中医药大学代表团远赴智利、新加坡、南非等地开展交流、提供培训，从多元化的国际视角弘扬中医药文化。而以李国桥、宋健平教授领衔的抗疟科研团队作为中国中医药与世界交流的一张名片，继续奋战在圣多美和普林西比、马拉维等抗疟第一线，进行学术交流和提供科学援助，在国际医学舞台上持续为中医药发声。

（荣　嵘　王　萧）

【广东工业大学】　2017年，广东工业大学围绕提升自主创新能力、促进科技成果转化、深入国家重大战略发展等内容，扎实推进科技创新工作，在多个领域实现重点突破。

科研项目与经费　2017年，广东工业大学科研到校经费突破8.21亿元，较2016年增长了30.3%。纵向科研项目到校经费47 596万元，其中国家自然科学基金到校经费6 150.6万元、广东省创新团队5 000万元，均创历史新高。国家自然科学基金项目获立项130项，较2014年增长2.2倍，全国排名第80位，较2014年排名提升了109位。获批国家基金重大仪器专项1项，国家基金重点项目2项、NSFC-广东联合基金重点支持项目2项、“优青”项目1项。

科研平台及人才队伍建设　广东工业大学参与筹建的佛山先进制造科学与技术广东省实验室于2017年12月正式启动，5年将投入55亿元，是全省首批4个省实验室之一。承建广东国防科技工业技术成果产业化应用推广中心，获得广东省、佛山市联合投入6亿元建设。新增广东省工程技术研究中心12个、省级人文社科平台5个，被选为金砖国家智库合作中方理事会副理事长单位。新增3个广东省创新团队、国家“万人计划”科技创新领军人才2人、国家自然科学优秀青年基金1人、广东省科技创新领军人才1人、广东省科技创新青年拔尖人才3人。

科研制度改革　广东工业大学不断完善科技创新管理体系，先后修订出台《广东工业大学纵向科研项目管理办法》《广东工业大学横向科研项目管理办法》《广东工业大学纵向科研项目经费管理办法》《广东工业大学横向科研项目经费管理办法》《广东工业大学纵向科研项目间接经费费用管理办法》《广东工业大学外协科研合同及经费管理办法》等管理办法，进一步加强科研项目、科研经费、科研外协、间接经费管理等规范管理。

科技成果与知识产权　2017年，广东工业大学申请专利2 403件，获授权816件。其中发明专利申请公开1 929件，较上年增长了56%，是2014年的5倍多。公开数位列全国高校第8位。发明专利获授权386件，较上年增长79.5%。申请PCT16件，软件著作权200件。全年累计发表SCI收录论文1 134篇，较上年增长60.62%，其中I区论文193篇、II区论文413篇。2017年，广东工业大学共获得省部级以上科技奖项11项，其中获得第19届中国专利优秀奖2项、教育部科技进步奖一等奖1项（连续两年获得）、2017年度广东省科学技术奖一等奖1项（连续5年获得）。

产学研结合工作　2017年，广东工业大学派驻科技企业特派员101人次，在全省位居第1。先后与梅州市丰顺县、五华县签订战略合作协议，助力当地产业发展；落实广东省首批科技专家服务团工作，遴选推荐邓军、曹江中、程永奇、彭进平等4名科技骨干赴中山市、河源市、揭阳市等地方挂职，促进校地双向合作交流；与汕头市、茂名市、清远市、湖南株洲市、河源源城区、东莞石龙、佛山南海区、中山市火炬开发区等地区开展校地产学研对接20余次，组织广东工业大学教师与美的集团、达俊美电子信息公司、中国地质大学（北京）、贵州财经大学、深圳大学等开展产学研合作活动30余次。

科技合作交流　2017年，广东工业大学先后承办第2届PCB产学研协同创新大会、第17届全国特种加工学术会议、智能电网与智慧城市国际论坛、第33届国际环境地球化学与健康学会（SEGH）学术年会、第9届IEEE通信软件和网络国际会议、结构工程与计算力学国际学术会议、结构工程与计算力学国际学术会议（SE&CM 2017）、教育部地方高校科研管理课题申报研讨会等大型学术会议20余场。

（王荟荃）

【汕头大学】 2017年，汕头大学通过高水平大学建设，学校教学科研能力、国际知名度进一步提升。2017 年，汕头大学连续第三次进入泰晤士高等教育世界大学排行榜，列第601—800位，在中国内地入围的63所大学中并居第23位；同时，该年度首次入围世界三大权威大学排行榜（CWUR世界大学排行榜、QS亚洲大学排行榜和USNews世界大学排行榜）。

科研项目与经费 2017年度，汕头大学共获批科研项目380项，经费总额1.415亿元（不含自筹经费），“复分析及相关算子理论”获批国家自然科学基金重点项目，“高速高精柔性化全自动双头LED 固晶机研发及产业化”获批广东省应用型科技研发专项。

国际科技合作 2017 年，汕头大学继续深化国际科技合作。12月18日，汕头大学与以色列理工学院合作创办的广东以色列理工学院正式揭牌，汕头大学——以色列理工学院合作实施的研究项目（STRP）中，“亚洲高危人群食管癌遗传背景研究”“环境卫生与疾病预防研究”等取得实质性进展。汕头大学与以色列航空工业公司、地方企业合作的项目“金属增材制造技术在航空钢结构件制造中的应用”正式实施，并获得广东省以色列产业研发合作计划资助，成为中以合作（汕头市）第一个成功落地的科研项目。该校积极参与国家“一带一路”倡议，“一带一路”沿线国家博士、硕士生招收计划获教育部批准。9月11日，该校与意大利马尔凯理工大学联合建立藻类研究中心，成为广东首家中意联合研究中心。

科研平台建设与产学研工作 2017年，汕头大学新增农业部国家藻类产业技术体系汕头综合试验站1个，广东省工程技术研究中心1个（广东省机器人设计工程技术研究中心）。与汕头市人民政府共建广东省首家由政府和高校共建的质量发展研究院——汕头市质量发展科学研究院，与中国卫生法学会共同成立中国卫生法学会·汕头大学卫生法学国际研究院。

科研成果 2016年，汕头大学·香港大学联合病毒学研究所管轶教授团队与浙江大学、中国疾控中心等单位合作，“以防控人感染H7N9禽流感为代表的新发传染病防治体系重大创新和技术突破”项目获2017年度国家科学技术进步奖特等奖（第四完成单位），该奖项是全国卫生系统以及广东省科技界在该成果级别上“零”的突破，项目研究成果显著提升了我国在传染病防治领域的国际影响力，具有里程碑式意义。该校专利成果“富含天然类胡萝卜素的华贵栉孔扇贝金色品系的培育方法”获第四届广东专利奖优秀奖；科技成果“基于精准快选的龙须菜良种培育与产业化推广”（第二完成单位）和“皮肤软组织整形修复的新理论和新技术”（第三完成单位）获2017年度教育部高等学校科学研究优秀成果奖（科学技术）二等奖。根据2017年中国科学技术信息研究所发布的数据，2016年该校被科学引文索引扩展版（SCIE）收录第一作者单位论文434篇，*Science*、*Nature*、*Cell*、*PNAS*四刊收录论文1篇，在全国高等院校排名中名列第25名。

知识产权工作 2017年，汕头大学不断加强知识产权创造、管理、保护和运用工作，知识产权工作体系进一步完善。2017年，该校共申请专利140件，获授权专利69件。依托广东省知识产权培训（汕头大学）基地、知识产权远程教育平台，举办一系列知识产权专题培训、讲座，受益高校师生及企事业单位人员近800人次。2017年，该校承担的广东省高等学校知识产权管理规范试点项目通过验收。

科技交流与合作 2017年，共有逾220名境外专家学者莅临汕头大学参与学术会议、学术报告等，该校还举办了15场具有国际或区域影响力的学术会议，包括创新设计与智能设计高峰论坛、粤东第五届全科医学研讨会、2017年全国表面分析科学与技术应用学术会议、第十四届全国风能应用技术年会、汕头大学—以色列理工学院生物医学院与海洋科学研讨会等。

2月27—28日，创新设计与智能设计高峰论坛在汕头大学举行。上海交通大学谢友柏院士、浙江大学谭建荣院士、西安电子科技大学段宝岩院士、汕头大学执行校长顾佩华教授以及来自国内高校的40多名机械设计领域资深专家学者出席了论坛。该论坛充分反映了我国机械设计领域的前沿问题和最新研究成果，与会专家深入研讨了机械设计和智能设计领域的技术创新和应用，为机械设计学科的未来发展奠定了方向。

8月10—13日，2017年全国表面分析科学与技术应用学术会议在汕头大学召开，来自国内外高校、研究院所共130多人参加了会议。该会议推动了我国表面分析科学及其应用技术的发展，促进了国内外表面分析研究领域的专家学者交流，探讨了表面分析技术与其他学科的共同发展，进一步拓展了表面分析技术的应用领域。

8月15日，第十四届全国风能应用技术年会在汕头大学召开，来自全国高校、研究院所共40余名风能利用领域的专家、学者参加了会议。会议在多学科交叉融合的基础上，研讨风能应用技术领域前沿科学问题和未来发展方向，促进了我国该领域的技术创新和应用。

（罗英光）

科研院所科技创新

【中国科学院广州分院】 截至2017年年底，中国科学院广州分院有在职职工4 538人，其中科研人员3 239人。科研人员中具有正高专业技术职称496人、副高专业技术职称670人，具有博士学位1 521人、硕士学位1 314人。有中国科学院院士2人，中国工程院院士3人，俄罗斯科学院外籍院士1人，国际欧亚科学院院士3人。该院有国家重点实验室4个（其中之一为合建），国家工程实验室2个（其中之一为合建），国家地方联合工程实验室4个（其中之一为合建），中国科学院重点实验室14个，广东省重点实验室17个，湖南省重点实验室1个，海南省重点实验室2个，广东省工程实验室2个，广东省工程技术研究中心26个，广西区工程技术研究中心1个。有国家野外科学观测研究站6个，科学考察船4艘，植物、岩矿、海洋生物标本馆各1个。有博士学位培养点39个、硕士学位培养点52个、专业性硕士点21个、博士后科研流动站8个。

科研项目 2017年，该院所属各单位新增各类科研项目1 705项，新增合同经费20.31亿元。其中，国家自然科学基金项目324项，总经费2.24亿元。国家科技计划项目（含课题）99项，总经费4.52亿元，其中主持国家重点研发计划项目15项，经费2.48亿元（其中广州生物医药与健康研究院牵头3项、经费9 177万元，广州地球化学研究所牵头2项、经费5 119万元）；科技基础资源调查专项项目2项（南海海洋研究所牵头负责），经费4 454万元。其他部委项目58项，经费1.83亿元，其中广州能源研究所牵头负责的国家海洋能专项“南海兆瓦级波浪能示范工程建设”，总经费1亿元。中国科学院项目222项，经费3.92亿元。华南植物园“新型战略粮油资源开发核心技术”中科院重点部署项目，经费2 000万元。地方政府科技计划项目574项，总经费5.30亿元。高层次人才项目建设加快，新增国家杰青2人、国家优青3人、广东省杰青3人。

科技基础资源调查专项 “南海及其附属岛礁海洋科学考察历史资料系统整编”和“红树林生物资源调查与重要种类DNA条形码库构建”由南海海洋研究所牵头，经费合计4 454万元。其中“南海及其附属岛礁海洋科学考察历史资料系统整编”将系统抢救、收集和电子化整编我国自20世纪50年代末以来，在南海及其附属岛礁开展大型海洋科学考察所取得的珍贵数据和史料，通过近60年科考资料的比对、分析和研究，全面系统掌握南海及其诸岛的资源、环境及变动状况。“红树林生物资源调查与重要种类DNA条形码库构建”摸清了我国红树林生物资源和重要种类基因资源家底，为国家红树林研究、保护与管理以及资源可持续开发提供科学依据和基础数据，为国家岛礁、滩涂、海岸生态修复等储备生物种质资源和基础资料，为国家海洋“生态文明”建设、海岸重大工程以及近海渔业资源保护提供决策依据。

国家重点研发计划项目 “细胞编程与重编程相关蛋白质机器研究”“神经疾病大动物模型的建立及干细胞治疗评价”“人多能干细胞分化过程中谱系命运决定的调控及异质性机制研究”由广州生物医药与健康研究院牵头负责，经费合计9 177万元。

“细胞编程与重编程相关蛋白质机器研究”以多个具有代表性的细胞编程和重编程事件为模型，系统研究细胞编程和重编程过程中细胞染色质和表观遗传状态的动态变化过程，寻找参与调控细胞生命活动的新型蛋白质因子和机器，并阐明蛋白三维空间结构与功能之间的关系，揭示蛋白质机器参与特异生命活动的分子机理和规律。

“人多能干细胞分化过程中谱系命运决定的

调控及异质性机制研究”主要从单细胞水平上解析hPSC向特定谱系细胞分化过程中的分子生物学变化，分析hPSC多能性退出和分化早期异质性的分子机制，系统解析hPSC的多能性退出以及特定谱系命运决定过程中的演进机理和异质性机制，将为体外高效诱导hPSC获得特定类型功能性细胞奠定基础。

“神经疾病大动物模型的建立及干细胞治疗评价”将建立更好的模拟人类疾病基因突变的HD、PD和ALS猪模型及神经退行性疾病和脑卒中猴模型，建立人神经干细胞、神经元前体细胞和神经元等一系列功能性神经细胞，从多层面、严谨地对干细胞移植治疗神经系统疾病的有效性和安全性进行评估，建立神经系统疾病干细胞移植治疗方案，为人类神经系统疾病的干细胞治疗提供可靠的实验依据和临床前方案。

科研成果　2017年，该院在国内外核心期刊发表论文3 432篇，其中SCI收录2 289篇，在*Nature*、*Cell*及其子刊等重要期刊上发表论文6篇。出版专著27部，共1 156万字。获授权专利853件，其中发明专利688件。PCT国际专利申请量194件。获2017年度国家技术发明奖二等奖1项，广东省科学技术奖一等奖2项，中国科学院杰出科技成就奖1项，中国科学院科技促进发展奖1项，中国专利优秀奖2项，广东专利金奖1项、优秀奖1项。

项目名称：超声剪切波弹性成像关键技术及应用

获奖情况：2017年度国家技术发明奖二等奖

主要完成单位：中国科学院深圳先进技术研究院

该项目创建了具有自主知识产权的超声弹性成像关键技术及应用体系，促使我国医学超声实现了由普通彩超向高端弹性超声的跨越，为临床提供了具有重大创新而且有效的超声医学新工具。项目共获得知识产权56项，发表SCI国际期刊论文30余篇，曾获广东省科学技术奖一等奖、中国专利优秀奖。转化的系列产品在企业先后取得国家医疗器械注册证、FDA和CE认证，被评为国家战略性创新产品，相关各类系列产品近年累计销售3 000余台，进入国内外数千家医院服务于广大患者，取得了突出的社会效益和经济效益。

项目名称：热带印度洋气候模态的海洋动力学机制

获奖情况：2017年度广东省科学技术奖一等奖

主要完成单位：中国科学院南海海洋研究所等

该项目阐释了印度洋海盆模态（IOB）与印度洋偶极子模态（IOD）对南海和西北太平洋的气候效应，揭示了IOB对南海和西北太平洋台风和大气环流等海洋气候过程的影响，奠定了西北太平洋夏季台风季节性预报可行性的理论基础；阐明了IOB影响东亚—西北太平洋夏季大气环流的年代际变化机理；指出不同IOD位相以及印度洋—太平洋温度异常配置对海洋大陆临近海区降雨和季风影响的差异；阐释了印度洋海盆模态（IOB）与印度洋偶极子模态（IOD）对海洋环流和热盐结构的影响，并揭示了赤道东印度洋和孟加拉湾海面高度季节内变化特征及其机制。

项目名称：生物质水相催化转化理论及方法

获奖情况：2017年度广东省科学技术奖一等奖

主要完成单位：中国科学院广州能源研究所

该项目针对生物质聚合结构、热敏性和亲水性的特点，提出了水相催化转化新理论，实现了生物质向交通燃料和高值化学品的高效转化，取得了原创性成果。项目共发表98篇论文，其中SCI收录论文70篇，SCI他引1 567次，10篇代表性论文SCI他引336次，相关核心技术已获授权国家发明专利4项。该成果被欧、美、加、中、日等国家和地区院士及学者在*Chem Rev*、*Nature*子刊、*Chem Soc Rev*及*Energy Environ Sci*等广泛引用。项目还获2016年度联合国工业发展组织评选的“蓝天奖”，并培养了“国家万人计划”“百千万人才工程”国家级人才及“创新人才推进计划”等高层次人才。

项目名称：干细胞多能性与重编程机理研究集体

获奖情况：2017年度中国科学院杰出科技成

就奖

主要完成单位：中国科学院广州生物医药与健康研究院

该项目以裴端卿、潘光锦、Miguel A. Esteban为突出贡献者，在我国较早开展干细胞多能性研究，率先突破iPS干细胞技术并积极推广，在机理和转分化研究中取得了系统突破，发现维生素C提高干细胞诱导效率的新用途和机制、提出MET启动重编程的新视角、建立全新自主知识产权重编程组合与非整合转分化获得神经干细胞新技术等，开创了干细胞研究领域新局面。通过国际引智以及人才培养，形成了以干细胞研究为核心的创新研究群体。

项目名称：一种免疫缺陷小鼠模型的建立方法

获奖情况：2017年度中国专利优秀奖

主要完成单位：中国科学院广州生物医药与健康研究院

该发明专利通过TALEN基因敲除基因，首次在国际上实现在NOD/SCID小鼠中敲除IL2rg基因，克服了NOD/SCID基因缺陷导致的基因敲除高致死率，构建了我国首株具有自主知识产权的、免疫缺陷背景更为纯净的第三代免疫缺陷小鼠NSI（NOD/SCID IL2rg–/–）品系。该发明研究团队通过NSI品系繁殖优化和遗传控制，解决了免疫缺陷小鼠大规模繁殖障碍，实现了10 000只NSI小鼠的产量突破。

项目名称：一种含有海洋贝类活性肽的化妆品及其制备方法和应用

获奖情况：2017年度中国专利优秀奖

主要完成单位：中国科学院南海海洋研究所

该专利瞄准我国海洋生物资源高值化利用和节能减排的重大战略需求，突破制约我国海洋水产品精深加工产业技术瓶颈和共性关键技术，首次将海洋贝类活性肽应用于化妆品开发并生产出系列产品，抢占了高端海洋生物化妆品市场先机。

科技创新平台建设　2017年，该院新增广东省重点实验室2个：广东省海洋遥感重点实验室（南海海洋研究所）和广东省脑连接图谱重点实验室（深圳先进技术研究院）；新增广东省工程技术研究中心7个、广东省农业厅省级现代农业产业技术研发中心2个、市级重点实验室和工程实验室3个。

科技交流与合作　2017年，全院共接待国外和地区的专家或科技人员共555批、1 275人次，向国外和地区派出科技人员862批、1 575人次；向境外6个国家公派中短期留学生42人。新增国际科研合作项目89项，合同经费总额8 759.72万元。新签科技合作协议29项。7月1日，中国科学院广州生物医药与健康研究院香港中心正式揭牌，该中心成为中科院在香港的首个注册研究实体，将成为中科院重要的国际合作前沿基地，为我国在干细胞与再生医学研究领域创造国际化新机遇。

第十届广州国际干细胞与再生医学研讨会

该研讨会由中国科学院广州生物医药与健康研究院承办，11月10—12日在广州举行，来自海内外的专家学者300余人参加会议。研讨会围绕干细胞状态和细胞分化、细胞器和疾病模型、基因组工程伦理学、干细胞研究新工具和干细胞临床转化研究等议题展开了广泛的交流与讨论。在研讨会上，“广州再生医学与健康实验室”揭牌。

热带—亚热带天气、气候与海洋国际学术研讨会暨第九届热带海洋环境变化国际学术研讨会

该研讨会由中国科学院南海海洋研究所联合中山大学、广东省气象局、气候变率及其可预报性研究项目（CLIVAR）、广州市科学技术协会主办，于11月18—20日在广州举行，来自国内外院所、高校的200余名学者和研究生参会。研讨会围绕热带—副热带的海气耦合过程和海洋动力过程就全球气候变化、海洋演变和区域天气预报展开深入讨论，会议特别邀请吴立新院士作“The changing Western Boundary Currents in a Warmer Climate: Eddy dynamics”主题报告，谢尚平教授作“A spring view of ENSO diversity”主题报告，此外还安排了41个口头报告，80份墙报 。

（夏建军）

【广东省科学院】　广东省科学院以“提升创新驱动发展能力，争当建设创新驱动发展先行省的

排头兵，更好地满足广东经济社会发展实际需要”为使命，着力打造成为广东高层次人才集聚高地，产学研合作与科研成果转化应用的组织载体，创新驱动发展的枢纽型高端平台。2017年，广东省科学院职工总数3 517人，全职院士3人，其中中国科学院院士1人、中国工程院院士2人。科研人员2 774人，具有高级职称的743人。

创新平台和条件建设　2017年，全院共新增各类省级以上科技平台30个，其中省级工程技术研究中心18个、省国际合作基地2个、省现代农业科技创新中心4个。全院省部级（含副省级）以上创新平台达146个（其中国家级18个）。

2017年，全院新增18个省工程技术研究中心分别是：广东省微生物芯片工程技术研究中心、广东省地理空间智能工程技术研究中心、广东省白蚁工程技术研究中心、广东省先进高分子结构材料工程技术研究中心、广东省老年痴呆诊断与康复工程技术研究中心、广东省金属粉体材料工程技术研究中心、广东省抗磨蚀钢铁构件工程技术研究中心、广东省药肥工程技术研究中心、广东省生物材料工程技术研究中心、广东省第三代半导体产业化工程技术研究中心、广东省海洋高端装备核心配套产品及材料检测工程技术研究中心、广东省中药质量安全工程技术研究中心、广东省食品营养与安全快速检测仪器工程技术研究中心、广东省原位电离质谱分析工程技术研究中心、广东省汽车材料环保性能检测与评价工程技术研究中心、广东省保健食品功效成分检测与风险物质快速筛查工程技术研究中心、广东省工业助剂逆向工程技术研究中心、广东省固体废物危险性鉴别与风险评估工程技术研究中心。

2017年，全院新增广东省国际合作基地2个，分别为药用和饲用动物研发国际合作基地、中英先进材料与增材制造联合示范基地。

2017年，全院积极推进大型仪器设备共享工作，实际开放共享的机时为103.6万小时，服务约13 689家企业，支撑科研或技术开发项目687项。

科研项目与成果　2017年，全院新获立项的纵向科技计划项目322项，经费3.1亿元。其中，科技部重点研发计划项目10项，国家自然科学基金项目30项，国家其他部委资助项目15项。广东省科学院实施创新驱动发展能力建设专项资金资助123项，总经费为2.22亿元。

2017年度，全院获得各类重要科技成果奖励23项，其中广东省科学技术奖一等奖1项、二等奖2项、三等奖2项，中国有色金属协会科技一等奖1项、二等奖6项、三等奖6项，大北农科技奖1项，广东省专利优秀奖2项。

年内共发表论文894篇，其中SCI收录论文233篇，EI收录论文53篇；出版专著8部。广州地理所的研究成果“中国引领气候变化治理的能力”（China can lead on climate change）以Letter形式在国际顶级学术刊物《科学》发表。

全院申请专利584件，比2016年增长48%，其中发明专利431件（含PCT专利11件），增长41%。获授权专利271件，增长46%，其中发明专利169件，增长51%。2017年形成标准118个，其中国家标准69个，增长229%。

产学研结合工作　12月8—10日，广东省科学院发起并联合多家机构承办的首届科研机构创新成果交易会在东莞市举行。以“科技合作　产研对接　共创未来”为主题，国内外314家科研机构携1 268项科技成果参展，大会举办了7场高科技领域高峰论坛、10大科技项目签约、10大企业技术难题招标、10大科技成果拍卖以及62项路演推介，约1 600名嘉宾出席大会开幕式，吸引了数千家国内外企业代表和近10万人次观众参会。期间交易（含签约交易、意向和洽谈）总金额超过5亿元。

2017年，广东省科学院与省经济和信息化委员会共同推进筹建广东产业技术开发院；与广东省知识产权局签署战略合作协议；与黑龙江省科学院签署战略合作框架协议；与广药集团共建生物医药技术成果转化中心；与广新控股集团共建广新创新研究院；与省盐业集团协商共建广东海洋经济研究院。

年内，组织开展“广东省科学院科技服务地方行”系列活动。组织科技人员达258人次，463家企业参加，获得企业技术需求信息191项，现场对接89项，达成合作意向51项。

组织开展广东省中小企业人才培育境外培训，分3期组织广东省90家中小企业的90名企业家和管理人员分别赴德国、意大利和丹麦培训。同时针对广东省中小企业进行技术创新、成果转化和管理培训，共有1 273家企业近3 000人次接受培训。

国际学术交流活动　2017年全院派遣出国（境）学术交流、学习共90批230人次，接待了来自美、加、英、德等24个国家和地区（含我国港澳台）的专家和科技人员共109批294人次。

2017年12月10日，广东省科学院与乌克兰国家科学院签订了《广东省科学院　乌克兰国家科学院全面合作框架协议》，在生物与健康、材料与化工、资源与环境、装备与制造、电子与信息、智库与服务等研究领域进行全面合作，并共建“中国—乌克兰科技产业创新中心”，引进、转化乌克兰国家科学院先进的可产业化科技成果，并积极推广到相应的应用领域，为广东省的经济社会服务。

2017年，广东省科学院继续推进与德国弗劳恩霍夫协会LBF研究所筹建装备可靠性实验室、与英国伯明翰大学筹建广州先进制造技术中心。新增与境外科技合作项目25项。

广东省科学院参加2017中国（东莞）国际科技合作周、科研机构创新成果交易会十大科技项目签约仪式

（王定军　周舟宇）

【广东省农业科学院】　该院设有水稻研究所、果树研究所、蔬菜研究所、作物研究所、植物保护研究所、动物科学研究所、蚕业与农产品加工研究所、农业资源与环境研究所、动物卫生研究所、农业经济与农村发展研究所、茶叶研究所、环境园艺研究所、农业科研试验示范场、农业生物基因研究中心和农产品公共监测中心共15个科研机构；有博士后科研工作站、中国农业科技华南创新中心、畜禽育种国家重点实验室各1个，省部共建国家重点实验室培育基地1个、热带亚热带果蔬加工技术国家地方联合工程研究中心1个、国家农业科学实验站（试运行）12个、农业部专业性/区域性重点实验室5个、农业科学观测试（实）验站8个、广东省公共实验室3个、广东省重点实验室11个和科技部国际科技合作基地1个；有国家种质资源圃5个、农业部种质资源圃3个、省市共建种质资源圃（库）11个，收集保存国内外种质资源4万多份；建有占地133.33公顷的现代农业科技园区——广东广州国家农业科技园区，该园区是国家级农业科技创新与集成示范基地。

截至2017年年底，广东省农业科学院共有在职职工1 825人，其中：具有高级专业技术资格科技人员456人，博士340人；享受政府特殊津贴在职专家23人，“百千万人才工程”国家级人选3人，“全国杰出专业技术人才”1人，入选国家现代农业产业技术体系岗位科学家17人，综合试验站站长7人；入选广东省产业技术体系创新团队首席和岗位专家53人；入选广东省特支计划科技创新青年拔尖人才6人，10人获得广东省丁颖科技奖。全年引进博士64人，硕士30人。实施金颖人才计划，遴选出“金颖之光”“金颖之星”、青年研究员（副研究员）等人才项目培养对象51人，其中“金颖之光”6人、“金颖之星”15人。加强学科团队建设，遴选出攀峰学科团队5个、优势学科团队8个、特色学科团队12个、培育学科团队10个，并调研新兴学科建设方案。

科研项目　2017年，该院获科技项目立项565项，立项总经费3.38亿元。国家级项目立项经费增幅较大，其中国家重点研发专项经费较2016年增长123%。

科研成果　2017年度全院获得科技成果奖励43项，其中国家科技进步奖二等奖1项（参与），神农中华农业科技奖8项（含1项参与）。全院获授权专利85件，其中发明专利65件。通过审定、登记及鉴定品种115个，其中国家审定及登记品种共31个，省级审定及鉴定品种共84个。获植物新品种权28件。该院公开发表科技论文798篇，包括SCI收录论文179篇。该院承担编制的《广东省农业现代化“十三五”规划》和《广东省农业可持续发展规划（2016—2030年）》，已经广东省政府同意并发文实施。

表4-5-1　广东省农业科学院2017年度部分获奖科技成果

序号	项目名称	项目负责人	项目类别	备注
1	中国野生稻种质资源保护与创新利用	潘大建	国家科技进步奖二等奖	参与
2	高产、优质、矮化、抗枯萎病香蕉新品种选育与应用	易干军	神农中华农业科技奖一等奖	主持
3	果桑种质收集评价、优质高产品种创制及应用	罗国庆	神农中华农业科技奖二等奖	主持
4	华南特色水果综合加工关键技术及产业化	徐玉娟	神农中华农业科技奖二等奖	主持
5	优质多抗冬瓜种质创制与新品种选育	谢大森	神农中华农业科技奖二等奖	主持
6	南方大果高产抗病花生新品种粤油7号的培育与应用	梁炫强	神农中华农业科技奖三等奖	主持
7	中早熟广适性优质超级杂交稻五优308的选育与应用	黄慧君	神农中华农业科技奖三等奖	主持

项目名称：中国野生稻种质资源保护与创新利用

获奖情况：2017年度国家科技进步奖二等奖

主要完成单位：中国农业科学院作物科学研究所、广西壮族自治区农业科学院水稻研究所、江西省农业科学院水稻研究所、广东省农业科学院水稻研究所、云南省农业科学院生物技术与种质资源研究所、海南省农业科学院粮食作物研究所、湖南省水稻研究所

该项目系统查清了全国各类野生稻居群的精准信息，围绕消除主要威胁因素研发的原生境保护技术，有效保护了65个濒危居群。全国百余家单位利用其采集保存筛选创新的近两万份水稻种质资源，育成水稻新品种114个，有力地推动了我国野生稻长久保护和水稻产业可持续发展。

项目名称：高产、优质、矮化、抗枯萎病香蕉新品种选育与应用

获奖情况：神农中华农业科技奖一等奖

主要完成单位：广东省农业科学院果树研究所

该成果以香蕉产业重大需求为导向，针对我国香蕉基础研究相对薄弱，供育种利用的核心种质资源匮乏、主栽培香蕉品种退化严重、品质优良和抗枯萎病品种缺乏等问题，通过建立大规模香蕉种质资源收集、保存、鉴定、评价与利用体系，筛选一批抗逆性强、优势突出、综合性状优良的特色种质材料，创新和发展了现代香蕉育种技术体系，并通过这些高效的种质创新技术体系大规模、多途径开展种质创新和利用，选育出系列矮化、优质、抗病香蕉新品种，推动了我国香蕉产业的可持续发展。通过项目科研成果的应用推广，实现了科技创造效益，促进生产，节约成本的目标，取得了显著的经济效益和生态效益。

项目名称：果桑种质收集评价、优质高产品种创制及应用

获奖情况：神农中华农业科技奖二等奖

主要完成单位：广东省农业科学院蚕业与农产品加工研究所、广东宝桑园蚕业有限公司、广西壮族自治区蚕业技术推广总站

该成果收集鉴定了果桑种质585份，创制了多倍体果桑种质276份，构建了果桑种质资源评价指标体系，建立了我国首个果桑种质资源圃和数据库；首次科学提出优质高产果桑育种目标，并采用杂交、化学诱变等多种育种手段和定向培育相结合育成了“粤椹大10”“粤椹28”“粤椹74”三个优质高产专用果桑新品种，其中“粤椹大10”是我国首个通过品种审定及种植面积最大的果桑品种，酿酒型品种“粤椹74”和鲜食型品种“粤椹28”获得了植物新品种权授权；制定了果桑苗木快速高效繁育技术规程及果桑规范种

植技术规程，使苗木成活率达到90%，出圃率比常规扦插法提高50%以上，桑果产量提高10%以上。该成果的果桑资源在国际范围内收集最多、分类鉴定和评价最深入、育成的果桑品种推广面积最大，达到国际领先水平。审定果桑新品种1个、获植物新品种授权2项；制定技术标准2项，出版专著1部，发表学术论文31篇。成果在全国16个省（市、区）累计应用面积13.33万余hm^2，取得了显著的经济、社会和生态效益。

项目名称：华南特色水果综合加工关键技术及产业化

获奖情况：神农中华农业科技奖二等奖

主要完成单位：广东省农业科学院蚕业与农产品加工研究所、华中农业大学、合浦果香园食品有限公司、广东宝桑园健康食品有限公司、徐闻通达果汁有限公司、高州市晟丰水果专业合作社，广州市从化顺昌源绿色食品有限公司

该项目针对华南特色水果荔枝、龙眼和菠萝等原料品种前处理、深加工及副产物综合利用关键技术难题开展原始创新和集成创新，攻克了多个技术瓶颈和行业关键问题。项目成果获授权发明专利20件，研发新产品12个，鉴定成果4项，发表论文85篇（SCI收录论文12篇，EI收录和学报级16篇），多项技术填补了国内外空白，为我国华南地区水果加工产业快速发展提供了重要科技支撑，促进了华南特色水果产业的健康发展。项目形成的华南特色水果前处理技术，果汁、浓缩汁、发酵制品、果干及副产物利用等加工关键技术已在全国20多家企业推广应用，累计新增销售额27.99亿元、新增利润2.74亿元，帮助山区农户10万多户每年增收1 000多元，每年稳定就业人口5 000多人，经济、社会和生态效益显著。

项目名称：优质多抗冬瓜种质创制与新品种选育

获奖情况：神农中华农业科技奖二等奖

主要完成单位：广东省农业科学院蔬菜研究所、华南农业大学、海南省农业科学院蔬菜研究所、广东科农蔬菜种业有限公司

该成果针对我国冬瓜（节瓜）产业缺乏优质与抗病抗逆性强的品种等状况，通过跨地区、跨部门、多学科合作，紧贴市场，研究制定“广泛收集、挖掘创新、杂优利用、绿色生产、合作共赢”的产业化育种新路线，并据此采用收集拯救创制→发掘特异优良性状与制定评价标准→抗病抗逆性研究与构建育种技术体系→新品种选育→绿色生产与应用推广相结合的综合育种技术方法，从多个层面开展冬瓜（节瓜）资源挖掘创新研究工作，收集、挖掘、创制材料753份，其中创制核心优良抗病抗逆种质材料123份（冬瓜88份、节瓜35份），成为我国拥有冬瓜、节瓜资源数量最多、类型最全的单位。率先开展冬瓜（节瓜）抗病抗逆性育种技术与相关应用基础研究，建立以多亲本杂交、化学诱变、多抗筛选、杂优利用为主体的新品种选育技术体系，选育5个优质、抗病抗逆、市场效益比主栽品种增加10%以上的冬瓜（节瓜）品种，率先实现冬瓜（节瓜）品种优质、高产与抗病抗逆的统一。研制与新品种相适应的产业链绿色生产关键技术。据不完全统计，至2015年年底共推广24.1万hm^2，新增经济效益23.64亿元，创造了推广面积、速度、效益3个全国第1。

科技创新平台建设　2017年，累计新增平台62个，其中，农业部蔬菜水果质量监督检验测试中心（广州）被农业部确定为“国家农业检测基准实验室（农药残留）”，成为首批10家国家农业检测基准实验室之一。畜禽育种国家重点实验室通过2013—2016年工作考核评估初评，2个省级重点实验室在省的运行考评中获得“良好”等级。加强协同攻关，联合华南农业大学、华大基因、广州市种业小镇等，共同申报国家（广东）种业产业技术创新中心。加强农业基础性工作，组织全省11个地市依托单位及本院相关单位落实农业部国家农业科学实验站建设计划，继续完成农业部“第三次全国农作物种质资源普查与收集行动——广东省系统调查”任务，积极推进广东农作物种质资源保护库建设。

科研成果推广与服务　2017年，新建省农科院清远分院，分院数量增至7个；新建东源现代农业促进中心，促进中心数量增至3个；新建12家工作站或特色研究机构，包括德庆柑橘研究所、乐昌落叶果树研究所等。深化院地合作，与佛山共建农业科技示范市，与梅州共建科技支撑

乡村振兴示范市等。与地方依托单位、企业等联合申报获得各类项目75项。与地方联合共建各类创新平台24个，新建试验示范基地53个，协助地方申请并获批省级基地（孵化器）6个，参与建设产业联盟8个。

2017年，该院完善了科技成果转让和技术入股管理办法，全年签订成果转化合同129项，合同金额合7 162.56万元，签订技术入股协议3项。推进省农科院农业科技成果转化服务平台和孵化器建设，成立广东金颖农业科技孵化有限公司，截至2017年年底，已有31家农业龙头企业入驻省农科院创新大楼。受省农业厅委托，承担广东省农业科技成果转化公共服务平台项目（线上），截至2017年年底，平台项目库入库信息达5 297项。制定横向科技项目经费管理办法，鼓励与企业的科技合作。持续开展科技创新成果与农业龙头企业对接系列活动，举办院企对接会、成果推介会，对接企业392家（次），推介各类科技成果542个（次）。签订合作协议17份、技术服务合同超过40份，帮扶13家企业获得龙头企业资质，助力7家合作企业挂牌上市。举办5期新型农业经营主体创新创业培训班，培训农技推广骨干、龙头企业管理技术人员187名。

2017年，该院共53个品种、30项技术入选全省农业主导品种和主推技术，分别占全省主导品种和主推技术的67.9%、71.4%，共有9个品种、10项技术入选最受欢迎的主导品种和主推技术，分别占全省最受欢迎主导品种和主推技术的75%、52.6%。重新组建省农科院科技服务专家团，成立7个分团共280人，并派出专家举行了畜牧、兽医、加工、果树、蔬菜、作物等10个培训班，培训了500人。承担省级现代农业“五位一体”示范基地建设的指导项目和现代农业示范区建设指导项目，指导与培训人员300人次。服务团个人和小分队积极参加科技下乡、科技扶贫、科技赈灾工作，派出人员150人。在积极推进对口村扶贫项目外，还做好与西藏林芝、新疆喀什的科技帮扶工作。3月期间，分别参加了省农业厅、省科协等举行的大型科技三下乡活动，与江门、惠州、罗定、开平等地政府共同举办了大型科技下乡活动。举办了黑皮冬瓜良种良法展示暨科技小院揭牌仪式活动。参加湛江东盟农业博览会、第四届广东（佛山）安全食用农产品博览会暨佛山农业旅游博览会、第五届惠州现代农业博览会和第十六届广东种业博览会等展览展示活动，推介品种和对接合作。

科技交流与合作　积极推进各领域多形式的国际合作与交流，派出52批128人次专家赴国外开展学术交流，出访批次和人数分别比上年同期增长了37%和70%。邀请62批190人次来院开展合作研究，签署各类型国际合作协议17份，举办各类型国际合作学术交流8场次，加强在蔬菜、植物保护、动物科学、农产品加工等领域国际合作渠道的建立。

继续加强与“一带一路”沿线国家合作，推进中泰农业科技示范园建设，与泰国建立在低碳农业技术研究与应用领域的技术合作，与缅甸建立在蚕桑领域的技术合作，开展东南亚（马来群岛）农业生物资源与农业技术需求调研。加强与非洲国家和国际组织在香蕉育种及枯萎病防控领域的合作与交流，推动国际热带水果贸易发展及水果市场的逐步建立。参与国际热带水果网络组织理事会，不断提升在热带水果领域的国际话语权。推动与南太平洋岛国巴布亚新几内亚和斐济的农业科技合作，在食用菌、甘薯和香蕉领域开展对巴布亚新几内亚和斐济的农业科技交流与培训。

修订《科技创新人才出国培养计划管理办法》，增加了培养计划类型和范围，加大对国际合作人才的培养力度，使更多科技人员“走出去”。2017年度，科技创新人才出国培养计划共有9人次赴美国、澳大利亚、加拿大、比利时等国家访学。

（杨　薇）

【深圳清华大学研究院】　截至2017年年底，深圳清华大学研究院（下称“研究院”）有员工329名，研发人员290人。汇集了一批教授、博士、高级研究人员和海归学者，其中国家海外高层次人才引进计划3人，“973计划”首席科学家5人，深圳高层次人才17人、海外高层次人才8人，南山区领航人才15人，广东省创新团队2个，广东省自然科学基金研究团队1个，深圳市海外高层次人才创新创业团队4个。拥有国家级研发服务中心1个、广东省重点实验室2个、广东省工程研究中心6个、广东省部产学研示范基地1个、深圳市重点实验室9个、深圳市工程实验室9个、深圳市公共服务平台4个，与企业成立联合实验室33家，发起成立各类产学研创新联盟7个，每年投入科研开发和实验室建设费用超过6 000万元。截至2017年年底，已建成清华信息港（深圳）、清华科技园（珠海）、力合（佛山）科技园、东莞创新中心等。

科技成果与产业化　研究院先后投入6亿元组建研发平台，建成了宽带无线通信研究所、电子信息技术研究所、新材料与生物医药研究所、光机电与先进制造研究所、新能源与环保技术研究所、航空航天技术研究所和综合技术研究所，共14个实验室和22个研发中心，集聚了由200多名教授、博士、高级研究人员和海归学者组成的科研团队。截至2017年年底，研究院获国家技术发明奖二等奖1项，国家科技进步奖二等奖2项，中国产学研合作创新奖2项，环境保护科学技术奖三等奖1项，广东省科学技术奖特等奖1项，深圳市科学技术奖市长奖1项、深圳市知识产权金梧桐—最佳运用奖1项等国家、省部、市级奖20余项；申请专利470余项，其中70%以上是发明专利；承担了包括国家“863计划”“973计划”、国家重大专项、科技支撑计划、国家重点研发计划、国家自然科学基金重点项目、广东省教育部产学研重大专项等重点课题。

截至2017年年底，研究院先后与370多家企业签订技术合同，促进了一批科技成果的产业化。组织实施了高端半导体激光器、盐碱地治理改造、数字电视与多媒体、石英晶体力敏传感器、红外快速体温检测仪、RPIR快速生化污水处理、电力线载波通信芯片、双层人工皮肤等300多项科技成果转化。

高新技术企业孵化与科技金融　截至2017年年底，引进和孵化了1 600多家高科技企业，培育企业市值超过1 500亿元，其中有21家在A股成功上市，30家在新三板挂牌。基于技术与资本结合的成功经验，研究院致力于金融助力的科技成果转化，借力于科技特色的金融体制创新，强化科技与金融的结合，在前海发起设立的力合金融控股公司已与多家银行开展合作，包括国开行、建行、浦发、招行等银行，获得授信额度超过12亿元，形成了包括科技担保公司、科技小贷公司、融资租赁公司为支撑的金融产业链，构建了综合金融服务平台。

国际合作　2017年，研究院从美国引进清华校友、前BP石油公司专家龙威博士领衔的第三代微流动数字化技术平台及海洋油气探采应用创新团队及产业化项目，其成果将打破国外在油气探采数字化与智能化技术领域的垄断，填补国内空白，有望直接为我国海上油气钻井每年节省投资20亿元。在大湾区油气探采中规模应用，有望提高油气产量10%，创造经济效益2 000亿元以上。项目成果支持在粤建立全球海洋油气精准探采信息与决策中心，实现全球海洋油气资源分布快速探测与开发决策，支持我国在全球的能源战略布局。该团队已获得广东省创新团队和深圳市孔雀计划立项支持。

公共技术研发平台建设　2017年，光机电与先进制造研究所共发表文章10篇，其中SCI收录5篇，EI收录1篇；申请专利16件，其中发明专利8件，获授权专利13件；新增1项国家重点研发计划课题，实现了铁路港口货运集装箱重量重心检测系统等项目的产业化。

电子信息技术研究所新增1个广东省工程技术研究中心，突破了植入式ECG监测系统和植入式无线颅内压监测系统中各项关键技术；成功实现了智能双耳助听器项目的产业化落地；AMOLED显示驱动芯片等多项研究课题获得深圳市技术攻关立项支持。

宽带无线通信研究所重点围绕灵巧通信卫星测控数传、遥测遥控、姿控分系统的设计及实现，致力于研发基于COTS小卫星软件无线电模块，以加快微小卫星星载模块的研究与产业化开发；完成了UWB传输技术等两期国家重大专项计划中核心芯片的研发；“连续时空电磁频谱感知及大数据处理关键技术”已完成总体方案设计及样机制作，并通过行业领域内专家评审；与企业合作开发的道闸检测器、交通断面流量检测系统实现产业化。

新材料与生物医药研究所重点产业化成果——双层人工皮肤项目取得CFDA III类注册证；首款国产椎间盘通过国家型式检验，进入临床试验，开展对比实验；腰椎精准运动康复项目，应用示范立项推广；天然调血脂药物研究领域取得突破性进展，CCS系列活性化合物高脂血症新药临床前试验已进入收尾阶段。

新能源与环保技术研究所重点攻关环保电池材料、树脂涂层材料、纳米材料等领域，获得多项深圳市技术攻关立项支持；自主创新技术——RPIR快速生化污水处理技术入选广东省水污染防治技术指导目录，先后承担了深圳四联河、沙湾河、新桥河等河道截污控源工程以及江苏响水县污水处理厂提标改造等项目，合同总额逾8 000余万元；为化工企业量身定制的废水废气治理解决方案效果显著，为比亚迪公司等企业节省60%的环保费用。

航空航天技术研究所拥有自主知识产权的高精度三坐标测量机，突破误差建模与修正、微动精密传感、智能控制和智能测量软件等多项关键技术，达到国内领先、国际先进，打破了国外在此领域的长期垄断；无人直升机系统技术实验室重点研发无人机飞行控制与导航测试系统、旋翼动力学测试系统等关键技术，打破国际垄断，孵化的XV-2植保机试飞成功。

研究院于2017年成立综合技术研究所，下设智慧油气、创新战略、城乡发展、电池材料等多个研发中心。2017年，该研究所新增广东省创新团队1支、深圳市孔雀团队1支，承担了多项国家、省、市各级重点科研项目。

（李文波）

【中国科学院深圳先进技术研究院】 中国科学院深圳先进技术研究院（以下简称“先进院”）建院11年来，累计承担的科研项目经费总额逾47亿元，在全国科研机构中名列前茅。2017年度先进院获批“国家双创示范基地”，是深圳唯一高校科研机构代表；获广东省科技厅授予“广东省自然科学基金管理先进工作单位”荣誉称号。累计持股企业191家，孵化企业637家，对外投资新增8 810万元。新增国家级载体2个，省部级载体7个，市级载体2个；新成立合成生物学研究所，新建苏州先进技术研究院。

科研项目及经费　2017年，先进院科研项目合同经费9.67亿元，到账8.45亿元，横向合作到款1.4亿元，均创历史新高，深圳市竞争性科研经费获批稳居第1。2017年，新增纵向科研项目498项，总额50 011万元，超额完成28%，为历史新高，其中，国家级13 460万元，中科院4 392万元，广东省3 976万元，深圳市28 183万元。获批国家自然科学基金项目80项，其中国家杰青项目1项，深圳唯一。获批中国科学院院级科研仪器研制项目4项，取得历史最好成绩，其中院级重大科研仪器研制1项。深圳市脑解析与脑模拟重大基础设施、人造生命设计合成测试设施通过建议书评审，进入正式立项程序。生物医学大数据基础设施、脑科学国际创新研究院、合成生物学研究院取得阶段性进展。

成立先进院学术委员会并召开第一次会议，审议通过人工智能、脑科学、合成生物三个重大科研布局和实施。

科研成果　新增专利申请1 303件，达历史新高，超额完成90%，申请量、授权量以及PCT申请量均居中科院第1。新增发表论文1 149篇，影响因子大于20的论文发表7篇（其中2篇以第一单位发表），*Science*、*Nature*子刊发表5篇，其中SCI收录论文656篇，JCR一区论文380篇，论文质量显著提升。

2017年度，首次作为第一完成单位获得国家技术发明奖二等奖，获何梁何利奖1项、全国创新争先奖1项、吴文俊人工智能奖2项，获广东省科学技术奖3项、深圳市科学技术奖4项。

先进院以“立足粤港澳大湾区、建设国际一流新型科研机构”为主题，以国家双创基地建设为有效支撑，组织38个中心、141项成果、500多名师生参与第十九届高交会的交流，接待观众10多万人次，在高交会现场先进院开展5个主题专场成果对接，吸引100多家企业参与，收集合作意向200个；获36项高交会优秀产品奖，创历史新高，3项成果获得十大人气产品奖（第3名、第6名、第10名）；诺奖实验室10年成就引人注目；两大基础设施建设获深圳主要领导重视，有效地促进了合作的落实。

人才团队建设　2017年，先进院新增90人次入选各类人才计划。获批人才项目合同经费1.23亿元。人员规模日趋稳定，2017年度，先进院新引进“青年千人”4人，中国科学院率先行动

"百人计划"4人，广东省领军人才2人，深圳市"鹏城学者"特聘教授4人；人才培养显著，年度新入选新世纪百千万国家级人才1人，国务院特殊津贴2人，杰青1人，广东省特支计划领军人才3人、青年拔尖人才6人，省杰青1人。新增"孔雀计划"技术创新项目19项；新获批深圳市孔雀人才30人次，深圳市高层次人才18人次，累计326人次，占博士生员工总数近70%。

聚焦仿生触觉、储能器件、人工改造噬菌体等关键科学问题，依托广东省"珠江人才计划"和深圳市"孔雀计划"，新引进1支海外英才创业团队、2支海外高层次人才创新团队。截至2017年12月，全院累计引进创新创业团队24支。

2017年新增中国科学院青年创新促进会会员6人，累计入选会员47人；依托院优秀青年基金，支持了22位青年人才单独立项创新、创业，受资助人获国家自然科学基金支持比率持续提升，激励效用明显。

"一三五"重点领域及成果

1．重点突破1——高端医学影像。2017年，高端医学影像技术与装备方面取得了新的突破。超声神经调控重大仪器研制取得重要进展，已经完成的超声调控装置涵盖了细胞、小动物、灵长类大动物研究的多个方向，并已经成功开发了2048通道的磁共振兼容超声神经调控系统，为多点动态深脑刺激研究提供了仪器基础。

在产业化方面，超声弹性成像获2017年国家技术发明奖二等奖，融合了二维弹性成像技术和高分辨率血流成像技术的新一代多功能超声成像设备通过型检测试。高分辨率血管内超声成像完成了产业化样机的初步开发。磁共振团队参与上海联影联合研制的中国第一台3T磁共振成像系统已实现销售装机60余台，具备国际领先水平的快速全脑斑块成像和心脏实时成像技术已实现临床应用，为国产设备提高国际竞争力提供了关键技术支撑。

小动物正电子发射断层扫描成像（PET）方向已完成高清晰磁兼容小动物PET成像系统探测器和后端电子学的联合调试，系统集成正在进行之中，该项目同时获批深圳市孔雀团队资助，进一步开展国际先进水平的临床人脑PET-MRI成像仪器的研发。CT方向完成碳纳米管X光源阵列结构优化和静态乳腺断层成像原型系统，基于静态扫描方式成功获得首幅乳腺模体图像。光学方向在双光子显微成像技术与系统方面的研究成果发表在*Nature Methods*杂志上引起全球关注。

培养和引进人才并重，新引进1名"青年千人"和4名海外优秀科研人员，形成了一支包含高级职称40人和青年骨干100余人的多学科稳定团队。2017年度新增包括国家重点研发计划和海外重点基金在内的30余项国家科研项目，年度合同经费5 500余万元。论文数量和质量进一步提升，以第一或通讯作者发表国际核心期刊SCI收录论文85篇，其中JCR一区论文超过65%，影响因子大于5的30篇，国际影响力显著提升。

2．重点突破2——低成本健康。2017年，低成本健康围绕"核心部件—柔性集成—医学人工智能—创新应用"开展全链条研发和产业化工作。突破多项穿戴式传感、影像引导治疗、健康大数据分析关键技术，2017年在*Advanced Materials*等SCI收录期刊上发表论文60余篇、获授权发明专利60余项。新增国家自然科学基金重点支持、国家数字诊疗重点专项课题、中科院STS重点、深圳学科布局等一批科研任务，新增经费5 000余万元。"仿生触觉传感"广东省创新团队启动。"国家健康医疗大数据研究院"已落实建立。"健康大数据智能分析技术国家地方联合工程研究中心"获国家发改委批准。"穿戴式健康信息连续监测与分析技术及系统项目"获2017年度广东省科学技术奖二等奖。作为重要组成部分、参与科技部"主动健康与老龄化科技应对"重点专项。通过自主知识产权转让控股中科苏州先进院有限公司，全力打造医工科技转化平台。

3．重点突破3——医用机器人与功能康复技术。2017年，医用机器人与功能康复核心技术和系统取得了新突破。

发展了运动功能缺失及障碍的康复新技术和新方法，研发了高性能、低成本的新型运动功能康复器械与系统，实现了生机电融合的智能多功能假肢系统的智能交互与控制，承担的国家自然科学基金重点项目（先进院首个）和科技部"973计划"课题（优秀）顺利结题。

利用三维电磁发音运动跟踪设备记录发音器官运动位置，结合语音识别和虚拟现实技术实现发音动作可视化，实现对言语障碍者的言语康复训练和指导，承担的国家自然科学基金重点项目顺利结题。

面向神经毗邻区骨压迫切除手术，提出了基于多层模糊控制器的椎板磨削方法，提高了脊柱手术机器人椎板磨削效率与安全性。精准口腔正畸诊疗机器人在可视化重构方法、可控正畸模式及个性化矫治器制备的理论和技术方面取得重要进展，获得吴文俊人工智能科技奖自然科学奖三等奖。

研制出新一代康复助行外骨骼机器人样机，并布局研制适用于高位截瘫患者使用的全自主外骨骼机器人，相关研究成果发表在*IEEE TRANSACTION ON INDUSTRIAL ELECTRONICS*上，获吴文俊人工智能科技奖技术发明奖二等奖。

“机器人与智能信息技术”广东省创新团队结题优秀，为同批结题的10支团队中深圳唯一结题优秀的团队，获批国家自然科学基金联合重点基金项目2项。

4. 重点培育1——城市大数据计算。在“城市大数据基础理论与关键技术”方面，承担“973计划”项目“城市大数据三元空间协同计算理论与方法”和深圳市技术攻关项目“面向智能城市管理的大数据智能分析关键技术研究”等，取得了一大批原创性的研究成果，针对城市数据的特点开发出了一系列理论性和实用性并重的算法，高质量研究成果频出。

在“城市大数据支撑平台”方面，承担中科院先导项目“海云数据系统关键技术研究与系统研制”和国家重点研发计划“软件定义的云计算资源管理方法”等项目，成功研制的基于磁盘的大数据处理中间件、基于内存的大数据处理中间件，以及半结构化数据库中间件都达到了世界领先的性能，大力促进了基于大数据的城市精细化管理。

在“沿海城市的环境监测”方面，成功获批深圳海洋环境信息大数据分析与应用工程实验室，在城市近海环境研究方面建立坚实的基地，研究水平上了新台阶。加强与深圳市气象局合作，建立台风登陆引发深圳地区强风暴雨的统计模型，极大地提高了登陆台风引发深圳地区强风暴雨的预报准确度，结果优于欧洲台风预报数据。

在“一带一路”建设和国际合作方面，承担中科院先导专项“地球大数据科学工程”项目，采用遥感等信息化手段对“一带一路”沿线国家的生态环境进行监测和评估，为“一带一路”倡议实施提供生态环境安全信息保障，为生态环境保护和可持续发展提供决策支持。

在“学科建设”方面，成功获批深圳市“城市计算与数据智能”学科建设项目，在核心关键技术突破、学科平台建设以及紧缺人才培养等方面开展联合攻关。

5. 重点培育2——脑科学。在脑科学方面，2017年度获批国家及地方科研项目45项，获批经费额度达5 568万元；承担国家自然科学基金重大研究计划重点项目、国家自然科学基金重点、国家自然科学基金杰青、科技部国家重点研发计划、中科院国际大科学计划培育项目、中科院先导B等重点重大项目。获批成立了“脑连接图谱研究”广东省重点实验室。光遗传技术累计辐射到境内外近400家实验室。3月，在深圳组织了主题为“非人灵长类脑与认知”的香山科学会议，提升了先进院在脑科学领域的影响力。在中国阿尔茨海默症人群病变相关的新遗传位点、胶质细胞对脑认知功能的调控机制、社交行为的皮层环路机制、嗅觉神经环路的分子特征、新型生物相容性神经电极、应用于神经调控的柔性自供电纳米器件等方面取得一系列进展，论文发表在*Nature*子刊、*Cell Reports*、*Nano Energy*等高水平期刊上，申请专利40件，PCT专利4件，获授权9件；研究队伍进一步增强，新增PI 3 名，其中中组部“青年千人” 1 名，中科院“百人计划” C 类 1 名。

6. 重点培育3——先进电子封装材料。围绕电子封装关键材料的电、热、力学关键科学问题开展深入、系统的研究，形成具有自身特色的研究体系。牵头获批科技部战略性先进电子材料重点研发专项“高性能热界面材料基础研究”。2017年度发表学术论文75篇，其中SCI收录49篇（IF大于3的40篇，IF大于5的15篇），申请发明专利54件，获授权专利25件，申请PCT专利5件。

在产业化方面，面向晶圆级封装的高端晶圆支撑材料已完成中试、终端客户验证实现量产，并实现对先进封测骨干企业的规模供应。面向透明导电膜的高长径比银纳米线材料完成中试放大实验并实现技术转移，成立合资公司，高导热PI膜材料进入产线验证阶段，为进入5G通讯应用端打下良好基础。

7. 重点培育4——肿瘤精准治疗技术。2017年度团队共发表相关SCI收录论文52篇（包括*ADV FUNCT MATER*，*ACS NANO*，*MAT SCI ENG R*，*ANGEW CHEM INT EDIT*等顶级期刊），各类项目获批经费3 626万元。申请专利51项，PCT专利9项，获授权专利27项。

主要的科研成果包括：在肿瘤精确诊断方面，研制出单分子近红外探针与成像诊疗一体化的设备，实现近红外活体成像、诊疗一体、手术引导与穿颅骨脑胶质瘤成像。建立了肿瘤标志物的质谱成像技术，检测多类别肿瘤标志物。建立便携式微流控芯片—拉曼检测仪用于癌症早期检查。研制实现新型DcR3癌症精准检测试剂盒。在肿瘤精准治疗方面，研制出新型仿生靶向纳米药物与纳米氧载体，协同提高化疗与光学治疗效果。研制出靶向肿瘤激酶Plk1的抗肿瘤多肽药物与海洋分子药物。广东省纳米医药重点实验室评估优秀，并建立深圳市纳米特殊制剂工程实验室。开发DR5抗体融合蛋白新药，并争取申报临床批件。通过创新链与产业链发展CAR-T治疗及临床转化技术。

8. 重点培育5——合成生物器件关键技术。合成生物器件及关键技术方面，已汇聚形成了一个包含4名“青年千人”、1名杰青在内的，年轻有活力、多学科交叉的前沿创新群体，原合成生物学工程研究中心于12月正式升格为合成生物学研究所（筹）。

合成生物学团队在多个方面提升了先进院在该领域的影响力：（1）大力推动合成生物研究重大科技基础设施的立项建设，并顺利通过专家组评审，同时合成生物创新研究院的组建也已提上议程；（2）成功引进美国工程院院士杰·基斯林领军人才团队和杜克大学游凌冲教授领衔的“孔雀计划”团队等，将在中药资源创新利用、人工改造噬菌体治疗超级耐药菌等方向开展国际合作；（3）与产业界紧密结合，牵头发起成立了深圳市合成生物学协会；（4）积极培养合成生物学后备力量，主办了第一届合成生物学青年夏令营，发起生物智造大赛BIM，协办了中国区第四届iGEM交流会和中国区第一届高中iGEM峰会。

研究亮点包括：（1）在国际上首次发现了长链非编码RNA能够在无蛋白质参与的条件下使DNA发生分子间相互作用，改变DNA的物理特性，提示长链非编码RNA对维持染色体结构和功能有重要作用（相关成果发表于*NAR*，IF=10.2）；（2）率先设计构建了低免疫原性但保留实体肿瘤靶向性的安全细菌载体，该类合成细菌可以作为实体瘤治疗的广泛通用载体，为下一步临床前研究提供了新的方案。

产研结合工作　面向重大科研创新领域，以企业联合实验室为抓手，拓展协同创新取得实绩。2017年。先进院实现工业委托到款5 857万元，新增到款4 227万元，比2016年提高8%。2017年，先进院以联合实验室作为院企合作的重要形式，首次联合实验室到款突破2 000万元，比2016年增加18%，占2017年工业委托到款的近40%。首次有联合实验室的成果获得两个奖项，分别是金宗文团队与易瑞的联合实验室成果获得广东省科学技术奖二等奖、吴新宇团队与苏州宝时得联合实验室成果获得第七届吴文俊人工智能技术发明奖二等奖。

坚持应用牵引，先进院在重点领域中谋求突破，积极开展科技服务，2017年与企业共建18个联合实验室，比2016年提高了60%，合同金额达5 650万元，超过新签合同金额的60%。其中，在健康与医疗方面建立4个企业联合实验室，与迈瑞、一体医疗合作项目获得国家科技进步奖二等奖，低成本健康产业在南非、肯尼亚等非洲4个国家实现交付，与稳健联合实验室成为科技部创新示范基地的成果转化平台；在机器人方面，与触景无限等4个公司共建嵌入机器视觉等联合实验室，深圳市机器人协会会员数量已近400家，连续11年举办高交会机器人展和机器人博览会，发布机器人产业白皮书，引领深圳企业产值超800亿元；在大数据方面，与招联等4家企业共建金融大数据等联合实验室，获得宝马等国际国内著名企业资助、气象大数据成果融入预警预报业务；在新能源新材料方面，与化讯、湖南宏大真空、魔力等5公司组建联合实验室。

2017年，先进院区域合作面不断扩大，合作项目类型不断增多，参与人员不断增加，大项目不断增长。2017全年新增产学研项目118项，留院金额9 896万元，到账金额8 087万元。注重与龙头企业合作，拓宽合作频谱，主攻3项重大科技专项，实现留院金额近2 000万元。

实现科技成果从实验室—工程化—产品—产业化—市场的闭环持续的成果转化方式。探索外溢机构未来建设从土地—园区建设—园区管理—到平台建设—资本—产品—产业化—市场的产业生态链。2017年落实政府资助外溢机构建设专项资金4 000万元，已设立的外溢机构运营良好，新增珠海先进院和苏州先进院。落实建设中试平台项目——“抗肿瘤纳米药物及纳米光敏剂”落户中山市翠亨新区。

6月21日，先进院入选国家“双创”示范基地，建立了第一个国家级示范基地，初步建立了从“-1—N”的完整双创培育发展的双创模式，开展了中科—斯坦福创业营等国际化高水平的创业培育项目，服务创客超过20 000人，科学创新教育覆盖青少年4 000多人，红土创客基金已投资项目5个，投资金额近1亿元。在国务院第四次双创督查和国家发改委组织的全国示范基地的评估中获得好评。2017年，面向国家战略需求与院重大局合作，成功承办JW科技委发起、中科院主办、深圳市支持的科学院首届“率先杯”未来科技创新大赛，获批包括JW科技委、总院、深圳市政府1 000万元的大赛资助。

育成孵化工作　深圳育成中心在2017年持续健康发展，成立子公司深圳中科育成中心管理有限公司和深圳中科育成投资有限公司，截至2017年12月已累计孵化企业73家。

深圳育成中心在深圳龙华区政府的支持下新增孵化面积育成中心龙华园区共3万m^2，于2017年4月正式投入使用，至12月入住率已超90%。已入驻企业总数达37家，入驻企业总注册资本已达6亿元。

科教融合　以科研工作促进教学工作的发展，形成了科研与教学的良性互动，实现高水平科学研究与高质量人才培养的相互支撑。2017年学生屡获嘉奖，累计获奖达114人次，其中，1人获得中国科学院大学“院长特别奖”；1人获得中国科学院大学“院长优秀奖”；1人获得“朱李月华优博奖”；1人获得中国科学院大学“必和必拓奖学金”；2人获得中国科学院大学“三好学生标兵”称号；5人获得中国科学院大学“优秀学生干部”称号；2人获得中国科学院大学“优秀毕业生”称号；41人获得中国科学院“优秀学生”称号；近50人次获得“国科大优秀学生”称号、广州教育基地奖、创新创业大赛金奖与银奖等奖励。另外，留学生中有3人获得CAS-TWAS奖学金；3人获中国政府奖学金；1人获得UCAS全额奖学金；1人获泰国政府奖学金；2人获深圳大运基金会奖学金。

博士后的国际化程度高，研究成果突出。截至2017年年底，先进院累计培养了321名博士后，在站161名。其中，外籍博士后8人，32%的博士后具有国（境）外学历。博士后研究成果突出，其中1名博士后获中国博士后创新人才计划资助，3名博士后获得中国博士后基金派出计划资助，3名博士后获广东省珠江人才—海外博士后计划资助。另外，2017年度为企业联合培养16名博士后，涉及计算机、医学、航空等领域，对相关机构提供了有力的学术指导，有效促进了地方经济发展。

12月3日，中科院副院长、党组成员张亚平，深圳市委副书记、市长陈如桂分别代表院市双方签署《共同推进建设深圳国际科技产业创新中心合作协议书》，双方明确深圳校区将发挥中科院科教融合优势，创新体制机制，依托高水平科研机构，建设若干世界一流的新兴交叉学科和研究创新平台，打造具有世界眼光、中国特色的世界一流研究型校区。同时，深圳校区的资助方式和校区选址也得到进一步的明确。

学术活动和国际（地区）交流　新增国际（地区）合作交流项目20项，获批金额1 712万元，在生物医学、新能源、新材料、信息技术、大数据、人工智能等领域的国际科技交流合作实现了与国际学术前沿的深度结合。

王立平研究员牵头搭建了脑科学领域由中国团队带头、多国一流科学家团队参与的国际科技合作平台，并获批中科院国际大科学培育专项，经费710万元。基于与先进院的良好合作，德克萨斯A&M大学纪秀全教授获批国家自然科学基金海外及港澳学者合作研究基金延续资助项目。巴基斯坦的SadeghNobari、澳大利亚的Subhas Chandra Mukhopadhyay、韩国的Suk Won Cha、法国的Quentin Montardy、希腊的Tziritas Nikolaos5位外国专家获批中科院国际人才交流计划的国际访问学者、国际博士后，加入先进院共同展开合作研究。

开展广泛的国际科技合作，先后与越南水利大学、韩国汉阳大学签订全面合作备忘录，与韩国首尔大学大数据研究院成立联合研究中心，与美国工程院院士Jay. Keasling共建合成生物联合实验室，与莫斯科国立谢东诺夫第一医科大学、喀山国立技术大学签订科研和教育合作备忘录。

2017年，先进院接待了来自加拿大、挪威、奥地利、法国、英国、越南、俄罗斯、澳大利亚、韩国和中国香港等多个国家和地区的代表团到访交流，总计近600人次。先进院出访总数401人次、212批次，较2016年度增长了45%，其中66%的出访人员因论文获得各大国际期刊和会议收录而受邀参会，33%的出访人员由于与国外高校、研究机构开展科研合作获邀出访。成功举办了23次国际学术研讨和合作对接会。

（卢　群）

【广东华中科技大学工业技术研究院】 广东华中科技大学工业技术研究院（简称“工研院”）是东莞市人民政府、广东省科技厅和华中科技大学共建的重大科技创新平台，是“三部两院一省”产学研合作示范基地，是国家技术转移示范机构。

平台建设　2017年，工研院在平台建设上继续发力，建设了5个研发平台，其中激光器件与工艺装备研发中心、3C产业智能制造公共技术支撑平台、锂电池制造装备研发中心获得省级资质认定。截至2017年年底，工研院先后建设了国家技术转移示范机构、国家博士后科研工作站等3个国家级平台、10个省级平台、2个市级平台，逐步由“地方队”向“国家队”迈进。同时，受广东省政府委托，工研院正在牵头建设广东省智能机器人研究院，已初现成效。另外，工研院成立了孵化器运营平台——华科城，截至2017年年底投入运营或者正在建设加速器及产业园超过50万m^2，工研院已初步打造了“两院一城”3+X创新体系，构成了“研发基地—孵化器—加速器—产业园”的成果转化链条。

人才队伍建设　工研院继续加强高层次人才引进和高水平队伍建设工作，截至2017年年底，工研院组建了600余人的研发团队和1 000余人的工程转化团队，其中包括国家长江学者7人、国家杰出青年6人、海外创新人才70多名、东莞市特色人才22名（在全市特色人才中占比10%）。获批了5支广东省创新团队（在全市省创新团队中占比16%），1支东莞市创新团队。

在人才结构上，工研院初步构成了“院士牵头、专职队伍为主、海外团队补充”的队伍体系。组建了以段正澄、熊有伦、李培根、朱英富等两院院士牵头的研发团队，聘请了龙头企业的专家为代表的专职队伍，引进了由相关领域著名学者牵头的运动控制团队、智能感知团队、大功率激光器创新科研团队等，集聚了一批海内外高端人才。2017年，大功率激光器创新科研团队成功研制出高于国际标准的单模块3kW工业级激光器，无人艇团队成功研发出3个型号的无人艇产品，其中HUSTER-68无人艇成功下水试航。

技术创新　工研院围绕运动控制技术、智能感知技术、数字化工艺与成形加工技术、精密检测与机器视觉技术、激光装备与核心器件等方向研发了十几类行业关键装备，发起了国家数控一代示范工程，建设了国家首批智能制造示范点。截至2017年年底，累计申请各类知识产权524项，参与起草了云制造、射频、车间制造执行数字化通用要求等标准35项，其中15项国家标准、1项军用标准。在自然杂志子刊*Nature Physics*等国内外核心期刊上发表高水平论文120余篇，相关成果获得2013年国家技术发明奖二等奖。

工研院与珠海格力、美的集团、大族激光、东莞劲胜、吉利汽车、中国航天设备总厂等龙头企业联合建设的智能制造车间，获批国家智能制造示范点，另外，在已获批国家智能示范项目中，采用工研院产品的占比超过38%。针对手机加工中混流生产的需求，工研院联合东莞劲胜联合建设了移动终端配件智能制造车间，综合应用了国产装备、国产数控和国产工业软件（“三国”），实现了装备自动化、工艺数字化、生产柔性化、过程可视化、信息集成化、决策自主化（“六化”），同时通过云数控实现了基于大数据的分析和优化（“一核心”），被评为首批国家智能制造示范工程（全国46家单位获批，东莞唯一一家），并于2017年被选为全国智能制造试点示范交流会的唯一示范现场。

工研院牵头发起了国家数控一代创新示范工程，并协助东莞市以及大朗、厚街、横沥、寮步、万江5个镇街建设广东省数控一代示范市和示范镇。工研院还承担了首批国家科技支撑计划项目，面向纺织、木工、模具等行业开发了各类专用控制系统及装备，各项性能均达到或优于国外装备，替代了进口装备。截至2017年年底，已在相关行业推广5 000台套。

工研院利用数控技术和伺服电机技术开展注塑机伺服节能改造，已为广东永高塑业有限公司、珠海铭祥电子有限公司、法国法雷奥等知名企业实施了上千台注塑机节能改造项目，市场占有率超过60%，实施的茂瑞电子节能改造项目被评为全国注塑机伺服节能改造示范点。另外，工研院还与横沥镇联合建设了模具协同创新中心，开展了高速、高精度、高刚性、高可靠性、网络化模具数控装备的研究，与中泰模具、台一盈拓、鸿泰设备等模具企业开展产学研合作，其中与中泰模具合作研发的国内第一条热成型生产线“汽车零件自动化大型精密多工位级进模项目”获批国家强基工程。工研院与横沥镇开展协同创新中心建设的模式探索，“东莞横沥镇模具产业协同创新体系的建设与实践”获得2016年度广东省科学技术奖特等奖。

技术服务　2017年，工研院技术服务能力稳步提升，建设的六大集中式技术服务中心获得CNAS、CMA、EPA、CPSC等国内外检测资质887项，为过万家企业提供了产品设计、产品检测、精密测量、激光加工等高端技术服务。

产业孵化　2017年，工研院通过华科城控股全面转移松湖华科国家级科技企业孵化器建设和运营经验，新建了深圳、东城、石碣等3个产业园区。截至2017年年底，工研院已建成8个“华科城”品牌孵化器，打造“华科城”系列孵化器，建成国家级科技企业孵化器2家，省级科技企业孵化器4家，市级科技企业孵化器5家，国家级众创空间3家（在全市占比21%）。截至2017年年底，孵化高科技企业450余家，自主创办60家。累计孵化国家高新技术企业总数超过40家，落户松山湖35家，占松山湖总数（187家）的19%。新三板挂牌企业7家，落户松山湖4家，占松山湖总数（23家）的17%。上市后备企业3家，占松山湖总数（19家）的16%。东莞市成长培育企业3家，占松山湖总数（16家）的19%。

人才培养　工研院建立了教育发展院，通过学历学位教育，接收大学实习生，举办企业骨干技术培训班等方式，截至2017年年底，培训各类技术人才5 000多人次。此外还积极支持学生创新创业，无偿赞助华中科技大学、东莞理工学院等高校举办创新创业大赛，已支持20余支团队创新创业。

（李思彤　王　琴）

科技协同创新

产学研合作

【产业技术创新联盟】 截至2017年年底，广东省共组建产业技术创新联盟286个，广泛涉及电子信息、新材料、生物医药、装备制造、化工材料、能源环保、资源与环境、农林畜牧、传统优势产业、现代服务业等产业领域；涵盖了广州、深圳、佛山、顺德、东莞、珠海、中山、肇庆、惠州、韶关、江门、清远、河源、阳江、湛江、云浮、潮州、揭阳、茂名、梅州、汕头、汕尾等地市；联合了中山大学、暨南大学、华南理工大学、华南农业大学、华南师范大学、广东工业大学、南方医科大学、广州中医药大学、深圳大学、清华大学、四川大学、浙江大学、北京航空航天大学、同济大学、江南大学、吉林大学等省内外重点高校，产生了良好的经济与社会效益。截至2017年年底，联盟累计攻克产业关键、核心、共性技术近3 000项；新增利税超过4 500亿元；申请专利近2万件，获得专利授权1.4万件左右；累计承担省部级以上科技项目1 300多项；建立省部级以上各类平台300多个；为企业培养了8 000多名高层次技术和管理人才。

2017年，在省科技发展专项中设立了产业技术创新联盟建设示范专题，引导联盟围绕产业的发展，搭建产业上下游协同创新平台，推动产学研合作，建立创新、协同、开放、共享的发展新机制和新模式，解决产业发展的关键和共性技术问题；鼓励联盟成员开展跨区域的合作，推动科技创新、产业创新、市场创新、金融创新和管理创新等，鼓励依托联盟共建开放、共享、网络型的新型研发机构和创新创业企业孵化器，促进创新要素向企业集聚，加快科技成果转化，促进大众创业、万众创新。2017年申报项目70个，最终立项34个。

【产学研合作重要活动】 2017年共主办3场产学研对接活动，组织中山、揭阳、珠海、汕头等地市的60多家企业赴吉林大学、东南大学、南京大学、浙江大学、北京大学、北京科技大学、北京航空航天大学、北京市科学技术研究院等高校、科研院所开展项目与人才对接。通过进一步完善前期准备、丰富活动内容、优化活动流程、加强沟通衔接，实现了目标高校、目标领域和目标企业的专家技术成果与企业需求的精准对接，过半数企业与相关院校达成合作意向，活动成效显著。

6月22日，由教育部和广东省人民政府作为指导单位，教育部科技发展中心、广东省科学技术厅、广东省教育厅、广东省经济和信息化委员会及惠州市人民政府共同主办的首届中国高校科技成果交易会在惠州会展中心盛大开幕（详见第11页）。

【院士工作站】 截至2017年年底，共建设有158家院士工作站，获得专项经费支持总计1.61亿元，分布于广东省各地市，吸引了全国144名院士来广东开展产学研合作工作，其中105名为中国工程院院士，37名为中国科学院院士，2名为双院院士。同时引进了院士团队核心技术人员近1 400人一同进驻广东。院士及其团队以院士工作站为平台，不断创新，为企业、地方或行业制定技术及产业规划300余项，突破核心技术1 700多项，为企业培养各类科技人才7 000多人，转化各项成果2 100多项，实现经济效益450多亿元，有力地推动了企业技术创新和区域产业发展。同时，两院专家学者深入广东省各地市和企业开展技术需求调研，联合召开80多场技术成果对接洽谈会、研讨会、专题报告会，多次为产业及企业发展提供战略咨询和技术指导。

其中，2017年度共建设36家院士工作站，获得专项经费支持3 600万元，主要分布于广州、深圳、佛山、顺德、中山、肇庆、珠海、汕头、揭阳、韶关、江门等地，引进了李德毅、沈昌祥、曾溢滔、朱蓓薇、杨士莪等中国工程院院士及陈孝平、苏国辉、段树民、魏于全等中国科学院院士，广泛涉及材料、装备、能源、电子信息、生物医药、农林畜牧等技术领域。

【科技特派员工作站】 2017年，在教育部与广东省政府签署“十三五”产学研合作协议的背景下，企业科技特派员选派及特派员工作站建设工作持续开展。

2017年共受理特派员派驻协议签订与备案1 033份。截至2017年年底，全国参与广东省企业科技特派员工作的高校、科研院所达到402所，特派员派驻企业超过5 200家，共有来自全国各地的5 525名专家教授及科技人员成为企业科技特派员，累计服务企业超过8 000人次。

2017年，广东省继续开展省部院企业科技特派员工作站建设，新建特派员工作站54家，共获得2 700万元专项经费支持，分布地区包括：广州18家，惠州、揭阳、梅州各4家，东莞、清远、肇庆各3家，中山、汕头、江门、河源、茂名、韶关各2家，深圳、湛江、云浮各1家。分布技术领域包括：电子设备与元器件、计算机及软件技术、节能环保、农业技术、先进制造、生物医药与医疗器械、网络与多媒体技术、新材料。参与省部院产学研合作的省内外高校及科研院所达45家，其中省内高校及科研院所有：中山大学、华南理工大学、广东工业大学、暨南大学、华南农业大学、华南师范大学、仲恺农业工程学院、广东省农科院、深圳先进技术研究院等；省外高校及科研院所有：中南大学、北京科技大学、北京理工大学、大连理工大学、武汉理工大学、中国科学院自动化研究所等。通过特派员工作站建设，共引进200余位科技特派员及特派员助理进驻广东省各类科技型企业，实施超过100项产学研结合项目，为企业培养各类科技型人才300余人，完成各类科技成果转化达200余项。

（李　蓉）

科技金融

【产业与金融对接】

出台多项政策措施 针对科技型企业融资难问题，省科技厅于2017年1月出台了《关于发展普惠性科技金融的若干意见》，与银行机构共同探索建立小微科技企业贷款审批授权体系和专属评价体系，切实让科技金融广泛惠及小微科技企业；8月，印发了《广东省促进科技企业挂牌上市专项行动方案》，充分发挥资本市场资源配置和服务创新的作用，支持科技企业挂牌上市和自主创新，促进科技成果转化和产业化，推动经济转型升级。

珠三角国家自主创新示范区科技金融工作推进会（见8页）

【科技金融服务体系建设】

搭建科技金融服务平台 截至2017年年底，省科技厅依托粤科金融集团建设政策性科技金融集团，依托省生产力促进中心建设全省科技金融综合服务中心的线上和线下网络，在线下建立31个科技金融综合服务中心，在线上建立广东科技金融综合信息服务平台，完成与相关金融机构和服务中介的线上对接工作。截至2017年年底，省科技金融综合服务中心的网络已经实现全省覆盖，珠三角地区广州、东莞、中山等分中心建设成果丰硕，粤东西北地区汕头、湛江、韶关等分中心建设快速推进，形成了区域化和个性化的科技金融服务模式。

中国创新创业大赛 2017年，广东省持续承办中国创新创业大赛3个赛区（广东赛区、深圳赛区和港澳台赛区）的赛事组织工作。自2012年起至今，全省参赛总数连续4年位居全国第1。2017年全省参赛企业5 850家，参赛企业数量占全国报名数的1/5。各地市纷纷设立分赛区，组织发动企业参赛，参赛规模迅速扩大，优秀项目不断涌现，形成了省市联合、科技与金融互动、海内外联动的生动局面，吸引近100家省内外知名创投机构与参赛企业对接，获得投资或获得投资意向的项目超过200个，金额超30亿元。

【科技型企业投融资】

开展普惠性科技金融试点 2017年1月，省科技厅联合建设银行印发《关于开展普惠性科技金融试点的通知》，在广州、珠海、汕头、佛山、东莞、湛江、清远7个地市开展普惠性科技金融试点，针对科技型企业“轻资产”和银行信贷传统标准风险较高的特点，建立了科技型企业信贷审批授权专属流程和信用评价模型，共同研究出台《小微科技企业创新综合实力评分卡》。建立面向科技型中小企业的普惠性科技金融工作机制，拓宽小微科技企业贷款适用范围，通过评分卡适度降低企业成立年限、销售额、净利润率等贷款准入门槛，进一步解决小微科技企业融资难问题；根据综合评分结果，提升小微科技企业贷款金额，同时提供利率优惠，低于银行同业年息6.5%的纯信用贷款价格，所有项目不额外收取保证金，进一步解决小微科技企业融资贵的问题；为小微科技企业贷款申报、审批开辟绿色快速通道，配置专门审批团队限时办理，审批通过率达98.5%，每笔平均耗时5.2个工作日，进一步解决小微科技企业融资慢问题。

促进科技企业上市 针对广东省科技企业发展情况，制定科技企业培育上市计划，开展信息交流、路演对接、培训辅导等服务，举办科技金融经验交流会，加强与深圳证券交易所、恒健控股、南沙开发区管委会、华南技术转移中心等单位和机构合作，加快广东省科技企业上市步伐，使资本市场更好地服务实体经济。截至2017年年底，珠三角地区年度新增上市高新技术企业68

家，新增上市首发募资额323亿元。

（田何志）

【风险投资行业发展】　2017年，广东省风险投资行业保持平稳发展势头，整体上处于从高速增长向高质量发展的转折时期。截至2017年年底，全国已登记备案的私募股权、创业投资基金管理人达13 200家，管理正在运作基金28 465只，管理基金规模7.09万亿元。其中，注册地位于广东的有2 892家，居全国首位。

从投资阶段来看，在早期投资市场，2017年广东省新募集天使基金4支，募集金额约15.1亿元；发生427起投资案例，披露投资金额约23.6亿元，投资行业主要集中在互联网、IT和电信及增值行业；退出方式主要是IPO和并购退出。在创业投资市场，2017年广东省募资和投资规模较上年均有所下降，但单笔项目投资金额、投后管理水平和IPO退出金额均有较大幅度提高。2017年新募基金343支，募集金额为603亿元；投资案例共1 277起，披露投资金额共567.5亿元，投资最活跃的行业依次是互联网、IT、生物医药、电子及光电设备、娱乐传播，共占全部投资案例的65.65%；从退出维度来看，2017年广东省IPO项目退出回报金额和平均账面回报率分别为178.24亿元和3.70倍，相比2016年均有大幅度上升。

从投资区域看，2017年广东省各地区风险投资行业投资呈现出发展不平衡的特征，无论是天使投资还是创业投资，投资案例和投资规模均主要集中在深圳、广州两地。就2017年广东省各地区融资情况来看，深圳市获投企业470家，获投规模171.85亿元；广州市获投企业286家，获投规模84.83亿元。深圳市、广州市投资案例及规模占广东省90%以上，各项指标远远超越广东省内其他地区。除深圳、广州以外，珠海、东莞、中山、佛山作为珠三角地区发展较快的新兴城市也逐步开始获得投资人的关注，政府引导基金政策环境逐步走向成熟，例如：佛山市政府于2016年成立了规模为100亿元的佛山市创新创业产业引导基金等。

【广东省粤科金融集团有限公司】　截至2017年年底，广东省粤科金融集团有限公司（以下简称“粤科集团”）注册资本35亿元，总资产351亿元，净资产150亿元，实现总收入63.87亿元，其中营业收入57.55亿元，投资收益6.32亿元，利润总额7.25亿元。先后获得“投中2014—2017中国创投发展50指数”第12名、“投中2017年度中国最佳创业投资领域有限合伙人Top10”“金汇奖2017年中国政府引导基金”第2名等称号，信用评级达到AAA的主体最高等级。

构建全链条、多类型的基金业务体系　粤科集团设立了涵盖种子基金、天使基金、产业基金、区域基金、并购基金、母基金等多种类型的基金体系，投资领域覆盖战略性新兴产业和高新技术产业。截至2017年年底，粤科集团受托管理省财政资金近100亿元，管理及参股的创业风险投资基金规模达500亿元，投资项目超300个，其中投资新一代信息技术、新材料、高端装备制造、消费升级、文化传媒、生物医药、节能环保等项目分别占项目总数的22%、14%、13%、12%、9%、8%和8%。

创投主业覆盖科技型中小微企业成长全过程

截至2017年年底，粤科集团投资企业200多家，投资总额达55亿元。其中，投资初创期企业、发展期、成熟期、Pre-IPO企业分别占35%、52%、7%和6%。从投资企业类型看，投资科技型企业占85%，投资国家级高新技术企业占70%。2017年在投企业的营业总收入突破450亿元，实现新增产值和利润总额分别超过200亿元和40亿元，纳税总额达17亿元，提供就业岗位近6万个。

解决科技型企业融资难题　一是积极争取新业务资格，不断拓展业务领域。参股中证大宗商品仓单登记交易中心，获批互联网小贷业务资格，积极接入全国征信系统、中征应收账款融资服务平台等各类全国性服务系统。二是积极创新科技金融服务产品和模式，有效解决科技型中小微企业融资难题，如创新投—贷—担联动模式，促使企业更易于获得银行贷款。三是受托管理省级科技再担保基金1.6亿元和省级科技信贷风险准备金1亿元，为省内科技担保机构提供一定比例的风险补偿。截至2017年年底，粤科集团下属小额贷款、融资担保、融资租赁、资产管理等4个平台共为300多家企业提供贷款、担保、租赁、资产收购等金融服务，累计服务金额120多亿元。

提升国有资本价值　一方面帮助持股上市公司开展资本运作，推动企业完善产业链布局。例如积极主导持股上市公司广东鸿图顺利完成公司债券发行、收购宁波四维尔和完成股权激励首次股票授予工作等重大资本运作，推动其完善汽车产业链布局；另一方面积极为投资的新三板挂牌企业提供相关增值服务，推进企业IPO转板、进入创新层、引入做市券商和开展上下游产业链收购等，大力提升投资企业的价值。截至2017年年底，粤科集团通过各投资主体共推动60多家企业实现IPO上市或在“新三板”挂牌。

发展科技园区和科技企业孵化器　按照“四众”促“双创”的要求，努力探索科技园区和孵化育成体系的建设，优化资源配置、促进产融结合，打造国家级孵化器。同时，以粤科产业园和孵化器为抓手，形成覆盖“创客空间—孵化器—加速器—总部基地”全链条的产业创新载体，结合产业并购、资源整合等多种资本运营手段，为科技型企业提供增值服务。截至2017年年底，粤科集团在建及正式运营的科技园区和孵化器共7个，累计服务企业200多家。

【广东省风险投资促进会】　截至2017年年底，广东省风险投资促进会（以下简称“促进会”）共有会员单位50家。

构建广东省风险投资行业沟通平台　促进会先后承办了广东省科技促进会年会暨2017广东科技金融论坛、2017（第二届）广东科技金融论坛（广州）——生物医药健康产业投融资论坛、广东省创业投资企业备案管理工作沙龙等大型会议，协办了2017年第十九届中国风险投资论坛。

发布创投行业发展报告　《广东省创业投资行业发展报告2017》在以前年度相关内容的基础上增添了广东省天使投资发展报告专题和广东省活跃创业投资机构名录，获得创投行业的热烈关注和高度评价。

投融资对接活动　2017年，促进会举办了多场投资人中心路演活动，精选了10多个优质项目与会员单位对接，同时与多家企业签订了融资顾问服务协议，做到与投资机构精准对接。

专项服务和课题调研　继续做好广东省创业投资企业备案管理服务工作，顺利完成广东省备案企业年检初审及新增申请备案管理初审工作；成功申报了“广东省科技创新创业人才投融资对接训练营”并开展系列工作；协助开展2017年度全国创业风险投资机构统计调查。

（李双文）

【1+3科技金融论坛】　2017年12月28日，广东省科技金融促进会在广州白云国际会议中心举办1+3科技金融论坛。来自政府部门、金融机构、专家学者、企业代表等共500多人出席论坛，共同谋划在新时代、新格局下的粤港澳大湾区科技金融合作与发展趋势等前沿问题。论坛以“新时代·新格局·新发展——粤港澳大湾区科技金融合作与共赢”为主题，邀请了国务院参事、科技部原副部长刘燕华及香港中国金融协会、澳门经济学会等嘉宾分别对“创新模式的转型”“粤港澳大湾区与香港金融创新”“中葡商贸服务平台与湾区科技金融协同发展”“顺应趋势 推动创新”“粤港澳大湾区产融互联的现状与未来”等议题进行主题演讲。同期举办了“南沙新区科技金融发展新篇章”“广州IAB产业投融资发展”分论坛，以及投融资对接项目路演活动。

（田何志）

科技服务机构

【概况】　2017年，省科技厅为深入贯彻落实国务院办公厅《促进科技成果转移转化行动方案》和《全省科技公共服务体系建设行动计划（2016—2020）》，构建完善科技公共服务体系，设立“科技公共服务体系建设”专项资金，加快重大科技成果转化数据库和新型技术转移交易平台建设，培育一批重大科技成果产业化基地，扶持一批科技成果转移转化服务机构，推动一批专业化科技服务平台机构发展。

【国家技术转移示范机构】　广东省技术转移示范机构以推动科技成果转化为主要业务，对科技成果信息开展搜集、筛选、分析和加工，为广大中小企业转型升级和创新发展，提供了技术开发转让、技术咨询服务、技术评估、技术培训、技术投融资等多种类的技术转移服务。2017年，广东省经科技部批准认定的国家技术转移示范机构共33家，从业人数4 080人，促成技术转移项目成交数量超过3 879项，促成技术转移项目成交金额154.67亿元，组织技术交易活动885次，服务企业数量21 096家。

【技术转移及技术市场】　2017年，广东省共认定登记技术合同17 423项；合同成交额949.48亿元，较2016年增长20.24%，在全国排名第3，较2016年的全国第5位上升了2位；技术交易额928.62亿元，较2016年增长21.15%，在全国排名第2。

2017年全省技术输出企业中排前3位的分别是：华为技术有限公司、深圳市腾讯计算机系统有限公司、广船国际有限公司。按单份技术交易额排名，位居前3位的分别是：广船国际有限公司、深圳市智讯方商业管理有限公司、安利（中国）研发中心有限公司。

【科技成果转移转化】　2017年，省科技厅启动建设华南技术转移中心、全省科技成果登记与信息汇交平台、中国高校科技成果交易会等科技成果转化重大平台载体，大力扶持技术交易平台、成果转化服务机构、重大成果转化产业化基地等建设，支持各类科技成果转移转化服务载体项目，促进本省科技成果转化与产业化。开展科技成果转移转化试点，鼓励试点单位积极探索，制定和完善相关政策、配套措施，形成规范的科技成果转移转化操作程序。

在立项的重大科技成果产业化基地中，以“半导体产业院士重大成果转化基地”为例，该项目围绕着半导体产业，构建半导体产业院士重大科技成果转化基地，完善技术研发中心、工程实验中心、技术转移中心、成果推介中心、人才培养中心等载体建设，重点开展垂直结构大功率半导体照明芯片产业化、设施蔬菜智能光源高效利用系统研制及产业化、大功率半导体激光器产业化等3个院士团队项目成果转移转化工作，推动院士科技成果的转化及促进中国半导体产业的发展。2017年，该项目承担单位北京大学东莞光电研究院已完成基地基础建设，建立完善了管理办法和相关制度，建立了相关的实验平台和中试线，开展院士团队成果推介和企业孵化，申请相关专利3项。

科技成果转移转化试点单位中，以暨南大学为例，截至2017年年底，该校投入400万元研发了“超展系统技术”，通过技术入股的方式与广州粤铁等3家公司共同组建成果孵化企业承接成果的更新换代和市场开拓。学校不但收回了前期研发成本，还将增值收益部分作价占股16%，其工作成绩还被《南方日报》等新闻媒体作为典型进行宣传报道。

（严军华）

科技成果与知识产权

科技成果与奖励

【科技成果登记】 2017年，全省对符合科技成果登记条件的2 511项成果进行了登记，与2016年相比总量增加了548项，增长了27.92%，登记总数达历年最高。

2017年全省核准登记的成果中，应用技术成果仍占据主要地位，有2 258项，占登记总数的89.93%；基础理论成果204项，占登记总数的8.12%；软科学成果49项，占登记总数的1.95%。这些登记的成果中，共获得知识产权7 563件，较2016年增加了1 208件，增长了19.01%。其中，已获授权专利数5 216件，其中4 171件专利为企业取得，占79.97%，由此看出，企业申请专利积极性相对较高，知识产权保护意识较强。电子信息、生物医药与医疗器械、先进制造、现代农业等高新技术领域成果1 731项，占应用技术类成果登记总数的76.66%。在2017年全省核准登记的成果中，企业完成1 465项，占58.34%；高等、大专院校298项，占11.87%；医疗机构347项，占13.82%；科研院所完成272项，占10.83%；其他项目129项，占5.14%。企业仍是科技成果研发的主体。

在应用技术类成果中，原始性创新成果达到1 720项，占应用技术类成果的76.17%，比2016年增加了335项、比重增长了24.19%，由此可见，原始创新能力是广东省应用技术类成果开发及增长的突出特点。其中企业的原始性创新成果达到1 158项，是原始性创新成果的主体，占比达到67.33%。

另外，从应用技术类成果所处阶段看，1 577项成果已到达成熟应用阶段，占应用技术类成果的69.84%；321项成果处于中期阶段，占14.22%；360项成果处于初期阶段，占15.94%。

从成果的应用情况看，产业化应用项目数达1 271项，小批量或小范围应用项目数为703项，试用项目数为212项，应用后停用项目数为3项，未应用项目数为69项。广东省应用技术类成果产业化达55%以上。

对应用技术成果进行经济效益统计显示，净利润1 039.91亿元，实交税金220.33亿元，出口创汇38.51亿元，节约资金193.117亿元，合作转化收入838.58亿元，技术转让与许可收入0.78亿元。

表6-1-1 全省已登记重大科技成果基本情况（2016—2017）

项目	2016年		2017年	
	项目数（个）	比重	项目数（个）	比重
一、成果完成单位类型				
1. 独立研究机构	248	12.64%	272	10.83%
2. 高等、大专院校	173	8.81%	298	11.87%
3. 企业	1 151	58.63%	1 465	58.34%
4. 医疗机构	298	15.18%	347	13.82%
5. 其他	93	4.74%	129	5.14%

（续上表）

项目	2016年		2017年	
	项目数（个）	比重	项目数（个）	比重
合计	1963	100%	2511	100%
二、成果类别				
1. 应用技术	1 805	91.95%	2 258	89.93%
2. 基础理论	140	7.13%	204	8.12%
3. 软科学	18	0.92%	49	1.95%
合计	1 963	100%	2511	100%
三、成果水平				
1. 国际领先	120	6.11%	107	4.26%
2. 国际先进	222	11.31%	252	10.04%
3. 国内领先	697	35.51%	715	28.47%
4. 国内先进	361	18.39%	395	15.73%
5. 国内一般	74	3.77%	78	3.11%
6. 未评价	489	24.91%	964	38.39%
合计	1 963	100%	2 511	100%
四、基本情况				
1. 鉴定项目数	928	47.27%	755	30.07%
2. 验收项目数	753	38.36%	1 396	55.60%
3. 评审项目数	49	2.50%	53	2.11%
4. 行业准入数	30	1.53%	13	0.52%
5. 评估项目数	31	1.58%	34	1.35%
6. 机构评价数	141	7.18%	206	8.20%
7. 结题项目数	31	1.58%	54	2.15%
合计	1 963	100%	2 511	100%

表6-1-2　全省已登记重大科技成果应用及经济效益情况（2017）

应用情况		经济效益情况	
项目	合计	项目	合计
产业化应用　（项）	1 271	经济效益项目数　（项）	1 234
小批量或小范围应用　（项）	703	净利润　（万元）	10 399 097

（续上表）

应用情况			经济效益情况		
项目		合计	项目		合计
试用项目数	（项）	212	实交税金	（万元）	2 203 326
试用后停用	（项）	3	出口创汇	（万元）	385 069
未应用	（项）	69	节约资金	（万元）	1 931 051
已转化	（项）	904	合作转化收入	（万元）	8 385 849

表6-1-3　全省重大科技成果登记完成单位情况（2013—2017）

单位：项

完成单位	2013年	2014年	2015年	2016年	2017年
合计	1 809	1 748	2 133	1 963	2 511
企业	1 037	1 062	1 390	1 151	1 465
科研院所	134	197	180	248	272
高等、大专院校	147	82	158	173	298
医疗机构	357	292	304	298	347
其他	134	115	101	93	129

（王雅文）

【国家科学技术奖】　广东省共获得“2017年度国家科学技术奖” 38项，其中，国家技术发明奖10项，国家科学技术进步奖28项（含专用项目2项）（见表6-1-4）。广东省作为第一完成单位或第一完成人的有10项（含专用项目1项）。广东省李立浧院士作为第一完成人的项目获特等奖1项。由广东省单位牵头完成的项目获一等奖1项、二等奖8项，参与完成的项目获特等奖1项。

表6-1-4　广东省获2017年度国家科学技术奖项目（不包括专用项目）

表6-1-4-1　技术发明奖

序号	编号	项目名称	主要完成人	奖励等级
1	F-301-2-01	水稻精量穴直播技术与机具	罗锡文（华南农业大学）， 王在满（华南农业大学）， 曾　山（华南农业大学）， 臧　英（华南农业大学）， 朱　敏（上海市农业机械鉴定推广站）， 章秀福（中国水稻研究所）	二等奖

（续上表）

序号	编号	项目名称	主要完成人	奖励等级
2	F-302-2-01	超声剪切波弹性成像关键技术及应用	郑海荣（中国科学院深圳先进技术研究院）， 蔡飞燕（中国科学院深圳先进技术研究院）， 王丛知（中国科学院深圳先进技术研究院）， 李双双（深圳迈瑞生物医疗电子股份有限公司）， 张晓峰（深圳市一体医疗科技有限公司）， 肖　杨（中国科学院深圳先进技术研究院）	二等奖
3	F-30701-2-02	高性能锂离子电池用石墨和石墨烯材料	康飞宇（清华大学深圳研究生院）， 杨全红（天津大学）， 李宝华（清华大学深圳研究生院）， 黄正宏（清华大学）， 贺艳兵（清华大学深圳研究生院）， 吕　伟（清华大学深圳研究生院）	二等奖
4	F-310-2-02	建筑废弃物再生骨料关键技术及其规模化应用	邢　锋（深圳大学）， 寇世聪（深圳大学）， 潘智生（香港理工大学）， 杨正松（深圳市华威环保建材有限公司）， 李文龙（深圳市华威环保建材有限公司）， 关　宇（深圳市华威环保建材有限公司）	二等奖
5	F-304-2-03	基于页岩钒行业全过程污染防治的短流程清洁生产关键技术	张一敏（武汉科技大学）， 温　勇（环境保护部华南环境科学研究所）， 刘　涛（武汉科技大学）， 郝文彬（陕西五洲矿业股份有限公司）， 艾　军（陕西五洲矿业股份有限公司）， 包申旭（武汉理工大学）	二等奖
6	F-304-2-01	基于高能效纳晶薄膜电极的工业废水电催化深度处理技术及应用	牛军峰（北京师范大学）， 全　燮（大连理工大学）， 杨凤林（大连理工大学）， 殷立峰（北京师范大学）， 吕斯濠（东莞理工学院）， 汤顺良（江苏江华水处理设备有限公司）	二等奖
7	F-30901-2-01	构造强磁共振系统的关键技术与成像方法	王秋良（中国科学院电工研究所）， 李　毅（中国科学院电工研究所）， 夏　灵（浙江大学）， 许建益（宁波健信核磁技术有限公司）， 陈文波（深圳市贝斯达医疗股份有限公司）， 汪建华（武汉工程大学）	二等奖

（续上表）

序号	编号	项目名称	主要完成人	奖励等级
8	F-30902-2-01	智慧协同网络及应用	张宏科（北京交通大学）， 杨　冬（北京交通大学）， 江　华（中兴通讯股份有限公司）， 董　平（北京交通大学）， 谢大雄（中兴通讯股份有限公司）， 王志全（神州高铁技术股份有限公司）	二等奖
9	F-30902-2-05	密集无线通信系统的网络化资源管控技术	李建东（西安电子科技大学）， 盛　敏（西安电子科技大学）， 李红艳（西安电子科技大学）， 苏　郁（中国移动通信集团陕西有限公司）， 俞新民（华为技术有限公司）， 张　琰（西安电子科技大学）	二等奖
10	F-310-2-03	消能-承载双功能金属构件及其高性能减震结构	李国强（同济大学）， 侯兆新（中冶建筑研究总院有限公司）， 毛志兵（中国建筑股份有限公司）， 孙飞飞（同济大学）， 宫　海（上海蓝科建筑减震科技股份有限公司）， 陈　韬（中建钢构有限公司）	二等奖

表6-1-4-2　科学技术进步奖

序号	编号	项目名称	主要完成单位	主要完成人	奖励等级
1	J-21702-0-01	特高压±800kV直流输电工程	国家电网公司，中国南方电网有限责任公司，中国西电集团公司，中国电力科学研究院，南方电网科学研究院有限责任公司，国网北京经济技术研究院，西安电力电子技术研究所，特变电工沈阳变压器集团有限公司，清华大学，南京南瑞继保电气有限公司，电力规划总院有限公司，保定天威保变电气股份有限公司，许继集团有限公司，西安西电变压器有限责任公司，华北电力大学，西安西电电力系统有限公司，中国电力工程顾问集团中南电力设计院有限公司，	李立涅，刘振亚，舒印彪，刘泽洪，尚　涛，黎小林，苟锐锋，马为民，黄　莹，陆剑秋，吴宝英，陆家榆，王　健，宓传龙，周远翔，印永华，罗　兵，张喜乐，梁政平，高理迎，蔡希鹏，张月华，于永清，王建生，余　军，洪　潮，梁言桥，陈　东，吕金壮，齐　磊，李　侠，彭宗仁，王　琦，李　正，张万荣，胡　蓉，卢理成，余　波，马　斌，司马文霞，李海英，方森华，党镇平，贺　智，种芝艺，薛春林，郑　劲，郭振岩，冯晓东，汤晓中	特等奖

（续上表）

序号	编号	项目名称	主要完成单位	主要完成人	奖励等级
			中国电力工程顾问集团西南电力设计院有限公司，中国电力工程顾问集团华东电力设计院有限公司，中国能源建设集团广东省电力设计研究院有限公司，中国电力工程顾问集团西北电力设计院有限公司，北京电力设备总厂有限公司，西安交通大学，重庆大学，江苏神马电力股份有限公司，大连电瓷集团股份有限公司，桂林电力电容器有限责任公司，机械工业北京电工技术经济研究所，抚顺电瓷制造有限公司，淄博泰光电力器材厂		
2	J-210-1-02	南海高温高压钻完井关键技术及工业化应用	中海石油（中国）有限公司湛江分公司，中海油研究总院，中海油田服务股份有限公司，中国石油大学（北京），中海油能源发展股份有限公司，西南石油大学，长江大学，深圳新速通石油工具有限公司，华油阳光（北京）科技股份有限公司，深圳市远东石油钻采工程有限公司	李　中，刘书杰，董星亮，黄　熠，杨　进，李炎军，齐美胜，罗　鸣，谢仁军，张　智，孙东征，张　勇，王尔钧，周建良，黄凯文	一等奖
3	J-21702-2-03	特大型交直流电网技术创新及其在国家西电东送中的应用	中国南方电网有限责任公司，南方电网科学研究院有限责任公司，广东电网有限责任公司，清华大学，华南理工大学，南京南瑞继保电气有限公司，南京南瑞集团公司	饶　宏，许超英，余建国，汪际峰，陈允鹏，赵建宁，吴小辰，赵　杰，蔡泽祥，曾勇刚	二等奖
4	J-234-2-03	中药和天然药物的三萜及其皂苷成分研究与应用	暨南大学，中国药科大学，丽珠集团利民制药厂，广州康和药业有限公司	叶文才，王广基，吴晓明，范春林，王　英，张晓琦，张冬梅，汪　豪，刘东来，裴　红	二等奖

（续上表）

序号	编号	项目名称	主要完成单位	主要完成人	奖励等级
5	J-23301-2-02	肺癌分子靶向精准治疗模式的建立与推广应用	广东省人民医院（广东省医学科学院），香港中文大学，吉林省肿瘤医院，中国人民解放军南京军区南京总医院	吴一龙，莫树锦，程　颖，宋　勇，周　清，张绪超，钟文昭，杨衿记，杨学宁，聂　强	二等奖
6	J-23302-0-01	以H7N9禽流感为代表的新发传染病防治体系重大创新和技术突破	浙江大学医学院附属第一医院，中国疾病预防控制中心病毒病预防控制所，中国疾病预防控制中心，汕头大学，香港大学，复旦大学，中国科学院微生物研究所，上海市疾病预防控制中心，上海市第五人民医院，首都医科大学附属北京朝阳医院，浙江省疾病预防控制中心	李兰娟，舒跃龙，管　轶，冯子健，陈　瑜，袁国勇，高　福，袁正宏，王　宇，余宏杰，王大燕，高海女，王　辰，郑树森，杨仕贵，杨维中，曹　彬，陈鸿霖，李　群，朱华晨，周剑芳，刘　翟，高荣保，吴南屏，胡芸文，姚航平，张　曦，俞　亮，郑书发，吴　凡，卢洪洲，王　嘉，夏时畅，崔大伟，白　天，梁伟峰，林赞育，武桂珍，揭志军，郭　静，杜启泓，盛吉芳，刁宏燕，向妮娟，杨益大，赵　翔，汤灵玲，邹淑梅，余　斐，朱丹华	特等奖
7	J-201-2-06	中国野生稻种质资源保护与创新利用	中国农业科学院作物科学研究所，广西壮族自治区农业科学院水稻研究所，江西省农业科学院水稻研究所，广东省农业科学院水稻研究所，云南省农业科学院生物技术与种质资源研究所，海南省农业科学院粮食作物研究所，湖南省水稻研究所	杨庆文，陈大洲，陈成斌，潘大建，戴陆园，王效宁，李小湘，王金英，梁世春，余丽琴	二等奖
8	J-211-2-01	干坚果贮藏与加工保质关键技术及产业化	浙江省农业科学院，华南理工大学，洽洽食品股份有限公司，西北农林科技大学，广东广益科技实业有限公司，四川徽记食品股份有限公司，杭州姚生记食品有限公司	郜海燕，陈杭君，宁正祥，陈先保，穆宏磊，梁嘉臻，吕金刚，房祥军，赵文革，令　博	二等奖

（续上表）

序号	编号	项目名称	主要完成单位	主要完成人	奖励等级
9	J-215-2-04	高强高导铜合金关键制备加工技术开发及应用	河南科技大学，中南大学，北京有色金属研究总院，中铝洛阳铜业有限公司，西安西电开关电气有限公司，上海理工大学，广东省材料与加工研究所	宋克兴，李　周，米绪军，娄花芬，刘　平，汪明朴，赵向苹，张学宾，郭慧稳，解浩峰	二等奖
10	J-216-2-04	重型压力容器轻量化设计制造关键技术及工程应用	合肥通用机械研究院，浙江大学，中国特种设备检测研究院，中国石油天然气股份有限公司广西石化分公司，中国国际海运集装箱（集团）股份有限公司，华东理工大学，中国第一重型机械集团大连加氢反应器制造有限公司	郑津洋，范志超，寿比南，刘玉力，陈永东，周伟明，陈崇刚，惠　虎，施才兴，刘农基	二等奖
11	J-216-2-01	高性能数控系统关键技术及产业化	华中科技大学，广州数控设备有限公司，武汉华中数控股份有限公司，大连机床集团有限责任公司，沈阳飞机工业（集团）有限公司，上海航天设备制造总厂，四川普什宁江机床有限公司	陈吉红，曾德勇，朱志红，周会成，李叶松，杨建中，熊清平，向　华，杜宝瑞，周宝庆	二等奖
12	J-219-2-02	工业智能超声检测理论与应用关键技术	东南大学，中国广核集团有限公司，武汉大学，苏州热工研究院有限公司，中广核检测技术有限公司，广东电网有限责任公司电力科学研究院	丁　辉，束国刚，李　明，李晓红，张　俊，陈怀东，吕天明，马官兵，赵兴群，马庆增	二等奖
13	J-22102-2-03	高速铁路狮子洋水下隧道工程成套技术	中铁第四勘察设计院集团有限公司，广深港客运专线有限责任公司，中铁十二局集团有限公司，中铁隧道集团有限公司，西南交通大学，北方重工集团有限公司，中南大学	肖明清，李新月，刘广钧，杜闯东，封　坤，许克亮，赵海峰，徐志胜，万晓燕，邓朝辉	二等奖
14	J-222-2-03	中国节水型社会建设理论、技术与实践	中国水利水电科学研究院，中国标准化研究院，中国电力工程顾问集团华北电力设计院有限公司，中国电子信息产业发展研究院，清华大学，株洲南方阀门股份有限公司，深圳市微润灌溉技术有限公司	王建华，王　浩，陈　明，赵　勇，詹　扬，李海红，吕纯波，白　雪，胡　鹏，杨庆理	二等奖

（续上表）

序号	编号	项目名称	主要完成单位	主要完成人	奖励等级
15	J-230-2-04	我国检疫性有害生物国境防御技术体系与标准	中国检验检疫科学研究院，天津出入境检验检疫局动植物与食品检测中心，深圳出入境检验检疫局动植物检验检疫技术中心	朱水芳，陈乃中，黄庆林，赵文军，张永江，章桂明，李新实，严　进，陈　克，张瑞峰	二等奖
16	J-231-2-02	流域水环境重金属污染风险防控理论技术与应用	中国环境科学研究院，华南理工大学，环境保护部华南环境科学研究所，南方科技大学，广西壮族自治区环境监测中心站	吴丰昌，段　宁，党　志，降林华，胡　清，虢清伟，赵晓丽，邓超冰，张　远，易筱筠	二等奖
17	J-231-2-06	嵌套网格空气质量预报模式（NAQPMS）自主研制与应用	中国科学院大气物理研究所，中国环境监测总站，北京市环境保护监测中心，广东省环境监测中心，上海市环境监测中心，中科三清科技有限公司	王自发，朱　江，李　杰，李健军，张大伟，吕小明，伏晴艳，唐　晓，吴剑斌，陈多宏	二等奖
18	J-23301-2-01	单倍型相合造血干细胞移植的关键技术建立及推广应用	北京大学人民医院，南方医科大学南方医院	黄晓军，王　昱，刘启发，张晓辉，常英军，赵翔宇，许兰平，刘开彦，闫晨华，莫晓冬	二等奖
19	J-23302-2-01	红斑狼疮诊治策略及其关键技术的创新与应用	中南大学湘雅二医院，深圳市人民医院，北京大学人民医院	陆前进，赵　明，戴　勇，张建中，肖　嵘，吴海竞，龙　海，廖洁月，李亚萍，汤冬娥	二等奖
20	J-23302-2-02	疟疾、血吸虫病等重大寄生虫病防治关键技术的建立及其应用	中国人民解放军第二军医大学，中山大学，南方医科大学，同济大学，广州市达瑞生物技术股份有限公司，广州万孚生物技术股份有限公司	潘卫庆，余新炳，李　明，张冬梅，吴英松，王继华，徐新东，黄　艳，郝文波，康可人	二等奖
21	J-234-2-04	神经根型颈椎病中医综合方案与手法评价系统	中国中医科学院望京医院，天津中医药大学第一附属医院，中国康复研究中心，广东省中医院，国家电网公司北京电力医院，上海中医药大学附属岳阳中西医结合医院，北京理工大学	朱立国，冯敏山，于　杰，魏　戌，王　平，李金学，高景华，黄远灿，孙树椿，杨克新	二等奖

（续上表）

序号	编号	项目名称	主要完成单位	主要完成人	奖励等级
22	J–236–2–02	大规模接入汇聚体系技术及成套装备	中国人民解放军信息工程大学，中兴通讯股份有限公司，工业和信息化部电信研究院，河南有线电视网络集团有限公司	兰巨龙，张建辉，申　涓，胡宇翔，王　鹏，张校辉，王　翔，赵　锋，张兴明，李　光	二等奖
23	J–251–2–06	作物多样性控制病虫害关键技术及应用	云南农业大学，中国农业科学院植物保护研究所，中国农业大学，华南农业大学，复旦大学，浙江大学	朱有勇，李成云，陈万权，李　隆，骆世明，卢宝荣，李正跃，何霞红，陈　欣，王云月	二等奖
24	J–253–2–02	脑胶质瘤诊疗关键技术创新与推广应用	首都医科大学附属北京天坛医院，江苏省人民医院，广州军区广州总医院，天津医科大学总医院，北京市神经外科研究所，首都医科大学附属北京世纪坛医院	江　涛，尤永平，王伟民，康春生，张　伟，邱晓光，李文斌，李桂林，李少武，游　赣	二等奖
25	J–253–2–07	骨质疏松性椎体骨折微创治疗体系的建立及应用	苏州大学附属第一医院，中山大学附属第一医院，江苏省人民医院，香港大学	杨惠林，陈　亮，郑召民，殷国勇，吕維加，王根林，朱雪松，邹　俊，耿德春，周　军	二等奖
26	J–253–2–04	免疫性高致盲眼病发生的创新理论、防治及应用	重庆医科大学，中山大学中山眼科中心，电子科技大学附属医院·四川省人民医院	杨培增，侯胜平，杜利平，迟　玮，黄璐琳，周庆芸，蒋正轩，胡　柯，于红松，王朝奎	二等奖

【广东省科学技术奖】　广东省共颁发2017年度省科学技术奖246项（人），其中突出贡献奖2人、特等奖1项、一等奖30项、二等奖64项、三等奖149项（见表6–1–5）。中山大学陈小明院士和华南理工大学瞿金平院士获省科学技术奖突出贡献奖，“高可靠、高性能、高效能的高端存储关键技术及应用”项目获省科学技术奖特等奖。在2017年省科学技术奖的获奖成果中，自然科学类11项，技术发明类12项，技术进步类221项。获奖项目主要特点如下。

1．突出贡献奖获奖者为社会树立了示范榜样。2017年度突出贡献奖获奖者陈小明院士和瞿金平院士，在各自领域潜心研究，现在还活跃在科研一线岗位，为广大科技工作者树立了榜样。

2．企业创新主体地位进一步凸显。2017年度获奖项目中，企业牵头完成的有133项，占获奖项目总数的54.5%，其中国家高新技术企业占获奖企业总数的58.4%；近3年企业牵头的获奖项目新增销售额2 966.1亿元，占获奖项目总数的87.9%。2017年广东省技术合同成交额达949.47亿元，由全国第5位升到第3位，其中企业的成交金额占全省总额的93.64%。

3．战略性新兴产业培育成效显著。2017年度30个一等奖项目共获科技部、工信部、中国科学院、广东省科技计划项目资助近5亿元，其中14项获重大科技专项支持，资助金额超过3亿元。

4．科技支撑绿色发展能力不断提高。广东

省围绕绿色低碳、环境治理等实际需求，建立健全绿色发展技术服务体系，大力开展绿色技术研发和应用推广，2017年度共有12个科技支撑绿色发展的创新成果项目获奖，其中一等奖、二等奖各2项，三等奖8项。

5. 粤港澳大湾区等区域创新合作深入推进。2017年度获奖项目中共有129家省外参与单位，占获奖项目完成单位的20.4%，其中，多个项目由粤港澳科研单位合作完成。同时，广东省还积极参与泛珠三角区域科技合作。

6. 基础研究与应用基础研究逐步加强。在2017年度的244个获奖项目中，自然科学类有12项，展现了广东省在基础研究和应用基础研究中取得的一批高水平科研成果，原始创新能力不断提升。

突出贡献奖获得者简介

陈小明

工作单位：中山大学

陈小明，男，1961年10月出生，广东揭阳人。1983年获中山大学学士学位，1986年获中山大学硕士学位，1992年获香港中文大学博士学位，1992年起在中山大学化学学院工作至今。1996年获得国家杰出青年科学基金资助，1999年受聘教育部长江学者特聘教授，2009年当选中国科学院院士，2013年当选发展中国家科学院院士。

陈小明院士长期从事功能配位化学与晶体工程研究，重点是金属有机框架等功能配合物的设计与合成、结构和吸附与分离、催化、传感及光电磁功能研究。陈小明院士在科学研究领域硕果累累，特别是他带领研究组在国际上率先系统开展溶剂热原位金属/有机分子反应研究，发现了若干在传统条件下无法进行或难以进行的重要反应；在国际较早开展配位聚合物和多孔金属—有机框架材料研究，是该领域国际上主要开拓者之一，相关多孔材料可望应用于石油化工和精细化工中的分离、催化等过程。陈小明课题组在国际上首次合成、报道的一种金属—咪唑微孔材料，因其优异的稳定性和性能，成为国际上研究最多的金属—有机框架材料之一。陈小明院士与合作者在国际顶尖和专业学术刊物等发表了大量论文，这些论文被他人引用累计超过3万次。

陈小明院士服务广东30多年，学风严谨，师德优良，为国家和广东省培养了一批包括长江学者特聘教授、国家杰出青年基金或国家优秀青年基金获得者在内的优秀年轻学者。陈小明院士先后获得国家自然科学奖二等奖、全国优秀教师、发展中国家科学院化学奖和国际高被引用学者奖等荣誉。

瞿金平

工作单位：华南理工大学

瞿金平，男，1957年6月出生，湖北黄梅县人。1982年获华南工学院（现华南理工大学）工学学士学位，1987年获华南理工大学工学硕士学位，1999年获四川大学工学博士学位，1992年晋升为教授，1996年被批准为高分子材料成型加工（材料加工工程）和轻工机械（机械设计及理论）两个博士点的博士生导师。国家杰出青年科学基金获得者，“长江学者奖励计划”首批特聘教授，2011年当选为中国工程院院士。

瞿金平院士在高分子材料加工成型及机械领域的第一线从事教学与科学研究30多年，取得了多项世界首创的科技成果：在国内外率先提出高分子材料振动剪切流变和体积拉伸流变加工成型方法及原理，发明并研制成功一系列高分子材料成型加工新技术及装备，系统发展和拓展了高分子材料加工成型理论，实现了高分子材料加工由“稳态剪切”到“动态剪切”的变革、由“拖曳剪切”到“体积拉伸”的突破；突破了百年来高分子材料加工成型设备以“螺杆”为标志的发展模式；形成了一系列高分子产品先进制造成套技术装备，有效降低了高分子材料加工能耗，解决了多种难加工甚至不能加工物料的加工瓶颈问题，提高了制品性能，推动了高分子材料及相关产业的技术进步和可持续发展。曾获得国家技术发明奖二等奖2项，国家科学技术进步奖二等奖1项，中国专利金奖2项、优秀奖1项，省部级特等奖1项、一等奖4项。

瞿金平院士于1998年创立了聚合物新型成型装备国家工程研究中心并兼任中心主任，2000年创立聚合物成型加工工程教育部重点实验室并兼任实验室主任。瞿金平院士及其团队积极联合高分子材料加工成型装备制造及应用方面的龙头企业，开展成果产业化协同创新研究，加速了自主创新成果的推广应用，打破了我国高分子材料加工成型技术来源长期依靠模仿和引进的局面，促进了广东省乃至我国相关产业的技术转型升级。

瞿金平院士为人师表，治学严谨，勇于创新，敬业奉献，曾获评广东省和全国先进工作者、全国优秀科技工作者、南粤杰出教师、国家级中青年有突出贡献专家等多项称号，获得了何梁何利基金科学技术创新奖、蒋氏科技成就奖和中国青年科学家奖等多项荣誉。

特等奖获奖项目简介

项目名称：高可靠、高性能、高效能的高端存储关键技术及应用

主要完成单位：华为技术有限公司

高端存储系统是国家战略行业核心业务数据的重要承载设施，也是信息存储领域最高技术和能力的象征。华为公司自2013年起，投入超过4亿元研发经费，对高端存储系统的关键技术进行攻关。以多控冗余互联架构为基础，硬盘块虚拟化技术为核心，结合高性能调度框架、深度盘控配合、在线重删压缩等技术，研制出高可靠、高性能、高效能的高端存储系统，并获得专利逾100件，彻底打破国外技术封锁并全面超越国外先进厂商。

成果的创新性包括：1. 高可靠。采用基于有限元建模仿真的硬盘抗震技术，解决了在硬盘高频、微量振动上的难题；融合无源背板互连、缓存持续镜像和后端全互连技术，打破传统高端存储系统只能容忍单点失效的限制，保证数据不丢失；采用全新RAID（独立磁盘冗余阵列）技术，通过自动负载均衡、快速精简重构和故障自检自愈等手段，大幅提升系统的可靠性；免网关阵列双活方案确保业务系统发生设备故障、甚至单数据中心故障时，业务自动切换，上层应用无感知，实现秒级故障切换和恢复的端到端数据容灾解决方案。2. 高性能。全自研固态硬盘控制器芯片，性能比业界优20%；通过算法优化和系统的编译器优化等技术，相比标准Linux内核调度时延性能提升140%；通过核心专利的智能缓存分配技术，使缓存资源利用率最大化，保证性能优先级高的逻辑卷发挥最大的性能；基于华为自研SSD硬盘提供的专用深度联动接口，全局IO优先级、冷热数据分类处理，充分发挥SSD盘的性能优势，存储整体性能提升30%。3. 高效能。实现了免锁的高性能元数据组织和索引算法，在重删效果达到理论上限的基础上，支持系统达到每秒百万级别的读写操作次数性能；结合自身的应用场景，自研了基于并行指令和智能预判的快速压缩算法，相对于普通开源的压缩算法性能提升一倍以上；采用块/文件融合设计技术，是业界主流厂商中唯一不需要文件系统网关的高端存储。

该成果研制的高端存储系统产品重点面向金融、运营商、能源、交通、制造等行业，截至2017年年底，国内市场占有率约21.4%。项目成果通过多家国内外权威机构认证，得到IDC（国际数据公司）、Gartner（高德纳咨询公司）等国际最权威咨询机构的高度评价。该项目研制成功标志着我国在高端存储领域技术取得突破，对保障国家战略应用和信息安全，促进存储产业和技术发展有重大意义，具有国际领先水平和显著的经济及社会效益。

表6-1-5　2017年度广东省科学技术奖突出贡献奖、特等奖、一等奖获奖项目

表6-1-5-1 突出贡献奖获奖人

序号	姓名	工作单位	推荐单位
1	陈小明	中山大学	广东省教育厅
2	瞿金平	华南理工大学	广东省教育厅

表6-1-5-2 特等奖获奖项目

序号	项目编号	项目名称	主要完成单位	主要完成人	推荐单位
1	B07-特-01	高可靠、高性能、高效能的高端存储关键技术及应用	华为技术有限公司		深圳市科技创新委员会

表6-1-5-3 一等奖获奖项目

序号	项目编号	项目名称	主要完成单位	主要完成人	推荐单位
1	A02-1-01	高性能电催化剂的设计及其性能调控机制研究	中山大学	李高仁 童 叶 丁良鑫 王安良 冯锦先 卢雪峰 许 瀚	广东省教育厅
2	A03-1-01	水稻产量和生殖发育相关非编码RNA的发掘与功能机制	中山大学 华南师范大学	陈月琴 张玉婵 屈良鹄 杨建华 于 洋 李洪清 王小菁	广东省教育厅
3	A04-1-01	食管癌肿瘤微环境的调控机制及其功能	中山大学肿瘤防治中心 中山大学	宋立兵 李 隽 关新元 谢 丹 曾木圣 林楚勇 李 焱	广东省卫生和计划生育委员会
4	A07-1-01	生物质水相催化转化理论及方法	中国科学院广州能源研究所	马隆龙 王铁军 张 琦 刘琪英 张兴华 陈伦刚 仇松柏 徐 莹 李宇萍	中国科学院广州分院
5	A08-1-01	热带印度洋气候模态的海洋动力学机制	中国科学院南海海洋研究所 中国科学院大气物理研究所 中国海洋大学 国家海洋局第三海洋研究所	杜 岩 黄 刚 王东晓 郑小童 经志友 王 鑫 邱 云 程旭华 李 根 胡开明	中国科学院广州分院
6	B012-1-01	大花蕙兰和兜兰新品种创制及产业化关键技术	广东省农业科学院环境园艺研究所 中国科学院华南植物园 华南农业大学 东莞市农业科学研究中心 华南师范大学 广州市林业和园林科学研究院 广州花卉研究中心 翁源县仙邑兰花生物科技有限公司 广州华大锦兰花卉有限公司	朱根发 曾宋君 张志胜 江 南 吕复兵 段 俊 郭和蓉 陈和明 叶庆生 吴坤林 黎扬辉 李冬梅 张建霞 谢 利 胡锐清	广东省农业科学院

（续上表）

序号	项目编号	项目名称	主要完成单位	主要完成人	推荐单位
7	B03-1-01	岭南大宗水果综合加工关键技术及产业化应用	广东省农业科学院蚕业与农产品加工研究所 华中农业大学 合浦果香园食品有限公司 广东源丰食品有限公司 广东宝桑园健康食品有限公司 徐闻通达果汁有限公司 高州市晟丰水果专业合作社 广州市从化顺昌源绿色食品有限公司	徐玉娟　吴继军　余元善 肖更生　温　靖　李春美 唐道邦　张　岩　陈卫东 宁进辉　杜宏强　林　羡 陈于陇　李　俊　卢楚强	广东省农业科学院
8	B03-1-02	冬虫夏草繁育关键技术研究及其产业化应用	广东东阳光药业有限公司 中国科学院微生物研究所 暨南大学 澳门科技大学 广州呼研所医药科技有限公司 宜昌山城水都冬虫夏草有限公司 中国中医科学院中药研究所 乳源南岭好山好水冬虫夏草有限公司 西藏林芝高原雪都冬虫夏草有限公司	李文佳　张宗耀　刘杏忠 高　昊　李全平　钱正明 吕延华　董彩虹　姜志宏 杨子峰　唐新发　向　丽 华献春　谢俊杰　朱志钢	东莞市科学技术局
9	B03-1-03	纳米杂化技术及其在功能化聚酰胺6纤维中的应用	广东新会美达锦纶股份有限公司 东华大学	朱美芳　肖　茹　赵维钊 王宏志　陈　欣　谌继宗 张青红　马敬红　李细林 周　哲　俞　昊　顾莉琴 龚静华　汤友好　张佩华	江门市科学技术局
10	B04-1-01	50MW级生物质直燃发电技术研究及工程示范	广东省沙角（C厂）发电有限公司 广东电网有限责任公司 浙江大学 广东粤电湛江生物质发电有限公司 华南理工大学 华北电力大学 华西能源工业股份有限公司	文联合　方江涛　宋景慧 余春江　苏余宁　崔永忠 韦　威　廖艳芬　余勇强 杨云金　陈　伟　骆仲泱 胡笑颖　湛志钢	广东省人民政府国有资产监督管理委员会
11	B04-1-02	动力用煤降损与环境污染治理关键技术研究及工程应用	广东电网有限责任公司 华南理工大学 长沙理工大学 武汉大学 东南大学	林木松　陈　刚　马晓茜 陈天生　张宏亮　薛　智 付　强　李宇春　黄明虹 董金凤　何国任　盛昌栋 罗运柏　陈文中　余昭胜	中国南方电网有限责任公司

（续上表）

序号	项目编号	项目名称	主要完成单位	主要完成人	推荐单位
12	C06-1-01	空气源热泵空调关键技术及应用	广东珠海金湾发电有限公司 湛江中粤能源有限公司 广东电力发展股份有限公司 广东惠州平海发电厂有限公司 广东粤电云河发电有限公司 珠海格力电器股份有限公司 珠海格力节能环保制冷技术研究中心有限公司	黄　辉　胡余生　魏会军 杨欧翔　邹　鹏　余　冰 吴　健　徐　嘉　赵旭敏 卢林高　王现林　罗惠芳 陈　彬　梁社兵　林金煌	珠海市科技和工业信息化局
13	B06-1-01	高品质电子陶瓷元件关键技术及大规模产业化	潮州三环（集团）股份有限公司 华南理工大学	谢灿生　陈烁烁　凌志远 邱基华　马艳红　郭向华 胡　星　符小艺　项黎华 郑镇宏　江　楠　刘建伟 张　磊　陈仕军	潮州市科学技术局
14	B07-1-01	面向智慧城市的大规模无线感知和异构互联系统及其产业化应用	深圳大学 华为技术有限公司 深圳市智慧城市大数据研究院 深圳奇迹智慧网络有限公司 中国铁塔股份有限公司深圳市分公司	伍楷舜　郑志彬　陈东平 王　璐　傅东生　肖达明	广东省教育厅
15	B07-1-02	基于盲信号处理的心电信号检测关键技术及其在医疗器械中的应用	广东工业大学 深圳市理邦精密仪器股份有限公司 广东宝莱特医用科技股份有限公司 南方医科大学	谢胜利　周郭许　秦　钊 梁　瑾　卢广文　吕　俊 张道国　陈德伟　蔡　坤 饶　箭　勾大海　杨祖元 陈　君	广东省教育厅
16	B08-1-01	半导体发光器件跨尺度光功能结构设计与制造关键技术	华南理工大学 佛山市国星光电股份有限公司 鸿利智汇集团股份有限公司 佛山电器照明股份有限公司 广东三雄极光照明股份有限公司 佛山市国星半导体技术有限公司	汤　勇　李宗涛　余彬海 刘传标　王跃飞　丁鑫锐 李家声　余树东　徐　亮 林　岩　魏　彬　梁丽芳 李国平　袁　伟　黄杨程	广东省教育厅

（续上表）

序号	项目编号	项目名称	主要完成单位	主要完成人	推荐单位
17	B08-1-02	汽油机高效燃烧技术及产品开发	广州汽车集团股份有限公司	吴　坚　邵发科　张安伟　刘巨江　占文锋　林思聪　李钰怀　孙凡嘉　陈　泓　刘　卓　朱宏飞　吕　伟　韦静思　吴广权　陈　良	广州市科技创新委员会
18	B09-1-01	锂离子电池电容器SPC新产品开发及产业化	惠州亿纬锂能股份有限公司	刘金成　袁中直　吕正中　卜　芳　邹友生　王先文	惠州市科学技术局
19	C10-1-01	氧化物薄膜晶体管技术及其在柔性有机发光显示中的应用	华南理工大学 广州新视界光电科技有限公司	彭俊彪　兰林锋　徐　苗　王　磊　邹建华　陶　洪　王　坚　吴为敬　姚日晖　宁洪龙　徐　华　李　民　许　伟　周　雷　庞佳威	广东省教育厅
20	B10-1-01	极低品位复杂稀有金属矿产资源综合利用关键技术	广东省资源综合利用研究所 翁源红岭矿业有限责任公司 云南锡业集团（控股）有限责任公司 昆明理工大学	邱显扬　易金武　汤玉和　袁经中　胡　真　崔泽奇　李汉文　张学艺　邹坚坚　龚乃锐　王成行　汪　泰　谢　贤　罗仁贵　赵　荣	广东省科学院
21	B11-1-01	变化环境下南方湿润区水资源规划关键技术及应用	中山大学 广东省水文局 广东省水利电力勘测设计研究院 深圳市水务规划设计院有限公司	陈晓宏　刘丙军　涂新军　刘　霞　黄红明　史栾生　江　涛　成忠理　王　燕　柴苑苑　于海霞　黎　坤　刘祖发　刘德地　王高旭	广东省教育厅
22	B11-1-02	复杂高层结构抗震设计理论及工程应用	哈尔滨工业大学深圳研究生院 深圳中建院建筑科技有限公司 哈尔滨工业大学	滕　军　李祚华　刘铁军　何春凯　卢　伟　邹笃建　许国山　何京波　彭志涵	深圳市科技创新委员会
23	B11-1-03	地下结构抗浮关键技术研究及应用	广州市建筑科学研究院有限公司 广州地铁集团有限公司 广州市盛通建设工程质量检测有限公司 广州建设工程质量安全检测中心有限公司 广州新中轴建设有限公司 广州市设计院 广东省建筑设计研究院	唐孟雄　陈乔松　唐孟华　朱志刚　林志元　胡贺松　张程林　高　琳　邓汉荣　李　森　周治国　林泽耿　林景华　刘炳凯	广州市科技创新委员会

（续上表）

序号	项目编号	项目名称	主要完成单位	主要完成人	推荐单位
24	B12-1-01	南海西部海域复杂压力梯度油气田钻完井技术研究及应用	广州市建筑科学研究院新技术开发中心有限公司 中海石油（中国）有限公司湛江分公司	李　中　管　申　王尔钧 黄　熠　郭永宾　彭　巍 韦龙贵　陈浩东　曹　峰 郑浩鹏　鹿传世　李　明 李　龙　任冠龙　刘贤玉	湛江市科学技术局
25	B13-1-01	慢性乙型肝炎和脂肪性肝病的防诊治系列创新及其推广应用	南方医科大学 香港中文大学	孙　剑　侯金林　陈力元 黄炜燊　彭　劼　黄丽虹 樊　蓉　梁携儿　李咏茵 张小勇　王战会　陈永鹏 刘志华　周　彬　胡晓云	广东省教育厅
26	B14-1-01	非霍奇金淋巴瘤的个体化诊治策略的创新和应用	中山大学肿瘤防治中心	林桐榆　黄　河　李志铭 蔡清清　贝锦新　彭柔君 黄嘉佳　张玉晶　林素暇 樊　卫　王　钊　方小洁 田　莹　李芳芳　管忠震	广东省卫生和计划生育委员会
27	B14-1-02	血管损伤早期评估和干预的技术体系创新与临床实践	中山大学附属第一医院	陶　军　夏文豪　张　焰 张小宇　伍贵富　杨　震 马　虹　郑振声　陈　龙 王　妍　苏　晨　吴　芳 刘　星　余冰波　邱艳霞	广东省卫生和计划生育委员会
28	B14-1-03	结直肠癌内镜诊治特征及相关分子机制的实验研究	南方医科大学	刘思德　王继德　李爱民 李　跃　赵进军　熊　婧 秘文婷　徐扬志　彭　莹 郭　蒸　陈　烨　燕　群 项　立	广东省教育厅
29	B15-1-01	先天性心脏病三级防治体系建立与关键技术创新及应用	广东省心血管病研究所 广东省人民医院（广东省医学科学院） 先健科技（深圳）有限公司	庄　建　陈寄梅　刘小清 张智伟　张德元　周成斌 王树水　潘　微　温树生 刘香东　韩凤珍　何少茹 黄美萍　欧艳秋　曲艳吉	广东省卫生和计划生育委员会
30	B16-1-01	非酒精性脂肪性肝病中西医结合基础与转化研究	广东药科大学 香港大学 广州白云山和记黄埔中药有限公司	郭　姣　徐爱民　叶得伟 何兴祥　张为亮　苏政权 荣向路　贝伟剑　范　辉 朴胜华　罗朵生　匡艳辉 肖　雪　王来友　陈智权	广东省教育厅

（王雅文）

知识产权

【知识产权政策法规】

《广东省重大经济和科技活动知识产权审查评议暂行办法》　5月，经广东省人民政府同意，《广东省重大经济和科技活动知识产权审查评议暂行办法》（以下简称《办法》）由广东省人民政府知识产权办公会议办公室正式印发，并于2017年7月1日起实施，有效期3年。《办法》旨在防范重大经济科技活动知识产权风险，提高政府科学决策水平和资金使用效益；明确了知识产权评议的主要内容、方式流程、结果使用、责任纪律等内容，并要求各市、县（市、区）人民政府参照本办法开展重大经济科技活动知识产权评议工作；对于财政资金投入数额较大以及对全省经济社会发展和公共利益具有较大影响的经济科技活动，其主管部门在经济科技活动中应当及时开展知识产权审查评议。

《广东省知识产权专利研究人员专业技术资格条件（试行）》　12月，广东省人力资源和社会保障厅联合广东省知识产权局印发《广东省知识产权专利研究人员专业技术资格条件（试行）》（以下简称《条件》）。《条件》是全国第一个覆盖专利全行业的知识产权专业技术人员评价标准，对知识产权专利研究人员的职称评审标准、评审范围和申报条件等进行了全面细致的阐述，对专业技术人员的学历资历、专业技术工作经历（能力）、业绩成果条件、学术成果条件等提出了明确要求，为下一步在全省范围内正式启动知识产权专利研究人员职称评审夯实基础。

《深圳经济特区知识产权保护条例》　2017年，深圳市启动《深圳经济特区知识产权保护条例》制订工作（以下简称《条例》）。《条例》通过建立最严格的知识产权保护制度，为深圳创新驱动发展营造更好的法治环境。主要亮点包括：构建知识产权失信违法行为信用惩戒机制，将司法裁判、行政处罚、政府投资、采购和招投标、扶持奖励活动中的知识产权失信违法信息以及违背知识产权合规性承诺的信息纳入公共信用信息系统；规定侵权单位5年内不得承接政府投资项目；加强诉调对接、行政调解等多元化解纠纷机制；建立行政执法技术调查官制度；扩大直接责令停止侵权适用范围；明确侵犯知识产权行为的违法经营额计算问题。

【知识产权高层次战略合作】

2017年，国家知识产权局与广东省政府携手打造知识产权强国建设先行地，深入推进第三轮知识产权高层次战略合作。

6月，知识产权合作会商2017年工作会议在广州举行。会议指出，党的十八大以来，党中央、国务院作出了加快建设知识产权强国的战略部署，并出台了一系列重大政策措施。国家知识产权局与广东省政府以合作会商为抓手，认真贯彻落实习近平总书记对广东作出的“四个坚持、三个支撑、两个走在前列”的重要批示精神，以及建设创新型国家和世界科技强国的重要指示，加快推进引领型知识产权强省建设，将有力地促进广东实现创新驱动发展，加快形成以创新为主要引领和支撑的经济体系和发展模式。会议期间，国家知识产权局与广东省政府议定了《第三轮知识产权合作会商2017年工作要点》，围绕广东建设国家科技产业创新中心和引领型知识产权强省，在深化知识产权领域全面创新改革试验、建设珠三角知识产权强市强企群、推进珠三角知识产权军民融合工作、打造海内外优质创新资源集散地、建设重点产业知识产权保护中心、推动专利导航融入支撑区域产业经济发展、打造严格的知识产权法治化营商环境、构建便民利民的知识产权服务环境、营造良好的知识产权人才发展环境等9个方面展开合作。

9月，国家知识产权局与深圳市政府签署《共创知识产权强国建设高地合作框架协议》，将在共创知识产权强国建设高地合作机制，共建知识产权重大政策体系，共推中国（深圳）知识产权保护中心、南方知识产权运营中心等知识产权重大工程项目，共同深化知识产权领域改革等方面开展深入合作。

【知识产权创造】

专利申请　2017年，广东省专利申请受理量627 819件，同比增长36.01%。其中，广东省发明专利申请受理量为182 639件，同比增长30.88%；实用新型专利申请受理量283 560件，同比增长52.27%；外观设计专利申请受理量161 620件，同比增长18.98%。3种专利申请的比例为29.09∶45.17∶25.74。

同期，全省有56 024家企业共申请专利455 357件，占全省专利申请总量的72.53%；其中21 757家企业申请发明专利140 261件，占广东省发明专利申请受理量的76.80%。有15 636家高新技术企业申请专利195 997件，8 577家高新技术企业申请发明专利78 419件；有发明专利申请的高新技术企业占全省高新技术企业数的26.12%。

专利授权　2017年，广东省专利授权量332 648件，同比增长28.42%。其中，广东省发明专利授权量为45 740件，同比增长18.42%；实用新型专利授权量169 017件，同比增长43.04%；外观设计专利授权量117 891件，同比增长15.30%。

同期，广东省共有43 932家企业获得专利授权240 974件，占广东省专利授权量的72.44%，有专利授权的企业数占全省工业企业总数的7.80%。其中，9186家企业获得发明专利授权37 077件，占广东省发明专利授权量的81.06%，发明专利授权的企业数占全省工业企业总数的1.63% 。有15 811家高新技术企业获得专利授权124 956件，5 429家高新技术企业获得发明专利授权26 584件；有发明专利授权的高新技术企业占全省高新技术企业数的16.54%。

有效专利及专利密度　截至2017年年底，全省有效发明专利量208 502件，同比增长23.75%，居全国各省市第1位。全省的每万人口发明专利拥有量为18.96件，比2016年同期增加3.43件。

PCT国际专利申请　全省PCT国际专利申请受理量26 830件，连续16年领跑全国，广东PCT国际专利申请量占全国比重创历史新高，达到56.49%。

中国专利奖获奖情况　2017年，广东省获得第十九届中国专利金奖6项（见表6-2-1），中国专利优秀奖208项。评选出广东专利奖金奖项目15项、优秀奖项目55项，发明人10个。

表6-2-1　第十九届中国专利奖获奖名单

（一）中国专利金奖（4项）			
专利号	专利名称	专利权人	发明人
ZL03139760.3	具有分化和抗增殖活性的苯甲酰胺类组蛋白去乙酰化酶抑制剂及其药用制剂	深圳微芯生物科技有限责任公司	鲁先平，李志斌，谢爱华，石乐明，李伯玉，宁志强，山松，邓沱，胡伟明
ZL201010166226.0	一种近距离通信方法及系统	国民技术股份有限公司	黄臻，王根平，肖德银，赵辉，沈晔，潘文杰
ZL201110437651.3	一种无线中继设备的中继方法及无线中继设备	华为终端有限公司	朱冲，杜维
ZL201520269105.7	一种微波变频电路及微波变频器	华讯方舟科技有限公司，华讯方舟科技（湖北）有限公司	詹宇昕，何宏平，潘雄广，罗得辉

（续上表）

（二）中国外观设计金奖（2项）			
专利号	专利名称	专利权人	发明人
ZL201530430757.X	用于手机的图形用户界面	腾讯科技（深圳）有限公司	陈碧琳，汤楚明，莫一民
ZL201630032085.1	电饭煲（MB–FZ4094）	佛山市顺德区美的电热电器制造有限公司	陈倩妮，尹逊兰

表6–2–2　第四届广东专利金奖获奖名单

序号	项目名称	专利号	申报单位
1	无弦杆桁元法与组合式节点桥梁	ZL201480001964.6	深圳市桥博设计研究院有限公司
2	燃气炉及其热交换器组件	ZL201210571757.7	广东美的暖通设备有限公司，美的集团股份有限公司
3	温变防伪无碳CB/CFB纸及其生产方法	ZL200710027831.8	广东冠豪高新技术股份有限公司
4	一种表面处理的铝合金及其表面处理的方法和铝合金树脂复合体及其制备方法	ZL201210043634.6	比亚迪股份有限公司
5	陀螺式动态自平衡云台	ZL201110380344.6	深圳市大疆创新科技有限公司
6	压缩机及空调器	ZL201410144072.3	珠海格力节能环保制冷技术研究中心有限公司
7	一种城市生活有机垃圾强化水解和厌氧消化产生生物燃气的方法	ZL201010130966.9	中国科学院广州能源研究所
8	电子设备充电装置及其电源适配器	ZL201410043062.0	广东欧珀移动通信有限公司
9	基于主频能量时域最优分布的非对称变加速度规划方法	ZL201410255068.4	广东工业大学
10	一种有价文件识别装置	ZL201210062147.4	广州广电运通金融电子股份有限公司
11	扭矩传输装置、激光打印机用处理盒	ZL201310316731.2	珠海天威飞马打印耗材有限公司
12	一种在无源光网络中时间同步的方法、装置及无源光网络	ZL200910126119.2	华为技术有限公司
13	多媒体广播组播业务计数方法及系统	ZL201010297962.X	中兴通讯股份有限公司
14	一种米曲霉及其应用	ZL201310553081.3	佛山市海天调味食品股份有限公司，佛山市海天（高明）调味食品有限公司
15	汽车	ZL201530003155.6	广州汽车集团股份有限公司

【企业知识产权工作】

企业知识产权主体地位显著增强　全省通过《知识产权管理规范国家标准》认证企业达2 896家，跃居全国第1。全省国家级知识产权优势企业162家、示范企业50家，均居全国前列。省级知识产权优势企业668家、示范企业200家。全省5.6万家企业共申请专利45.54万件，占全省专利申请总量的72.53%；2.18万家企业申请发明专利14.03万件，占全省发明专利申请总量的76.80%。全省16家高等院校、3家科研组织开展贯标推进工作。佛山实施“鲲鹏”“繁星”“乘龙”等8项行动计划，不断强化企业知识产权主体地位。梅州、江门扶持小微科技型企业知识产权创造。

高价值知识产权培育初现成效　探索产学研协同高价值专利培育新模式，建设产学研专利育成转化中心6家，知识产权布局设计中心2家。新增知识产权产业联盟10家，全省知识产权产业联盟达31家，其中国家级22家，居全国第1。广州、阳江、湛江、茂名等市发挥专利奖评选、项目引领等政策导向作用，强化高价值专利产出。

【知识产权运用】

打造全国知识产权交易中心　举办首届广东知识产权交易博览会，展示知识产权项目9 143个、专利18 855件，促成知识产权交易7.2亿元。第三届南粤知识产权创新创业大赛吸引国内外参赛项目2 321个。国家知识产权运营服务平台金融创新（横琴）试点平台正式启用。广州组建重点产业知识产权运营基金，深圳建设华南知识产权运营中心。据不完全统计，全省共有知识产权运营平台机构29家，知识产权交易服务机构28家，其中国家专利运营试点企业达15家。

加快知识产权金融创新　全省专利质押融资额134.60亿元，位居全国首位，一批拥有核心知识产权的企业获得融资。东莞加大专利质押融资推进力度，实现专利质押融资65亿元。珠海成立知识产权质押贷款服务联盟，引入专利质押融资保证保险。中山开启“政府+银行+保险+评估公司”专利质押融资新模式。省内各保险机构推出专利执行保险等13个险种。

推动知识产权转化实施　支持建设省内高校、科研院所知识产权转移转化机构8家。建设知识产权众创空间和专利技术创业孵化器5家。在产业园区和专业镇建设“专利密集型产业集聚区”7个。佛山、茂名高新区成为国家知识产权试点园区，肇庆高新区成为国家知识产权示范园区，全省国家知识产权试点、示范园区达到11家。

组织开展产业专利导航　组织开展集成电路、生物医药等22个战略性新兴产业和技术领域全球专利态势分析及预警。围绕新一代通信（东莞）、轨道交通装备（江门）、汽车制造（佛山）、智能化成形和加工成套设备（肇庆）、电动汽车（中山）等9个区域重点产业开展专利导航。佛山、广州开发区建设“国家专利导航产业发展实验区”，佛山顺德、中山火炬开发区等建设“广东省专利导航产业发展实验区”。佛山、东莞开展高技术领域专利微导航。

【知识产权保护】

加强打击侵权假冒统筹协调　省打击侵权假冒工作领导小组组织召开全省“双打”工作部署电视电话会议。开展“清风”专项行动，加大互联网、外商投资企业等重点领域侵权假冒打击力度。全省知识产权行政部门共立案查处侵权假冒案件18 952宗；公安机关共立侵权假冒案件3 656宗，刑事拘留6 518人，逮捕4 137人；检察机关共批捕侵权假冒案件1 558件2 620人，起诉1 657件3 121人；法院系统共受理打击侵权假冒一审案件1 468宗，审结1 305宗，生效判决被告人1 353人。深圳市制订《深圳经济特区知识产权保护条例》。国家知识产权研究与发展中心报告显示，广东知识产权保护发展指数位居全国第1。

持续加大专利行政执法力度　全省各级知识产权局积极开展“护航”等专项行动，依法处理专利侵权纠纷，严厉查处假冒专利行为，受理各类专利案件5 866件，结案5 817件，同比增长45.27%和49.96%。加强展会知识产权保护，第121、122届广交会共受理知识产权投诉案件1 030宗，处理被投诉企业1 327家。广州市联合全国19个副省级以上城市签署《电商领域知识产权联合执法宣言》。

构建产业知识产权保护体系　组建中国（广东）、中国（佛山）知识产权保护中心。灯饰、家电等7家国家级知识产权快速维权中心完成快速授权8 124件，快速维权1 431宗。全省6家知识产权维权援助中心提供维权援助506宗，受理举报投诉1 348宗。健全重点企业和重点市场知识产权保护直通车制度，省市两级入库知识产权保护重点企业1 246家。

【知识产权管理与服务】

积极推进依法行政和“放管服”改革　加强重大行政决策制度建设，确保决策合法规范，不断提升知识产权管理法制化水平。调整下放专利代理管理职权（由省级调整至广州、深圳市）5项，废止规范性文件8个。全省享受专利费用减免政策的专利申请人达70.26%，减少提交各类材料35.7万份。全省专利电子申请率达到97.93%，较全国平均水平高出1.45个百分点。实行专利优先审查“一站式”办理。率先在全国开展外观设计专利申请前置服务、专利权质押登记全流程服务、专利复审和无效宣告受理服务，受理复审和无效请求7 717件。建立专利复审远程审理机制。

知识产权服务体系日趋完善　推进知识产权服务业集聚发展，全省创建国家知识产权服务业集聚发展示范、试验区3个，省级试验区5个。国家区域专利信息服务（广州）中心专利数据突破1.1亿条。广东省知识产权公共信息服务平台建设持续优化，建成战略性新兴产业专利数据库28个。开展中小微企业专利信息推送服务。支持高新区和孵化器建设知识产权综合服务平台14家。深入推进广东省专利代理行业试点改革，推行《专利代理机构服务规范》。全省专利代理机构277家，分支机构302家，同比分别增长28%和50%，实现代理机构全省21个市全覆盖。执业专利代理人达1 899人，新通过全国专利代理人考试664人。全省国家知识产权分析评议示范、示范创建机构达14家。“珠江人才计划”知识产权分析评议纳入国家知识产权局重大评议工程示范项目。

加强知识产权人才培养　全省国家知识产权培训基地达到5家，居全国首位，全省各类知识产权培训基地达18家，知识产权学院7家。举办PCT高级巡回研讨班，组织开展各类专题培训250余期，培训3万余人次。广州市与暨南大学共建广州知识产权人才基地，广东外语外贸大学成立华南国际知识产权研究院，广东工业大学成立知识产权开发与运用学院，佛山市成立广东知识产权创新学院。

促进知识产权开放合作　省政府与中国、新加坡知识产权局签署《推进中新广州知识城知识产权改革试验三方合作框架协议》。圆满承办中非知识产权制度和政策高级研讨会，举办广东知识产权实务（日本）研讨会。推进粤港澳大湾区知识产权合作，签署《粤港保护知识产权合作协议（2017—2018年）》和《粤澳保护知识产权合作协议（2017—2018年）》。汕头市承办有效利用工业品外观设计国际注册海牙协定研讨会。佛山市举办中国佛山知识产权运营国际峰会和“一带一路”知识产权国际化战略高峰论坛。

（王　一）

产业、行业科技发展

高新技术产业及战略性新兴产业

【高新技术企业培育发展】 2017年，省科技厅认真落实省委、省政府关于创新驱动发展战略部署，紧紧抓住高新技术企业这个“牛鼻子”，采取了一系列政策和措施，大力培育高新技术企业，开展高新技术企业认定工作，全省高新技术企业快速增长。2017年，全省共认定高新技术企业17 214家，高新技术企业存量达33 073家，总数超北京和江苏的数量之和，领先优势进一步扩大。全省21个地市中，深圳、广州高新技术企业数量最大，约占全省60.2%，东莞、江门的高新技术企业数量增长最快，超过100%，增长超过50%的地市达到18个。

2017年，省科技厅牵头制定出台了《广东省高新技术企业树标提质行动计划（2017—2020年）》，通过省市联动协同方式出台相关引导政策。评选高新技术企业百强，积极引导行政服务资源、资本、技术、人才与高新技术企业对接。全省入围《中国企业创新能力百千万排行榜（2017）》的高新技术企业183家、上市高新技术企业80家，均在全国处于领先地位。省市组织高新技术企业政策宣讲培训超过40场，培训人数超过5 000人次，依托“广东省高新技术企业服务平台”公众号，及时发布高新技术企业政策解读、专家辅导视频，累计为企业和各级科技人员提供超过245篇、67万人次的科技政策信息服务。

为进一步促进高新技术企业群体数量提升，根据《关于加强协作共同推进高新技术企业培育工作的通知》《广东省高新技术企业培育工作实施细则》，省市科技部门持续加强高新技术企业培育政策措施力度，各地市制定了与省级层面配套的执行政策，如广州“小巨人”计划、东莞“育苗造林”行动计划等。广州、佛山、珠海、汕头、湛江等市由市委牵头，将高新技术企业培育工作列为市科技创新“一号工程”，统筹协调全市相关部门力量，共同促进高新技术企业培育工作的开展。2017年，全省新增培育入库企业8 351家，全省高新技术企业培育库累计入库培育企业超2万家，为高新技术企业增长提供了强大的后备来源。

（钟士岗）

【高新技术产品进出口】 据海关统计，2017年广东省高新技术产品进出口28 307.21亿元，比上年同期（下同）增长6.37%。广东省高新技术产品进出口值占全省外贸总值的41.5%；占全国高新技术产品进出口总值的33.4%，规模居全国首位。其中，出口14 602.16亿元，增长3.74%；进口13 705.05亿元，增长9.33%。主要特点有：

贸易结构进一步优化，一般贸易占比持续提升 2017年，广东省一般贸易项下高新技术产品进出口10 700.7亿元，增长11.8%；其中出口5 309.6亿元，增长8.1%；进口5 391.1亿元，增长15.7%。同期，广东省加工贸易项下高新技术产品进出口12 709亿元，增长6.5%；其中出口7 781.5亿元，增长6%；进口4 927.5亿元，增长7.2%。高新技术产品的一般贸易进出口占全省总值的比重为37.8%，提高了1.9个百分点；加工贸易进出口占比44.9%，与上年基本持平。

经营主体多元化，民企活力进一步释放

2017年，广东省高新技术产品进出口的主力军仍是外商投资企业，累计进出口14 041.6亿元，下降0.7%，占比49.6%。民营企业进出口11 734.4亿元，增长17.7%，占比41.5%，成为广东省高新技术进出口增长最快的经营主体。同期，国有企业高新技术产品进出口1 468亿元，增长2.1%，占比5.2%；集体企业高新技术产品进出口1 047.7亿元，下降1%，占比3.7%。

市场结构进一步优化，对欧美市场进出口增速明显　中国香港、东盟、韩国、中国台湾仍是广东省高新技术产品的主要进出口市场，2017年广东省对上述国家和地区的进出口值分别为6 378.9亿元、3 724.1亿元、3 276.9亿元和3 073.9亿元，除对中国香港下降5.9%以外，其余地区分别增长14.8%、9.4%和10.9%。同期，广东省高新技术产品对美国、欧盟的进出口值分别为1 687.2亿元和2 021.2亿元，分别增长13.3%和13.7%，增幅比上年明显扩大。

优势突出，计算机与通信技术、电子技术产品仍是主导产品　电子信息产业一直是广东省工业经济的重要内容，围绕产业相关的产品进出口也是广东省高新技术产品贸易的主导部分。2017年，广东省计算机与通信技术、电子技术产品进出口值分别为14 596.3亿元和10 119.3亿元，分别增长5.5%和6.8%，两类产品合计占全省高新技术产品进出口总额比重达87.3%。

珠三角九市仍是广东省高新技术产品进出口的集中区域　2017年，珠三角九市的高新技术产品进出口合计28 004亿元，增长6.4%，占全省高新技术产品进出口总额的99%，占比与上年基本进出口持平，仍是广东省高新技术产品进出口主要集中区域。其中：深圳市进出口15 386.1亿元，增长2.4%，占全省的54.4%，是广东省高新技术产品进出口第一大市；排名第2的东莞市一直保持稳定快速增长，实现高新技术产品进出口6 100.3亿元，增长9.6%，占全省高新技术产品进出口总额的21.6%。同期，广东省粤东西北12市高新技术产品进出口为293.1亿元，仅占全省高新技术产品进出口总额的1%，体现出广东省高新技术产品进出口仍面临区域发展不平衡的情况。

（彭克俭）

【LED产业】　2017年，广东省LED产业总产值为5 504.37亿元，同比增长16.80%，增速提高了3.26个百分点，一方面LED产业发展相对成熟，行业稳步发展；另一方面，在一带一路战略、国内外基础建设需求及传统灯具市场替换的影响下，LED市场需求较上年同期平稳向好，使得广东产值规模继续位居全国首位。

产业规模　2017年，在一带一路及国际国内市场双利好环境影响下，本省LED产业总产值为5 504.37亿元，同比增长16.80%。从总产值构成来看，LED照明灯具类产值为1 109.11亿元，占同期总产值的20.15%；LED配件及材料类产值为896.19亿元，占同期总产值的16.28%；LED光源及专业灯具类产值为863.90亿元，占同期总产值的15.69%。2017年广东LED十大重点领域产品出口额为191.73亿美元，同比增长9.61%，占全国的48.97%，居全国首位，远高于其他省市。其中LED其他电灯及照明装置出口规模及增幅均为最高，出口额达72.81亿美元，同比增幅为21.45%，占广东LED重点领域出口总额的37.97%；枝形吊灯及天花板或墙壁上的电气照明装置紧随其后，出口额为49.14亿美元，占广东LED出口总额的25.63%。

创新驱动　LED产业创新能力不断增强，专利授权稳步增长，2017年度，广东LED专利授权量为145 370件，占同期全国LED专利授权量的31.59%，占同期广东全部专利授权量的7.18%。广东作为我国LED照明产业最为集中的区域，LED产业技术创新能力领先于其他省市，尤其是在LED中下游应用及封装领域方面的技术研发能力。在LED专利累计授权量上，广东稳居全国首位，遥遥领先于其他省市，是排在第2位的浙江省（34 211件）的2.71倍；产业科技创新持续活跃，国内外LED领域交流与合作频密，东莞第三代半导体产业南方基地核心区建设工作进展顺利，深圳筹建第三代半导体技术研究院、佛山美的筹建第三代半导体研究院、中山与华南理工大学筹建第三代半导体技术研究院，广东正逐步打造为全国第三代半导体的科技创新和人才高地，推动第三代半导体材料核心技术攻关和产业化。

标准建设　在省科技厅指导下，华南理工大学、工信部电子第五研究所联合国际电工委员会举办电子元器件质量评定体系LED光组件规范发布研讨会，为本省LED照明企业力争国际规范的话语权，提升我国半导体行业的国际地位，促进半导体行业的发展做出积极贡献。标准光组件已形成各类技术规范60余项，完善了技术规范体系，研制光组件产品超过300款，吸纳省内外LED产业链上中下游众多著名企业近200家，完成产品认定近200项，销售组建产品超百亿元，并与

IEC、Zhaga等国内外组织形成合作，为该标准光组件从广东标准发展为国家标准、国际标准奠定了理论基础和实践依据，为中国LED照明行业赢得国际话语权抢占了先机。

第三代半导体产业南方基地建设　南方基地东莞核心区建设进展顺利。基地平台公司完成增资转股并逐渐发挥行业龙头引导作用，基地技术联合研究院总投资超4.5亿元和1.5亿元的SiC/GaN器件中试线和封装模组应用系统中试线已进入实施阶段。吸引了高层次人才团队落户，已顺利吸引西安交通大学电力设备电气绝缘国家重点实验室器件研究中心主任张安平教授团队、武昌首义学院朱忠尼教授团队，特聘东莞科技局原副局长严济荣为基地特别顾问。同时，与中国航天科技集团公司第九研究院771所（西安微电子技术研究所）、中国科学技术大学、中国电源学会、香港应科院、工信部电子第五研究所、格力电器股份有限公司、比亚迪、南方电网、大疆创新、英诺赛科商定签署合作协议。

南方基地地市支撑平台全面启动。在省科技厅协调与沟通下，深圳、广州、珠海、中山等主要城市纷纷响应，深圳以南方科技大学为主体成立深圳第三代半导体技术研究院，广州与中科院策划在南沙布局第三代半导体封装线，珠海引入美国GaN团队成立英诺赛科，佛山美的集团与华南理工大学、镓能半导体联合成立第三代半导体器件研发应用联合实验室，中山与华南理工大学成立第三代半导体材料及器件创新中心，江门引进中山大学氧化锌团队，韶关引入中科院磷化铟材料团队，本省推动第三代半导体产业发展的工作局面出现良好势头。

（钟士岗）

农业领域

【国家重点研发计划申报与立项】　积极组织省内高校、科研院所和科技企业申报2017年度国家重点研发计划，共受理并推荐“干细胞及转化研究”“数字诊疗装备研发”“农业面源和重金属污染农田综合防治与修复技术研发”“绿色建筑及建筑工业化”等国家重点研发计划医疗卫生、农业、节能环保等领域重点专项100多个项目，“重大新药创制”“艾滋病和病毒性肝炎等重大传染病防治”等重大专项10多个项目。2017年获得科技部立项支持项目共38个，获得中央财政经费约5.1亿元。

【农业科技计划】　2017年，从省级财政资金中安排5 000万元用于开展现代农业科技创新联盟建设项目。该项目主要用于支持12个以农产品为单元的广东省现代农业产业技术体系创新团队建设、8个以农业领域为单元的广东省现代农业产业共性技术创新团队建设，以及开展广东省重大农业技术推广应用项目、广东省农业企业技术需求研究与示范项目、农业科技企业孵化器建设项目等的实施，从而凝聚农业科技创新联盟资源，促进农业科技创新与推广的新体制机制构建，加强产学研合作，切实推进农业科技创新和成果转化，为广东特色农业现代化可持续发展提供科技支撑。

省科技厅组织编制2017年度省科技发展计划社会发展与农村科技领域申报指南，按照申报要求、立项要求和相关审批规定，对申报的5 775个项目进行形式审查（形审通过5 451项）、网上评审和现场答辩（重大专项、应用型专项），共立项745项，下达省财政科技经费42 811万元，总体立项率为12.5%。

省科技厅启动实施省纵向协同管理省市联动专项，由粤东西北13个地市科技局按有关规定推荐上报，粤东西北区域科技创新项目立项70项，安排经费3 810万元，围绕当地市委、市政府的重点任务，发挥省财政科技经费扶持作用，支持粤东西北区域科技创新环境建设。

【农业科技示范与推广】　2017年，省农业厅遴选发布了广东省农业主导品种74个、主推技术35项，最受欢迎的主导品种20个（其中种植业类10个、畜牧兽医类10个），最受欢迎的主推技术10项。为加快农业主导品种和主推技术的推广应用，支持引导农业科技试验示范基地、示范主体开展主导品种、主推技术的试验示范和宣传推广。2017年，全省共建设农业科技试验示范基地317个、培育科技示范主体34 620个，充分发挥了其示范和辐射带动效应，促进了农业持续增效，农民持续增收。

【国家和省级农业科技园区】　2017，省科技厅按照科技部部署开展第五批国家农业科技园区验收工作，组织开展广东湛江国家农业科技园区、广东珠海国家农业科技园区的验收工作。研究制定《关于全面推进广东农业科技园区建设的建议》，计划构建梯次发展、层次分明的广东省农业科技园区体系，争取实现全省涉农区县农业科技园区全覆盖。开展省级农业科技园区监测评价，出版国内首部省级层面的农业科技园区创新能力评价报告——《广东农业科技园区创新能力评价报告2015》。

【创新平台构建】　为充分调动全省农业科教研、推广、科技型企业等单位科技创新与推广工作力量，推进资源开放共享与服务平台建设，加强核心关键技术研发攻关，加快转化各项先进适用农业科研成果，推进协同创新和成果转化，组织开展了省级现代农业产业科技创新及转化平台建设工作，2017年，省农业厅认定了127个省级现代农业产业科技创新及转化平台，其中包括66个现代农业产业技术研发中心、28个现代农业新型研发机构、33个现代农业产业技术成果转化基地（孵化器）。另外，积极响应中央1号文件精神，强化科技创新驱动，启动广州国家现代农业产业科技创新中心创建工作。

国家和省级农业科技园区建设　按照科技部要求开展第五批国家农业科技园区验收工作，广东湛江国家农业科技园区、广东珠海国家农业科技园区通过科技部验收并正式授牌。

农业科技创新中心和星创天地建设　2017年，省科技厅制定《广东省现代农业科技创新中心工作指引》和《广东省星创天地工作指引》，完善广东省现代农业科技创新体系，加强农业科技创新平台建设，整合优势创新资源，培育优势创新团队，提升农业科技自主创新能力。截至2017年年底，第一批省现代农业科技创新中心及基地备案212家（其中基地81家），第一批省星创天地备案59家（含20家国家星创天地），投入500万元支持10家省星创天地建设，推荐第二批国家星创天地备案29家，20家通过备案。

【促进区域协调发展】

促进粤东西北地区振兴　2017年，安排下达粤东西北地区科技计划项目经费共计7.01亿元，同比增长84%，已经连续3年获省委、省政府年度考核优秀。

省级农业科技特派员　2017年，省科技厅研究制定了《广东省省级农业科技特派员管理暂行办法（试行）》，启动省级农业科技特派员阳光政务平台相关功能模块开发工作，进一步将省级农业科技特派员的认定与颁发证书、考核评估与项目立项资助功能在阳光政务平台中实现，初步实现省级农业科技特派员管理的规范化。开展两批省级农业科技特派员入库，建成了一个包括公益类和创业类1 494人的科技特派员库。

【农村科技服务】

2017年，省农业厅先后组织邀请专家教授500多人次，深入到江门、汕尾、惠州、中山、梅州、清远、阳江、肇庆8地市所辖21个县（市、区），共计29个乡镇举办农业科技下乡活动，培训近2 000名种植业、养殖业、农机等领域技术人员，派发3万多份（册）农科丛书（资料），30 000多名农民前来参观及咨询。通过举办农业科技下乡活动，进一步提升了农民种养科技水平，助推了科技成果转化应用，取得了较好的社会效益，深受广大农村基层干部和农民群众的欢迎，为本省农业增产，农民增收作出了积极的贡献。

【农村信息化】

广东省把握“互联网+”发展新机遇，创新了农技推广服务方式，提高了农技推广信息化水平。以“12316三农综合服务平台”“农博士”和“农技宝”等为载体，加快农业科技推广信息化建设，为农民提供定向推送农业信息、远程问诊、技术指导和供求信息等服务，提高农业科技推广服务信息化水平。为提高农业专家指导农户的针对性，广东省建立了12316三农信息综合服务平台专家库。专家库共有1 400多名中级职称以上的专家，为推进农业科技推广服务信息化建设提供了有力的人力保障。截至2017年年底，全省“农技宝”用户已覆盖全省21个地市、117个区县，覆盖率达97%。注册用户13.2万户，其中，农技员用户6 661户、农技专家138人，合计服务农户38万人次，用户互动高达643万次；“农博士”拥有专家4 889人、农民51 502人，将农业科技、市场供求等信息快速传递给农户，促进农民增产增收。

【科技援助】

科技精准扶贫和东源对口帮扶　2017年共投入资金约2 000万元开展精准扶贫科技产业基地建设，第一批建设98家，集中流转土地约1 333.3hm^2，发动乡贤、养殖大户和农业龙头企业带动贫困户脱贫致富，形成“科技引领、产业带动、整村脱贫”的科技扶贫新局面。推进农业科技特派员与建档立卡贫困村“千村大对接”工作，共收集677个贫困村技术需求，探索有效机制，组织省级农业科技特派员为贫困村开展技术服务。有效推进精准帮扶三洞村，投资200万元的村委会办公大楼已经投入使用，集中流转约13.3hm^{2}土地，引进东源县顺盛农业科技有限公司，建设“科技帮扶三洞村高山生态红肉沙田蜜柚产业示范基地”，采取入股分红的形式，推动贫困户脱贫致富。

科技援疆援藏　省科技厅5月与广东前指、喀什行署签订了《对口科技援助框架协议》（三方协议）；9月与新疆维吾尔自治区科技厅、广东前指、喀什行署签订《对口援助新疆喀什地区框架协议（2017—2019年）》（四方协议），明确2017—2019年广东在科技创新平台、科技成果推广应用、科技人才培养与交流合作等方面大力援助南疆地区提升创新水平，逐渐实现更多的新疆维吾尔自治区重大科技创新平台建设以及重大科技项目落户喀什地区。落实与西藏签订的《科技合作框架协议》，2017年，省科技厅对口援助专题中累计投入经费756万元的75个项目已全面开展并顺利实施。新疆、西藏的重大科技创新平台发展势头良好。喀什广东科学技术研究院、第三师（东莞）产业发展研究院与全国20余家高校、科研院所及高新技术企业达成合作协议，引进4名院士团队，11名长江学者，组建国家级工程中心1家。开展了10余次高规格高层次的科技交流活动，有效地促进了东西部科技创新交流与文化融合。

（王　芬　叶毓峰）

林业领域

【概况】 2017年，广东省全年共落实国家和广东省林业科技项目经费6 500多万元，其中，中央财政资金2 300多万元，省级财政资金4 200多万元。

【科技攻关】 紧密结合重点林业生态工程建设和绿色产业发展，加强林木良种选育、森林资源培育、生态修复、有害生物防治、林下经济、森林经营利用、林产品开发等研究，启动了雷州半岛生态修复和珠三角森林城市群建设相关研究工作，建立了雷州半岛季雨林生态恢复示范基地33.3 hm^2。以省林业科技创新项目为依托，共收集保存林木花卉种质材料5 700多份，建立种质资源保存圃37.3 hm^2，筛选出优良种源/家系/无性系和单株近400个，建立苗木繁育基地8.7 hm^2，培育优质苗木400多万株；审（认）定林木良种31个，营建各类试验示范林1 433hm^2；批准发布林业行业标准和广东省地方标准25项，起草标准10项；申请专利49项，其中授权8项；发表论文250篇，其中SCI收录论文18篇，出版专著41部；鉴（认）定科技成果34项；通过项目实施培养研究生37名。

【科技创新平台建设】 继续推进国家级林业生态监测网络建设，重点抓好基础设施建设并规范管理。“广东广州城市生态系统定位观测研究站”建站获得国家林业局批准。截至2017年年底，在广东境内建设的国家林业局生态定位观测研究站共有9个，省级生态观测站点12个。全面完成了东江省级林业科研试验示范基地和肇庆省优良珍贵树种培育试验示范基地幼林抚育任务，省高脂马尾松等良种繁育（龙洞）示范基地生产性试验成果显著，轻基质育苗技术通过验收。组织开展了3个省级区域性林业科技试验示范园区的作业设计和备耕工作。组织了桉树经营模式研究的启动实施，桉树中心、大南山和东江林场3个桉树经营模式研究试验点均全面完成了造林和改造任务。

【科研成果】 2017年全省经鉴（认）定的林业科技成果35项；共有5项林业类成果获2016年度广东省科学技术奖，其中二等奖2项、三等奖3项；7项林业科技成果获第八届梁希林业科学技术奖，其中一等奖1项、二等奖3项、三等奖3项（见表7–3–1）。

表7–3–1 主要林业获奖成果一览表（2017年度）

序号	获奖类别	获奖项目名称	第一完成单位
1	2017年度广东省科学技术奖二等奖	实木热改性及其功能材料研发	广东省林业科学研究院
2	2017年度广东省科学技术奖二等奖	三种相思优良品系高效培育技术	广东省林业科学研究院
3	2017年度广东省科学技术奖三等奖	森林生态旅游区喷淋防火林带系统建设关键技术	广东省林业调查规划院
4	2017年度广东省科学技术奖三等奖	木工专用数控软件控制全自动多功能龙门式木材复合加工中心	南兴装备股份有限公司

（续上表）

序号	获奖类别	获奖项目名称	第一完成单位
5	2017年度广东省科学技术奖三等奖	定制家具板件柔性加工生产线关键技术研究与产业化	广州弘亚数控机械股份有限公司
6	第八届梁希林业科学技术奖一等奖	农林废弃物绿色多极利用关键技术创新及产业化	中南林业科技大学（第五完成单位：宜华生活科技股份有限公司）
7	第八届梁希林业科学技术奖二等奖	冰灾对南岭森林生态系统的影响	中国林业科学研究院热带林业研究所
8	第八届梁希林业科学技术奖二等奖	棕榈藤资源高效培育及藤材提质增效技术	国际竹藤中心（第三完成单位：中国林业科学研究院热带林业研究所）
9	第八届梁希林业科学技术奖二等奖	肉桂高效培育与利用关键技术创新及应用	广西壮族自治区林业科学研究院（第五完成单位：广东桂之神实业股份有限公司）
10	第八届梁希林业科学技术奖三等奖	广东省常见食用蛇蛙类曼氏裂头蚴病的流行病学调查与综合防控技术	广东省野生动物救护中心
11	第八届梁希林业科学技术奖三等奖	三种相思优良品系高效培育技术	广东省林业科学研究院
12	第八届梁希林业科学技术奖三等奖	南亚热带主栽油茶重要病虫害防控研究与应用	广东省林业科学研究院

项目名称：实木热改性及其功能材料研发

主要完成单位：广东省林业科学研究院

获奖情况：2017年度广东省科学技术奖二等奖

项目紧密结合我国木材供给侧结构性改革需求，对人工林实木开展了系统的热改性技术研究，提出了针对我国桉木、杨木、杉木、松木等实木热改性处理的方法，攻克了足尺规格木材的超高温热处理产业化关键技术，创建的实木热处理工艺数学预测模型突破了木材热改性工艺精准控制的关键技术，实现了从定性控制向定量控制的根本转变，研发的增强型阻燃实木新材料及其制品，开拓了速生材高值化应用的新领域，研发的发热型木材复合材料和新产品，攻克了热功能木材散热均匀性差、导热速度慢、热稳定性差等行业共性难题，提高了热改性木材的附加值。项目成果在广东、福建、江西、湖南、浙江、北京、上海等多地广泛应用与推广，显著提升了热处理材及其产品的质量和附加值，实现了我国人工速生材资源的高效利用，有效缓解了当前木材供需矛盾，为我国林产工业供给侧结构性改革提供了技术支撑，具有显著的经济、生态和社会效益。

项目名称：三种相思优良品系高效培育技术

主要完成单位：广东省林业科学研究院

获奖情况：2017年度广东省科学技术奖二等奖

项目针对市场对相思等纸浆材和大径材日益增加的需求，围绕其优良品系短缺、良种苗木供应不足、配套培育技术低效等问题，开展了厚荚相思、马大相思、黑木相思三种相思优良品系综合选育、规模化繁育、壮苗培育、大径材定向培育等研究，突破了组织培养规模化繁育、平茬壮苗、苗期精准施肥、密度控制等关键技术。项目认定良种5个，建立2条年产100万株的组培生产线；研制3种相思苗期专用肥，获授权发明专利2

项，实质审查1项；制定相思纤维材培育技术规程。实现了良种良法的有效结合，显著提高了相思林的生产力。项目成果形成的无性系苗木、专用肥、技术体系等在肇庆、乐昌、阳春、江门等地进行了规模化应用，效果显著。项目完成单位和应用单位通过技术服务、产品销售、国际合作等，进行成果转化，实现新增销售额4 437.34万元，新增利润2 160.01万元。

【科技示范推广】 2017年，继续抓好中央财政林业科技推广示范项目的实施和管理，营建了樟树、枫香、黎蒴、杉木、红豆杉、金花茶、红皮糙果茶等优良树种示范林533hm^2，油茶病虫害等灾害防控技术示范林666.7hm^2；建立乡土阔叶树种配方基质生产车间和激光烧结型木竹基3D打印示范生产线，新建林木良种育苗圃，繁育龙脑樟、金花茶、红皮糙果茶等优质苗木近80万株；举办各类技术培训班26期，培训技术人员和林农1 500多人次，发放各类技术宣传资料1 600多份。

【科技服务与普及】 根据2017年全省“科技进步活动月”部署，结合全省林业实际，在省林业系统部署开展“科技进步活动月”系列活动，其中重点林业科技活动40多项。2017年5月25日，省林业厅与有关单位在四会市威整镇联合举办了“送林业科技、政策及优良种苗下乡活动”，现场展示了最新林业科技成果及林业新技术、新品种、新产品，开展了技术、政策等现场咨询，发放了实用技术和宣传资料3 000多份、影像资料100多份，赠送优良种苗6 000多株。活动受到了当地群众的热烈欢迎，2 000多名干部群众参与了活动。2017年6月13日，省林业厅组织省林科院、广东生态工程职业学院在广州联合开展了首次林业科技宣教活动，取得良好效果。

积极推进林业科普工作，广东南岭国家级自然保护区、广东内伶仃福田国家级自然保护区、广州海珠国家湿地公园、东莞市林业科学研究所、广州市流溪河国家森林公园5家单位荣膺“全国林业科普基地”称号。林业科技期刊发展取得里程碑式成果，由省林学会和省林科院主办的《林业与环境科学》英文期刊*Forestry and Environmental Science*创刊首发。

【知识产权保护】 2017年，全省有木兰科木兰属的绿衣紫鹃，木兰科含笑属的香绯、香雪，山茶科山茶属的抱香、抱星、抱艳、彩黄、黄绸缎，木棉科木棉属的风车、红星、金灿共11个林业植物新品种获得国家林业局授权。截至2017年年底，全省共有89个林业植物新品种获得授权。

2017年知识产权宣传周期间，广东省林业厅开展了“注重林业创新效益，加快知识产权创造”为主题的知识产权宣传周活动，利用网络、展板及书籍手册等多种形式，积极宣传林业知识产权相关法规法律和基本知识，普及商标、版权、林产品地理标志及林业生物遗传资源等相关专业知识，重点宣传林业植物新品种和林业专利知识。

2017年5—11月，部署开展了打击侵犯林业植物新品种权专项行动，对全省已授权植物新品种的侵权假冒和推广应用情况进行了全面调查摸底，并开展了林业植物新品种权保护执法检查，进一步加强了植物新品种保护力度。

【标准化与产品质量管理】 2017年，经广东省质量技术监督局批准发布实施的林业类地方标准有9项（见表7–3–2）。加强林业标准化基础研究和标准化示范区建设，全省有7个省级林业标准化示范区通过验收。

表7–3–2 当年发布实施的广东省林业行业地方标准（2017年）

序号	标准编号	标准名称	起草单位
1	DB44/T 1964–2017	主要乡土阔叶树种良种选育技术规程	广东省林业科学研究院
2	DB44/T 1965–2017	桉树人工林测土配方施肥技术规程	华南农业大学
3	DB44/T 1966–2017	黄蝉和软枝黄蝉苗木培育与栽培技术规程	华南农业大学

（续上表）

序号	标准编号	标准名称	起草单位
4	DB44/T 1967–2017	红背桂苗木培育与栽培技术规程	华南农业大学
5	DB44/T 1968–2017	桉树优树选择与优良无性系选育技术规程	中国林科院热带林业研究所
6	DB44/T 1969–2017	米老排种实采收及处理技术规程	中国林科院热带林业研究所
7	DB44/T 1970–2017	林下种植经营管理规范	中国林科院热带林业研究所
8	DB44/T 2024–2017	黄梁木育苗技术规程	华南农业大学
9	DB44/T 2025–2017	红椿育苗技术规程	华南农业大学

【科技交流与合作】 2017年，广东省林业厅继续加强粤港澳台和国际林业科技交流。在粤为港方举办了郊野公园管理员林业培训班；选派了2名林业专业技术人员赴港出席2017年度第二期香港湿地保护管理研讨会。就澳门城市绿化遭“天鸽”台风受损情况进行专项调研，提出了《澳门风灾后林木生态修复方案》。省林学会组团先后赴台参加了第八届海峡两岸森林保育经营学术论坛和海峡两岸森林经营保育交流活动。继续推进林业国际交流与合作，先后组织赴欧美多国开展交流培训活动。

（叶龙华）

人口与公共卫生领域

【概况】 截至2017年年底，全省拥有卫生机构（含村卫生室）5.0万个，每千常住人口拥有卫生机构0.45个；全省医疗机构拥有床位49.2万张，约占全国总量的6.3%，每千常住人口拥有床位数4.41张；在岗职工86.7万人，约占全国总量的7.4%，其中卫生技术人员71.0万人，包括执业（助理）医师25.9万人、注册护士30.8万人，每千常住人口拥有执业（助理）医师2.32人，注册护士2.76人。居民人均预期寿命为77.24岁。

【对接国家重大部署】 积极组织省内高校、科研院所和科技企业申报2017年度国家重点研发计划，共受理并推荐“干细胞及转化研究”“数字诊疗装备研发”“大气污染成因与控制技术研究”等国家重点研发计划中医疗卫生、节能环保、公共安全等领域重点专项项目100多个，“重大新药创制”“艾滋病和病毒性肝炎等重大传染病防治”等重大专项10多个项目。2017年，广东省获得国家重点研发计划社会发展领域专项立项77个，获得中央财政经费约14.7亿元。省科技厅还积极配合科技部有关部门，在暨南大学、广州大学等单位开展国家重点研发计划项目启动会及实施方案论证会，保障项目顺利实施。

【科技创新体系建设】 2017年，落实《广东省构建医疗卫生高地行动计划（2016—2018年）实施方案》，完成广东省转化医学、生物医学创新平台以及第一批医学领军人才和杰出青年医学人才遴选工作。启动省级临床医学研究中心建设，广东省科技厅、广东省卫生计生委和广东省食品药品监管局联合印发了《广东省临床医学研究中心实施方案（2017—2021年）》，为构建临床研究体系奠定了基础。省医学科研基金受理项目申报1 274项，立项资助管理620项，立项非资助管理130项，资助总额400万元。

【科技成果奖励及转移转化】 广东省人民医院（广东省医学科学院）牵头完成的“肺癌分子靶向精准治疗模式的建立与推广应用”项目获国家科技进步奖二等奖。全省卫生健康领域获得2017年度广东省科学技术奖45项，其中一等奖8项、二等奖13项、三等奖24项。

强化科技创新成果确权工作，促进生物医学知识产权服务平台建设，推进广东省生物医学工程知识产权联盟筹建工作。

【生物安全防护三级实验室建设管理】 广东省疾病预防控制中心生物安全防护三级实验室通过国家卫生和计划生育委员会实验室资格审查。至2017年年底，广东省已建成生物安全防护三级实验室4家，在建3家，全省进行备案的一、二级病原微生物实验室共1 645个，为疾病预防控制和医学科研工作提供了有力的技术支撑。

【生物安全与人类遗传资源许可管理】 一是做好推荐审批环节工作。按照科技部社发司发布的《人类遗传资源采集、收集、买卖、出口、出境审批行政许可事项服务指南》要求，办理人类遗传资源采集、收集、买卖、出口、出境审批手续，认真履行省级科技主管部门推荐审批职责，2017年共受理并推荐报送科技部的“人类遗传资源采集、收集、买卖、出口、出境审批申请书”300多份，占中国人类遗传资源办公室全国受理量的1/3。同时，根据科技部优化人类遗传资源审批的最新通知，制定、修订、完善《关于进一步规范办理人类遗传资源采集、收集、买卖、出口、出境审批行政许可事项的工作指引》，11月22日率先面向全国发布《广东省科学技术厅关于优化人类遗传资源行政审批流程的通知》，积极配合科技部社发司和人遗办，优化相关行政审批流程，提高办事效率。

二是加强业务培训。9月，召开广东省人类遗传资源业务培训会，组织中山大学、南方医科大学、广州医科大学、广州中医药大学等高校及其附属医院和广东省人民医院、广州市妇女儿童医疗中心等有关单位的科技主管部门工作人员参加，并建立人类遗传资源管理工作QQ群。11月，组织中山大学、南方医科大学、汕头大学、省人民医院、广州赛莱拉干细胞科技公司等单位的相关负责人参加2017年全国人类遗传资源管理培训班，进一步加强了有关工作的业务培训与交流。

【干细胞临床研究管理】 2017年，按照省科技厅统一部署，开展数次调研、考察，组织专家论证咨询，在2014—2015年“干细胞与组织工程”重大科技专项中期评估结果基础上，调整完善重大科技专项的组织实施方向，新增设立“精准医学”领域，与已设立的干细胞与组织工程重大科技专项整合；形成“精准医学与干细胞”重大科技专项5年推进计划及2017年度申报指南，设6个专题，共受理有关项目申报233项（形审通过216项），经过专家评审最终立项31项，下达省财政科技经费6 000万元，立项率为14.4%。

2017年，广东省人民医院等10家医疗机构成为国家卫生计生委第二批通过备案的干细胞临床研究机构。全省共有13家干细胞临床研究机构，数量位居全国首位。组织申报干细胞临床研究备案项目5项，广东省中医院率先启动干细胞临床研究。8月，广东省卫生计生委、广东省发展改革委、广东省科技厅和广东省食品药品监管局联合启动广东省区域细胞制备中心试点工作。

【中医药科技交流与合作】

国家中医药发展会议（“珠江会议”） 截至2017年年底，由科技部、国家中医药局、省人民政府主办，省科技厅和省中医药局等单位承办的国家中医药发展会议（下称“珠江会议”）已成功举办25届，成为推动我国中医药事业全面协调、可持续发展以及政府、中医药行业和专家学者之间沟通交流的高层次平台，代表了我国中医药科技发展和学术交流的最高水平。

1月6日，“珠江会议”第二十三届学术研讨会在广州举行。本届“珠江会议”以中医药标准化的建设目标与重点任务为主题，结合中医药国际标准联盟工作，共同研讨了中医药标准的发展现状和国际竞争形势，中医药国际标准行动计划的制定与实施，中医、中药、针灸国际标准的发展思路和战略重点。

8月10日，以“符合中医药特点和发展规律的中医药科技评价体系建设”为主题的“珠江会议”第二十四届学术研讨会在广州举行。与会专家就如何建立和完善符合中医药特点的中医药科技评价体系进行交流，探讨了体系建设的框架内涵与基本原则，提出了重点任务与政策建议。

12月18日，“珠江会议”第二十五届学术研讨会在广州召开。该会议旨在落实中医药法第四十二条关于开展中医药学术传承的规定，为如何深入发掘并传承中医药学术理论集思广益。

中医药联合科研专项阶段总结暨战略发展规划研讨会 2017年8月，省科技厅联合省中医药局、省中医药科学院召开“省中医药联合科研专项阶段总结暨战略发展规划研讨会”，来自全省医学院校、医疗机构主管科研负责人，中医药科研战略发展专家及企业代表共70人参加了会议。据会议统计，2011—2015年度省中医药联合科研专项189个立项项目取得一系列优秀科技成果，包括制定临床诊疗指南或标准18项，建成临床转化应用平台或系统14个，建立临床研究新方法或诊疗新方案36个，研发新产品或装备16个，培养科技人才近300人，申请专利48项、获授权专利23项，软件著作权2项，发表论文557篇，其中124篇SCI收录论文，出版专著30本，获得国际、国家及省级奖励11项等。与会专家和代表就项目进展和成效做了阶段性总结和现场经验交流，并就专项未来几年的实施规划及2018年项目申报指南进行了研讨，提出了很多建设性意见。

【临床医学研究中心建设】 一是积极对接国家临床医学研究中心建设工作，支持“国家呼吸系统疾病临床医学研究中心”和“国家慢性肾病临床医学研究中心”构建临床医学研究与应用网络，推荐省内符合条件的医疗卫生机构申报第四批国家临床医学研究中心。

正式启动广东省临床医学研究中心建设工作。2017年5—6月，省科技厅在开展深入调研基础上，组织专家研究、起草了《广东省临床医学研究中心建设实施方案（2017—2021年）（初稿）》和《广东省临床医学研究中心管理办法（初稿）》（以下简称《方案》和《管理办法》），反复补充、修改，形成征求意见稿；联合省卫生计生委、省食品药品监管局于9月7日召开省临床医学研究中心建设实施方案座谈会，邀请中山大学、南方医科大学、广州医科大学、广州中医药大学等高校及其附属医院、广东省人民医院、广东省妇幼保健院等20多家单位的科技主管部门负责人参会，广泛征求各单位意见并修改完善。12月5日，《广东省科学技术厅关于征求〈广东省临床医学研究中心管理办法（征求意见稿）〉意见的函》发出，广泛征求省直有关单位、大学院校、地市科技管理部门意见，经修改、完善形成《广东省临床医学研究中心管理办法》（试行）（修订送审稿）。12月19日，省科技厅、省卫生计生委、省食品药品监管局联合发布《广东省科学技术厅 广东省卫生计生委 广东省食品药品监管局关于印发〈广东省临床医学研究中心建设实施方案（2017—2021年）〉的通知》。

【卫生计生适宜技术推广】 2017年，完成第二批广东省卫生计生适宜技术入库项目的申报、评审和立项工作，共立项93项技术，安排80万元专项经费，资助其中28项技术进行推广。组织广东省卫生计生适宜技术基本信息库中的121项适宜技术进行推广应用，开展相关培训237次，培训29 753人次，现场技术指导1 198人次，累计投入相关培训费用302万余元，技术应用300 584例，有效促进了医疗卫生行业机构和专家在医疗实践和科研活动中形成的诊疗技术成果在临床一线的推广应用。

（涂正杰 沈 思）

金融领域

【金融科技管理】　广东各金融机构采取多种措施，不断加强科技在金融领域的运用，创新金融业务模式，推动金融机构组织创新，进一步提高广东省金融服务水平。

人民银行广州分行　2017年，人民银行广州分行充分发挥信息安全协调机制作用，召开广东省银行业信息安全联席会议；发布多起漏洞告警及风险提示，组织银行业金融机构有效应对“影子经纪人”事件系列漏洞、“永恒之蓝”勒索蠕虫病毒、“天鸽”强台风等风险事件；开展银行业关键信息基础设施网络安全抽查，组织银行业金融机构做好党的十九大、“两会”“一带一路”国际合作高峰论坛、广州《财富》全球论坛等重要时期网络安全保障工作。

稳步推进信息化建设，组织开发金融精准扶贫统计名录查询系统、企业征信量化考评系统等多个信息化项目，服务地方经济金融改革和创新发展。以国库、支付等多个业务重点领域作为切入点，通过国库资金运行智能分析应用等多个典型数据应用系统案例的开发，为精准施策和监管、金融经济运用深度监测、地方财税政策制定和经济调控等多个方面提供广泛的数据服务。

组织辖内商业银行和中国银联广东分公司推动广东省金融IC卡和移动支付持续健康发展。金融IC卡和移动支付在广州市公共交通、社会保障、医疗卫生、文化教育、生活服务等多个公共服务领域取得了丰富的应用成果。人民银行广州分行联合广东省金融办印发《推动移动支付创新普惠民生工作指导意见》，不断深化金融IC卡和移动支付在全省各地市公共交通、文化教育、生活服务等领域的推广应用。人民银行广州分行与广东金融学会、广东省金融科技学会、深圳经济特区金融学会联合举办广东省金融科技竞赛。本次竞赛是国内首个以“金融科技”为主题的省级职工技能竞赛，活动启动以来，全省金融系统共推荐86支项目团队参赛。竞赛采取线下现场体验与线上微信展示相结合的方式，全面展示了智慧银行、智能投顾、保险科技、智能支付、区块链应用等领域的创新成果。

广东银监局　2017年，广东银监局支持辖内银行业金融机构积极利用云计算、大数据、人工智能等技术，加快金融与科技融合，促进创新发展。

一是深化数字渠道和场景。实现传统服务智能化、业务流程线上化、金融服务场景化，如构建智能网点，利用人工智能为客户定制理财产品，为客户提供更加精准、安全、便捷、智能、个性化的服务。二是利用大数据和人工智能构建动态全生命周期风控体系。工行广东省分行、东莞银行等通过大数据和人工智能技术，将风控系统延伸到成本预测、流程管理、交易等业务全环节，实时进行反欺诈监测，降低银行的风险管控成本、提高风险管控效率，进而为金融服务增加收入、降低成本、提高利润。三是加强与金融科技企业合作，进一步服务普惠金融。广东省联社、广州农商行分别与阿里巴巴、腾讯签订战略合作协议，共同推进大数据、云计算、人工智能等技术在农村金融领域的创新应用，创新普惠金融产品，提升金融服务成效。此外，广东银监局进一步加强科技在金融安全监管领域的运用，积极开展网络安全评估及风险排查，组织所有由独立核心系统的法人银行开展渗透性测试工作，对13家法人机构进行网络安全现场督查。主动下发重要时期信息安全保障等多个风险提示，聚焦关键风险，提出针对性监督要求，督促问题整改落实，实现辖内信息科技突发事件零发生的目标。

广东证监局　2017年，广东证监局从风险提醒、专项检查、应急演练等方面着手，督促辖区证券期货经营机构加强信息安全保障工作，确保信息系统安全、稳定运行。

一是加强信息安全风险跟踪及提醒。年内下发《关于加强信息安全保障、做好风险防范工作的通知》等，督促辖区证券期货经营机构提高交易系统稳定性、加强系统接入和运维管理、增强信息安全风险防范意识。二是开展信息安全专项检查。组织开展证券期货业信息安全专项检查，通过专项检查，对辖区证券期货经营机构的信息安全状况进行摸底，全面掌握辖区机构信息安全基本情况，督促各机构进一步提高对信息安全工作的重视程度，查找突出安全风险隐患，有针对性地采取防范和改进措施。三是做好证券期货业网络安全联合应急演练。根据证监会有关要求，广东证监局制定督导方案，成立5个演练现场督导组，指导辖区证券期货经营机构按照行业应急管理有关规定进行事故报告和应急处置，及时总结并通报相关情况，提高辖区机构信息系统应急能力。

广东保监局　2017年，广东保监局加大科技在保险领域的应用，努力提升业务信息化水平，切实维护消费者合法权益。一是广东省保险行业协会上线运行广东非车险业务管理系统。该系统是全国首个非车险业务管理系统。该系统通过专线实现对接产险公司自有系统，实现了出具保单、采集数据等功能，为广东保险业同步实施13个行业的企业财产险、道路客运承运人责任险和道路危险货物承运人责任险的纯风险损失率提供了技术支撑。二是在广东省公安厅交通管理局、广东保监局指导下，广东保险行业协会上线运行“广东事故e处理”服务平台。消费者可通过微信公众号、微信小程序、手机网站、手机应用等多种方式登录“广东事故e处理”服务平台。广东地区轻微事故当事人可通过该信息平台快速完成拍照取证、信息采集、责任确定、保险报案等服务流程。三是中华财险广东分公司的保险科技创新项目“农险E键通”荣获2017年广东省金融科技职业技能竞赛团体一等奖和优秀组织奖。“农险E键通”是中华财险联合国家农信中心共同设计研发的。该系统是基于移动互联网、大数据、底图和GPS定位等技术，整合业务流程、密切前中后端联系、实现关键节点控制、融入底图工程、对接报案及核心业务系统。应用该系统能够极大地提高理赔效率，提高提升农业保险服务能力和风险管控水平。

【信息系统建设】

中国人民银行广州分行　2017年，该行稳步推进信息化建设，组织开发金融精准扶贫统计名录查询系统、企业征信量化考评系统等多个信息化项目，服务地方经济金融改革和创新发展。以国库、支付等多个业务重点领域作为切入点，通过国库资金运行智能分析应用等多个典型数据应用系统案例的开发，为精准施策和监管、金融经济运行深度监测、地方财税政策制定和经济调控等多个方面提供广泛的数据服务。

广东发展银行　2017年，该行以建设“数字广发”为科技发展目标，大力发展金融科技，积极推动大数据、人工智能、云计算等热点技术在信息系统的应用。在信用卡应用方面，研发信用卡首笔反欺诈功能项目，基于客户全景视图，结合交易数据、客户数据及海量外部数据，通过实时预估模型及时分析、识别客户的操作风险，及时阻断金融机构内外部的欺诈行为。相应的“人工智能时代信用卡实时交易首笔反欺诈探索与实践”研究课题获得2017年银监会信息科技风险管理课题“二类成果奖”。在智能客服方面，通过搭建智能语音交互平台，实现语音识别、语义理解、对话控制等语音交互能力，首次实现人工智能在该行客服领域的应用，支持客户使用自然语言与客服“机器人”的全语音交互。在智能投顾方面，实现该行公募基金产品组合销售，通过组合模型管理、组合交易管理、组合账户管理及组合调仓跟踪管理等功能，对接个人网银和手机银行渠道实现产品输出。

广东省农信社联合社　2017年，该机构全年新启动项目31个，投产大中型项目43个（含部分投产16个），完成小型需求1 489份。在投资方面，完成了综合理财平台（银保通系统、贵金属、黄金T+D）、轮候冻结项目；在融资平台方面，完成卡贷宝消费易、信贷管理系统优化项目（一期）、信贷管理系统优化项目（二期）、小微企信贷系统；在支付方面，完成了实时汇款汇路整合、金融平台系统整合、扫码支付项目、京百易第三方支付过渡平台项目、银联无卡通道快捷支付项目、统一农信支付平台；在校企运营方面，完成了呼叫中心项目、智慧校园项目；在内部管理方面，完成了后督优化项目、风险预警系统（一期）、外汇业务集中清算（含黑名单）、反洗钱新规实施、综合办公系统项目、内容管理、电子银行风控系统三期、绩效管理系统项目、客户关系管理（CRM）、HCM全身推广。

中国工商银行广东省分行　2017年，该行共受理软件开发需求225份，立项199份，分别比2016年增长19.68%、19.88%。全年共完成165个项目开发，同比增长32%，其中大型项目14个，同比增长55.56%，重点城市行项目87个，同比增长19.10%。在服务内部管理方面，开展操作风险管理平台、授信审批智能化管理系统、管理人员业绩视图系统等大数据项目研发，实现大数据挖掘技术与目标导向式管理的深度融合。在零售业务研发方面，完成工银尊享系列T+0理财项目全辖迭代开发推广，项目全年累计签约客户22.67万户、购买金额2 096亿元、挖转他行资金600多亿元。在机构业务创新方面，全年围绕存款市场领先战略，加强机构存款业务竞争性产品创新研发，完成全省社保清算平台项目、佛山机关事业养老保险跨行征收项目等机构类项目92个，同比增长43.75%。在新技术应用方面，应用物联网、大数据等新技术推进智能金库、住房租赁管理平台、中国移动社交金融创新项目、BTC（行车无感支付）项目等多个业务创新类项目研发。

中国农业银行广东省分行　2017年，该行积极运用信息化手段持续推动网点转型，先后完成现金超柜、网银落地自动处理系统、“广东农行微服务”微信小程序、灵活设置临柜交易授权系统等多个项目推广。在信用卡业务方面，利用大数据和人工智能技术挖掘信用卡分期客户进行精准营销，预测分期营销命中率超过80%，在增大营销成功率的同时也极大降低了营销短信费用。截至2017年年底完成分期20 000多笔，分期总金额近亿元。在互联网金融服务“三农”方面，完成金穗快农贷项目试点推广，成功放款442笔、放款总额达1 350.2万元，满足了农户生产经营资金需求。依托农银E管家，开发惠农e通平台，实现商户线上自助、网点线下注册两种途径，提供微信、支付宝、掌银三种模式的聚合支付手段，为不同群体的商户提供服务。

中国银行广东省分行　2017年，该行积极推进技术转型，在大数据、移动互联等领域取得一定进步。在大数据应用上，“粤升计划”10万户目标客群2017年12月日均金融资产27.53亿元，较2016年11月份项目启动时新增13.93亿元，增幅102.43%；在移动互联应用上，分行微信公众号推出微信拓粉、惠民共享、ETC专区、社保微银行等功能，在广东银行业内首个突破400万粉丝，有力地促进了该行重点产品的线上营销能力。2017年，该行综合业务平台获第九届广东金融科学技术进步奖二等奖。

中国建设银行广东省分行　2017年，该行顺利推进信息化重点项目，开发住房租赁系统、龙商通卡采购分期系统、龙存管资金监管平台等多个市场急需、行内重点关注的新系统。其中，龙行四海项目、龙信移动应用平台分获第九届广东金融科学技术进步奖一等奖和二等奖。在大数据应用方面，成立省分行数据管理及网络信息技术工作委员会，开展97个大数据项目，有效支持业务发展，其中逾期风险预警项目研发了近3月还款计划模型、逾期监控模型，模型上线后全分行没有新增一笔临时性逾期5天以上贷款，信用卡年轻客群项目研发了“时尚一族”等6个营销模型，模型筛选的营销清单相比传统手段提升了营销进件率12倍、办卡成功率3倍。

交通银行广东省分行　2017年，该行积极试点和推广总分联合创新实验项目，全年完成数字交行、网点现金调拨计划管理系统、银校通二期、党费管家、私银智能财富管理系统等多个总分联合创新项目的建设推广；组织公司客户紧密度综合评价系统、虹膜考勤系统、银行业监管信息系统平台和生产故障诊断平台等多个创新实验项目的立项和实施。其中，银校通二期产品2017年共营销13家学校上线该产品，日均存款超1.2亿元，成为该行抢占教育市场的营销利器。

广州农村商业银行　2017年，该行继续推进实施互联网金融战略，进一步丰富直销银行金融产品，扩充渠道接入和对接基金公司，推出场景金融业务模式。在智能网点建设方面，完成柜台智能电子化项目三期项目投产上线，全辖区推广柜台电子化业务。在大数据应用方面，进一步优化数据服务架构，初步建成大数据平台基础服务框架并具备大数据技术服务能力。

招商银行广州分行　2017年，该行全年共开发项目105项（含报表类43项），其中89项已上线投产，项目数量比2016年增长25%，包括广东建工程CBS、省ETS、省社保局职业年金系统、小企业客户经营管理系统、公司业务流程管理系统等重点项目。在大数据应用方面，建立了零售营销数据集市，完成T+0理财目标客户画像分析，精准营销T+0理财产品取得了较好的成效，构建数据云图智能分析平台，涵盖客群、AUM、存贷款等各层级分析模型和仪表盘。

上海浦发银行广州分行　2017年，该行在智能网点建设方面，完成与移动合作SIM盾更换系统部署，完成柜面人脸识别及网点智能机器人的试点上线；引进新型高速存取款机，在2家二级分行及1家小微支行部署；远程授权系统2、3期投产，全行64个网点全部实现远程授权。在互联网金融创新方面，完成江门公积金点击贷系统上线，从而完成了分行全辖区公积金点贷产品的全落地，全年共引入1.3万消费贷客户，余额超过13.9亿元；继续推进互联网融资属地化子平台建设，完成怡亚通、车秒贷项目上线，正实施爱财网络项目，截至2017年年底共放款550余户，余额2.1亿元。

东莞银行　2017年，该行加大网点智慧化转型力度，引入STM智慧柜台、智能打印机等智能化设备，运用无纸化和人脸识别技术，优化重构业务流程，向"快而灵"的战略目标迈出重要的一步；成功推出智慧客服，引入智能机器人，通过对客服知识库的梳理，建立客户交互问答模型，对接手机银行和微信银行；启动"人脸识别基础应用系统"项目建设，建立起以人脸识别为基础，兼容其他识别方式（指纹、指静脉、声纹、虹膜等）的生物识别技术应用平台，通过该平台，客户可通过刷脸在该行的网点柜台、移动营销、STM智慧柜台等渠道，完成高效准确的身份验证，可在指定ATM自助柜员机办理"刷脸取款"业务。

东莞农村商业银行　该行于2017年3月7日完成了荷包社区系统二期上线，建设了集社区商城、投资理财、社区金融、移动医疗、充值缴费、消费优惠为一体的社区综合服务平台。截至2017年年底，荷包社区已覆盖全市200多个楼盘社区或村组，合作商户超2 000家，平台用户超过15万户。在移动互联应用方面，于5月24日正式发布了"银校通"移动智慧校园平台，致力于解决学校校务管理、家校互动、移动缴费充值等需求。在大数据应用方面，于6月成功上线了大数据平台，制定了涵盖客户洞察、营销支撑、运营提升和风险管控四个领域的大数据应用规划和实施路线，并基于大数据基础平台实现了历史数据查询和交易反欺诈等应用。

珠海华润银行　2017年，该行在智能网点建设方面，完成远程银行一期功能建设，实现在VTM/PAD上办理借记卡全流程业务功能，在社区银行网点全面推广智能设备。在普惠金融方面，加大小微产品创新，启动小微金融"润银·税易贷"项目建设，发展供应链金融小微批量项目，推出"润银·e润通""润银·e销通"小微供应链专属产品，解决上下游客户融资难题。在大数据应用方面，开发征信数据化和决策引擎系统、反欺诈系统、运维日志分析平台，建立智能化的风险分析、监测、预警和处理系统。

【基础设施建设】

中国人民银行广州分行　2017年，该行在机房管理方面，开展机房动力系统检测，针对检测发现的问题组织整改；完善全省机房集中监控系统，增加电话告警功能，实现紧急事件自动电话告警；制定广州分行数据中心机房值班制度及实施方案；开展县支行一体化机柜部署建设试点。在网络管理方面，开展业务网骨干网等网络线路扩容工作，提升网络传输效率；规范全省网络综合布线，提升整体网络运行可靠性；优化新版人民银行网管监控系统并推广实施。

广东发展银行　2017年，该行利用云计算和虚拟化技术，持续提升IT基础设施的灵活性和可靠性。按云数据中心规划开展了一系列建设：完成x86云平台建设，实现x86计算和存储资源部署的"自助服务"，可迅速地响应互联网金融时代各类突发性的系统资源供给需求；完成存储云平台建设，试点网络虚拟化技术，更智能地提升存储和网络资源的利用效率；完成大数据应用在Docker平台的部署，有效减少人工管理操作，节约运维资源；同时制定了北京异地灾备中心一期建设的工作方案，在进一步完善“两地三中心”容灾架构方面取得又一里程碑进展。

广东省农信社联合社　2017年，该机构积极开展大集中系统基础架构建设，为提升效率夯实基础。完成中间业务云平台、ESB、外联平台、内容管理平台几大基础平台的上线工作，并开展架构管控平台、统一认证平台、生物识别平台的启动及实施。积极开拓思路，全面引进阿里公司的技术产品，落实DEVOPS体系、分布式技术体系、大数据技术体系、云平台技术体系的构建，推动互联网基础平台及大数据云平台的技术平台建设，加快技术转型，降低项目实施难度和缩短实施周期。

中国工商银行广东省分行　2017年，该行完成核心网络更新、中心机房设备移动发电车首次带载测试和UPS更换等基础设施建设项目。

中国农业银行广东省分行　2017年，该行根据生产运行监测、系统架构升级、应用部署变化等需要，持续对信息系统进行技术改造。在系统架构方面，持续推进PC服务器虚拟化资源池建设工作，完成省行本部老旧实体机虚拟化及其他物理机迁移到虚拟机；通过负载均衡手段实现影像平台核心内容管理架构的改造优化；实现超级柜台、TULIP平台后台数据库性能调优。在应用系统集中方面，完成“全行邮件系统省域集中”、二级分行“机房监控联网”“对公收费”上收总行、“电子验印纳入BoEing系统”改造、“NEWBOS客户端迁移BoEing客户端”等多项应用系统升级改造。

中国银行广东省分行　2017年，该行完成重要系统的灾备环境部署并成功实施全省范围的1#网络灾备演练，增强了业务连续性的保障能力；启动省行本部机房供配电改造和为期三年的辖内行机房标准化建设工程，通过对全辖区机房升级改造，全面消除机房安全隐患。

中国建设银行广东省分行　2017年，该行数据中心成功入选工信部国家绿色数据中心名录。按照信息机房建设新标准，建立全省机房集中监控平台，实现机房3D可视化、运维一体化管理，同时运用新技术对机房进行节能改造。骨干网络建立通讯线路双冗余高可靠架构，网络冗余保护增加一倍，网络带宽容量提升48.5%；关键交易系统建立存储镜像机制，消灭存储老旧设备单点故障风险。

交通银行广东省分行　2017年，该行完善省分行本部灾备机房的系统建设，搭建并安装配置了与生产环境完全相同的一比一的灾备环境，最终实现中心机房—灾备机房的“双活”模式。完成总分行一级骨干网三线改造，本部市内70个支行办公网络扩容及网络运维监控管理平台升级改造工作，进一步优化网络结构。圆满完成东莞分行和顺德支行中心机房建设搬迁工作，将对业务的影响缩减至最小范围。

招商银行广州分行　2017年，该行完成主机房、分行大楼及部分网点老旧UPS及电池组的更换工作，部署主机房UPS蓄电池在线监测系统。完成WINDOWS 2003升级及老旧服务器更换，按计划升级X86物理服务器15台、迁移VMWare虚拟机22台、升级中间件实例31个。完成VMWare虚拟化平台整合，实现vCenter的集中管理，统一虚拟化平台的管理和规范配置。升级替换运行7年的2台主机房核心交换机，新型号交换机不仅整体性能得到提升，网络的稳定性也得到更好的保障。

广州银行　2017年，该行完成中心机房配电及空调改造，通过新增UPS主机、电池、配电柜，更换输入母线，增加发电车接口等方式，使得中心机房电力隐患与容量得以消除，同时新增一台精密空调，确保中心机房基础设施能满足近3年的需求。推进新数据中心建设，截至2017年年底，已购买佛山市南海金融高新区金融城物业北塔建筑作为新数据中心。完善灾备建设，在同城灾备建设方面，完成网银系统与手机银行系统的灾备建设，确保重要信息系统灾备覆盖率达到100%，在异地灾备建设方面，完成综合业务系统应用级灾备建设及ATMP系统数据级灾备建设。

珠海华润银行　2017年，该行遵循华润集团统一部署，依托集团新一代数据中心启动银行新数据中心建设工作，并利用此契机完成信息化基础架构与设施的重构，为信息化银行建设奠定坚实基础。按计划完成数据中心规划、机房模块改造、设备采购、网络建设、应用部署和验证工作，3个月内完成400多m^2机房基础环境建设，完成280台机器设备安装调试，完成156套运行环境的基础资源搭建交付。

东莞农村商业银行　2017年，该行实施了综合业务系统数据级异地容灾建设项目，选址距东莞约1 500km的上海数据中心作为异地灾备中心，通过数据复制软件实现远距离传输，该项目于2017年年底完成并通过验收。启动了重要信息系统同城容灾建设及切换自动化管理平台建设项目，项目现处于实施阶段。

【金融IC卡和移动支付】　2017年，人民银行广州分行组织辖内商业银行和中国银联广东分公司推动广东省金融IC卡和移动支付持续健康发展。金融IC卡应用环境进一步完善，金融IC卡使用率不断提高，受理环境持续优化，交易规模显著提升，普惠人群范围日益扩大。

截至2017年12月末，广东省累计发行金融IC卡3.54亿张，其中移动金融IC卡259.51万张；全省192.80万台POS终端全部完成非接触受理改造和流程优化。2017年全年，广东省金融IC卡跨行消费交易8.30亿笔，交易金额2.23万亿元，分别占银行卡跨行消费交易总量的63.69%和63.63%（以上统计数据不含深圳）。

金融IC卡和移动支付在公共服务领域的应用不断深化。2017年，金融IC卡和移动支付在广州市公共交通、社会保障、医疗卫生、文化教育、生活服务等多个公共服务领域取得了丰富的应用成果。人民银行广州分行联合广东省金融办印发《推动移动支付创新普惠民生工作指导意见》，不断深化金融IC卡和移动支付在全省各地市公共交通、文化教育、生活服务等领域的推广应用。其中，广州地铁全面开通受理金融IC卡和移动支付服务，并在国内首次实现金融IC卡和移动支付ODA技术的规模化应用，2016年6月全面开通受理以来，前7个月总交易笔数高达3 100万笔，平均每月增长超过100万笔，单日交易笔数最高近30万笔，交易量在全国地铁应用项目中处于领先水平；肇庆、湛江、潮州、揭阳、河源等地实现金融IC卡ODA技术在公共汽车领域应用；韶关、中山、阳江、茂名、清远等地实现公交线路全面受理。

【金融科技活动】

移动金融发展论坛暨广州市移动金融综合体验周　6月16日，中国人民银行广州分行联合广州市金融局举办“移动金融发展论坛暨广州市移动金融综合体验周启动仪式”。

广州市常务副市长陈志英指出，推进移动金融加快发展，对于广州“稳增长、调结构、惠民生”，加快建设枢纽型网络城市具有重要促进作用。全市各部门要向移动金融领域聚集更多资源；强化协调联动，切实形成推进广州移动金融发展的合力；强化风险意识，共同打造健康有序的移动金融生态环境。人民银行广州分行王景武行长表示，举办移动金融发展论坛和移动金融综合体验周活动，是推动移动金融快速健康发展的重要行动，也是加快推进广州建设国家新型智慧城市和现代金融服务体系的有力举措。下一步，人民银行广州分行将按照“安全、规范、合作、创新”的原则，主动加强跨部门协调，进一步发挥人民银行在移动金融领域职能优势，全力支持金融新业态创新发展，促进移动金融在广州地区和全省范围加快推广应用。

广东省金融科技竞赛项目展示暨广东金融学会金融科技专业委员会创立会　8月15日，广东省金融科技竞赛项目展示暨广东金融学会金融科技专业委员会创立会召开。广东省人民政府党组成员陈云贤出席会议并讲话，为广东金融学会金融科技专业委员会成立授牌。陈云贤同志强调，推动广东金融科技创新，一要营造智慧金融服务场景，二要加强技术创新和应用实验，三要创新监管机制，四要加强合作交流。希望全省金融系统促进金融创新与科技创新的融合发展，同心协力推动广东金融科技创新走在全国前列。

国内首个金融科技竞赛　广东省举办了主题为“迈进新时代，练就新本领”的金融科技职业技能竞赛活动，11月8日，总决赛在人民银行广州分行举行，来自中国人民银行金融研究所、广东省总工会、广东省金融办、广东银监局、广东保监局、广州市金融局、广州市天河中央商务区管委会和省内金融业机构、金融科技企业、科研机构等单位负责人及代表共400余人参加活动。

广东省金融科技职业技能竞赛总决赛参赛团队

广东省金融科技竞赛是国内首个以“金融科技”为主题的省级职工技能竞赛，由人民银行广州分行、广东金融学会、广东省金融科技学会、深圳经济特区金融学会联合举办。本次竞赛活动启动以来，全省金融系统共推荐86支项目团队参赛。竞赛采取线下现场体验与线上微信展示相结合的方式，全面展示了智慧银行、智能投顾、保险科技、智能支付、区块链应用等领域的创新成果，4万余人现场观摩参赛项目，20余万人参加微信投票，最终10支优秀团队进入总决赛。经过激烈角逐，一等奖由中华联合财产保险公司广东分公司项目团队获得，竞赛组织方将按程序为其团队领队申报“广东省五一劳动奖章”；广东省农村信用社联合社、中国人民银行云浮市中心支行、中国农业银行深圳市分行、广发证券公司项目团队获得二等奖；中国农业银行广东省分行、平安银行、广州农村商业银行、广东四会农商银行、广发银行项目团队获得三等奖。

第四届广东省银行业网络安全宣传周　9月，人民银行广州分行组织制订《2017年广东省网络安全宣传周广州地区银行业工作方案》，指导金融机构通过营业网点、线上和户外等多种方式开展金融网络安全宣传活动，并开展“金融日主题活动”等特色专题活动。

9月18日，第四届广东省网络安全宣传周主体活动“网络安全技术及成果展示会”在广州保利世贸博览馆3号馆举行。作为主办方之一，人民银行广州分行组织中国工商银行广东省分行、中国银联广东分公司等11家金融单位集体参展，对金融网络安全及金融IC卡、移动支付安全等内容进行集中展示。

（欧黄河　郑伊维　卫　航）

公安领域

【概况】 2017年对标“数字政府”建设，围绕“智慧新警务”开展顶层设计，成立广东公安大数据工作专班，由副省长、公安厅厅长李春生任组长，全面实施大数据战略。

【社会治安视频监控系统建设】 截至2017年年底，全省已建联网视频监控公安一类点23万路，高清率达86.16%；采集二、三类视频监控点位341万个，接入治安卡口5 415套。2017年度，全省公安利用视频监控破获各类案件34万余起，抓获违法犯罪嫌疑人9.6万余名。

【信息化建设和应用】

警务云平台建设 完成警务云平台一期建设，入云服务器502台，承载虚拟机和容器实例968个，上云大数据平台和49个业务应用，提供资源服务、移动应用和时空大数据等172个API服务。

信息资源共享服务体系建设 初步完成各地资源服务平台建设，建立数据采集长效机制，全省共整合数据4 200多亿条，日均新增数据1.8亿条。

便民服务建设 与高德地图合作开展省政府2017年十件民生实事之一的“互联网+行车服务”项目建设，有效缓解人民群众“行车难、停车难”问题。项目于2017年12月1日上线，截至2017年年底，已联网停车场6 088家，每日过车数据100余万条，提供便民服务6类24项，服务群众超过3 800多万次。

信息网络安全 制定《广东省公安信息网安全体系建设三年规划》，完善网络信息安全管理制度；稳妥处置“永恒之蓝”勒索病毒攻击事件，主要公安业务未受影响。

【技防管理】 技防立法取得重大突破 。《广东省安全技术防范管理办法》通过省政府审议，并于2017年8月1日起施行，为广东省安全技术防范工作提供了充分的法律支撑。

【科技项目】 为推动全省公安科研工作，广东省公安厅积极组织全省公安机关申报省部级科技计划。2017年度经公安部批准科研项目立项8项，其中公安部技术研究计划项目1项，应用创新计划项目5项，公安理论及软科学研究计划项目1项，公安部科技强警基础专项1项。

【科技成果及奖励】 全省公安机关在公安部科技奖励工作方面成绩显著，在2017年度国家科学技术奖励评选中，“法医硅藻检验关键技术及设备”荣获国家科技进步奖二等奖；在2017年度公安部科学技术奖评选中，全省公安机关共荣获一等奖1项、二等奖1项，其中“公安智能交通系统关键技术研究及工程应用”获一等奖，“生物样本自动分检设备”获二等奖；在2017年度全国公安基层技术革新奖励评选中，全省公安机关共荣获一等奖1项、三等奖4项。

项目名称：法医硅藻检验关键技术及设备

获奖情况：2017年度国家科技进步奖二等奖

该项目针对水中腐败尸体死因鉴定重大难题开展系列研究，发现了传统方法导致硅藻损失的原因，创建了膜富集硅藻方法，破解了溺死尸体硅藻检出率低的难题；研发了多联真空富集硅藻设备，实现了富集过程自动化；建立了微波消解提取硅藻新方法，解决了传统方法消解不完全、有毒有害的难题；建立了电镜观察硅藻方法，解决了硅藻检验难以定量、分类不准、误检漏检的难题；发明了滤膜透明化方法，解决硅藻检验新方法难以在基层推广的难题；获得了我国主要水域硅藻分布特点，确定了溺死相关硅藻种类；体循环脏器检出率由28%提高到97.4%；已获国家专利7项、在*Forensic Science International*等杂志发表论文58篇、在国际法庭科学大会发言5次、培养博士/硕士8名。成果已在广东、重庆、湖北、北京等地38家实验室推广，为新疆、山东、安徽、浙江等地113个单位办理1 000多宗疑难案件，为案件的定性及处置发挥了关键作用，取得了显著的社会效益。

项目名称：公安智能交通系统关键技术研究及工程应用

获奖情况：2017年度公安部科学技术奖一等奖

该项目研究了公安智能交通系统的平台性关键技术，构建了我国公安交通指挥系统标准体系，制订了系统设计及建设规范系列标准，并在广东省实施了工程应用，具体创新成果包括：1. 开展了视频图像结构化数据采集感知、交通大数据态势决策分析、多等级道路协同控制、城市交叉口一体化设计及路网运行状态评价、省市联动“互联网+”信息服务等关键技术研究攻关；2. 在全国首创了针对重点车辆实时监管的省级地方标准并强制实施，加强了道路运输安全管理；3. 建成了广东省公安厅交通指挥中心、地市交通指挥中心、区县级大队指挥室；4. 构建了总队、支队、大队三级联动指挥体系，在实战中形成了“情指勤”创新警务运作机制联动。实现了交通事故、交通拥堵等交通警情的快速发现、指挥调度和警务协同，取得了显著的社会经济效益，可直接推广应用于全国各级公安交通管理部门，为省市县各级交通管理建设提供一系列核心技术。

项目名称：生物样本自动分检设备

获奖情况：2017年度公安部科学技术奖二等奖

分检操作是DNA检验程序中最初始和关键的步骤，对检验的准确性及时效性都起到至关重要的作用。该项目已在21个公安系统实验室成功推广，成功服务案件3万多起，分检样本20多万份，在各类案件的快速侦破中发挥了重要作用，取得显著的社会效益。产品销售额超过350万元，取得初步的经济效益。设备为世界首创，填补了国内外空白，取得专利4项、软件著作权1项，起草行业标准2个。设备被列入全国公安装备建设“十二五”“十三五”规划及公安部成果应用推广计划，先后在世界人类遗传学学术交流会、北京国际警用装备博览会上展出，并在美国盐湖城索罗斯法医中心、犹他州警察厅试用，受到国内外知名法医遗传学专家及同行的广泛认可。

（李先全）

环保领域

【环保课题新进展】 2017年，广东省环境科学研究院成功获得广东省应用型科技研发及重大科技成果转化专项资金“VOCs及石油类化合物场地污染原位ORC加速微生物修复技术研发与应用”和“典型旧城镇黑臭水体综合整治技术集成及关键性技术研究与工程示范”2项立项。省环境科学研究院“广东省废水深度处理与资源化利用工程技术产业化基地”及省环境监测中心“基于实时监测数据同化的臭氧预报预警技术改进及示范应用”项目分别获得省科技厅100万元资金支持。

省环境科学研究院参与国家科技专项3个国家重点研发计划子课题“镉、砷污染农田间套作修复模式构建、应用与评价”“珠江三角洲有毒有害大气污染物风险管控技术平台”和“珠江三角洲有毒有害大气污染物风险管控技术平台”；1项京津冀总理基金攻关项目“2017年度‘2+26’城市综合解决方案研究”。

【科技成果奖励】 由省环境监测中心参与的“新一代空气质量监测智能化与集成预报关键技术研发及产业化”项目获得2017年度广东省科学技术奖二等奖；由省环境科学研究院承担的“广东省陆域生态环境遥感监测评估技术集成创新与应用”获得2017年度广东省科学技术奖三等奖。

广东省陆域生态环境遥感监测评估技术集成创新与应用　项目针对区域生态遥感监测评估面临遥感解译精度低、陆地表面过程模型缺失、生态评价内容单一、管理决策支撑能力弱等关键问题，建立了适合广东省域特征的生态环境遥感解译与生态参数定量反演方法；构建基于生态系统格局—质量—服务—问题—胁迫的评估框架和技术体系；开发了广东省生态环境一张图系统；实现了生态环境评估中数据采集、分析评估与决策应用的一体化集成，形成了省域生态环境遥感监管业务化应用技术体系，显著提升了省域生态环境监管能力。

【科技平台建设】

强化省部合作　2017年年初，广东省环境保护厅分别与中国环境科学研究院、环境保护部卫星环境应用中心签订了《广东省环境科研与技术应用合作协议》《广东省环境遥感监测与应用合作协议》，双方将联合开展相关课题研究，推动完成珠三角城市群国家绿色发展示范区宏观战略研究，共建高水平环保科研平台，强化广东省遥感监测能力建设，深化环保人才培养交流，为改善广东省环境质量、推动生态文明建设提供科技支撑。

组建环境咨询专家委员会　为打好污染防治攻坚战，全面改善广东省环境质量，推动环境管理决策的精细化、科学化，省环境保护厅聘请国内环保领域的著名院士、权威专家和知名学者组建了广东省环境咨询专家委员会，由66位顶级专家组成，共分为8个专业工作组。6月30日，广东省环境咨询专家委员会举行了第一次全体会议暨高端研讨会，重点围绕“广东绿色发展走在全国前列”“广东水环境质量有效改善”以及“广东大气环境质量稳中向好”3个议题进行咨询研讨。

（赵　扬）

能源领域

【能源科技成果及奖励】 2017年度，广东省取得了一批优秀的科技成果，大大地推动了广东省能源的开发与利用，为科技支撑绿色发展作出了贡献。

"热带印度洋气候模态的海洋动力学机制"阐释了印度洋海盆模态（IOB）与印度洋偶极子模态（IOD）对南海和西北太平洋的气候效应，揭示了IOB对南海和西北太平洋台风和大气环流等海洋气候过程的影响，奠定了西北太平洋夏季台风季节性预报可行性的理论基础；阐明了IOB影响东亚—西北太平洋夏季大气环流的年代际变化机理；指出不同IOD位相以及印度洋—太平洋温度异常配置对海洋大陆临近海区降雨和季风影响的差异；阐释了印度洋海盆模态（IOB）与印度洋偶极子模态（IOD）对海洋环流和热盐结构的影响，并揭示了赤道东印度洋和孟加拉湾海面高度季节内变化特征及其机制。

"空气源热泵空调关键技术及应用"在国际上首次研发出最新的变频压缩机和热泵空调，解决了常规热泵空调在低温条件下制热量不足及高温条件下制冷速度慢的行业应用难题，已广泛应用于华北多地的煤改电工程。

"50MW级生物质直燃发电技术研究及工程示范"项目建成了世界最大的循环流化床生物质直燃发电示范工程，共利用农林废弃物236万t，节约标准煤71万t，累计减排二氧化碳105万t。

"半导体发光器件跨尺度光功能结构设计与制造关键技术"项目成果在半导体发光器件跨尺度光功能结构光色矢量统一设计、跨尺度结构协同控制生成整体技术方面取得突破。成果确立了广东省LED产业技术优势地位，实现由照明向显示等高附加值领域转型，且为广东省LED产业进入影响我国战略安全的光通信等领域奠定基础。

表7-8-1　广东省能源领域部分获奖成果（2017年度）

序号	获奖项目	承担单位	获奖级别
1	生物质水相催化转化理论及方法	中国科学院广州能源研究所	2017年度广东省科学技术奖一等奖
2	热带印度洋气候模态的海洋动力学机制	中国科学院南海海洋研究所、中国科学院大气物理研究所、中国海洋大学、国家海洋局第三海洋研究所	2017年度广东省科学技术奖一等奖
3	50MW 级生物质直燃发电技术研究及工程示范	广东省沙角（C 厂）发电有限公司、广东电网有限责任公司、浙江大学、广东粤电湛江生物质发电有限公司、华南理工大学、华北电力大学、华西能源工业股份有限公司	2017年度广东省科学技术奖一等奖
4	动力用煤降损与环境污染治理关键技术研究及工程应用	广东电网有限责任公司、华南理工大学、长沙理工大学、武汉大学、东南大学、广东珠海金湾发电有限公司、湛江中粤能源	2017年度广东省科学技术奖一等奖

（续上表）

序号	获奖项目	承担单位	获奖级别
		有限公司、广东电力发展股份有限公司、广东惠州平海发电厂有限公司、广东粤电云河发电有限公司	
5	空气源热泵空调关键技术及应用	珠海格力电器股份有限公司、珠海格力节能环保制冷技术研究中心有限公司	2017年度广东省科学技术奖一等奖
6	半导体发光器件跨尺度光功能结构设计与制造关键技术	华南理工大学、佛山市国星光电股份有限公司、鸿利智汇集团股份有限公司、佛山电器照明股份有限公司、广东三雄极光照明股份有限公司、佛山市国星半导体技术有限公司	2017年度广东省科学技术奖一等奖
7	锂离子电池电容器 SPC 新产品开发及产业化	惠州亿纬锂能股份有限公司	2017年度广东省科学技术奖一等奖
8	南海西部海域复杂压力梯度油气田钻完井技术研究及应用	中海石油（中国）有限公司、湛江分公司	2017年度广东省科学技术奖一等奖
9	光电功能微纳结构的应用基础研究	中山大学、香港中文大学	2017年度广东省科学技术奖二等奖
10	大宗油脂生物炼制高值化关键技术及产业化示范	暨南大学、华南理工大学、广州嘉德乐生化科技有限公司、广州美晨科技实业有限公司、佛山正德生物工程有限公司、广州合诚实业有限公司	2017年度广东省科学技术奖二等奖
11	大规模直流输电馈入广东电网稳定运行的关键技术研究与应用	南方电网科学研究院有限责任公司、华南理工大学、四川大学、清华大学	2017年度广东省科学技术奖二等奖
12	适应分布式电源接入的主动配电网运行控制技术研究与应用	广东电网有限责任公司、上海交通大学、南方电网科学研究院有限责任公司、湖南大学、天津大学、北京科锐配电自动化股份有限公司、北京四方继保自动化股份有限公司	2017年度广东省科学技术奖二等奖
13	基于多变量闭环辨识的锅炉燃烧先进控制技术研究	广东电网有限责任公司、浙江大学、华中科技大学、武汉大学、佛山恒益发电有限公司、广东粤电靖海发电有限公司、广东电力发展股份有限公司	2017年度广东省科学技术奖二等奖
14	干热岩地热资源评价与高效采热技术仿真	中国科学院广州能源研究所	2017年度广东省科学技术奖三等奖
15	高效透光遮阳节能中空玻璃生产技术开发及应用	揭阳市宏光镀膜玻璃有限公司	2017年度广东省科学技术奖三等奖
16	农业废弃物高效制备生物燃气技术推广及应用	中国科学院广州能源研究所	广东省农业技术推广奖一等奖

（续上表）

序号	获奖项目	承担单位	获奖级别
17	基于多尺度数值模型的锂离子电池设计与优化技术研究	中国科学院广州能源研究所	广州市科学技术进步奖二等奖
18	一种城市生活有机垃圾强化水解和厌氧消化产生生物燃气的方法（专利号：ZL 201010130966.9）	中国科学院广州能源研究所	广东省专利金奖

【低碳技术创新与示范】 在2017年亚太经合组织（APEC）第一次高官会（SOM 1）的框架内，由越南科学技术部主持的APEC科技创新政策伙伴关系机制（PPSTI）第9次会议于2月18—21日在越南庆和省芽庄市召开，来自中国、美国、加拿大等16个APEC成员经济体、APEC工商咨询理事会（ABAC）等的代表100余人参会。此次会议以“打造全新动力，开创共享未来”为主题，重点议题包括四个：“促进可持续、创新和包容性增长”“深化区域一体化”“加强数字时代的中小微企业竞争力和创新”“促进粮食安全和可持续农业，应对气候变化”。会议期间，中国科学院广州能源研究所代表作为项目负责人介绍了“APEC Research and Innovation Policy Dialogue on Aviation Bio-fuel Technologies”的项目提案，对广州能源研究所的生物航空燃料技术发展以及在亚太地区生物航空燃料技术推广和合作的重要意义进行了阐述。旨在通过项目实施，进一步推动亚太地区生物航空燃料的合作研究和成果的转移转化，推动亚太地区可再生能源科技创新和产业发展，促进区域经济持续健康稳定发展。

中国工程院“生态文明建设若干战略问题研究”（三期）重大咨询项目“中部地区生态文明建设及发展战略研究”课题启动会于2017年6月21日在北京召开。该课题围绕“十三五”时期国家中部崛起战略和国家生态文明试验区的战略需求，从区域、省域、县域等不同尺度，深入分析我国中部地区河南省、安徽省及湖北荆门市、江西上饶婺源县等典型省、市、县区域生态文明建设的典型做法和模式，全面梳理在顶层规划设计、政策支持等方面取得的经验，科学评估取得的生态效益、经济效益和社会效益等，结合未来经济和社会发展对国土空间的巨大需求，提出典型省市县、中部地区乃至全国同类区域生态文明建设及发展的创新体制机制的政策建议。会上各位专家认真讨论了课题和专题研究的任务及目标，梳理了研究思路和实施方案，并就下一步的工作进行了部署，也为今后课题的顺利开展奠定了良好的基础。

9月26—27日，在广州发改委的指导和支持下，C40城市气候领导联盟（C40）、世界资源研究所（WRI）和中科院广州能源研究所（GIEC）在广州举办了“城市交通碳排放达峰路径技术研讨会”。研讨会以主旨演讲+分组讨论相结合的形式召开，来自交通运输部交通科学研究院、交通运输部公路科学研究院、交通运输部水运科学研究所等9家机构的专家，以及北京、上海、深圳、杭州等8个城市的发改部门和研究机构的代表，就交通碳排放达峰的方法学案例、经验与挑战等问题进行了深入和热烈的探讨。此次研讨会为城市制定更加准确的交通达峰路径和行动方案提供了有利的帮助，同时更好地促进了城市间的经验交流。

【工业节能与综合利用】 7月28日，中国科学院科技服务网络（STS）计划项目“江苏凹土产业关键技术创新体系与示范服务平台建设”项目验收会在江苏省盱眙县召开。广州能源研究所主要承担了纳米凹土基铁炭微电解填料的关键技术研发与示范工程建设。作为项目参加单位，广州能源研究所能源化工研究室教授陈新德等项目组成员参加会议。针对凹凸棒石棒晶束解离的技术瓶颈问题，项目组开发了“对辊处理—制浆提纯—高压均质—溶剂处理”等技术，实现了对凹凸棒石棒晶束的高效、连续、低能耗解离，制备了性能均一的纳米凹凸棒石，并在此基础上开发了纳米凹土霉菌毒素吸附剂、纳米凹土绝缘介质浆料、纳米凹土基铁炭微电解填料等产品，并建成了示范工程。验收专家组一致认为项目完成了合同书全部内容和指标，经费使用规范，有很好的示范意义和应用前景，同意通过验收。凹凸棒石黏土是一种稀有非金属矿产资源，因其特殊的晶体结构及其不同寻常的胶体、吸附性能，在环保、地质、化工、造纸、医药、汽车、农业等多个领域均有极其广泛的应用，有“千种用土、万土之王”的美誉。盱眙县有着丰富的凹土资源，其储量占全世界已探明凹凸棒石储量的近50%。

【新能源和可再生能源技术研发与应用】 由中国科学院广州能源研究所完成的成果“生物质水相催化转化理论及方法”项目荣获2017年度广东省科学技术奖自然科学类一等奖，该项目在国家“973计划”、国家自然科学基金等项目资助下，针对生物质聚合结构、热敏性和亲水性的特点，提出了水相催化转化新理论，实现了生物质向交通燃料和高值化学品的高效转化，取得了原创性成果。本项目共发表98篇论文，其中SCI收录论文70篇，SCI他引1 567次；10篇代表性论文SCI他引336次。相关核心技术已获授权的国家发明专利4项。项目成果被欧、美、加、中、日等国家和地区的院士及学者在*Chem Rev*、*Nature*子刊、*Chem Soc Rev*及*Energy Environ Sci*等广泛引用。项目培养了国家万人计划、百千万人才工程国家级人才及创新人才推进计划等高层次人才。获2016年度联合国工业发展组织评选的“蓝天奖”。

10月25日，“十三五”国家重点研发计划“战略性国际科技创新合作”重点专项“生物质气化及热电气多联供系统研发及示范”项目启动会在中国科学院广州能源研究所召开。本项目的实施将实现生物质气化技术及成套设备的升级换代，提升我国生物质气化成套设备的国际市场竞争力，推动我国可再生能源技术在东南亚等“一带一路”国家的应用并取得共赢，有利于探索我国科技成果国际转移转化的路径和新模式。

广东是陶瓷产业大省，有众多知名品牌，针对日用陶瓷隧道窑能耗高、废热未充分合理利用的行业共性问题，广东省科技计划项目“陶瓷隧道窑余热综合利用关键技术研究与示范”项目组系统地开展了余热综合利用关键技术研究。项目成果在广东顺祥陶瓷有限公司进行了验证示范，经佛山市质量计量监督检测中心检测，该系统综合节能率达16%。该技术已形成专利、论文、人才和示范项目的综合验证，截至2017年年底，技术成果在潮州地区得到推广应用，为当地企业带来良好经济效益的同时，为当地政府实现“节能减碳”目标提供了技术支撑。

（白　羽　张丽娟）

交通领域

【概况】　2017年，全省交通投资建设稳增长任务超额完成，全年完成投资1 386亿元，超过计划20.5%。高速公路通车里程在全国率先突破8 000km，达8 338km，连续4年保持全国第1，与陆路相邻省份均开通4条以上出省通道；粤港澳大湾区超级工程顺利推进，港珠澳大桥全线贯通、基本具备通车条件，深中通道实现“当年开工、当年成岛”，虎门二桥两座超千米悬索桥主缆架设完毕；内河航道通航总里程1.21万km，居全国第2，其中高等级航道里程首次突破1 000km，达到1 200km。省综合交通网络初步形成，综合枢纽建设明显加快，各运输方式衔接效率显著提升。

【科技管理】　2017年，交通运输科技课题方面完成了44个市场主导性项目的立项和63个项目的验收工作。印发了《2017年度交通运输科技工作要点的通知》，发布了《广东省交通运输“十二五”科研成果汇编（第二册）》，制定了《广东省交通运输行业市场主导性科技项目成果遴选办法（试行）》，编制了《广东省交通运输科技项目结题工作规程（试行）》。

2017年，广州铁路（集团）公司（以下简称“广铁集团公司”）组织对申报的科技项目，按运输客货、工务工程、电务信息、机车车辆和综合技术分成5个组，由学科带头人任组长，组长提名成员组成专家组，分专业逐项论证遴选，提交广铁集团公司科委会审议，形成广铁集团公司年度科技研究开发和新技术示范性推广计划，其中科研开发项目111项、经费概算403.5万元，其中更新改造概算104万元、成本概算299.5万元。设立科技创新专项8项、经费概算499.1万元。广铁集团公司承担中国铁路总公司科研开发课题6项，经费240万元，获得总公司立项的项目数和经费均为近年最高。

【科技创新】　2017年，省交通运输厅组织6家企业申报交通运输部行业研发中心，3家获批准认定。截至2017年年底，广东省已有4家企业获交通运输部行业研发中心资格认定。编制了《广东省交通运输行业研发中心管理办法及科技创新人才实施方案》。

广东省交通运输工程标准化技术委员会获批设立。

2017年1月，惠清高速公路被评为“交通运输部第二批绿色公路建设典型示范工程”，6月被评为“交通运输部2017年科技示范工程”。

【科研项目资金投入】　2017年广东省交通科技项目资金的到位率为88%，其中政府拨款到位率79.6%，项目单位自有资金到位率较高，达到95.5%，详见表7-9-1。

表7-9-1　2017年广东省交通科技项目资金投入及支出情况　单位：万元

资金类别	计划投入（万元）	实际投入（万元）	到位率	实际支出（万元）	收支比
政府拨款	7 234.2	5 755.7	79.6%	/	/
项目单位自有资金	21 364.4	20 400.7	95.5%	/	/

（续上表）

资金类别	计划投入（万元）	实际投入（万元）	到位率	实际支出（万元）	收支比
社会其他资金	185.2	55.0	29.7%	/	/
依托工程配套资金	30 473.1	25 927.3	85.1%	/	/
总计	59 256.9	52 138.7	88.0%	40 390.1	77.5%

【科技成果评价及奖励】 2017年，广东省依托交通科技项目发表论文与获专利授权量呈增长趋势，其中发表论文336篇，获专利授权97项。

在2017年度中国公路学会科学技术奖方面，“外海厚软基大回淤超长沉管隧道设计与施工关键技术”获特等奖；“特大型桥梁工程BIM+应用技术研究”等3个项目获一等奖；“深厚软土路基沉降细观流固耦合分析理论与施工控制技术”等2个项目获二等奖；“珠三角交通一体化国省道快速化改造策略研究”等3个项目获三等奖。

2017年，广铁集团公司共有31个项目通过科技成果评价，获得评审证书。3个科研成果获2017年度中国铁道学会铁道科技奖，其中二等奖2项、三等奖1项。评定广铁集团公司科技进步奖31个，其中一等奖6项、二等奖12项、三等奖13项。

沿海铁路客站雨棚钢结构长效防腐及轨道扣件防锈技术研究 根据沿海铁路复杂的气候特点和环境因素，对沿海铁路客站雨棚钢结构长效防腐及轨道扣件防锈进行了研究，通过实地调研、理论分析、室内实验和工程验证，研制了客站雨棚钢结构的两种长效防腐体系和锌镍渗层轨道扣件防腐技术，提出了适合于海洋环境下站台雨棚与轨道扣件的防腐施工工艺。项目成果获2017年度中国铁道学会铁道科技奖二等奖。

道岔转辙机智能综合监测系统 采用低带宽信息传输、视频图像采集、高精度机器视觉定位、差分测量、液压采集等技术，实现了转辙机表示缺口、油压、油面高度等参数监测和智能分析报警功能。系统能自动监测电液转辙机液压系统工作压力、转换时间、油面高度等参数，并形成统计报表、生成曲线和实现再现功能，改善了传统的检查测试方法。系统采用差分等技术，获取转辙机定反位缺口的偏移量，精度较高；实现图像处理前端化，满足现场维护要求。项目成果获2017年度中国铁道学会铁道科技奖二等奖。

机车调车作业安全防控系统 由车载主机、地基参考站、数据中心、GIS WEB 终端软件、坐标采集器、产品部署助手组成，采用载波相位实时动态卫星定位、GIS技术，通过LKJ防撞土挡功能实现对调车作业关键点精准定位、防控和语音警示。系统具有轨迹回放、数据远程配置、防控事件记录、统计分析等功能，部署灵活简单，成本低。系统实现了调车作业站界、土挡、接触网终点标、接触网禁停区、固定脱轨器、限速路段、一度停车、道岔提示等关键点的安全防控、提示等功能，并可根据需要扩充。该系统技术先进、性能可靠，实现了设计要求。项目成果获2017年度中国铁道学会铁道科技奖三等奖。

【广州地铁集团有限公司】 2017年，广州地铁集团有限公司（以下简称“广州地铁”）始终以科技创新作为企业发展的核心动力，笃行“先行先试、开放共享”创新发展理念，致力于“用产学研”新型科技创新体系建设，依托“城市轨道交通系统安全与运维保障国家工程实验室”（以下简称“国家工程实验室”）建设工作，以政府重点专项为契机，不断探索广州地铁技术发展和科研创新成果产业化的道路，全面推动轨道交通等重大关键技术领域的技术突破，强化广州地铁在轨道行业上的支撑引领作用。

轨道交通行业高水平的科研平台建设 紧扣“系统安全与运维保障”的核心定位，广州地铁以行业引领为目标，突出用户现场需求，成立了研究平台建设专业团队，推动国家工程实验室列车服役安全保障技术研究平台等14个研究平台的建设，将搭建43套测试环境、仿真系统及硬件系统，具备检测、测试能力17项，评估、咨询、培训能力26项。相关设备、系统主要在广州进行部署，包括广州地铁国家工程实验室大楼、1列实验列车、相关车站、区间及车辆段。其中，国家工程实验室大楼改造工程的主体施工工程已完成，下一步全力推进实验室外部专家评审和验收准备工作。隧道火灾风险控制技术研究平台相关模型及设备将部署在中南大学轨道交通安全教育部重点实验室，隧道设施安全状态检测技术研究平台隧道半实物仿真模型将部署在北京交通大学协同创新中心实验室，屏蔽门系统安全检测技术研究平台环境可靠性测试模拟测试基地将部署在新科佳都高塘工业区。

重大科技项目　以实现复杂环境下轨道交通系统全生命周期能力保持为导向，满足地铁各专业的设备能力保持技术提升需求，广州地铁联合国内著名高校和技术领先企业，成功申报了“先进轨道交通”重点专项下“十三五”国家重点研发计划“复杂环境下轨道交通系统全生命周期能力保持技术”项目及“面向全生命周期成本的轨道交通一体化设计”课题。

以提升作为地铁运行关键的牵引供电领域的核心竞争力为目标，广州地铁与株洲中车时代电气股份有限公司等单位共同申报的“虚拟同相供电技术”课题，同属“十三五”国家重点研发计划之一，2017年获得科技部立项批准。

为结合目前靴轨发展现状，建立靴轨系统接触质量评价体系，广州地铁与英国伯明翰大学等多家大学、企业共同合作的“城轨交通靴轨系统监测及状态评估关键技术研究与示范应用”项目已获得广州市科创委立项批准。

为解决传统安检模式在地铁大客流环境下会导致乘客严重滞留的问题，广州地铁2017年成立专题小组，开展多技术融合智慧安检装备与系统研制工作。通过与警民通系统对接的方式，综合运用人脸识别、智能判图、集中判图、毫米波等技术，研发智慧安检装备及系统，提高安检系统的总体效率。

科技成果转化及产业合作　轨道交通产业是广州市“十三五”时期构建“高端高质高新”产业体系、重点推动发展的产业之一。广州地铁积极落实产业“孵化器”定位，开展重大、关键、共性技术领域的高端智能产品研发与产业合作，并根据项目的规模、技术成熟度、合作单位意愿以及市场预期等条件，明确了科技成果转化、产业化的合作方式、筛选机制、风险防范措施及退出机制，积极推进一批产业化合作项目。

1．基于通信的列车控制（CBTC）系统产业合作。为了加快轨道交通信号系统国产化的自主研发，广州地铁与中国铁道科学研究院于2009年开始合作研发具有自主知识产权的信号系统——国产MTC-Ⅰ型基于通信的列车控制（CBTC）系统（以下简称“MTC-Ⅰ型CBTC系统”），2017年，该系统已成功研发并在广州地铁七号线应用，并合资成立广州铁科智控有限公司。短期将以广州市场为依托，形成稳定的技术及业绩，逐步覆盖珠三角城轨新线路信号系统市场，形成规模优势，成为具有国内竞争力的信号系统龙头企业；长期将推向全国市场，成为国内信号系统行业标准制定的主要参与者，成为具有国际竞争力的信号系统骨干企业。

2．城轨列车智能运维系统产业合作。通过整合优势资源，由广州地铁与运达科技合资组建专业公司，以既有合作成果为基础，整合既有的各类车载状态监测装置、轨旁检测设备，开发城轨列车状态跟踪与健康管理平台。计划在广州建设产业基地，结合既有产品进一步扩展应用，同时进行全体系产品的研发，构建列车智能运维系统，实现智能运维模式的优化，创造价值并引领未来运维市场。

3．城轨列车中频变流器产业合作。针对目前国内超过10亿元的地铁列车辅助电源市场，广州地铁正在研究与北京鼎汉集团合作共同开发世界领先且符合中国地铁需求的轻量化中频辅助电源，并进一步向CRH6型车等相关市场推广。计划在广州设立研发生产基地，并拓展全国与海外市场。

4．预埋套筒+外挂槽道产业合作。为弥补行业存在的缺陷和完善系统设计，广州地铁立项开展科研项目，采用创新的设计思路，研发了新型的“预埋不锈钢套筒+外挂槽道”的新型解决方案，在国内预埋预制槽道行业内研究应用深度水平上处于领先的位置，可推广扩展至盾构管廊、装配式车站、轻轨盾构及高架线路以及城市地下空间建设，具有广阔的市场应用前景。广州地铁计划采用专利授权使用的方式，与被授权的合格生产厂家进行产业化合作，在广州地铁后续新线进行应用。

5. 无轨平移闸门机构科技成果转化项目。由广州地铁自主研发、设计的无轨平移闸门机构已完成相关研发工作，已应用于一号线西朗站、三号线广州塔站、体育西站、客村站，八号线新港东站闸机近20个通道，试用效果理想，下阶段将重点推动规模应用及产业化生产工作。

专利申请与授权 2017年全年共完成专利申请133项、获得专利授权48项，其中发明专利授权14项，广州地铁申请国家专利数累计达564项，获得专利授权累计达307项，专利申请数量和质量均稳步持续增长。

（林静言　娄　胜　闫雅斌）

邮政领域

【概况】 2017年，中国邮政集团公司广东省分公司（以下简称“广东邮政”）围绕中国邮政集团公司（以下简称“集团公司”）“建设世界一流邮政企业”的战略目标，坚持推进信息化引领的科技兴邮战略，按照集团公司大力推进“双创”工作要求，开展全省邮政创新体系建设，完善创新机制，健全创新组织，应用科技手段，提升创新能力，在运营模式、技术应用、自动处理、终端设施和运营管控等方面取得了丰富的科技成果，全面提升了企业核心竞争能力。

【科技成果奖励】 2017年，在集团公司举行的2017全国邮政企业科技创新成果评审中，广东邮政14项成果得到表彰，其中“全业务贯通的会员积分管理系统”“跨境电商信息服务平台”“基于hadoop的金融数据分析体系”等项目荣获一等奖。在集团公司举行的科学技术表彰大会上，广东邮政荣获优秀科技团队称号1个，荣获突出贡献科技工作者称号1人，荣获优秀科技工作者称号2人；在集团公司“云创平台”首届金点子评选中，有6个创意被评选为“金点子”；2017年，广东邮政评选出首届科技创新成果奖34项；评定首届创新工作室23个。

【信息化建设】 2017年，为落实集团公司信息化规划，广东邮政上线了新一代寄递业务信息平台一阶段功能；完成了ERP项目、远程集中视频监控系统、新一代自助银行等工程推广；建设了营销转介系统、微信营销助手、金融客户营销系统，深化了“两包监控系统”建设，开发了快递包裹损益核算、安全、房产、质监等管理辅助系统；金融合规、无着邮件等系统在全国推广使用；应用了网点叫号机、移动展业设备、智能柜员机等新型设备；确保了全年信息网的安全稳定运行，全年无重大责任事故。

【科技创新】 2017年，广东邮政立项科技研发项目19项，开展创新孵化项目和推广项目22项，支持各地市分公司创新试验项目7项，涵盖战略规划、经营模式、网络运行、智能设备、跨境业务、大数据应用、仓配投递等各领域。2017年，广东邮政创建了80个创新工作室，组建了500余人的创新专家库，研发了创新工作管理信息系统。

【特色项目选介】

全业务贯通的会员积分管理系统　项目由广州邮政研发，以个人客户为中心、利用信息技术手段打通各专业产品的线上、线下销售与会员积分系统的数据通道，为邮政会员分配唯一标识，归集线上、线下渠道客户，建立完善的会员数据库，实现客户信息的集中管理和维护；通过“积分规则配置+积分引擎+订单交易数据”的计算方式，实现会员积分的计算、存储和分析；并与“广州邮政”微信平台互联互通，支撑会员俱乐部的运作。

跨境电商信息服务平台　项目由深圳邮政研发，整合跨境物流信息流、标准化物流信息状态，实现了国际小包相关的境外流转信息的获取、解析、状态定义、语言翻译、时差转换等；实现了邮政跨境物流和电商的对接，实现了电商在线获取运单号、在线发货、在线跟踪；通过物流大数据，分析邮政跨境物流的全程时限，提升邮政跨境物流的服务品质。截至2017年年底，已有遍布全国25个省市的电商查询，全球超过150个国家的买家查询。项目获得2016年外经贸部跨境电子商务发展专项资金支持。

基于hadoop的金融数据分析体系　项目由广

东邮政信息技术局研发，通过hadoop大数据技术汇集、提炼、整合邮政金融、小包、报刊、电商、集邮等各业务板块中的客户交易数据，将分散在各个业务系统中客户姓名、地址、手机号码、身份证号码等零散信息整合，建立完整的客户信息链条，通过大数据挖掘潜在客户，并对潜在客户拓展过程管控，事后价值分析、营销业绩量化考核。项目整合100亿条客户及交易信息，为3 800万客户精准画像。

无着邮件管理系统全国推广　项目由广州邮区中心局研发，由集团公司统一推广，在全国各省市邮政和速递邮件处理中心、省无着邮件处理台、营投网点、查询投诉部门和无着邮件管理部门推广应用。系统主要实现无着邮件的产生、保管、上交、查询复活、外部协查、销毁处置、统计分析全过程闭环管理，并与指挥调度系统、速递系统开发接口，实现邮件信息共享，提高无着邮件复活率，提高邮件处理规范。

邮政城市社区服务转型　项目是广州邮政打造的，将邮品销售、报刊订阅和邮件派送等邮政服务和生活缴费、政务文书专递、生活账单寄递、车辆管家服务、票务订阅等民生服务引入社区，实现智能自助化办理的民生平台。项目整合了物流、政务、民生、公共服务、校园市场等多种场景应用和服务类型，打造了“跨界服务+实物流+信息流+公用设施”于一体的多层次智能平台。广州市已布局25个“广州社区金融服务站（智慧邮局）”，累计布放3 000座智能包裹柜。

基于线上线下联动的智慧网点平台　项目是广东邮政信息技术局研发的，实现微信企业号、服务号、排队机、柜面、短信等渠道与邮储总行个人营销、省客管系统互联互通，提供微信预约、软呼叫、免填单、VIP到访提醒、产品推荐等功能；并通过大数据分析客户特征，智能推荐产品。项目简化了客户业务办理流程，并通过线上线下互通实现了网点客户引流及营销服务，已在全省推广应用。

深圳邮政跨境业务信息支撑系统　项目由深圳邮政研发，在跨境电商数据申报、海关回执处理、邮件查验等方面支撑海关监管需求，实现了和深圳跨境电商公共服务平台的对接；同时提供微信便民渠道缴税和申报，在进口邮件清关方面，实现了阳光化申报。项目方便用户办理缴税和申报，有利于提升清关效率，创造增值利润。项目运行以来处理跨境邮件75万件，代缴税费超过600万元，收取服务费48万元，累计注册用户超过5万名。

名址匹配技术应用　项目由广州邮区中心局研发，系统利用中文分词和搜索引擎技术，将收寄信息的收件人地址与名址库匹配（匹配率达到95%），计算出正确的格口，实现邮件按地址、按信息自动分拣，解决无格口、信息错误问题；在快递包裹流水化分拣环节应用，实现进口邮件自动上分拣机、胶带机分拣，提高分拣效率和质量。

广州邮件处理中心工艺改造　项目以双层包裹分拣机为主，应用OBR双面扫描，双倍格口概念、维护平台搭建、增设同步信号、滑槽选材等技术手段，实现了广州邮件处理中心“双机联动”“信息管控”“快进快出”和“不落地”的生产作业模式。通过搭建“双机联动”寄递类业务核心处理平台，广州邮件处理中心快递包裹处理能力达到160万件以上，每天可减少挑选转运人员20人。

东莞国际邮件互换局智能处理工艺　项目包含客户端系统、生产管理系统、互换局国际业务系统、智能生产处理线4个部分，通过配置全自动收寄设备、环形交叉带分拣封发一体化设备和开发配套生产综合管理信息系统，实现机械自动收寄、邮件自动分拣和信息数据共享。项目综合应用硬件设备和信息手段，实现生产智能化，提升产能和邮件处理时效，处理能力峰值达80万件/天。

分流器分拣技术应用　项目由河源邮政承担，首创将分流器这种新型工艺技术应用在邮件处理中心实现邮件自动分拣。项目建设完善了一套内嵌分流器模块的皮带输送设备，开发了邮政网运系统接口，数据可自动对接，邮件可自动落格，并对业务处理流程和邮路格口进行了优化，形成了配套的邮件处理方案；项目实施后，处理能力达到5 000件/小时，有效提升了邮件处理效能，降低了人力成本和劳动强度。

【科技进步月活动】 2017年6月，广东邮政举办了主题为“双轮驱动广东邮政创新发展”的科技进步月系列活动。活动期间，组织全省科技创新工作者开展了创新应用体验，参观了深圳邮政的智能银行、模组带分拣、天虹微喔邮局、快递包裹系统等项目；举办了创新体系和项目管理专题培训；开展了全员科技征文、知名科技企业参观、广东邮政专刊宣传等活动；营造了持续推动科技创新的良好氛围。

（李汪洋）

气象领域

【概况】 2017年广东省局部地区洪涝重，高温突出，台风频发，全省气象部门强化监测预警与部门联动，共发布各类预警信号13 103站次，启动或变更应急响应1 035次，发布预警短信19.2亿人次，启动停课机制463次。珠三角受1949年以来登陆当地最强台风“天鸽”侵袭。

【气象现代化建设】 5月22日，省政府与中国气象局在广州召开省部合作联席会议，检查落实《全面推进气象现代化合作备忘录（2016—2020年）》执行情况，研究部署下一阶段重点工作。中共广东省委副书记、省长马兴瑞，中国气象局党组书记、局长刘雅鸣出席会议并讲话。广东省副省长邓海光、中国气象局副局长宇如聪出席会议。根据会议部署，双方将进一步深化合作，全力推进省部合作备忘录各项任务落地，继续创新气象体制机制，加快推进“平安海洋”气象保障工程、气象科技制高点攀登工程、“互联网+气象服务”工程等，并在年内召开全省气象工作会议，部署共同推进更高水平的气象现代化建设，更好地保障百姓安全福祉工作。

【气象监测预报预警体系建设】 全省新建2部高对流层风廓线雷达，升级8部双偏振雷达。建成东沙海洋气象浮标观测站和10个海洋气象监测指标站。气象云平台支撑全省气象业务，可用存储资源达3.5PB。初步建成“9-3-1”区域数值预报体系，为泛华南区域提供产品支撑。完善精细化预报业务流程与短期气候预测系统，开展90天内的延伸期天气预报。

【气象科技创新体系建设】 着力进行中国气象局广州热带海洋气象研究所改革，制定《中国气象局广州热带海洋气象研究所深化气象科技体制改革方案》，推进中国气象局广州热带海洋气象研究院建设。制定了《中国气象局广州热带海洋气象研究所科研项目间接费用管理办法（试行）》等系列管理办法；探索科技成果转化激励机制，印发了《中国气象局广州热带海洋气象研究所科技成果转化管理办法（试行）》。

【广东省重点实验室建设】 2月28日，广东省区域数值天气预报重点实验室、广州市气象局和中山大学国家超级计算广州中心联合发展区域精细数值天气预报模式的签字仪式在广州举行，明确三方合作研发具有我国自主知识产权的1km超高分辨率GRAPES区域数值预报模式。

8月17日，“华南区域中尺度模式预报系统V2.0”通过省气象局业务升级准入评审，华南区域中尺度模式预报系统V2.0正式投入业务运行。该系统建立了3 km分辨率和1 km分辨率的数值模式预报系统的业务流程，包括GTRAMS_3km（每天做2次72小时预报）、GTRAMS_3km_RUC（逐时做24小时预报）、GTRAMS_1km_RUC（每12分钟做6小时预报）。

【中国气象局广州大气科学联合研究中心】 2月21日，由省气象局、中山大学、中国科学院南海海洋研究所、广东海洋大学、香港中文大学、香港城市大学、香港科技大学等高校和科研院所共同组建的“中国气象局广州大气科学联合研究中心”正式成立，并召开了第一次理事会暨学术委员会会议。

中国气象局广州大气科学联合研究中心面向国家经济社会发展、“一带一路”倡议和广东省防灾减灾、“三个定位、两个率先”发展对大气科学技术的需求，以为气象业务应用提供科技支撑为导向，瞄准大气科学中的核心科学技术问题，充分发挥粤港澳大气科学人才和科技优势，凝聚各单位的创新合力，通过实施创新驱动，强化科技引领，推动科技成果转化，创新人才培养方式，建立政府与高校、研究所在气象行业产、学、研、用上的长效合作发展机制，力争在华南地区打造国家级大气科学研究中心。8月，依托该研究中心，组建了强降水数值模式发展、台风与海洋气象预报技术等5个广州大气联合研究中心创新团队。

【区域协同创新】　3月29—31日，省气象局组织召开泛珠三角区域数值预报合作联席工作会议。广东、广西、海南、福建、贵州、湖南、江西、云南八省（区）的20多人参加了会议。会议总结了2016年区域数值模式的研发进展及2016年联席会议纪要各项任务的执行情况，确定了2017年区域数值预报发展及其在智能网格预报应用中的合作领域、目标及重点攻关任务。

2月27日—3月1日，第31届粤港澳气象科技研讨会暨第22届气象业务合作会议在香港举行，来自广东、香港及澳门的40多位气象专家聚首香港，共同就三地在区域数值预报模式、数据共享、南海海洋气象观测项目建设等方面继续开展深入合作进行探讨。同时，三方开展了学术报告交流，内容涵盖气候变化、气候预测，生态气象、海洋气象、环境气象的研发、预报服务业务，气象信息化建设、应用及关键技术以及气象风险预报预警、防灾减灾与公共服务等多个方面。

【综合防灾减灾救灾能力建设】　省科技厅联合省气象局积极支持中国气象局广州热带海洋气象研究所、广东省水文局、国家海洋局南海预报中心等我国区域数值天气预报模式自主创新发展主要力量，针对广东省某些俗称“雨窝”的地域（强降水频发性出现，也是发生极端暴雨高概率地区），开展“地域频发性强降水（‘雨窝’）可预报性来源及风险预警技术”的防灾减灾工程研究，为各级政府提供相应的公共安全决策依据，逐步形成多层次、全方位、高标准的气象灾害应对体系，进一步提升广东省综合防灾减灾救灾能力，确保社会民生科技支撑工作落到实处。

【科技成果】　新增国家科研项目8项、省部级15项，新增科研经费2 165万元，获16项软件著作权、4项国家专利。发表论文313篇，其中18篇被SCI/EI收录、国内核心期刊发表50篇。“广东省气象业务网建设及应用”获2016年度广东省农业技术推广一等奖；“省市县一体化突发事件预警信息发布系统设计创新与应用”获得2017年度中国气象学会气象科学技术进步成果奖二等奖。“地域频发性强降水（‘雨窝’）可预报性来源及风险预警技术”获得省科技计划项目支持。

7月19日，印发了《广东省气象局关于印发进一步落实财政科研项目资金管理等系列政策的实施办法（试行）的通知》；7月31日修订了《广东省气象局科学技术研究项目管理办法》。

【科技交流与科普】　3月18日，围绕“观云识天”的世界气象日主题，广东省气象局与广东省气象学会在广东省突发事件预警信息发布中心联合举行2017年3·23世界气象日科普活动，有近3 000余名公众冒雨前来，零距离感受气象的“风云变幻”和气象的“现代化科技成果”。广东省气象学会及时为公众免费发放了《广东省突发气象灾害预警信号及防御指引》《停课预警信号》《气象知识》《气象报》等多种气象科普知识小册子，旨在普及公众对气象知识的了解、增进公众对气象科学的兴趣，提高社会对气象灾害防灾减灾避灾的能力，进一步提升公众的气象意识。

5月21—27日，首届气象科技活动周主会场活动在广州举行。活动由中国气象局、科技部、中国科协、广东省政府、中国气象学会主办；中山大学、广东省气象局、广东科学中心和中国气象局等各有关单位承办，国家级气象业务科研单位、合作高校和中国科学院相关院所、全国气象科普基地参与了此次活动。首届气象科技活动周主题为“科技强国　气象万千”，开展了气象科技成果展、气象科普体验活动，邀请院士专家和国家级气象科研院所学术带头人等开展科学论坛和学术沙龙，组织第三届全国气象科普讲解大赛等。

（王桂娟　沈　思）

地震领域

【概况】 2017年6月26日，中国地震局和广东省人民政府在广州召开省部合作联席会议，省长马兴瑞、中国地震局局长郑国光签署了《合作推进防震减灾现代化试点省建设备忘录（2017—2021年）》，启动全国首个防震减灾现代化试点省建设。新一轮的省部合作以提高全社会综合防震减灾能力为目标，重点在现代化地震监测和预测技术体系建设、大中城市和城市群地震风险防控工作、农村民居地震安全工程建设、广东平安海洋地震安全保障工程和服务“一带一路”国际合作平台建设、现代化防震减灾公共服务体系建设、防震减灾科技创新和应用等6个方面开展合作。广东省地震局积极推进，部署科技创新大会提出的四大科技项目与广东省现代化试点省建设的融合。

【科技项目管理与实施】 2017年，新增省部级科研项目1项——中国地震局地震科技星火计划项目攻关项目“强震动台网数据处理系统研发与应用”；2017年度在研的国家级项目及课题5项，省部级项目7项，总经费1 013万元；通过验收的省部级科研项目2项。

由中国地震局地球物理研究所、广东省地震局、四川省地震局联合申报的国家科技支撑项目“城镇地震防火与应急处置一体化服务系统及其应用示范”进展顺利。其中，广东省地震实验中心负责的“准实时地震灾情综合评估技术研究”课题、“承灾体数据库动态采集与更新技术研究”及“模块化城镇地震灾害风险动态评估系统研发”专题的研究任务，经1年多的研发、测试，形成了具有自主产权的系统软件2套、APP软件2套和硬件设备2套。2017年3月在项目示范区四川省丹棱县正式部署联调，经过项目各参与单位的调整完善，于5月15日正式启动全系统试运行。

2017年6月，广东省地震局协调配合中国地震局地质研究所在阳江召开卫星微波遥感系统验收会，对阳江卫星微博遥感系统进行了验收。阳江卫星微波遥感系统可以接收FY3，NOAA、EOS/MODIS和NPP等卫星遥感观测数据，系统的建成，首次在地震系统实现了NPP卫星观测数据的接收和处理，丰富了地震监测预报手段，并提升了广东省地震预测研究的现代化水平。

科技部公益性行业（地震）科研专项“全国统一编目处理系统及相关技术规范体系”项目编制的《地震编目规范》于2017年5月1日颁布执行。本规范规定了地震编目的内容、工作流程、技术要求及地震目录、地震观测报告的产出格式。分6章，14个附录。《地震编目规范》的执行，对地震台网的产出进行了进一步规范化、标准化，使地震目录和地震观测报告产出参数更合理、内容更加丰富，全面提升地震台网产出质量，提高地震台网监测效能。

【科技人才培养及交流】 积极落实各项人才政策，成立广东省地震局党组人才工作领导小组，出台关于人才发展工作的“十条措施”，着手编制《广东省地震局地震人才发展规划》。全面落实中国地震局关于职称评定的系列改革举措，设立1 000万元广东省地震局本级人才专项资金，形成地震监测预警和重大工程地震安全在线监测与评估2支创新团队，认定2名局领军人才。广东省地震局被中国地震局评为人才工作5个优秀单位之一。优化专业技术人员，加强岗位管理和按规定进行专业技术评聘工作。2017年完成17位专业技术人员的岗位调级调整工作。为优化科技人员专业结构，新聘正高级职称人员2人、副高级职称人员9人、中级职称人员7人。

对外科技合作交流不断升级。一是牵头实施的中国—东盟地震海啸监测预警系统项目稳步推进：与印尼、老挝等6个国家制定合作方案，完成老挝、缅甸、泰国台网中心建设，印尼台网升级改造进入安装实施阶段。在广州举办东盟国家地震监测技术培训班，为落实国家“一带一路”倡议做出实质的贡献。二是持续推进粤港澳地震科技和信息服务一体化。与澳门地球物理暨气象局就继续深化合作达成五个方面共识。赴香港、澳门参加“创科博览2017”展览会暨研讨会和2017科技周暨中华文明与科技创新展。邀请港澳参加2018年度广东省地震趋势会商会和2017年地震应急遥感技术研讨暨技术协调组年度工作会议。三是深化国际合作与交流。协办2017年国际地震工程力学论坛，举办多场国际知名学者来局讲学交流活动。与印尼、以色列有关部门开展应急管理交流座谈。派员赴美国、澳大利亚等参加国际学术会议交流。

【科技协同创新建设】 更加注重发挥市场机制和社会力量的作用，推动落实中国地震局与深圳市人民政府签署《关于共建中国地震局深圳防灾减灾技术研究院合作协议》，推进中国地震局与深圳市人民政府共同打造世界级的防灾减灾技术研发机构，进一步兴办全国首个防震减灾产业园，形成地震科研、人才、资本、产业积聚。

广东省地震局与暨南大学、中国科学院广州工业研究院等4家高等院校、科研院所开展生命线工程安全与减灾技术等关键问题联合攻关，与中国地震局工程力学研究所、地球物理研究所和地质研究所3家单位签订合作协议。推进科研创新成果转化，阳江卫星微波遥感系统通过验收，首次在地震系统实现NPP卫星观测数据的接收和处理。在港珠澳大桥、深圳市民大厦、乐昌峡水利枢纽等10项重要建设工程上推进强震动监测台阵建设。

【科普宣传】 2017年，广东省地震局充分利用信息化技术面向公众开展防震减灾宣传服务，创新宣传方式，优化科普宣传服务。广东省地震局门户网站发布政务信息500多条，地震速报信息200多条；南粤防震减灾微信、新浪、腾讯和人民微博粉丝共47万余人；12322共发送241 972条短信。

广东省地震科普馆（以下简称“科普馆”）根据2017年防灾减灾周、唐山地震纪念日、全国科普日等宣传主题，分别创作了多套主题科普展板。在2017年5.12防灾减灾宣传周期间，除了常规的展项外，首次引进的“VR避震游戏体验”项目，广东电视台、广州电视台等媒体对开放日活动进行了报道；此外，增设了触摸一体机用于科研成果、科普视频等的综合展示。防灾减灾周期间，“科学防震·幸福万家”有奖答题互动游戏正式上线。本次活动效果显著，微信公众号新增粉丝3万余名；首次在微信朋友圈投放了防灾减灾周的相关广告，曝光量为41.6万次，使防震减灾科普宣传更加精准，覆盖面更广。

联合广州市科创委、广州科普联盟、广州电视台等拍摄了科普基地的宣传片《身边的科普基地——广东省地震科普教育馆》，并于5月11日在广州电视台少儿频道首播；8月15日在科普馆和创新服务平台举办了媒体开放日活动，解答媒体关于九寨沟地震的热点话题，同时借助媒体的力量向社会推广科普馆和创新服务平台，吸引了20家媒体采访报道。

为配合全国科普日活动的开展，编制了《别让地震谣言忽悠你》科普图册；为配合创新服务平台的推广和宣传，编制了《合力抵御群灾之首，服务经济社会发展》科普图册2.0版本；为配合地震预警系统的建设和推广，编制了《秒级响应，跑出生命时间——地震预警系统》宣传图册。

举办了3次主题科普宣传活动，重点时段举办公众开放日10天。包括“减轻社区灾害风险，提升基层减灾能力”为主题的防震减灾宣传周活动，“缅怀逝者，致敬重生”为主题的唐山地震纪念日活动，“别让地震谣言‘忽悠’你！”为主题的全国科普日活动。

联合有关单位举办综合性科普活动20次，包括与省减灾委、省科协等合作举办了“2017年防灾减灾日四进活动”、与省科协合作举办了“广东省科技进步活动月科普宣传进学校、社区活动”“广东省文化科技卫生三下乡科普进校园、进社区活动”，与广州市科创委、科普联盟合作举办了“广州市科普基地四进活动”。

科普馆全年共接待社会团体参观60余批10 000人次，2017年被省直机关关工委授予“省直机关关心下一代工作最佳活动基地”的荣誉称号。

（张 项）

建设领域

【概况】 2017年，广东省住房和城乡建设厅积极推进建设科技创新，以实施创新驱动发展战略为落脚点，大力推动全省建设科技研究。建设科研成果质量不断提升。围绕新型城镇化建设、提升行业管理水平、促进信息化与工业化融合、推进建筑行业转型升级等中心工作，依托科研机构、高等院校、大型企业、投资机构、社会组织等，重点加强装配式建筑、建筑节能和绿色建筑、海绵城市建设、城市综合管廊建设、城市轨道交通建设、工程质量安全、BIM技术、工程建设领域信息技术等相关实用技术研究；建设科技创新平台逐步增多。深圳市入选首批装配式建筑示范城市，碧桂园控股有限公司等15家企业被认定为国家首批装配式建筑产业基地。建立“广东省装配式建筑产业发展联盟”“广东省BIM产业技术创新联盟”，东莞市住建局牵头成立东莞市BIM技术联盟，积极打造“产、学、研、用”共促技术创新平台；引领带动建设科技成果转化。全年有40个项目列入住房和城乡建设部科技计划项目，7个项目获华夏建设科学技术奖，1个项目获广东省科学技术奖。

【科技计划项目】 2017年，广东省共有40个项目列入住房和城乡建设部科学技术计划，包括软科学研究项目3项、科研开发项目16项、科技示范工程项目20项、国际科技合作项目1项。

异形超高层建筑综合施工技术研究——以深圳长富金茂大厦为例 项目由中铁建工集团有限公司完成，通过了住房和城乡建设部科技计划项目形式验收。该项目对异形超高层综合性施工技术进行研究，在施工过程中开展绿色施工科技示范活动，推广应用钢与混凝土组合结构，高强高性能混凝土、超高泵送混凝土、BIM技术、金属矩形风管薄钢板法兰连接等建筑业10项新技术中的10大项25小项技术。在纺锤形结构可伸缩施工升降脚手架、超高层构件式玻璃幕墙、复杂外立面精准测量控制技术上有创新，并且在附楼交叉柱结构设计、复合桩环撑加锚索基坑支护设计、蒸压陶粒混凝土墙板设计、超高层塔吊施工方案、超高层穿插施工方案、地下室平面分区施工方案等方面有很好的优化效果。获得明显的“四节一环保”（节能、节地、节水、节材和环境保护）绿色施工成果。项目获得2项发明专利、7项实用新型专利，获“国家优质工程奖”等诸多奖项，取得显著的社会、环境与经济效益，具有突出的示范作用。

广州宏鼎大厦工程项目施工过程中的施工技术应用与创新 项目由广州市第二建筑工程有限公司完成，通过了住房和城乡建设部科技计划项目形式验收。该项目通过在广州宏鼎大厦开展绿色施工科技示范活动，积极开展技术创新，推广、应用并形成了具有自主知识产权的新技术、新设备、施工新工艺、工法。并由此代替传统工艺，促进绿色施工的各项指标的完成。本项目获得国家发明专利2项、实用新型专利7项、省级工法3项。其中，通过铝合金模板应用、数控钢筋调直切断机应用、预制临时路面及定型化工具临时设施应用、预应力扩大头锚索技术、基于BIM的管线综合碰撞检查技术、现场中水处理技术、基于BIM的岩溶地区全套管灌注桩溶洞处理施工技术等，显著提升了项目“四节一环保”效果，取得了良好的经济、社会效益，为绿色施工技术在行业的推广起到了积极的示范作用。

【科技成果】 2017年，广东省住房和城乡建设系统获“2017年度华夏建设科学技术奖”7项，其中二等奖1项、三等奖6项；广东省标准“高层建筑混凝土结构技术规程”获2017年度广东省科学技术奖三等奖（见表7-13-1）。

表7-13-1 广东省获2017年度华夏建设科学技术奖项目

序号	项目名称	主要完成单位	获奖等级
1	城市智慧停车整体解决方案关键技术及应用	深圳市城市交通规划设计研究中心有限公司、深圳市道路交通管理事务中心、公安部道路交通安全研究中心、深圳市新城市规划建筑设计有限公司	二等奖
2	高层混凝土结构抗震优化设计方法及优化分析软件研发	广东省建筑设计研究院、深圳市广厦科技有限公司	三等奖
3	大亚湾红树林城市湿地公园总体规划	广东省城乡规划设计研究院	三等奖
4	广佛两市轨道交通衔接规划	广州市交通规划研究院、广州地铁设计研究院有限公司	三等奖
5	环珠江口宜居湾区建设重点行动计划	广东省城乡规划设计研究院	三等奖
6	从化市“四规合一” 规划	广东省城乡规划设计研究院	三等奖
7	省域规划建设监测与分析关键技术和应用	广东省建设信息中心、广东省住房和城乡建设厅、住房和城乡建设部城乡规划管理中心	三等奖

“城市智慧停车整体解决方案关键技术及应用”项目构建了停车政策、法律法规、管理机制等顶层设计体系，研究了停车价格机制与道路运行状况的机理，建立了相关分析与评估模型，开发了智慧停车管理和服务平台，制定了滚动评估机制，最终形成了涵盖城市停车“政策—应用—评估”3大层次，“政策纲领、法律法规、价格机制、系统设计、设施规划、平台开发、评估改善”7个方面，“全过程、全闭环”基于城市交通需求管理的城市停车智慧整体解决方案和关键技术。形成了基于交通需求管理、停车系统内外部协调统一、闭环反馈的系统设计方法；建立了基于“数据—策略（算法）—画像”的出行全过程一体化停车信息服务技术；建立了基于多元识别、移动通讯、手机支付于一体的智慧停车管理技术；建立了基于交通运行指数、商业活力指数、交通排放指数、社会接受度等多维一体的停车综合评估技术。在多个领域实现了创新与突破，首次提出了涵盖策略→规划→实施→保障的政策体系；在国内首次建立了停车管理法定机构，实现了停车建设、收费、执法一体化；在国际上首次建立了与道路运行及交通排放相关联的交通需求调控的动态数据模型体系，实现了与停车价格科学动态的双向调控；在国内首次采用了粒子跟踪测速技术（Partical Track Velocimetry）对检测区域进行动态监测，实现了对停车执法的精准管控；在国内首次采用“手机+射频”技术，作为停车位预定和支付手段，实现远距离自助支付，大大降低运营成本。

项目成果转化形成了住房和城乡建设部关于加强城市停车设施管理的政策文件，支撑了国家发改委、住建部等七部委《关于加强城市停车设施建设的指导意见》，制定了《停车服务与管理信息系统通用技术条件》（公安部）等7项标准规范。推动了地方法规的建立与完善，建立了国内首例“互联网+智慧停车”的管理系统 ，并在全国推广。停车双向动态调价模型对交通拥堵调节效果显著，并在全国推广。基于停车全过程的智慧出行引导系统在深圳得到广泛应用，极大方便了市民出行。建立动态评估长效机制，持续优化停车收费标准，市民满意度大幅提高。依托项目成果，在相关研究和后续研究中取得了9项国家发明专利、11项软件著作权，出版1本学术专著，发表17篇论文。

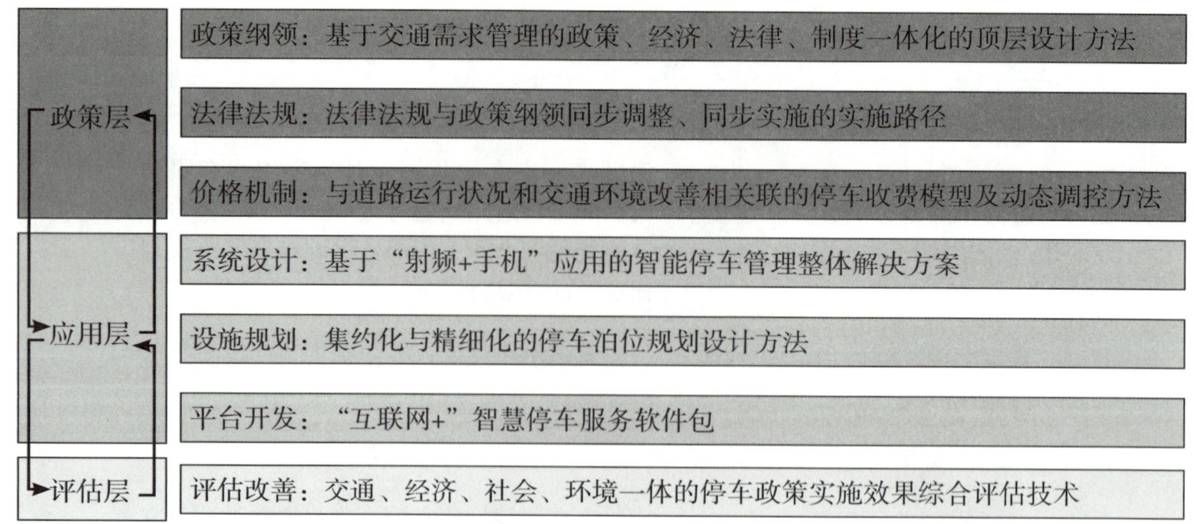

图7–13–1　城市智慧停车整体解决方案

【装配式建筑成效】　2017年4月12日，广东省人民政府办公厅印发《关于大力发展装配式建筑的实施意见》（简称《意见》），将珠三角城市群列为重点推进地区、常住人口超过300万的粤东西北地区地级市中心城区列为积极推进地区，其他地区为鼓励推进地区，明确新建建筑和政府投资工程的发展目标。《意见》明确了编制专项规划、推广适用建造方式、推行工程总承包、确保工程质量安全、引导行业自律发展等六个方面的重点任务，要求对装配式建筑项目在规划、用地、财税、金融等方面给予优惠政策。年内，广东省培育深圳市1个国家装配式建筑示范城市和碧桂园控股有限公司等15个国家装配式建筑产业基地，开工建设深圳裕璟幸福家园、华润城三期和广州恒盛大厦等一批装配率较高、示范效果好的项目。全省新建装配式建筑面积超过937万m^2，约占本年度新开工建筑面积的5.2%，建筑面积位居全国前列。全省形成一定规模的装配式建筑产业链，各类构件厂超过30家，生产线超过111条，生产能力超过572万m^2，构件产品涵盖预制外墙、楼梯、阳台、叠合板、内墙条板、飘窗、空调板、叠合梁、预制墙板等类型。

【智慧城市建设】　2017年12月，广东省住房和城乡建设厅组织编制的《广东省智慧城市发展建设导则（规划建设部分）》（简称《导则》）通过专家验收。《导则》在结合国家相关标准规范等相关要求的基础上，结合广东省11个试点城市的建设经验，从总体建设、平台建设、专题建设及智慧城市的申报、实施、验收等方面，提出广东省智慧城市（区、镇）的建设要求。《导则》可降低智慧城市盲目建设的风险，解决目前广东省智慧城市建设存在的缺乏统筹规划、重建设轻管理或创新、缺乏市场导向和缺乏信息整合等问题。

【工程建设标准化】　2017年，广东省住房和城乡建设厅健全工程建设标准体系，推进工程建设标准制修订，将《广东省既有建筑绿色改造技术规程》等25部标准列入年度制修订计划，发布《广东省绿色建筑评价标准》等9部地方标准。强化工程建设地方标准实施指导监督，开展重要工程建设标准宣贯培训，加强对各地实施光纤到户、无障碍环境建设国家标准实施情况监督。深化工程建设标准化改革，完成了22本现行地方标准强制性条文的整合精简工作，其中废止2本，废止全部强制性条文转化为推荐性标准4本，废止部分强制性条文仍保留为强制性标准16本。启动广东省工程建设标准化管理信息系统建设，出台《广东省工程建设地方标准编制（修订）工作指南》，开展工程建设标准编制培训。推进住房和城乡建设部重点课题"强制性标准'双随机'抽查工作机制试点及研究"。全年标准化工作取得积极成效，但重要标准宣贯力度还不够，重点领域标准缺口较大，团体标准和企业标准有待培育（见表7–13–2）。

表7-13-2 2017年广东省住房和城乡建设厅发布的工程建设标准

序号	标准名称	标准编号	实施日期	主编单位
1	城市轨道交通既有结构保护技术规范	DBJ/T 15-120-2017	2017.09.01	广州地铁集团有限公司
2	广东省绿色建筑评价标准	DBJ/T 15-83-2017	2017.05.01	广东省建筑科学研究院集团股份有限公司
3	预应力高强混凝土管桩基础耐久性技术规范	DBJ/T 15-124-2017	2017.10.01	广州市建筑科学研究院有限公司
4	公共建筑能耗标准	DBJ/T 15—126—2017	2017.10.01	广东省建筑科学研究院集团股份有限公司
5	建筑工程抗浮设计规程	DBJ/T 15-125-2017	2017.10.01	广东省建筑科学研究院集团股份有限公司 华南理工大学土木与交通学院
6	沥青路面就地热再生技术规程	DBJ/T 15-127-2017	2018.03.01	华南理工大学 深圳市公路交通工程试验检测中心
7	高层建筑钢—混凝土混合结构技术规程	DBJ/T 15-128-2017	2018.04.01	广东省建筑设计研究院 广东杭萧钢构有限公司
8	集中空调制冷机房系统能效监测及评价标准	DBJ/T 15-129-2017	2018.04.01	广州市设计院 清华大学
9	高性能混凝土应用技术规范	DBJ/T 15-130-2017	2018.04.01	广东省住房和城乡建设厅 深圳市水泥及制品协会

【BIM技术宣传推广】 2017年，广东省住房和城乡建设厅举办首届BIM应用大赛成果展。成果展分为BIM技术介绍、首届BIM应用大赛获奖项目名单及大赛一等奖作品展3个部分。通过成果展，向群众普及BIM技术概念、应用领域，以及国家和广东省为推广BIM技术发布的政策。宣传BIM技术在实现建筑全生命期数据共享、项目方案优化与精细管理、建筑节能环保及科学决策等方面发挥的基础支撑作用。

（林佳衡）

电力领域

【概况】　2017年，南方电网广东电网公司认真贯彻落实国家创新驱动发展战略，主动发挥央企创新主体责任，持续深化体制机制改革，在树立国际领先的电力技术创新标杆方面取得多项突破性成果，累计拥有有效专利3 740件，每万名员工发明专利拥有量达到159件。

【技术研发攻关】

基础创新领域取得重大突破，原创性成果世界领先　成功研制世界首台500kV高温超导限流器，在基础新材料应用领域、大尺寸混合磁体研制技术、高压大容量限流器研制水平方面实现重大突破，标志着我国高温超导限流器核心技术跃居世界领先地位。完成世界首台机械式高压直流断路器示范工程建设并成功投入运行，联合攻克了高压储能、快速开断、系统控制等核心技术。

重大创新能力持续增强　积极牵头竞争并获得“超导直流限流器研制及示范”和“交直流混合的分布式可再生能源”2项国家重点研发计划，全国省级电网排名第1。

重点研发取得关键突破　完成世界首例500kV变压器全系列故障机理研究及预警系统的开发，取得一系列世界领先成果，研制开发的故障预警系统在500kV变电站成功示范应用。成功研制第二代全自动巡检大型无人机，首创卫星通信系统全自主、超视距导航智能飞行，新一代自动化光电巡检吊舱系统，实现了复杂环境下多目标连续监测及荷载轻量化的创新，使得公司大型无人机巡检系统再攀新的领先水平。成功研制并示范应用国内首台数字电驱高压断路器，高性能伺服电机设计及驱动技术填补国内空白。成功研制并投入示范的绿色绝缘高过载配变，根本解决配变短时过载引起的损害及供电瓶颈。

防灾减灾创新成效显著　建成南方电网首个精准数值气象预报系统，构建了涵盖台风、覆冰、山火、微气象的全面灾害监测预警体系，大幅提升灾害预测水平；卫星及临近空间技术开发成效初显，构建了卫星综合应用体系，率先实现了遥感卫星10分钟山火高频监测、提前预警和主动避险；数字化雷电监测研究深入推进，实现了雷电准确监测与定位，为主、配网线路主动防雷提供有效的技术手段。

智能运维研究不断深入　带电作业机器人技术研发取得突破，初步实现导线修补等作业功能；巡检机器人开发成效显著，实现了机器人变电站完全自主巡视及辅助遥控操作功能；GIS六氟化硫在线监测与诊断系统填补行业多项空白；成功研制开关设备故障X射线快速检测系统，有效提升设备资产健康水平。

【体制机制创新】

科技成果转化机制持续领先并取得新突破　一是科技成果收益分红奖励机制破茧而出，向创新主体释放改革红利。在南方电网率先制定成果转化收益分红激励制度，50%的转化收益将驱动100%的创新链转型升级，根本改变科技创新目标导向。二是成果孵化体系建设成效显著，建成南方电网首个电力孵化器，11支创业团队进驻孵化，双创机制初具形态，累计获转化收益4 433万元。三是职创成果推广模式成为南方电网标杆和典范。首创职创成果迭代熟化机制，形成“统一征集、统一加工、统一配发”推广模式和“样机—试产—量产”推广路径，27 716台（套）职创成果在全省推广。

深化科技创新源头结构性改革，为公司创新驱动注入新活力　聚焦创新短板，在南方电网率先推行大项目课题立项机制，实现了横向的跨单位、跨专业、跨领域创新链优势融合，形成了纵向的研究、开发、试制、集成、示范的科研周期链，围绕输电、变电、配用电领域关键问题，联合38家单位，形成12支团队，共策划大项目课题24项。

加快科技创新平台升级建设　构建公司级—省部级—国家级科技创新平台层级化培育机制。布局认定公司实验室16个，培育申报南方电网重点实验室2个，与国家工程实验室联合建设超导实验室，完成物理环境建设，加速推进国家级实验室培育。

【科技奖励】　获得国家科学技术进步奖二等奖1项、中国电力科学技术进步奖一等奖1项、广东省科学技术奖一等奖2项、全国电力职创成果一等奖2项、中国能源创新一等奖1项、南方电网科技奖励一等奖6项，共计获得南方电网及省部级奖励158项。

【重大科研成果】

国家“863计划”课题“500kV大容量超导限流器样机研制”　在国际上首次实现了500kV高温超导限流器样机研制及全面试验验证，已于2017年7月19日通过科技部组织的技术验收。在“863计划”新材料领域支持下，我国大容量高温超导限流器制备技术取得突破，迈出了超导技术在电网中应用的重要一步。超导限流器具有稳态运行时损耗低、故障发生时能瞬间快速抑制故障电流的特点，有望解决我国目前日益突出的大型电网故障电流超标问题。我国在高温超导限流器研制方面一直走在世界前列，先后完成了35kV、220kV超导限流器研制和挂网，然而在抑制短路电流需求迫切的500kV电压等级设备研制方面，仍然面临高电压大容量超导限流器设计、大型高温超导磁体制造等一系列技术挑战。该成果提出了高电压大容量超导限流器设计模型和设计方法，获得了大尺寸过饱和电抗器电磁暂态场路耦合分析和变截面铁芯参数匹配技术；突破了大尺寸高温超导磁体设计与制造、磁体控制与保护、异型杜瓦及油箱的设计与装配等关键技术瓶颈，研制了世界上最大尺寸的高温超导混合磁体，并实现了其在500kV电压等级复杂电气装备中的稳定运行；攻克了500kV饱和铁心型超导限流器关键部件制造、系统集成试验、控制保护策略等关键技术，研制了世界首台500kV高温超导限流器样机，并进行了全面试验验证。限流器样机中大尺寸高温超导磁体系统在72K总安匝数达到470 000；样机在交流3 150A的额定电流下，稳态阻抗达到1.12Ω，稳态压降比达到1.12%。高温超导限流器技术是未来电网发展中重要的战略储备技术，500kV大容量超导限流器样机研制成功为我国发展超导技术在超高压电网中应用奠定了关键的技术基础。

大型汽轮发电机复杂故障多维度诊断关键技术及工程应用　本成果提出了发电机复杂故障多维度诊断的总体架构，提取电气、机械、磁场、流体、传热等多维度特征，通过数据层、特征层、决策层信息融合，提出了集机理研究、故障诊断、设备研制、设计优化、综合处理于一体的多维度诊断系列创新技术，实现了复杂故障诊断与处理技术的重大突破。

主要成果及创新点包括5个方面。（1）揭示了定子铁心内部放电机理，提出了边段铁心定位筋加装绝缘套、临界面加装绝缘片及减小端部振动等技术措施，有效预防了内部放电导致的铁心烧损故障；研制了定子铁心绝缘缺陷低磁密涡流检测装置，提出了完整的定子铁心绝缘缺陷现场检测规范及故障判定准则，奠定了该项铁心缺陷检测技术的推广应用基础。（2）揭示了定子绕组应力与端部固有频率之间的关系，提出了温度场热应力在线调频技术，通过自适应调整定冷水温、氢温，使端部固有频率避开激振力频率；揭示了定子绕组恶性气堵故障产生的根源，提出了气堵特征参数的在线辨识技术，实现了对气堵故障发展全过程预警。（3）揭示了转子轴振与励磁电流之间的正相关性是运行中转子存在匝间短路故障的重要特征，实现了转子匝间短路全工况在线诊断；提出了基于双向变换强抗干扰的转子重复脉冲检测技术，实现了强电磁干扰环境下的转子匝间短路准确检测。（4）采用全息谱表征振动特征，提出了工频椭圆初相点代替振动高点，提高了不平衡方位估计精度；提出了基于移相椭圆的发电机跨外平衡准则及技术，实现了长轴系氢冷发电机组动平衡配重“一次加准”；提出了基于全息差谱的摩擦能量法，实现了早期动静碰磨故障的在线预警和诊断。（5）揭示了发电机出口结构性短路故障的根本原因，提出了软连接、三相分室、穿心式CT等多项技术措施，实现了此类恶性短路故障的有效预防；提出了基于电流流向与电压特征相结合的定子接地故障快速诊断新方法，实现了定子接地故障的快速精准定位。本研究成果具有原创性，获授权专利25项，发表论文47篇，编写电力行业标准3项，主编专著3部，开发检测设备3套。研究成果与电力生产实践紧密结合，切实解决工程实际问题，已成功应用于华能、大唐、国华、华润、粤电等全国各大发电集团224台次大型汽轮发电机复杂故障诊断与处理。仅计入应用证明所列效益，就产生直接经济效益1.69亿元，间接经济效益3.37亿元。经中国电机工程学会组织的成果鉴定，本成果达到国际领先水平，荣获2017年度中国电力科学技术奖一等奖。

防止500kV油浸式变压器突发性内部故障的关键技术研究与示范应用　本成果从南方电网13起500kV变压器突发性故障原因分析入手，从生产实际出发，明确了研发需求。采用“仿真分析·真型模型试验验证·工程应用·标准化”的技术路线，首先建立了典型故障的仿真分析模型，利用仿真手段对故障的机理、发展过程进行深入分析，掌握初步结论；制作同尺寸、等电压等级真型模型，开展验证试验，验证仿真结论正确性。

在现场应用基础上，总结并积累经验，实现成果标准化，如测试方法标准化、评价方法标准化以及技术条件标准化等，最终为预防500kV主变突发性故障提供技术保障。本课题的技术研发成果和示范工程，对推进国内500kV油浸式变压器突发故障预防技术的发展起到至关重要的作用，体现在：（1）建立了500kV油浸式变压器突发性故障分析数值化仿真体系，解决了500kV变压器突发性故障原因分析难的问题，有利于引导变压器故障数值仿真分析的科学、有序发展，提供了我国在数值仿真分析领域的自主分析计算能力，为变压器故障分析与预防提供有力的决策依据；（2）国内外首次提出了基于感应式振荡操作冲击耐压试验判别变压器匝间、段间绝缘故障的新方法，并开发了相应的试验装置，填补了国内外技术空白，有利于提升我国在变压器匝间绝缘故障领域的技术水平，有利于提升变压器的安全运行水平；（3）国内外首次提出计及多次短路累积效应的变压器抗短路能力校核方法，首创提出了基于累积效应系数的变压器检修指导策略，解决了500kV油浸式变压器因多次短路累积效应导致突发性故障的难题，有利于提高大型变压器检修策略的科学性，延长了变压器运行寿命，提高了电网公司经济运行水平；（4）提出了基于扫频阻抗判别绕组机械状态的新方法，为检测绕组变形提供了新的手段，提升了变压器绕组变形分析水平，为变压器维修科学性决策提供了重要技术支持；（5）国内外首创建立基于电磁、力、流体多场耦合的变压器内部油流涌动计算模型，开发了内部油流速度测量装置，首次实现了油流速度测量，提升了变压器内部故障分析能力，有利于提高我国在变压器内部多物理场分析计算领域的分析能力、竞争力；（6）研发的完全具有自主知识产权的故障监测与预警系统，实现了局放、介损、油流速度等多参量集成监测，为变压器运行和故障处理提供了“事前预防、事中快速处理、事后优化运行”全环节支持，提高了变压器安全运行水平，为国内智能电网建设提供了更有力的智能系统支撑；（7）成功实施的示范工程，树立了500kV油浸式变压器故障预防技术从理论走向实践的应用典型，为变压器故障预防技术的推广积累了丰富的工程经验，产生了很好的示范带动效应，会有利地促进变压器故障预防技术的广泛推广，更大范围内提升变压器安全稳定运行。

（魏　焱）

【广东南方电力科学研究院】　2017年，广东南方电力科学研究院专注于VR、AR、可视化管理、智能穿戴等技术在电力、能源、教育、公共事业等领域的应用研究，积极探索基于共享经济理念的互联网+电力服务模式，研究开发电力应急抢修平台，取得如下主要研究成果。

VR+电力培训解决方案　广东南方电力科学研究院利用VR沉浸性、交互性和构想性三大特性，推出VR+电力培训解决方案，开启以虚拟现实技术助推电力人才培养的创新教育模式。核心技术包括3个方面。（1）VR智能培训与考核系统：基于VR技术的一体化沉浸式培训与考核平台，虚拟各种真实作业环境，模拟各种事故、故障及事件，可进行交互式的培训和考核，培训成绩可记录、统计、分析，系统全后台智能化管理。（2）VR远程多人交互系统：VR场景中实现实时位置同步、实时语音同步和实时图像同步，不在同一地点位置的多人可同时进入同一个虚拟场景中进行语音聊天、物品交互及各种行为互动，具有多维的真实感和沉浸感，是最接近面对面交流的远程通讯方式。（3）基于分布式存储技术的多级分享功能，各级资源平台可根据需要分享各自VR内容资源，实现分散VR内容的共建共享，解决目前VR内容孤岛、建设成本高昂、重复建设浪费等的问题，帮助学校、集团企业、跨区域机构等实现VR内容资源的有效统筹和管理。

三维可视化管理系统　广东南方电力科学研究院运用三维可视化和空间信息技术、物联网技术，为电力用户构筑数字化管理平台，通过三维可视化的直观形式实时准确地呈现各个现场人员、设备等方面的信息，实现对系统科学、可靠、有效的管理，提高运行水平和效率，降低运营成本。核心技术包括6个方面。（1）三维场景快速搭建技术：利用快速建模技术、2D /3D/VR一键转换技术进行三维场景快速搭建，使3D/VR场景的搭建变得更快捷简易，有效降低场景设计的时间和人力成本，三维场景可在PC、VR、手机等多个终端同时使用。（2）人员定位跟踪技术：基于第二代北斗卫星导航系统（BDS）的定位功能来实现对电力工作人员位置的精准定位，实现对人员、车辆以及设备进行可视化管理，同时将位置数据上传至后台进行相应的管理操作，当进入危险区域后，系统发出警报，以警示工作人员，保证工作安全。（3）安全距离监测技术：基于UWB技术实现对规定范围内的人员、车辆以及设备等进行精准定位。定位基站覆盖所需监测的工作范围，工作人员或设备绑定标签进入工作范围之后，系统会持续监测人员或设备位置，若进入危险区域，系统会发出警报，从而保证人员或设备安全。（4）无人值守巡检系统利用先进的虚拟现实引擎搭建高仿真和沉浸感的巡检场景，通过物联网技术实时获取现场设备状态和实时监控图像，结合“三遥”系统能够实现异常联动报警，并进行远程维护，迅速消除设备异常状态，大大缩短以往巡检需要到达现场的人力、时间等成本，提高巡检效率。（5）全景直播远程监控系统：采用目前最先进的全景直播技术，通过移动拍摄车，搭载全景摄像头，通过4G网络将工作现场的全景视频实时传送到远程监控中心，可进行静态长时间全景监控和动态短时间全景监控，从而实现对作业现场720°无死角监控，广泛适用于各类现场的远程勘察、监控、指挥、协同作业等。（6）全景可视化管理系统：由全景图像三维数字化管理平台和全景图像生成系统组成。通过全景图像生成系统校正、优化三维浏览场景，然后再通过全景图像管理平台进行编辑，生成全景现场报告，方便各方管理人员随时随地对第一现场进行取证、分析、标注。全景现场报告可云端保存，跨平台分享。

AR+电力运维解决方案　采用增强现实技术（AR）、大数据及智能感知交互等前沿技术，为现场作业人员提供实时作业指导，自动采集、记录并实时传输数据至“数据中心”进行分析处理，通过会商功能远程协助和指导现场快速解决作业难题，实现了电力运维作业和管理的智能化，提高了电力运维的管理水平和工作效率。

（苏福锦）

水利领域

【科研项目管理】　2017年，省水利厅与省财政厅共同组织开展了2017年度水利科技创新项目立项评审工作，受理申报项目 125个，共有33个项目获批立项。“溃决洪水数值模拟及风险优化管理系统研究”等6个广东省水利科技创新项目通过省水利厅验收。

珠江三角洲水资源配置工程是广东省拟建设的重大水利工程，省水利厅组织编写完成了《珠江三角洲水资源配置工程科研规划纲要》，涉及7个课题27个专题。

按照水利部要求，组织开展了水利科技年报统计工作，编制了广东省水利厅“十二五”期间和2016年的《水利科技年报统计报表》。

【科研成果及奖励】　2017年，“水库淤积物烧制技术研究与应用”获得2017年度广东省科学技术奖三等奖；“湛江湾跨海供水盾构隧道工程关键技术与应用”获得2017年度大禹水利科学技术奖二等奖；“基于层次分析法的水利信息化发展评价体系研究与应用”获得2017年度大禹水利科学技术奖三等奖。

2017年，“砌石重力坝加高关键技术研究与应用”成果获得2016年度广东省水利学会水利科学技术奖一等奖，“大型河堤培厚加固施工技术”等2项成果获得二等奖，“管桩与粉喷桩联合基础处理施工技术研究”等3项成果获得三等奖。

项目名称：湛江湾跨海供水盾构隧道工程关键技术研究与应用

主要完成单位：广东省水利电力勘测设计研究院、广东水电二局股份有限公司、华南理工大学、粤水电轨道交通建设有限公司

获奖情况：2017年度大禹水利科学技术奖二等奖

该项目结合工程实际，提出了优化的路线选址及盾构隧道跨海方案，设计了一种新型的跨海隧道用衬砌管片，有针对性地开展了高水压条件下软土盾构设备的选型与盾构设备适应性功能设计，解决了海边深厚强透水砂层及软弱地层中修建盾构工作井以及盾构的始发、接收和高水压条件下盾构海底长距离掘进的技术难题。主要创新点包括：

1. 设计了一种结构简单、耐海水腐蚀、抗外压且不易二次变形、错台的跨海盾构隧道新型衬砌管片，提出高外水压力（0.65MPa）条件下衬砌设计采用两道三元乙丙橡胶止水加结构自防水不设二次衬砌的整体防渗体系。

2. 对盾构机的刀盘结构和刀具配置进行了适应性的设计改进，发明了“一种盾构机盾尾密封装置的使用方法”“消除盾构机土舱或泥水室内泥饼的方法”“一种快速固结软基的装置及施工方法”和“一种盾构机到达掘进终点的接收结构”，解决了跨海高水压复杂地质条件下长距离掘进的施工难题；

3. 首次在海边深厚强透水砂层采用地下连续墙导墙新结构和施工新工艺修建深挖竖井，有效解决了槽孔顶部的砂层稳定及超深地下连续墙的接缝开叉问题，确保深槽地下连续墙整体防渗效果；并研发了“带有施工质量监控设备的高压喷射注浆系统”，成功实施了深厚软土地基的加固，保证了施工质量。

该项目在关键技术突破的基础上，优化选定了湛江湾深海跨越方案，首次下穿45万t级（亚洲最高等级），建成国内首条跨海输水的盾构隧道，节约了工程投资和运行费用成本，经济和社会效益显著。湛江湾跨海供水盾构隧道工程于2011年11月11日盾构始发，2012年12月14日盾构到达，2.75km跨海隧道掘进仅用13个月，平均月

进超过210m。跨海隧道工程施工质量优良，管片拼装精确，接缝无错台、张开、渗漏现象，止水效果良好，工程建设达到了安全、优质、高效的目的。

项目名称：水库淤积物烧制技术研究与应用

主要完成单位：广东省水利水电科学研究院

获奖情况：2017年度广东省科学技术奖三等奖

该研究通过室内试验、中试和工业化生产等三阶段研究，系统研究了水库淤积物的组成和理化特性、混合料的配比、成型性能、干燥性能、焙烧性能、成品性能、微观结构与重金属稳定性，提出了以水库淤积物为主要原料，以工业废料为改性添加剂，生产烧结砖的方法和成套技术，产品性能达到国标MU20的要求。主要创新点包括：

1. 提出了一种以水库淤积物为主要原料，以煤矸石、建筑基坑开挖弃料、炉渣、页岩等工业废料为改性添加剂，生产烧结砖的新方法，实现了水库淤积物和工业废料的资源化利用。

2. 针对水库淤积物混合料的组成和特性，研发了成套工艺技术流程和工艺参数。

3. 开展水库淤积物烧制成品的微观研究，分析了原材料中重金属在烧制过程中的转化，提高了水库淤积物中重金属的稳定性，避免了二次污染。

该成果已经在多个砖厂成功应用，实现了水库淤积物和工业废料的减量化、资源化利用。水库淤积物资源化利用有利于恢复水库库容和各项功能，提高水库防洪抗旱能力及综合效益，社会和生态效益显著。

【水利技术标准化】 2017年，地方标准制修订计划项目“倒虹吸管技术管理规程”获批立项。广东省水利水电科学研究院主编完成的地方标准《渡槽安全鉴定》（DB44 /T2041-2017 ）获批发布实施。

【科技交流与合作】 2017年，省水利厅选派12人次赴美国、加拿大、日本、德国、英国参加中小河流洪水预报与实践、水生态治理技术与经验等培训及技术交流，选派5人次赴韩国、芬兰、墨西哥参加国际会议和学术交流活动。

4月26日，省水利厅邀请了芬兰环境研究所教授提莫·胡图拉（Timo Huttula）先生及阿莱科咨询公司高级顾问丹尼斯·汉罗朵兹（Dennis Hamro-Drotz）先生赴省水利厅开展学术交流。

8月24日，省水利厅、珠江水利委员会和水利部科技推广中心在广州共同举办“预制混凝土制品在水利建设中的应用技术交流会”。

（桂江峰）

石油化工领域

【中国石油化工股份有限公司广州分公司】 2017年，中国石油化工股份有限公司广州分公司（以下称“广州石化”）共开展中国石化股份有限公司（以下简称“中国石化”）科技项目14项，广州石化自筹项目26项，累计投入科技开发费1 326.13万元，17项科技项目完成开发任务，申请中国专利 5件，专利均已在公司实施利用，取得明显的经济效益。

科技开发项目　广州石化2017年开展中国石化科技开发项目14项（含2017年新立6个项目）。完成了“酸性水储罐系统安全运行与隐患治理研究”“高性能新材料整体陶瓷切刀的应用研究”“BCZ-208催化剂在Hypol工艺的工业应用”和“蒸馏与加氢装置隐蔽工程检查标准研究”4项中国石化总部科技项目，以及“高融指抗冲共聚聚丙烯的开发”等13项分公司科技项目的开发和总结工作，“加氢裂化装置用高压轨道球阀研制与应用”通过中国石化物装部组织的技术鉴定，“催化烟气轮机结垢原因研究及处理技术开发”和“多维分布建模的石化电网孤网稳定策略研究”两个项目通过中国石化科技部组织的验收。

2017年，广州石化接转科技开发项目15项，新立项科技开发项目计划11项，项目合计计划经费1 457万元。科技开发围绕公司生产经营工作，在稳定生产、节能减排、安全环保、清洁生产、产品质量升级、新产品开发和新技术、新工艺应用等方面开展。全年完成结题13项。

新产品开发　2017年塑料新产品计划产量为65 000t，实际完成71 023t，其中开发生产嵌段共聚料K7116为23 679t，K7227为22 388t，K8125为1 485t，完成中国石化总部年计划的129%。专用料计划产量为290 000t，实际完成329 777t，完成中国石化总部年计划的114%。新产品和专用料较通用产品增效约6 000万元。

科技成果　“加氢裂化装置用高压轨道球阀研制与应用”成果通过中国石化总部鉴定。该项目针对进口阀门价格贵、供货周期长、维修不便等问题，通过研发应用实现加氢裂化装置轨道球阀国产化，摆脱对国外供应商的依赖，降低成本，解决轨道球阀在运行中出现的问题。2012年9月项目启动，2014年完成材料预制，2015年2月起安装在管线上试运行16个月，运行状态良好。2016年5月合同验收，设备继续运行检验。2017年8月15日，“加氢裂化装置用高压轨道球阀研制与应用”科技成果通过中国石化物装部组织的技术鉴定。该项目由广州石化、中国石化工程建设有限公司、中石化洛阳工程有限公司、上海开维喜阀门有限公司和合肥通用技术研究院联合承担，属中国石化重大装备国产化项目。专家组认为“项目研制的NPS8class1500加氢高压轨道球阀整体技术达到国际先进水平，一致同意项目通过验收，可替代进口，建议推广应用”。

多维分布建模的石化电网孤网稳定策略研究项目通过中国石化总部鉴定。该项目于2014年下达，属中国石化科技开发项目，由广州石化与清华大学合作开发。2015年项目进入实际参数测定阶段，7月确定动模试验方案，11月完成报告并提交审核；2016年10月项目基本完成，2017年1月通过中国石化科技部组织的项目验收。该项目建立了公司电网孤网稳定分析仿真模型，进行了模型参数的相关性研究、软件仿真分析和动模试验等多维度验证；详细分析了石化企业电网强迫孤网状态下电压、频率变化过程，完成了适用于大型石化企业电网孤网稳定运行策略研究、准确建模和分析方法。此外，项目利用联合开发的石化企业孤网稳定分析平台，完成了公司发电机的多工况模拟计算，提出了孤网稳定运行的控制策略，并进行分析和校验，为运行管理和调度指挥人员提供决策依据。

催化烟气轮机结垢原因研究及处理技术开发项目通过中国石化总部验收。该项目是由石油化工科学研究院、催化剂分公司、洛阳工程有限公司、华东理工大学和广州石化联合完成的中国石化科技开发项目。该项目通过催化裂化装置烟气轮机故障技术攻关，降低催化裂化烟气轮机故障，延长催化裂化烟气轮机运行周期。经过3年多的工作，项目组解决了蜡油催化裂化装置烟气轮机因结垢导致振动大而不能长周期运行的问题。2017年7月11日，中国石化科技部对项目进行了验收。

专利工作　专利持有量稳步增长。2017年共申报国家专利5件，其中发明专利1件、实用新型专利4件；“由炼厂粗丙烯制成聚合级丙烯的精制方法及精制系统”等7件专利获国家知识产权局授权。截至2017年年底，广州石化拥有有效授权专利42件，其中18件发明专利、24件实用新型专利。

生产技术服务　2017年，广州石化科技部门配合生产开展大量的评价分析、测定采样、试验攻关调研工作，提出措施建议；针对各项生产问题做深入测试，对10套循环水及补充水进行水质监测、微生物检测以及腐蚀、黏附监测等工作。全年完成6 582项次的水质分析，细菌、生物粘泥量检测分析1 600项次，腐蚀、黏附监测数据共670个，完成110 批次水处理药剂进厂质量抽查检验分析工作。为指导生产提供了科技保障。

【中国石油化工股份有限公司茂名分公司】

科技攻关　12月14日，在中国石化2017年度“十条龙”攻关会上，中国石油化工股份有限公司茂名分公司（以下称“茂名石化”）“气相聚丙烯产品VOC脱除工艺成套技术开发”和“高光泽抗冲聚丙烯技术开发”两个科技项目成功加入中国石化总部“十条龙”攻关项目，占了中国石化10个新“入龙”项目的1/5。

茂名石化作为中国石化“十条龙”攻关项目“加氢异构脱蜡生产高档基础油成套技术开发及工业应用”的组长单位，在2016年成功产出HVIⅢ类4、6号基础油的基础上，2017年进一步深入开展攻关，通过优选原料、优化工艺操作，于12月份成功产出合格的HVIⅢ+4、6号类润滑油基础油产品，填补了中国石化同类牌号润滑油的生产空白，实现了中国石化“十条龙”科技攻关项目生产HVIⅢ+润滑油基础油的目标。

9月，茂名石化使用与抚顺石油化工研究院合作开发的“异壬醇装置副产物制备异构烷烃溶剂”技术，在小试装置成功产出达到日本出光公司同类产品质量要求的C8、C12、C16、C20异构烷烃溶剂油样品。此前，国内尚无异构烷烃溶剂生产企业及相关技术，这一技术在国内属于首创。该项目成果工业化应用后，可改变目前高品质异构烷烃产品生产技术由少数几家国际石油公司掌握的现状，所生产的C8、C12、C16、C20异构烷烃产品将填补国内高端异构烷烃产品空白，摆脱国内市场对进口异构烷烃产品的依赖，同时可满足国内气雾剂、金属加工及涂料等产业对环保型异构烷烃产品日益增长的需求，具有较好的经济效益和社会效益。

新产品开发　茂名石化的化工新产品和专用料占比达70.27%，增效1.43亿元。2017年共有三元共聚聚丙烯CPP膜料F4908等10个化工新产品实现首次工业化生产，其中4个为顶替进口牌号产品。

茂名石化成功开发高密度聚乙烯大型缠绕管材料TR457M，5月成功试生产该新产品约500t，是当年开发的首个合成树脂新产品。成功开发高流动抗冲聚丙烯PPB-MN50-G，6月成功生产了该新产品528t。该产品的开发目标是替代埃克森美孚的7555。成功开发家电用高刚抗冲聚丙烯PPB-MN10-S，6月成功试产该新产品约1 000t。该牌号是公司有史以来成功开发的首个中融指高刚抗冲聚丙烯新产品。成功开发环保型耐开裂SBS鞋材新产品F880，7月生产该新产品约100t，进一步完善了公司SBS产品系列。首次成功开发三元共聚聚丙烯产品，7月成功试产三元共聚聚丙烯CPP 膜料新产品F4008约420t。由于研发和生产难度大，目前国内仅有一家企业所产同类型产品可达到下游厂家要求，多数产品需要进口。成功开发低翘曲刚韧平衡均聚聚丙烯新产品PPH-MM12-S，8月生产该新产品约500t。产品具有刚性和韧性相对平衡、产品翘曲相对低、热变形温度适中的优点，应用于小家电注塑及改性聚丙烯领域。成功开发光伏水上漂浮平台专用料TR580HT，9月首次试产该新产品约480t。该牌号是公司根据安徽某大型客户的特殊需求专门开发的，是公司与客户联合开发订制产品的又一次有益尝试。成功开发高流动高刚车用均聚聚丙烯PPH-M60-S，10月成功进行了工业化生产，预计华南地区对此类牌号的年需求超过1万t。12月，在橡胶装置成功试产了两个SBS新产品——保型黏合剂F518约50t、极性干胶F701。极性干胶F701是茂名石化首个具有完全自主知识产权的橡胶新产品。

行业标准制定　1月，茂名石化作为第一参与单位起草的《土工膜用中密度聚乙烯树脂》行业标准由工信部发布，于2017年正式实施。该行标自2014年开始起草，北京化工研究院为标准负责起草单位，系统内另有齐鲁石化和上海石化两家单位参与。实施该标准后，将有助于规范下游行业的原料采购，为公司的高密度聚乙烯土工膜专用料在今后开拓和占领市场提供有利条件。

科技成果及奖励　2017年，茂名石化共有5项成果通过省部级科技成果鉴定。其中“LDPE高强度收缩膜关键技术开发及产业化、环保型高刚高韧聚丙烯树脂开发、加氢催化剂活性相重构DMART技术开发及应用”三项成果通过中国石化的科技成果鉴定。“耐热高刚快速热成型聚丙烯的开发及工业化、气相法釜内合金聚丙烯的相结构调控技术及应用”两项成果通过广东省石油和化学工业协会的科技成果鉴定。

2017年，茂名石化共有7个项目成果获得省部级科技进步奖。3个科技项目获中国石化科技奖，其中“节能环保型无胶复合膜专用聚丙烯树脂的开发”获2017年度中国石化科技进步奖一等奖，“加氢催化剂活性相重构技术（DMART）开发及应用”获2017年度中国石化科技进步奖二等奖，“婴儿奶瓶/运动水瓶用透明聚丙烯专用料的开发”获中国石化科技进步奖三等奖。4个项目获广东省科学技术奖，其中“石化装备智能安全监测关键技术及应用”项目获2017年度广东省科学技术奖二等奖，“气相法釜内合金聚丙烯的相结构调控技术及应用”“糠醛抽出油生产高等级道路沥青的研究及工业化应用”“Cr9Mo 钢管研制及工业应用”3项获2017年度广东省科学技术奖三等奖。

专利工作　2017年，茂名石化专利申请量再创新高，全年申请中国专利45件，其中发明专利27件，超额完成中国石化总部下达的申请中国专利总数35件、发明专利20件的年度指标，同比分别增加18.4%和17.4%。

产学研合作　2017年，茂名石化加强与科研院所的合作力度，在2017年分别与石油化工科学研究院、北京化工研究院等合作开发具有高技术水平的科技项目，共与中国石化总部签订科技开发合同28项。5月8日，茂名石化与广东石油化工学院签订全面战略合作框架协议。该协议的签订，标志着公司与广东石油化工学院的合作进入全新阶段，双方将在共建研发机构、协同科技创新、协同培养人才等方面建立长期稳定的战略合作关系，共同打造校企双方创新驱动发展新格局。

（邓志仲　谭达刚）

国土资源科技

【科技成果及奖励】 广东省国土资源测绘院承担的“国土资源动态巡查监测技术研究及应用”获2017年国土资源部科学技术奖二等奖。广东省国土资源测绘院承担的“广东省地理国情监测关键技术研究与应用”“珠三角经济发达区地理时空数据综合集成与应用示范”获得2017年中国测绘地理信息学会测绘科技进步奖二等奖。广东省国土资源技术中心承担的“电子地图快速生产与更新关键技术研究及应用”“广东省地理国情普查综合统计分析关键技术研究与应用”获得2017年中国地理信息产业协会地理信息科技进步奖二等奖。

广东省土地学会、广东省测绘学会、广东省遥感与地理信息学会、广东省不动产登记与估价专业人员协会、广东省地质灾害防治协会联合开展第五届国土资源（广东）科学技术奖评选活动，评选出2017年度国土资源（广东）科学技术奖一等奖5项、二等奖19项，其中广东省土地调查规划院等单位承担的“广东省土地变更调查成果核查规则库研究及软件系统开发应用”、深圳市中金岭南有色金属股份有限公司等单位承担的“矿山地质环境治理帷幕注浆关键技术研究及应用”、中山大学等单位承担的“珠江三角洲地区土地利用时空演变及其环境效应研究”、深圳市万信达生态环境股份有限公司等单位承担的“道路边坡及裸露山体植被恢复与生态防护技术”、广东省地质环境监测总站等单位承担的“广东省地质灾害成灾规律研究”获一等奖。

为实现全省国土资源执法监察“一盘棋”，构建省、市、县、镇四级国土资源执法监察联动管理模式，2013年，经广东省人民政府批准，广东省国土资源测绘院开始建立广东省国土资源在线巡查系统（以下简称“在线巡查系统”），2014年8月份开始试运行，2015年1月1日正式启动运行。在线巡查系统经过一到三期建设，建立了一个全省统筹管理的国土资源执法监察信息化监管平台，通过利用信息化技术手段，整合国土资源有关信息化数据库，对日常执法巡查违法事件的发现、上报、查处进行有效监督和管理，其监管内容包括，土地执法、卫片执法检查、变更调查、采矿监管、地质环境巡查、测量标志巡查、批后监管等，维护了正常的土地、地质矿产、测绘地理信息管理秩序，最大限度及时发现、及时制止和及时查处违法行为，最终形成“全省统筹、信息管理、上下贯通、快速响应”的国土资源执法监管体系。自2015年1月1日系统正式上线以来，共实现巡查距离6 504.06万km，报送事件6.27万件，制止违法事件44 657件，涉及土地11 523.9公顷，挽回直接经济损失6 774.92万元。项目受到了国土资源部、国家测绘地理信息局的高度认可，获得了良好的经济和社会效益。巡查相关技术研究先后获得了2016年测绘科学进步奖二等奖、2017年国土资源科学技术奖二等奖。

【科技项目】 组织开展2016年度广东省国土资源厅科技项目验收工作，共有9个项目通过验收；向项目承担单位下达2017年该厅科技项目10个，科技项目经费共242万元；组织开展2018年度广东省国土资源厅科技项目申报立项工作，“村土地利用规划编制技术与规范研究”“基于GIS的地图编制知识动态构建与一体化管理技术研究”“广东省垦造水田关键技术与应用研究”等9个项目经专家评审，厅立项专题会通过立项，共获立项经费328万元。

“村土地利用规划编制技术与规范研究”项目为统筹安排村土地资源，从微观层面实现国土空间优化与规划管控，促进土地资源集约高效利用和可持续发展。本课题研究村土地利用规划编制的关键技术和规范，从而分类有序指导全省村土地利用规划编制。研究内容主要包括：村土地利用规划分类、规划编制的大比例尺数据标准与大数据集成应用；规划用途分区与管制规则确定；土地整治与节地途径；规划编制技术规范与规划实施管理办法。

【科技创新平台建设】 2017年，省国土资源厅协助国土资源部组织开展省内国土资源部重点实验室验收工作，其中：依托于深圳市规划和国土资源委员会，由委属6家单位（深圳市规划国土发展研究中心、深圳市规划国土房产信息中心、深圳市房地产评估发展中心、深圳市数字城市工程研究中心、深圳市地籍测绘大队、深圳市海洋环境与资源监测中心）联合创建的国土资源部城市土地资源监测与仿真重点实验室于5月通过建设验收并挂牌运行；依托于华南农业大学、广东省国土资源技术中心创建的国土资源部建设用地再开发重点实验室于5月通过建设验收并挂牌运行；依托于广东省矿产应用研究所创立的国土资源部放射性与稀有稀散矿产综合利用重点实验室于11月通过建设验收并挂牌运行。

【科技领军人才队伍建设】 为全面提升国土资源管理决策水平，为广东省国土资源规划、利用、保护提供智力支持，省国土资源厅于10月组建了国土资源咨询专家委员会，许瑞生副省长出席委员会成立大会，宣布委员会正式成立并为委员会成员颁发聘书。委员会成员共54名，其中顾问5名（土地管理、地质矿产、测绘地理信息方向各1名院士顾问），委员、专家49名，设立土地经济与规划调控组、土地利用与耕地保护组、不动产登记与土地调查组、矿产资源与地质勘查组、地质环境与地灾防治组、测绘地理信息与智慧国土组6个专家组。

2017年，广东省国土资源测绘院丁华祥同志获国土资源部授予的“国土资源部杰出青年科技人才”称号。

2017年，受省人力资源和社会保障厅委托，省国土资源厅组织开展测绘、国土专业技术资格评审，共有287名专业技术人员通过晋升上一级（中级及以上）专业技术资格评审，其中教授级高级工程师14名、高级工程师106名、工程师167名。

（胡吉进）

地质领域

【科研项目实施】 2017年，获得国土资源部、广东省财政等支持的科研项目共14项，经费投入3 820万元。

矿产与基础地质　“广东雪山嶂地区铜多金属矿整装勘查区矿产调查与找矿预测”项目对区内重要矿点的成矿特征进行了综合调查，对区内的地层、岩浆岩、构造等进行了重新梳理，有望提交4处大型以上稀土矿新发现矿产地。“广东河台金金属矿整装勘查区矿产调查与找矿预测”项目在宝鸭塘工作区开展矿产检查工作，圈定宝鸭塘金矿找矿靶区1个，区内新发现金矿体2个、金矿化体4个。“广东重点矿集区稀有金属调查评价”项目新发现离子吸附型稀土矿1处，初步认为远景可达大型规模以上。

2017年启动珠江三角洲基底断裂探查研究项目，工作周期2017—2019年，为省财政项目，总经费3 876.41万元，广东省地质局为组织单位，联合中山大学、中国科学院南海海洋研究所等高校和科研院所开展攻关。项目总体目标是系统查明珠江三角洲控制基底断块活动的区域性主干断裂的位置、产状、空间展布，查清被断裂分割的各个断块晚第四纪以来活动历史、活动周期及以往各次活动所引起的环境变迁以及潜在活动的危险性，为珠江三角洲发展战略的制定和减灾防灾提供科学决策依据。

环境地质　广东省城镇典型岩溶地面塌陷防治研究项目为广东省财政地勘事业发展方向项目，研究经费300万元，研究周期2016—2017年。本项目在系统分析岩溶分布发育规律的基础上，对岩溶地面塌陷的成因机理进行研究，构建了岩溶发育的地质模式和岩溶地面塌陷的动力模式，进而划分了岩溶地面塌陷易发区及风险区并提出防治建议，为当地建设及岩溶塌陷地质灾害防治提供科学依据，可为全省乃至国内同类城镇建设预防岩溶地面塌陷地质灾害提供经验。污水处理一体化设备及运营服务项目属广州市财政项目，经费2 000万元。本项目针对粪便混合液高COD、悬浮物多、水质不稳定的特点，设计了板框压滤、KIC生化、反渗透等处理工艺。经过处理，出水水质的COD含量从15 000mg/L降至20mg/L以内，氨氮从1 000mg/L降至1mg/L以内，达到Ⅲ类水标准，不会对环境造成危害。与传统污水处理工艺对比，本污水处理工艺的创新点在于处理过程中不产生浓缩液，并可有效处理水中污染物，因此可广泛应用于垃圾渗滤液、黑臭水体的处理整治。

重点项目选介　“城市地质灾害星地传感网一体化监测预警及应用”项目提出了卫星雷达干涉测量与水准测量同步实施的星地一体化地表形变提取方法，构建了星地一体化组网实时监测城市缓变性地质灾害的技术方法体系及地质灾害隐患点的筛查方法与技术指标，实现了基于传感网的灾害监测监控及预警，成果应用于地表形变、开采沉陷、边坡滑塌等典型地质灾害，同时，也成功应用于公路勘察领域。

“珠江三角洲地区地面沉降地质灾害监测”项目基于北斗卫星导航定位系统，结合卫星定位技术、卫星遥感技术、地理信息系统、计算机技术等多种技术，首次在珠三角地区建立了多种类、多方法、多分辨率的统一、权威的立体监测体系，实现全天时、全天候自动监测，突破了传统监测技术周期长、成本高、精度低等难题。通过研究GNSS、精密水准、InSAR等多种观测手段协同监测获取地面沉降的理论、技术与方法，以最优化配置的高效融合，全面提升项目整体技术含量，监测精度达到mm级。项目成果具开创性、先进性、适用性，更具有很好的示范作用，填补了珠三角地区地面沉降监测空白。

【科技成果与奖励】　深圳市地质局作为主要单位完成的“城市地质灾害星地传感网一体化监测预警及应用”项目荣获2017年度中国测绘地理信息学会测绘科技进步奖二等奖。地质测绘院完成的“珠江三角洲地区地面沉降地质灾害监测”项目获得2017年度卫星导航定位科学技术奖科技进步二等奖。此外，还有多项地质科技成果获得省国土资源科学技术奖和省地质科学技术奖。

【科技交流与平台建设】　11月3日，国土资源部唯一的放射性专业重点实验室——放射性与稀有稀散矿产综合利用重点实验室，在韶关顺利通过验收并挂牌。该实验室历经5年的培育和建设，着重围绕3个研究方向，通过承担省部级科研项目，在铀矿伴生元素及稀有稀散金属组构特征研究、分离与提取技术应用研究和放射性元素环境保护应用研究等方面取得了重要进展和明显的应用效果。该实验室已成为我国放射性与稀有稀散矿产综合利用方面的一个重要研究平台和人才培养基地。

【科普宣传】

地球日活动　4月22日，广东省地学界举办的“第48个世界地球日”科普宣传咨询活动在封开县举行。活动主题为：“节约集约利用资源，倡导绿色简约生活——讲好我们的地球故事”。来自省、肇庆市的领导、专家学者、学生、市民以及新闻媒体记者共近千人参加。现场还进行了专家咨询、有奖问答、展览观摩、岩矿标本展示、发放宣传资料等活动。

广东地质文化科普园　该科普园是广东省第一家以地学知识和地质文化为主题的特色展馆，设立在广东省地质科普教育馆肇庆教育基地。展馆主要展示广东地质工作发展史，介绍地球形成和演变的知识，并展示具有代表性的古生物化石、矿物标本、宝玉石和观赏石等。展馆内现展出多种独特、稀有的矿物晶体和化石标本共200余件，孔雀石、方解石、冰洲石、萤石、蜡石、彩石、钟乳石等极具观赏性的奇石共100多件。2017年迎来3 000余位参观者。

（桓曼曼）

海洋领域

【海洋创新联盟】 9月25日，全国首家海洋创新联盟在广州成立。由广东省海洋与渔业厅联合国家海洋局南海分局、中国地质调查局广州海洋地质调查局、中国科学院南海海洋研究所、中山大学、广东海洋大学、中集海洋工程有限公司、广船国际有限公司8个单位共同发起组建的“广东海洋创新联盟”是我国海洋领域省级层面的第一个科技创新联盟，8家发起单位和11家来自海洋生物、海工装备、海上能源、海洋电子信息服务等领域的海洋高新龙头企业组成首届联盟共商会议成员。广东海洋创新联盟将打造“科技公共管理信息服务平台”“科研联合攻关平台”“科技成果产业转化平台”和“人才交流合作平台”四大平台，有效整合各方资源，实现大数据共享、重点实验室共享、科考船共享。通过定期发布海洋科技产业政策信息和海洋科技发展趋势报告等，形成较高的综合实力和影响力。

【海洋创新与发展十大科技进展】 11月13日，南方报业传媒集团联合广东海洋创新联盟共同举办“广东省2017年海洋创新与发展十大科技进展”评选活动，这是广东首次对海洋创新与发展科技进展情况进行评选和权威发布。

1. 南海天然气水合物成藏及富集规律重大理论创新与试采技术突破

主要完成单位：中国地质调查局广州海洋地质调查局

该成果建立了南海北部天然气水合物的地球物理—地球化学—微生物找矿方法体系，显著提高了水合物探测结果的可靠性，并及时用于指导我国南海天然气水合物资源勘查评价，为找矿取得突破提供了重要的理论和方法支撑。在南海北部获取了实物样品，圈定了一批目标区，控制了2个千亿方级大型天然气水合物矿藏，初步预测我国海域天然气水合物资源量约为800亿t油当量。

2017年5月10日，中国地质调查局广州海洋地质调查局组织中油海等国内单位成功实施了我国海域天然气水合物首次试开采，截至当年7月9日，试采连续稳产60天，累计产气量超30万m^3，获取科学试验数据647万组，超额完成预期目标，主动实施关井，创造了连续产气时长和产气总量两项世界纪录。这是中国首次、也是世界首次成功实现对资源量占全球90%以上、开发难度最大的泥质粉砂型天然气水合物试采，标志着我国取得了天然气水合物勘查开发理论、技术、工程、装备的自主创新，实现了历史性突破，为促进水合物产业化迈出了关键一步。

2. “蓝鲸一号”南海天然气水合物试采装备及工程应用关键技术突破

主要完成单位：中集海洋工程有限公司、中集来福士海洋工程有限公司、中国石油海洋工程有限公司

2017年7月，中集集团自主设计、建造的“蓝鲸一号”半潜式钻井平台圆满支撑了我国首次海域天然气水合物试采任务，创造了试采时间最长、总产量最高的世界纪录。中集集团联合中石油海洋工程有限公司，突破了一系列南海天然气水合物试采装备及工程应用关键技术，包括装备设计建造、试采工程应用、应急安全保障等，为我国首次海域天然气水合物试采提供了重要支撑。

“蓝鲸一号”半潜式钻井平台在装备设计建造方面的突破，标志着我国在高端海洋工程装备的设计水平、建造质量、工程能力等方面均达到世界最高水准；在试采工程应用方面的突破，成功指导了对“蓝鲸一号”平台的一系列适应性改

造，满足了海域天然气水合物试采工程的诸多特殊要求，保障了试采任务的顺利开展；在应急安全保障方面的突破，大幅完善了“蓝鲸一号”的作业安全体系，成功抵御了12级台风“苗柏”的侵袭，确保了试采工程的延续性。

3. 砗磲的人工繁育和苗种（幼贝）生产及其在岛礁生态修复中的应用

主要完成单位：中国科学院南海海洋研究所

中国科学院南海海洋研究所研究团队经过几年的技术研发，在全人工条件下通过亲本促熟、人工授精孵化、幼虫培育、虫黄藻植入、稚贝中间培育等环节的技术研发，成功攻克了砗磲繁育过程中的各种难题和技术瓶颈，建立了砗磲人工培育、人工授精和幼虫孵化、虫黄藻高效植入等关键技术，在国内首次繁育出鳞砗磲和其他几种砗磲稚贝，将其变态率由不足1%提高至10%以上，培育的1.5年龄幼贝最大个体已达12cm大小。

此项技术的成功研发，为开展砗磲规模化人工养殖，推进砗磲岛礁人工放流、增殖，恢复和保护砗磲种群，保护南海珊瑚岛礁及其生态环境等奠定了坚实的技术基础，具有重要的理论和产业应用价值。

4. 《南海地质地球物理图系（1：2 000 000）》

主要完成单位：中国地质调查局广州海洋地质调查局

《南海地质地球物理图系（1：2 000 000）》标注了国家明确的255个海底地名，以科学成果的方式表明了我国在南海的管辖权力，精细刻画了主要构造边界，为深入探索南海边缘海形成演化研究提供了重要科学依据；重新圈定了中—新生代沉积盆地范围，首次发现了中沙海槽深水盆地；编制了各盆地的地层综合柱状图，标注了已知的油气田和钻井位置等，对南海油气勘探部署具有重要的参考价值。

目前，《南海地质地球物理图系（1：2 000 000）》广泛应用于海底重大工程建设，在工程科学部署和顺利实施等方面发挥了重要作用。新生界厚度图、新生代沉积基岩深度图、中新生代沉积盆地分布图等相关成果，已被我国石油公司应用于勘探开发部署工作。地形地貌、地球物理场、地质构造等相关图件已被德国、波兰等的相关国际合作研究机构，以及国内科研院所和高校广泛使用。

5. MySE5.5/7.0MW大型海上风力发电机组

主要完成单位：明阳智慧能源集团股份公司

MySE5.5/7.0MW大型海上风力发电机组不但拥有76.6m超长叶片，还具有海上机组优异的发电效率、可靠性、防腐特性、独立的冷却散热技术及优异的抗台风特性，其主要技术优势体现在：1. 采用中速齿轮箱/中速永磁发电机/全功率变频器的半直驱传动链设计技术，有效提升风力发电机组传动发电效率；2. 采用超紧凑和精巧的传动链结构设计，缩短了风轮至塔筒中心线的距离，提高了机组的结构刚度和抗振性能；3. 采用全密封的机舱设计方法，通过高效能热交换器实现机舱内外热交换，保证机组具有良好冷却效果，同时可适应重盐雾、高潮湿、强沙尘和超高温等不同环境特性；4. 采用基于模型的控制策略（MBC），使得机组根据所处的特定位置的风速、湍流、风切变、温度等外部条件的变化自寻优调整，有效降低机组在运行中所受的载荷并提高发电量。

6. 水下无线通信控制网络系统

主要完成单位：深圳市智慧海洋科技有限公司

水下通信，特别是水下无线通信是世界性难题。由深圳智慧海洋科技研发的水下无线通信控制网络系统突破了水下高速无线通信定位与同步技术、智能感知和智能前端数据处理技术、智能数据集成分析与呈现技术、海底管线自主巡检与对接补给技术、水下常驻作业网络化智能化监控技术等关键技术，解决了水下无线通信和组网的世界性难题。

该技术可应用于水下无线网络建设，与海缆光纤互补，对海域形成无线网络覆盖，也可独立构建水下局域网，形成“水下WiFi”网络。系统集成了海洋通信、海洋感知、智能控制、数据分析、数据融合与可视化等智慧海洋技术，与水上通信结合可形成“天空地海”一体化通信控制网络，使水下机器人基于“人在回路”的无线智能化控制成为现实。

7. 出口型大型多功能饱和潜水支持船

主要完成单位：招商局重工（深圳）有限公司

多功能饱和潜水支持船被誉为“深海空间站”，是特种海工船舶中的顶级明珠装备，“中国制造2025”重点发展船型。该船配备双潜水钟，可同时搭载18名饱和潜水员进行水下300m安装、检查、维修、打捞等作业，满足国际最严格的DNV-GL船级社要求。6月20日，招商局重工（深圳）有限公司设计建造的MT6024型大型多功能饱和潜水支持船举行交船仪式，10月9日驶离码头，奔赴作业海域。

这不但标志着我国首艘、全球最顶尖的大型多功能饱和潜水支持船高水平、高质量完成设计建造，还在全国首次实现了出口创汇，获得了可观的经济效益，填补了我国在相关领域的市场空白，极大地提高了我国海洋高端装备的设计建造能力，使我国跻身世界海洋装备设计制造强国之林。

8. 建成“海洋生物天然产物化合物库”

主要完成单位：中山大学、国家海洋局第三海洋研究所、暨南大学、中国科学院南海海洋研究所、中国海洋大学、解放军第二军医大学

在海洋经济区域发展示范项目支持下，由中山大学牵头，历时4年，于2017年建成“海洋生物天然产物化合物库”。该项目以海洋动物、植物及海洋微生物为主要对象，收集和制备海洋天然产物，建立了海洋生物天然产物化合物分离制备平台、活性筛选平台、信息管理平台及化合物库，能够高效地完成海洋生物样品的采集，化合物分离制备、活性筛选等过程；并保藏了2 000个以上海洋化合物实体，为进一步药物研究提供了物质基础。

项目参与单位已经建立完善化合物信息管理系统及化合物信息网站“国家海洋生物天然产物化合物库”，已与多家企业签订合作协议，共同开发海洋活性化合物，将海洋药物研究从化合物活性研究向药物研发推进。

9. 自升自航式浮船坞

主要完成单位：深圳市惠尔凯博海洋工程有限公司

自升自航式浮船坞凭借其出色的创新性，获得了国家发明专利，是惠尔海工推出的专用于南海远海岛礁舰船维修服务的产品，相当于一个小型海上舰船维修厂。自升自航式浮船坞可以实现自航，在舰船需要维修时，可以及时航行到指定位置，升船压桩，船坞站立在海床之上，然后坞体下沉，待破损船只进坞后，升离水面检修，避免了海况对维修作业的影响，缩短了海上救助时间。本产品弥补了现有海工装备的空白，解决了舰船海上受损急救问题，在减少舰船沉没的同时可提供应急修复。同时可用于民用渔船应急救援检修、水下施工作业，这种结构形式的平台在功能上具有多种可延展性。

10. 基于海洋大数据的应急指挥信息管理系统

主要完成单位：广东邦鑫勘测科技股份有限公司

该系统主要利用地理信息系统（GIS）、大数据、物联网、云计算技术，以海洋测量勘察、港口地理、船舶动态、生产作业、水深监测、视频监控、水文气象等数据构成的统一信息数据资源为基础，根据各港口、航道、渔港和库区等部门的实际需求，建设智能化、可视化的应急指挥信息化管理系统，为上述部门的日常管理、应急指挥、安全生产监督和行业经济分析等提供支撑，全面提高其综合管理和决策分析能力。

该系统已在广州港、茂名港、肇庆港、阳江港等大型港口应用，具有明显的社会效益和经济效益。系统通过创新监管模式，变“被动监管”为“主动监管”，由“事后处置”转为“事前预警”，有效缓解了监管区域大、分散、点多、监管人员不足的严峻监管现状，解决用户信息资源整合难、资源可视化难和信息自动化匹配难等问题。

【第五届中国海洋经济博览会】 2017年12月14—17日，第五届中国海洋经济博览会在广东省湛江市举行，主题为“蓝色引领，创新发展”，

超过60个国家、3 000家企业、30万客商和观众参展，4天达成交易和合作意向901亿元，比上届增长105%。同期还举办了“中国海洋经济发展高端论坛”“海洋科技金融与产业创新发展论坛”等十余场高峰论坛。

（杨红漫　王成荣　摘自《南方日报》）

【广东海洋大学】　2017年，广东海洋大学科研到账经费达1.45亿元，连续5年突破亿元大关。其中，国家级项目45项，到账经费1 726.88万元；省部级项目94项，到账经费1 666.96万元。新增市厅级以上科研平台12个，其中3个广东省工程技术研究中心：广东省水产动物精准营养与高效饲料工程技术研究中心、广东省名特优鱼类生殖调控与繁育工程技术研究中心、广东省水生动物健康评估工程技术研究中心。获批广东省普通高校创新团队1个，谭北平教授、陈刚教授、邓岳文教授入选国家现代农业产业技术体系“十三五”岗位科学家。获得市厅级以上科研奖励9项，其中省部级奖励7项；发表学术论文1 146篇，其中三大索引收录215篇；全年学校申请专利435项，获得授权专利152项。

科研成果　“南海深海渔业资源开发关键技术及应用”项目针对中越北部湾划界后渔场骤减、南海渔业资源严重衰退、传统捕捞产业亟需转型升级的突出问题，重点突破了南海渔业资源监测与评估、渔业资源增殖放流与效果评价、深远海渔业资源探捕与可持续开发等关键技术，引领南海渔业资源保护、修复与可持续利用，促进南海现代渔业转型升级，为国家制定南海渔业管理政策和海洋维权提供了科学依据和重要参考，取得了重大经济、社会和生态效益。成果荣获2016—2017年度神农中华农业科技奖二等奖。

12月17日，该校海水稻研究成果“海水稻新品种——海红香米”发布会在第五届中国海洋经济博览会主会场湛江奥体中心举行。海红香米是广东海洋大学耐盐水稻研究团队自1996年以来，经过多次水稻品种杂交试验，培育出的耐盐碱的优质稻米品种，能在土壤含盐量0.2%~0.5%（中度盐碱）的盐碱地中种植，抗倒伏，抗病虫害，亩产量达到300kg以上。

科技交流与合作　广东海洋大学搭建高水平学术交流平台，积极开展学术交流活动，先后主办或承办了“2017中国海洋生态经济发展论坛”“2017年全国机械制造学术会议”“2017年亚洲航海学术年会”“现代海洋渔业论坛”“2017第四届海洋材料与腐蚀防护大会暨海洋耐蚀钢铁材料学术交流大会”等国际、国内学术会议。

（吴　勇）

【中国科学院南海海洋研究所】

科技成果及奖励　“热带印度洋气候模态的海洋动力学机制”项目在印度洋海洋动力学与气候变化研究方面获得了一系列新发现，阐释了印度洋海盆模态（IOB）与印度洋偶极子模态（IOD）对海洋环流和热盐结构的影响以及对南海和西北太平洋的气候效应；揭示了IOB对南海和西北太平洋台风和大气环流等海洋气候过程的影响，奠定了西北太平洋夏季台风季节性预报可行性的理论基础；指出不同IOD位相以及印度洋—太平洋温度异常配置对海洋大陆临近海区降雨和季风影响的差异；揭示了赤道东印度洋和孟加拉湾海面高度季节内变化特征及其机制。本工作在印度洋海气耦合模态与上层海洋环流热盐输运的关系及其气候影响方面获得突破性进展，获得海洋动力过程影响气候变化的证据并提出了对应的驱动机制和响应机理。该项目获得2017年度广东省科学技术奖一等奖。

专利“一种含有海洋贝类活性肽的化妆品及其制备方法和应用”瞄准我国海洋生物资源高值利用与节能减排重大战略需求，应用绿色科学技术原理和方法，突破活性肽定向绿色制备、危害物控制与脱除、化妆品稳定化复配技术瓶颈，率先制备并应用海洋贝类活性肽开发自主知识产权系列产品（涉及保湿、防晒、祛斑、去屑、护发功效，可分别护理头发和皮肤），抢占高端化妆品市场先机。获得第十九届中国专利优秀奖。

重点科研项目　国家杰出青年基金“天然药物化学”从一株深海来源的放线菌发酵提取物中发现了对耻垢分枝杆菌具有较强的选择性抑制活性一类化合物，其后通过利用天然产物化学的多种手段解析了活性化合物的结构及其立体构型，并利用生物工程技术构建了高产菌株，定向生产低细胞毒活性、强抗结核杆菌活性的化合物怡莱霉素E。研究结果发现怡莱霉素E的体外抗结核活性为9.8nM，是一线抗结核药物利福平活性的30倍，且其对正常细胞的毒性较低，在抗结核活性和细胞毒性之间的选择性指数为400~1500，显示出较好的安全性窗口，具有成药潜力。怡莱霉素E的发现为新型抗结核药物的研发提供了药物先导化合物。该研究成果在国际著名期刊*Nature Communications*上发表，获得3项国家专利，并被新华网、《科技日报》和X-MOL等多家媒体报道。

"南海生态环境变化"项目中的子课题"关键生态种群繁育——螺类繁育"项目发明了一种塔形马蹄螺的人工催产方法，弄清了马蹄螺的胚胎发育规律，构建了其种苗培育技术和饵料培养技术，获得塔形马蹄螺幼虫1 000多万粒，0.3~0.5cm的幼螺10万个左右；大马蹄螺苗30多万只。建立了塔形马蹄螺活体远程运输技术并进行底播移植，取得了良好的底播效果。专家组对该项目的人工育苗进行现场验收，认为这一方法为我国大马蹄螺的资源养护与增殖建立了技术基础。

"南海生态环境变化"项目中的子课题"关键生态种群繁育——海参繁育"项目在国际上首次突破了玉足海参的全人工繁育技术难题、详细记录了该种海参的人工催产繁殖、胚胎发育、变态附着及幼苗养殖规律，已获得1 mm左右人工幼苗25万个左右、5 cm左右幼苗1万个左右。相关成果已发表在*Aquaculture*期刊上。相关技术已申请专利2项：一种野生玉足海参亲参长时运输刺激催产的方法（201710964693.X）；一种小水体人工培育礁栖玉足海参幼苗的方法（201710967254.4）。

国家基金重点项目"热带海草床食物链有机碳传递过程及其对富营养化的响应机制"项目在海南岛海岸线新发现海草床8个，总面积203.64hm^2，首次在海南岛西部海岸线发现泰来草（Thalassia hemprichii）；新发现海草床的沉积物有机碳储量为1 306.45 Mg C，海南岛海草床总的沉积物有机碳储量为4 0858.5 Mg C。该研究阐明了我国热带海草床沉积物有机碳来源、组分与转化过程，及其对营养负荷的响应机理，揭示了我国热带典型海草床沉积物的储碳机制，为评估人类活动对海草床蓝碳功能的影响提供重要科学依据，是我国首次对热带海草床的储碳功能的报道，可为我国的蓝碳研究提供借鉴。

2017年2月8日—6月11日，南海第三次大洋钻探IODP 367-368航次在南海北部顺利实施，共有来自13个国家、66名科学家参加，其中中科院南海海洋研究所共7位科学家上船，孙珍研究员任367航次首席科学家。本次钻探目标是钻取南海的基底岩石，揭示南海成因，探寻大陆如何破裂、海洋盆地如何形成的科学之谜，检验国际上以大西洋为"蓝本"的非火山型大陆破裂理论。该航次共钻探7个站位17个钻孔，总钻探深度达7 669.3m；共获取2 542.1m沉积物、沉积岩、玄武岩和变质岩等宝贵岩芯；在多个站位进行电缆与地震测井，获得一系列重要发现。新华社和东方卫视记者对钻探过程进行了全程跟船报道，在国内外开展了几百次船岸互动连线，在全球掀起"南海热"。

中科院"实验3"号科考船于2017年12月30日从广州新洲码头起航，赴莫克兰海沟，圆满完成中国—巴基斯坦首次联合北印度洋科考航次，历时55天，总航程12 330海里。本航次以攻关国际前沿科学问题为目标，首次成功实施了跨越巴基斯坦外海莫克兰俯冲带的高精度海底地震实验；首次获得莫克兰海底高精度地形资料和深海沉积柱品；探测到了可能揭示天然气水合物的"似海底反射界面（BSR）"，并在海底冷泉区采集到可能与甲烷渗漏有关的贻贝等生物样品；获得了对阿拉伯海的海洋上升流、缺氧带以及浮游生物群落结构的第一手宝贵资料。巴基斯坦科技部部长侯赛因致电祝贺。《人民日报》头版刊登了中巴首次联合航次全面展开的新闻，中巴重要媒体均进行了报道。此外，该航次首次成功开展了新华网的地球科学科普平台"海上科普"节目直播。

（唐兴华　陈　华　谢运昌　何毛贤　江　晓　张景平　李　淑）

广播电视领域

【基于AVS+和DRA国标的地面数字电视单频网应用示范项目】 2017年年初，广东省广播电视技术中心（以下简称“技术中心”）圆满完成了基于AVS+和DRA国标的地面数字电视单频网应用示范项目建设任务。

该项目为广东省新闻出版广电局和技术中心共同承担的国家级科研项目，获得了国家广电总局的专项经费支持。项目的主要内容是，在粤东地区构建1个由3个发射点组成的基于我国自主创新数字电视地面广播系统（DTMB）单频覆盖网，开展我国自主研发的广播电视先进视频编解码技术（AVS+）和多声道数字音视频编码技术（DRA）的应用示范。该国标单频网已于2016年7月正式运行，播出广东体育高清和4套标清电视节目，以及1套基于DRA编码的数字声音广播节目。

在项目实施过程中，技术中心通过搭建基于AVS+、DRA和DTMB3个我国拥有自主知识产权标准的地面数字电视单频网系统，探索AVS+、DRA业务应用参数；通过开展组网试验，研究适用于AVS+、DRA业务应用的DTMB单频组网参数和应用模式；通过在单频网中进行业务试验和覆盖试验，研究相关测试方法；通过单频网优化设计和频率规划试算，研究单频网的深度覆盖和扩展覆盖技术。

该项目的创新点是，采用国内技术领先的AVS+/DRA编码、复用和监测设备，全IP化主备热冗余架构，Dual Pass双步编码技术，高效的闭环统计复用技术，通过统计复用器将DRA音频编码器输出的码流与5套高标清电视节目一并复用为一个MPTS码流，在DTMB单频网中进行传输覆盖，对音频广播节目在DTMB传输系统的应用进行了有益的尝试。

该项目的顺利实施，具有普遍指导意义和较强适应性，为技术中心下一步开展模拟电视向数字电视整体转换工作提供了借鉴和参考，发挥了良好的引领和示范作用。2017年，该科研成果已在技术中心所属台站的电视频道数字化改造中得到推广应用。

【WiFi无线数字电视试验和应用推广】 2017年，技术中心根据中央关于加快构建现代公共文化服务体系的精神，以实现技术转型升级、提高传播覆盖能力、满足人民群众日益增长的精神文化需求为着眼点，紧跟前沿技术，融合创新和跨界整合，与社会资本合作，成立了广东省南方数字电视无线传播有限公司，重点推广针对智能终端的WiFi无线数字电视的试验和应用。

南方无线拥有国内行业领先的专业核心技术，应用流媒体组播技术和视频分发技术，利用自身拥有的流媒体协议进行优化，实现了流媒体信息的高速转发，由此诞生了区别传统手机电视的新一代手机电视。已经完成了南方无线APP、H5等产品的开发与优化，正式上线后的产品统称为“南方无线”。无论何时，用户只要有观看手机电视的需求，都可以通过WiFi或移动数据两种场景模式，使用南方无线APP或“南方无线”公众号内置的H5，随时随地观看高清、流畅的电视直播以及点播。

利用碎片时间使用手机观看视频，已经成为一种普遍的消遣需求，同时WiFi服务则解决了因带宽资源问题而难以满足的多用户上网需求。南方无线将DTMB技术与WiFi技术相结合的电视覆盖应用，填补了公共WiFi下用户无法流畅看视频的服务缺口。此技术已经率先在广州落地。2017年年底，南方无线APP首先在广州白云机场上线，并计划于2018年第二季度在广州市6 000辆公交车上线，从而基本覆盖广州公交网络。

（岑　斌）

移动通信领域

【4G/5G移动通信系统】 2017年，中国电子集团公司第七研究所（以下简称“七所”）开展了中高速传感器网络系统设备、接入设备研制与规模化制造技术研究，先后完成了D2D通信技术、C-RAN网络架构技术和光载无线电技术等多方面的研究，取得多项重要成果，技术水平国内领先。

七所是B-TrunC宽带集群产品联盟理事会成员，积极参与B-TrunC技术体制论证和标准化工作，截至2017年年底，累计提交近40篇标准化提案，参与编写15部行业标准，已形成8项发明专利。自研B-TrunC宽带集群端到端系统，2017年7月通过B-TrunC产业联盟互联互通认证测试，部分技术指标达到国内领先水平。

【“天地一体化信息网络工程”卫星5G技术研究】 2017年，七所成功开发了基于4G LTE技术体制的卫星通信原型演示验证系统，包括卫星终端、地面卫星通信基站、地面卫星通信核心网以及综合业务网络系统。实现了终端和同步静止高轨道卫星、地面卫星通信基站建立通信链路，且通信速率较高。

针对同步静止高轨道卫星移动通信系统的长距离衰落、高传输时延、功率严重受限和多波束间干扰等特点，研究基于4G LTE标准的卫星通信无线传输技术，有效解决了高轨卫星通信中低接收信噪比和大时延环境下的信号传输优化等问题，并在LTE已有规范的基础上修改并再优化物理层帧结构、各种物理过程以及MAC层控制信令等，形成完整的与地面兼容的卫星移动通信传输机制技术规范。

针对我国“天地一体化信息网络工程”卫星5G技术应用需求，七所开展了5G虚拟化技术在地面信关站中应用的研究工作，研究模块化、通用化、虚拟化的高效基于5G技术的卫星通系统基站，构建信关站虚拟化测试验证平台框架。根据卫星移动通信信关站设备集中部署的特点，研究基于基带处理资源池的基站虚拟化技术，重点突破多核多线程通用处理器软件平台下的实时4G/5G宽带卫星通信信号处理、高速异构可扩展接口设计等难题，为下一代基于4G/5G协议体制的宽带卫星通信系统虚拟化建设提供基础技术积累。

【智慧物联网】 七所研制智慧安居云管理平台，通过定制化设计服务于出租屋管理行业，智慧出租屋管理以网络化传输、数字化处理为基础，具有强大的集成能力，集成了智能抄表、智能门锁、智能报警、智能信息发布、大数据分析等一系列功能模块，实现单纯的流动人员管理向出租屋设备数据采集、门禁控制、报警（防火、防盗）联动、智能手机、大数据分析等应用领域的广泛拓展与延伸。2017年，七所在基于物联网的智能锁领域取得突破，成功研发了支持NB-IOT、LoRa、Zigbee、蓝牙等多种无线协议的智能锁。智能锁品类从家居锁，拓展到公寓锁、保密柜锁、景区休息区物联网锁等。积极横向拓展物联网产品研发能力，推出智能药盒、蓝牙冰箱（蓝牙控制部分）、非接触闪开锁等多种物联网新品。

通过智慧安居云管理平台带动相关的智能硬件生产，开拓基于NB-IOT的智能硬件应用市场，完善物联网平台能力，基于NB-IOT的物联网端到端的研发调测居于国内领先地位，推动运营商、模组提供商共同优化物联网生态圈。

【宽带升空通信系统】 2017年，七所研究设计的宽带升空通信系统是将传统意义上处于地面的宽带通信设备通过改型、减重、集成等一体化设计，结合搭载与之匹配、合适的升空平台进行升空，构建空中基站或空基通信网络，进而可达到大范围的宽带通信覆盖目的。

升空通信载荷可使用LTE区域宽带载荷、LTE横联电台、双信道电台载荷以及5G通信载荷等，各通信载荷经过综合集成电路设计、采用新型轻质材料、天线兼容布局等平台一体化设计，满足低功耗、易散热、载荷轻量化、电磁兼容等要求。

升空平台主要有系留无人机、平流层飞艇，二者所处高度不同，前者处于低空，后者位于平流层。

系留无人机可实现5分钟内快速升空至100m高度，并通过一根系留电缆供电，可保障无人机长时驻空，实现对地半径约25km的区域宽带通信覆盖，具有响应迅速、操作便捷、覆盖灵活、滞空时间长、扩展性强等特点。

平流层飞艇根据应用需求不同分为A型与B型两种。A型平流层飞艇主要应用于短时应急通信，具有小型化、轻型化、低成本等特点，可快速发放升空，于平流层驻空时间6小时以上，满足数小时内的应急通信；B型平流层飞艇主要应用于长时对地通信覆盖，基于大数据气象预测技术，利用大气环流特性，结合大数据分析解算，于平流层内实现徘徊驻空，连续驻空时长3天以上。

（刘　为　温文坤）

科技社团及科技宣传交流

科协与科技社团

【广东省科学技术协会】 2017年，省科协作为《广东省系统推进全面创新改革试验方案》中的牵头单位之一，推动建立广东省科技人员法律援助机制。组建了第一批由43位院士专家组成的广东省科学道德和学风建设宣讲团，举办2017年宣讲教育报告会。开展首个“全国科技工作者日”活动，与今日头条APP进行合作，策划开展了“我的梦想是科学家”系列活动。1人获得全国创新争先奖章，4人获得全国创新争先奖状。

向省委、省政府呈报了张偲等10名院士及8名专家提出的建议、林浩然等3名院士和省寄生虫学会提出的建议，这两份建议均得到省领导的批示。支持学会承接政府转移职能，截至2017年12月，省级学会已承接了72项政府转移职能，向政府购买服务事项165项。举办广东科协论坛5场和广东院士讲坛7场，择优资助大型学术活动26项和科技活动10项。组织开展了2017年学术创新能力提升项目申报工作，支持学术项目46项。

科协系统深化改革　4月，中共广东省委全面深化改革领导小组召开第25次会议，审议通过了《广东省科协系统深化改革实施方案》和《广东省科协所属学会有序承接政府转移职能试点工作实施方案》，省委办、省府办将两个方案正式印发至县级党委、政府。截至2017年年底，省科协本级的13项重点改革任务已经基本完成。有13个地市已出台改革方案、6个地市已将方案提交当地改革办准备过会。通过改革，科协基层组织建设得到加强，科协工作经费不断增加，科协组织的构成比例得到优化，科协工作的模式和载体不断创新。

2017中国创新创业成果交易会　由广东省科协、广州市科协承办的2017中国创新创业成果交易会（简称“2017创交会”）和2017创响中国广州站启动仪式于5月26日在广州举行。中国工程院、九三学社中央、中国科协、广东省政府的领导出席启动仪式。2017创交会共设7大展区，展出700个参展单位约1 300项创新创业成果项目，使用展馆面积约20 000m²。同期举办了中国（广州）国际风投圆桌峰会等30场专项活动。2017创交会全年共促成160个项目达成合作意向，63个项目实现转化落地，金额达62亿元。创交会已经成为广东省又一个“国”字号的交易会。

千会万企金桥工程　2017年，广东省科协推广广州、深圳、东莞等示范市成功经验，成功推荐佛山市成为全国创新驱动助力工程示范市。至2017年年底，建有院士专家企业工作站188家，累计引进了195名院士和2 000多名专家。创建了92个省级学会科技服务站、181个市级学会科技服务站，提供科技服务8 000多次，提供技术攻关和开发新产品700多项。有2家工作站被中国科协评为“全国示范院士专家工作站”，111家工作站通过全国院士专家工作站认证。调动省级学会助力地方产业发展的积极性，重点支持省食品学会、营养学会等学会助力广州、潮州、湛江等市的地方产业发展。

广东版“海智计划”　2017年，广东省科协不断完善海智工作网络体系，搭建“南粤海智网”服务平台，实现了网站、微信公众号、手机平台等跨平台、交互式的信息发布和交流互动。全年发布海智动态信息1 800多条、海智项目需求50多个和科技创新项目指引30多个。推进“海智计划”基地和工作站建设，建立中国科协“海智计划”工作基地8个、示范基地1个、“海外人才离岸创新创业基地”1个，建立海外境外“广东省科协海智工作站”（含香港联络处）8个，建立“广东省科协海智工作站”29个，形成高效有序的国内外招才引智工作机制。省科协荣获海智工作先进单位并在2017年中国科协“海智计划”

基地工作会议上作经验介绍。

广东青年科学家地市行　12月18日起，由中共广东省委组织部、广东省科协、广东青年科学家联络中心联合组织的广东青年科学家学习考察团一行40多人，赴韶关市学习考察。考察团42名青年科学家来自21家高校、科研院所，是省委组织部、省科协根据韶关市产业需求、技术需求、人才需求精心选拔而来。考察团成员分赴韶关3区7县，深入当地企事业单位、田间地头、山野林场调研，开展人才对接与科技服务活动，助力粤北革命老区技术迭代。考察团成员已与韶关相关企事业单位达成了37项合作协议。21日，广东青年科学家助力韶关创新驱动发展论坛在韶关市召开。会上，广东省科协与韶关市人民政府签署《助力韶关创新驱动发展广东省科协院士专家合作框架协议》，举办了广东青年科学家学习考察团代表与相应企业代表签约仪式。韶关市政府聘请考察团28名青年科学家为韶关智库专家。

【科技社团】　省科协制定《广东省科协团体会员管理办法（试行）》，接纳广东省湿地保护协会等7个团体为省科协团体会员。实施省级学会秘书长能力提升计划，举办3期学会秘书长沙龙。截至2017年年底，省科协所属省级学会177个，地级以上市科协21个，高校科协32所，企业科协691家。

第十五届广东省科协学术活动周　11月11日，由省科协主办的第十五届广东省科协学术活动周在广东工业大学开幕。活动周主题是“创新驱动，引领支撑”，活动周由省科协牵头，各省级学会和各地方科协共同参与，于11月11—18日在全省各地举行。开幕式之后举办了第78期广东科协论坛和第七届岭南有机化学论坛等。中科院院士陈新滋、林国强，以及广东工业大学特聘外籍教授Bernard Meunier等国内外权威专家分别做主题报告，介绍他们在抗癌药物、中草药以及抗老年痴呆药物等领域的最新研究进展。在本届学术活动周期间，全省各级科协组织围绕该主题开展学术年会、论坛、研讨会、报告会、讲座、科技学术成果展览、会员活动等多种类型的学术活动500多项。

岭南新能源论坛　由广东省科协主办、广东省硅酸盐学会和华南理工大学承办的“岭南科学论坛”系列活动之“岭南新能源论坛”于12月15日在华南理工大学举行。论坛立足为广东省新能源战略服务，重点关注新能源产业的前沿科技成果、基础研究的最新理论、新能源产业应用的最新进展。本次论坛以“化学能量储存与转换基础研究”为主题，邀请国内多名专家分别就锂离子动力电池及关键技术、甲醇燃料电池的发展及其应用前景、质子交换膜燃料电池、超级电容器、化学能源转换的关键纳米材料与器件、广东省新能源产业发展分析等方面作了专题报告。

（刘泽周）

科普和科技宣传

【科普活动】 2017年，省科协组织实施广东省文化科技卫生“三下乡”活动暨“千会服务千村”行动，举办集中服务活动460多项。组织开展2017年广东省全国科技活动周、全省科技进步活动月等系列活动，组织开展全国科普日、全国防灾减灾日、世界计量日、航空科普日等公众纪念活动。联合省教育厅等部门主办了第32届广东省青少年科技创新大赛、第17届广东省青少年机器人竞赛、第三届中航国际杯广东青少年模拟飞行大赛、第5届广东省青少年科技创新实践能力挑战赛、第5届广东省青少年虚拟机器人竞赛现场总决赛等示范性竞赛活动。开展青少年科学调查体验、全国青少年高校科学营广东营和粤东西北科普报告校园行活动。联合省财政厅组织开展广东省“科普惠农兴村计划”和“国家基层科普行动计划”项目评审工作，表彰国家和省级先进单位86个、农村科普示范带头人28人，共获国家、省奖补资金1 160万元。

全省文化科技卫生“三下乡”活动暨“千会服务千村”行动 联合省委宣传部等18家单位，在江门市开平市启动2017年广东省文化科技卫生“三下乡”活动暨“千会服务千村”行动，组织180多名专家到现场开展集中服务，吸引了3 000多名基层群众、青少年参加。全省科协系统组织广大文化科技卫生工作者、志愿者深入农村基层，开展重大服务活动项目460多项，湛江、茂名、云浮、韶关等地和广东省科普中心、广东科学馆持续组织开展“三下乡”活动，向基层群众赠送了医疗药品、科普航模产品和服务“三农”书籍等，提供免费医疗义诊，开展自然灾害自救应急预防、科普大篷车、科普航模飞行和科学表演秀等互动体验活动，举办社会主义核心价值观、农业科技成果、食品安全、用药卫生、青少年科技教育、科技七巧板创意和创客成果等宣传展示活动，在全省掀起了文化科技卫生惠农益民的新高潮。

“全国科普日”活动 全省科协系统围绕“创新驱动发展，科学破除愚昧”的主题，组织开展全省2017年全国科普日系列活动。省主场活动于9月20日在广州市花都区举行，主承协办单位精心组织了地震、气象、消防、食品安全、防灾减灾、民航空管、核能利用和天文知识普及，校园科普阵地建设、青少年3D打印技术、科技七巧板创意作品和机器人创客科普成果展示，“科普大篷车”、科技益智玩具实践体验，人工智能机器人现场表演及互动体验，航空模型飞行表演与无人机体验试飞，青少年多米诺骨牌科普体验，科普谜语竞猜，科普网络书屋触摸屏版现场演示，科普剧（科学秀）表演等一系列科普宣传活动，吸引众多师生及市民群众驻足参观。据统计，全省共开展社会公共科普便民服务重大项目270多项，参与人数约300多万人次。央视网、中央人民广播电台网站、广东广播电视台网、南方网、腾讯·大粤网、新浪网、网易、金羊网、21CN网、华夏经纬网、粤台视窗、南方日报社等主流媒体对我省各地各部门开展的全国科普日活动情况都作了深度报道。

广东十大科学传播达人 “广东十大科学传播达人”评选活动由广东省科协联合腾讯·大粤网举办，于2017年11月启动。在海选阶段，共有71名选手通过评审工作组织委员会的审查，成功进入初选；在专家评审第一次会议上，最终入围35名达人候选人；复选阶段加入了网络投票环节，截至12月25日零点，活动吸引了超过21万人参与投票。12月27日，“广东十大科学传播达人”评选专家评审第二次会议推选刘人怀院士担任评委专家组组长，专家们结合网络投票情况，从感召力、影响力、创造力和执行力等方面综合考虑35位初选入围者在开展科学传播工作上所做的贡献和取得的成效，最终评选出“广东十大科学传播达人”。省科协和腾讯·大粤网联合对十位科学传播达人进行了表彰，并打造首场全网推送的科普直播秀，吸引400多万人观看。

【全省科技进步活动月】　2017年5月中旬至6月中旬，广东省举办了第25个“科技进步活动月”（以下简称“活动月”），开展全民科普教育和科技服务活动，部分活动延续开展。

“活动月”由省科技厅、省委宣传部和省科协共同牵头举办，根据全国科技活动周和省委、省政府的统一部署，围绕“实施创新驱动发展战略，建设国家科技产业创新中心”主题，开展提升广东自主创新能力、营造创新创业环境、科技惠及民生等系列活动。主要目的是宣传创新驱动经济社会发展、创新创业成果服务改善民生，进一步提高公众科技意识和科学素养。在内容和形式上，重点展示一批大众创业、万众创新的科技创新成果、优秀创新人才团队和创业企业，开展科技服务企业、青少年、农村的活动，组织高校、科研院所等科技资源向社会开放，大力宣传与人民生活相关的科技创新成果，加强低碳节能、健康生活、食品安全、空气质量等社会热点问题的科普宣传。

科技服务企业　作为本次活动月的一项重点活动，6月22—24日，在教育部、省政府的支持下，联合教育部科技发展中心、省教育厅、省经信委和惠州市政府在惠州成功举办了首届中国高校科技成果交易会，这是改革开放以来中国高校科技成果最大规模的一次集中展示推介和现场交易活动。这次活动科技含量高、专业性强、影响力大、成果丰富，突出了高校科技成果交易与转化，现场展览展示、推介和交易项目近7 000项，180多所高校与350家企业成功牵手，交易科技成果696项，签约金额39.9亿元，其中惠州企业揽下456项，签约金额24.87亿元；科技成果转化重大平台投资建设项目签约2宗，金额510亿元；参观人数达到2.4万人，其中企业、金融机构等专业观众1.8万人。

此外，省内有关单位纷纷组织一系列服务企业的科技活动。例如，5月5日始，省科技企业孵化器协会举办12期科技企业孵化器从业人员培训班，通过开展具有针对性、专业化的培训，增强孵化器从业人员对科技企业孵化器的全面了解，提升从业人员的业务能力和服务水平，形成高水平、高素质、专业化、职业化的服务队伍，为广东省孵化器事业快速健康发展提供高水平人才保障；5月10日，省科技合作研究促进中心在广州举办“中以先进制造创新技术对接会”，推动以色列先进制造企业与广东企业开展项目对接交流活动；6月15—16日，省生产力促进中心举办广东工业设计产学研合作对接交流会，为高校、企业、工业设计服务机构和其他相关企事业单位搭建工业设计产学研的交流对接平台和提供合作洽谈机会。

科技惠民　“活动月”期间，全省各地继续举行了一系列科技惠民、服务“三农”活动。

一是以科技服务民生为重点，围绕“低碳节能、科技与环境、食品安全、创新智慧生活、防灾减灾”等内容，提升全社会“爱科学、学科学、用科学”的良好氛围。例如，省科协联合省直有关部门先后在广州、茂名等地举办主场科普宣传活动，发挥示范引领作用。广州、汕头、惠州、韶关、茂名、云浮等市广泛开展低碳经济、清洁能源、节能环保、卫生健康和生态文明建设等方面的科普宣传教育，推进主题科普活动进学校、进企业、进社区取得良好的科普宣传效益。

二是以大型科技下乡为重点，开展科技下乡系列活动，推动科技更好地服务“三农”工作。例如，省农科院组织开展广东省农业科学院科技专家服务团农业科技下乡服务活动，组织专家服务团在江门、惠州、茂名、湛江、河源、韶关、梅州、佛山等地开展科技成果展示、技术推介、科技咨询、科技下乡集市、专题讲座、田间技术指导、田间现场示范观摩、学术研讨会、科普教育等活动，提高从业人员科学素养，为广东省现代农业发展提供技术支撑。

三是以科技服务青少年为重点，组织开展重点人群科学素质行动。例如，省科协、省科技厅等单位联合成功举办了第32届广东省青少年科技创新大赛，各级青少年科技创新大赛蓬勃开展，形式和内容不断创新，参赛学生热情高涨，有超过200万名青少年参与各类科技创新活动，广东省选手在第32届全国青少年科技创新大赛中，共获一等奖18项、二等奖20项、三等奖28项和各类专项奖9项，总成绩继续保持全国领先。省科协成功举办了第17届广东省青少年机器人竞赛，参赛市由往届13个增加到16个，队伍由230多支增加到320多支，规模创历届之最。

省科协与中山市人民政府成功承办了第十七届中国青少年机器人竞赛，这是广东省第三次承接全国赛事，体现了中国科协对广东省青少年机器人竞赛工作的充分肯定。举办具有广东特色的青少年科技创新能力与实践挑战赛和青少年虚拟机器人竞赛，参与人数、参与地区显著增加，竞赛内容广泛应用到广东省的科技教育实践。

公众科普教育　2017年，全省各单位通过开展科普进社区、进企业、进校园活动，进一步推动广东省科技成果普及，促进科普事业发展。

一是举办各类科普教育活动。省科技厅组织开展面向全省的主题科普活动，发挥大型主题科普活动的作用，以科技周、科普日、科技进步活动月等为重点，科普讲座、展览、论坛为补充，开展科普活动，形成全省各部门大联动的局面。例如，广东科学中心成功举办全国科技活动周两个重大示范活动——2017年全国科普讲解大赛和2017年两岸及港澳地区科普交流系列活动；成功举办2017年广州地区“讲科学、秀科普”大赛和2017年全国科学实验展演汇演活动广州地区选拔赛，承办全国青年科普创新实验暨作品大赛广州赛区、第4届广东省大学生科学影像大赛等10多项大型主题赛事活动。

二是各地科普场馆开展各类主题科普活动。例如，广东科学中心从意大利引进“阿基米德的科学”展，从加拿大引进“创想空间”展，成功举办“海洋精灵”水母主题展，吸引了近50万名公众参与体验，成效显著。结合临展同期配套开发了2款学生工作纸、1个“神奇的多面体”探究课程、1套“截角多面体”教育套件以及“创新大挑战”闯关和“纸飞机制作”2个教育活动；广东科技馆以“体验科学、探索科学”为主题，分别在潮州、揭阳、肇庆、云浮、清远5市8个县区举办为期2个月的“中国流动科技馆”巡展活动，累计接待参观群众28万人次。各地市科技馆组织开展科普教育基地“一日游”“自由行”活动和特色科普活动，参与人数超过1 000万人次，其中，东莞科学馆、惠州科技馆、韶关科技馆、河源科技馆和阳江科技馆5家单位继续被认定为全国科技馆免费开放试点单位，较好地促进了地方科技馆展品设施改造升级和服务能力提高。

（陈锡强）

【科普信息化建设】　出台《广东省科协关于加强科普信息化建设的意见》。积极推动“互联网+科普”行动，与腾讯·大粤网签订了“互联网+科普”战略合作框架协议，建设科普信息化平台，推动大数据、云计算等在科学传播领域的发展和应用。扎实做好科普中国云项目试点服务工作。建设好“岭南科普、科普志愿者、科普游、科普惠农、科普随手拍”等网站、微博、微信及APP，为公众获取科普知识提供便捷高效服务。召开“科普中国”落地应用e站建设以及科普信息化试点县（市、区）项目评审会，评选出一批科普信息化试点县（市、区）、“科普中国”落地应用e站。

【科普基地建设】　组织开展地方科技馆免费开放工作，全省5家单位被认定为2017年全国科技馆免费开放试点单位，获补助资金975万元。继续开展“中国流动科技馆”广东省巡展和“科普大篷车”进校园活动，在14个县（市、区）成功举办，参观群众近80万人次。

（刘泽周）

【广东科学中心】

场馆建设　2017年，建成广东科学中心（以下简称“科学中心”）应急预案体系。科学中心全年接待公众约180.4万人次，无一重大安全事故，荣获广州市2017年度创建“平安景区”达标单位称号。

以《关于共建广东省食品药品科普体验馆的战略合作协议书》正式签订为标志，科学中心长期探索实践形成的社会化建馆路径，有力地促进了社会资源与公益事业的融合，馆政、馆企合作共建科普馆取得重大进展，融合建馆模式基本形成，2017年签订合作项目金额达1.069亿元。

场馆更新改造全面铺开，完成“交通世

界”“数码世界”和“绿色家园”3个专题的展品展项更新改造，“交通世界”“数字乐园”“材料园地”“创新空间”及“绿色家园”展馆全新推出101个展项。

重要活动　2017年，成功举办全国科技活动周两个重大示范活动——2017年全国科普讲解大赛和2017年两岸及港澳地区科普交流系列活动；成功举办2017年广州地区“讲科学、秀科普”大赛和2017年全国科学实验展演汇演活动广州地区选拔赛，承办全国青年科普创新实验暨作品大赛广州赛区、第4届广东省大学生科学影像大赛等10多项大型主题赛事活动。科学中心在多个大型赛事活动中获佳绩，其中1名选手荣获2017年全国科普讲解大赛“十佳科普使者”称号，获得大赛一等奖；1名选手荣获2017年第五届全国科技辅导员大赛全国总决赛“展品辅导赛”三等奖，1名选手荣获南部赛区“展品辅导赛”一等奖，1名选手荣获南部赛区“展品辅导赛”二等奖。“我和科学有个约会”项目在2017年全国科学实验展演汇演活动中以总分第一的好成绩荣获一等奖。继2016年夺得全国青年科普创新实验暨作品大赛双冠之后，2017年再创双冠佳绩，连续两年获得大赛5个组别中的2个冠军，再破该项大赛的全国纪录，科学中心由于组织工作和比赛成绩出色，还荣获优秀组织奖。

展教资源推陈出新，从意大利引进“阿基米德的科学”展，从加拿大引进“创想空间”展，成功举办“海洋精灵”水母主题展，吸引了近50万公众参与体验，成效显著。结合临展同期配套开发了2款学生工作纸、1个“神奇的多面体”探究课程、1套“截角多面体”教育套件以及“创新大挑战”闯关和“纸飞机制作”2个教育活动。此外，全年共开展96批次“科学探究营地”，5站“流动科技馆巡展”活动，举办了13期“珠江科学大讲堂”和9期“小谷围科学讲坛”，邀请了中国科学院院士姚开泰、彭平安、侯凡凡、计亮年、郭柏灵，德国工程院院士Volker Altstädt，香港科技大学教授吴景深等主讲，取得良好传播效益。全年累计在电视、报刊、网络等传播媒介上发布新闻信息576篇次，制作发布H5网页9个，视频直播活动21个。

国际交流合作　继续与各国际组织及亚太地区科技馆保持良好的交流合作，派团赴日韩进行考察交流，并参加在日本东京科学未来馆召开的世界科学中心峰会SCWS2017，与韩国大邱科技馆签订合作备忘录。创意机器人项目受邀参加土耳其布尔萨科学节，受到土耳其观众和组织方热烈好评，成为科技节上最受欢迎项目之一，为开展国际科普合作探索了经验。

（周　静）

【广东科学馆】　2017年，广东科学馆围绕建设“六个中心”（即学术交流中心、科普展览中心、科技文化开发中心、科技场馆建设与管理研究中心、科技培训中心、科技工作者活动中心）的工作定位，扎实开展“四服务一加强”工作，顺利完成了全年既定的工作任务指标。全年共承办或承接学术交流、科技会议、科普讲座、科技培训等共1 704场次，受众达27万人次；开展科普展览29个专题67场次，参观人数达7.5万人次，其中，广东省“中国流动科技馆巡展”活动共巡展8个站点，受众28万人次。

科技培训　2017年，广东科学馆继续以建设成为“培训集散地”“培训中心”为目标，积极引进优质办学机构，开展了建筑设计、北京大学EMBA等高端培训项目，全年共开展培训项目1 704场次，吸引了全社会27万人次前来参加培训。

科普巡展　为拓展广东省青少年科普活动内容，激发青少年科学兴趣和创新精神，促进科技教育与文化艺术的有机结合，2017年，该馆与省青少年科技教育协会联合了有关单位继续举办第二届广东青少年科普艺术大赛。本次大赛收到参赛作品314份，评出一等奖26份、二等奖54份、三等奖82份。为了让全省更多青少年感受科普与艺术共融互促的魅力，所有获奖的优秀作品均被制作成展板，在该馆举办的“第二届广东青少年科普艺术大赛”科技文化展览中展出。该展览作品主题鲜明，朝气蓬勃，展板制作大气精美，让更多的人欣赏到了大赛获奖作品的风采。

除继续推出新的大型科技文化专题展览外，该馆在馆内临时展厅展出了“首届广东青少年科普艺术大赛优秀作品展”“人类文明源与流”两套科技文化展览，并做好了“广东海上丝绸之路”科技文化展览到中山科学馆展出和“首届广东青少年科普艺术大赛优秀作品展”在阳江巡回展出的有关管理工作。两套到地方巡展的展览参观人数共计4万人次，大大丰富了当地广大群众的科技文化生活，让广大群众加深对科技文化的了解，从而得到教育，受到启发。

广东省“中国流动科技馆巡展”活动　2017年，该馆继续按计划在粤东、粤西两线进行巡展工作，全年共在潮州市饶平县、肇庆市德庆县等8个站点展出，活动采用省科协、省科技厅和市科协、地方政府主办，该馆、省科技馆研究会、地市科技馆和县科协承办，县教育局、县科技局、县团委等单位协办的省市县三级联动工作机制，全面带动地市县科普工作的多点开发、全面开展，打开广东省科普工作的新局面。各站点的展出工作均能做到因地制宜、各具特色、精彩纷呈。每个站点的展馆选择都是该馆与当地政府严格把关，好中选优，既要符合流动科技馆布展的要求，又要方便广大市民尤其是青少年学生参观；各站点布展、启动仪式、讲解员培训都是精益求精，尽可能提高青少年参观展览的学习质量；积极协同承办地做好宣传，促进巡展的社会效益。经过努力，8个站点参观人数共达28万人次，活动受到各地市及县（区）委、政府领导的重视和大力支持，以及群众尤其是青少年学生的热烈欢迎和喜爱，有力地推动了我省尤其是粤东西地区的全民科学素质提高。

科普大篷车“三进”活动　2017年，该馆科普大篷车“三进”活动共开展29个专题，在全省共走进67所学校，参观人数达7.5万人次，赠送科普资料、科普小册子共6万多册，为进一步提升全民科学素质行动计划纲要的实施提供强有力的保障。其中该馆科普大篷车支持省科协机关关工委关心下一代工作活动，取得较好的反响，被省直属机关关工委评为省直机关关心下一代工作十大“最佳活动基地”之一。

推进科普资源共享　2017年，该馆继续与11个单位馆联合举办“科普资源共建共享基地”。基地提供丰富的科普资源，约1万人次受惠，大大提高了该馆科普资源的利用率，不断夯实该馆的科普资源共建共享工作。

开展科普活动　2017年，该馆共承办了科普讲座20场次，共吸引了众多机关单位、学校、社区、乡镇、企业等组织2 000人次前来参与。

学术交流活动　2017年，广东科学馆继续通过采取优惠措施，鼓励各省级学会前来广东科学馆开展学术交流活动，全年共承办或承接学术交流20场次，受众约2 500人次。

广东科协论坛　2017年，广东科学馆积极配合省科协做好广东科协论坛的会场服务及相关工作，年内，广东科协论坛在广东科学馆共举办4场次，受众1 500人次。

科技文化会议及文艺演出　2017年，在广东科学馆召开的与科技文化相关的会议共计70场次，受众7 500人次；主办或承办了文艺演出和电影招待会2场次，受众1 200人次。

（黄知锡）

【科技宣传活动】　2017年，广东省紧紧围绕省委、省政府的中心工作，聚焦广东科技工作的重大事件，重点结合全省科技创新大会、全省科技进步活动月、广东建设国家科技产业创新中心暨高新技术企业培育发展工作现场会、广深科技创新走廊建设等专题，联合中央和省主流媒体开展了深入宣传报道，打造了一批精品力作，头版头条报道、系列深度报道明显增多，进一步弘扬了主旋律，掀起了宣传广东科技工作的小高潮。

在媒体宣传报道方面，打传统媒体与新媒体相结合的组合拳。2017年，省科技厅继续加强与报社、电视台、电台等传统媒体的合作，重点围绕全国全年重要科技活动开展专题、专版宣传，策划全年宣传方案，配合主流媒体开展大型专题宣传报道活动。例如，9月19日，组织策划广东建设国家科技产业创新中心暨企业研发机构工作现场会宣传活动，从会前、会中、会后三个阶段，组织南方日报社、人民日报社、新华社、科技日报社、广东卫视等主流媒体，以及南方+、今日头条、腾讯·大粤网、广东科技微信公众号等新媒体，采取专题、专栏、专访、消息、通讯等形式，以广东省实施大型工业企业研发机构全覆盖行动、高新技术企业树标提质行动计划、促进科技企业挂牌上市专项行动为宣传线索，挖掘广东省推动企业研发机构建设、高新技术企业培育和企业成长、科技金融产业融合等方面的典型案例，宣传广东省如何推动产业和企业的创新发展，为加快建设国家科技产业创新中心提供支撑。12月13日，省科技厅和省住建厅举行广深科技创新走廊规划记者见面会，并联合省委宣传部共同策划了“广深科技创新走廊等系列专题”大型采风活动，组织中央驻粤、省内主流媒体前往广州、深圳、东莞三地，对走廊内的创新型企业、新型研发机构、科技企业孵化器、重大创新平台和载体等创新主体开展2天的采访活动，《人民日报》刊发《广深科技创新走廊规划建设——这条“走廊”了不得》、《南方日报》刊发《广东大力推进广深科技创新走廊建设》等报道。

此外，通过支持省科技新闻工作者协会办好“广东科技好新闻”、广东科技新闻学术交流论文评选活动，打响广东科技新闻宣传的行业品牌，凝聚科技宣传正能量。2017年是广东科技新闻工作者协会成立30周年，也是举办广东科技好新闻奖的第19个年头。本届参评作品85件，都是2016年度发表在各传统和新媒体上的科技类新闻作品。经过网上初评、面对面终评，共评出特别奖1件、一等奖5件、二等奖10件、三等奖10件、优秀奖15件，其中，广东省科技创新监测研究中心团队经营的广东科技微信公众号获集体特别奖，《中国科学报》记者朱汉斌作品《“天琴计划”集聚全球顶尖专家》《海马基因组及环境适应进化机制获揭示》分别获得二等奖和优秀奖。

积极与今日头条、腾讯企鹅号等新媒介开展合作，目前已开通并入驻头条号、企鹅号，不定期发布科技工作动态和创新政策解读，传播效果显著。特别是7月，省科技厅联合腾讯·大粤网建立的广东科技频道正式上线，每天及时发布广东省科技工作的最新热点新闻、科技政策解读和视频。自网站上线以来，日平均点击量超过6 000次，累计点击量超过60万次。

省科技厅微信公众平台按照“一周一精品”的策略，发布最新创新政策解读、科技工作动态和科技热点资讯，微信公众号的运营得到全国科技系统的关注及全厅上下的高度肯定，多次在《科技日报》定期公布的全国科技微信公众号影响力评价中名列第一，获得2017年度全省（省级）十大最具影响力政务微信公众号称号，2017年发布的“科技型中小微企业研发费用系列政策深度解读及实操指引”案例，获得由腾讯·大粤网举办的2017年广东政务新媒体大会颁发的“飞跃进步”奖。

（陈锡强）

科技交流与合作

【国际科技交流活动】 截至2017年年底，省科技厅收到2017年度以色列、荷兰、奥地利及英国双边合作项目申请共60项，其中通过双方第一阶段形式审查的51项，等待进入阳光政务平台列入2018年度广东省级科技计划统一进行网上申报评审。6月14日，省科技厅与英国创新署在英国伦敦签订了《产业技术研发合作谅解备忘录》，启动双边联合资助计划，目前已经完成项目的初次征集、评审等工作，拟在2018年度计划中组织实施。

2017年，省科技厅共组织9次国际科技项目对接会、报告交流活动，参加的外方单位超过60家、中方单位超过330家。包括中以先进制造创新技术对接会、2017年中日（广东）中小企业论坛、广东省科学技术厅—荷兰国家科学基金委员会化学行业研讨会、广东—奥地利信息通信技术对接会、中英城市创新项目合作对接会、广州—安大略医疗技术合作研讨会、中美3D打印教育和科研创新研讨会、广东省与加拿大安大略省研发创新与科技交流活动、“德国工业4.0”报告交流会等。

中英城市创新项目合作对接会 6月28日，由省科技厅与英国创新署共同主办，省科技合作研究促进中心与英国驻广州总领事馆承办的中英城市创新项目合作对接会在广州召开，省科技厅厅长黄宁生出席会议并致辞，英国驻广州总领事馆代总领事Karen Maddocks、英国驻华大使馆科技参赞Holly White等领导及嘉宾出席会议。英国创新署、中国欧盟商会、英国企业代表团和广东省科研机构及企业代表100余人参加会议。

本次对接会是省科技厅与英国创新署在今年6月14日共同签署的产业技术研发合作谅解备忘录框架下，在科技创新领域促进和资助应用型和原创性研究及技术开发活动的重要举措，以期构建并鼓励以伙伴关系开展商业导向的研发创新合作项目，并对原创性研发创新项目予以资助。黄宁生厅长指出，中英双方应探索和扩展更为有效的技术合作机制和渠道，进一步推动和引导两地科技界与产业界在科技创新领域的务实合作。

推介环节上，中英双方的16家机构代表带来了包括智慧交通、大数据解决方案下的平价医疗及智慧可持续城镇环境平台等方向的企业宣讲及项目推介。对接环节中，来自英国的10家科研机构及企业与本省50余家高校、科研机构及研发企业的100余位代表进行了3个多小时近130场的“一对一”技术洽谈，现场气氛热烈。通过对接，中英双方建立初步联系，增强互信。与会中方机构纷纷表示，这种对接方式不仅有助于省内高校、科研机构和企业拓展国际合作渠道，也为两地科技创新合作注入新动力，为联合产业研发开辟新空间。

广东—奥地利信息通信技术对接会 由省科技厅和奥地利交通与科技创新部共同主办，省科技合作研究促进中心与奥地利驻广州总领事馆承办的广东—奥地利信息通信技术对接会于3月14日在广州成功举行。省科技厅科技交流合作处，奥地利交通与科技创新部，奥地利驻广州总领事馆，奥地利驻华大使馆科技处，奥地利驻上海总领事馆，奥地利联邦商会等机构的嘉宾出席会议。

本次对接会旨在加深广东省与奥地利在科技合作方面的紧密联系，促成中奥双方企业潜在的合作伙伴关系，扩大双方在信息通信领域的友好交流。省科技厅与奥方已经商定在近期启动合作谅解备忘录框架下的第一轮产业技术项目联合资助计划，与智慧城市相关的信息通信技术是双方已确定的重点资助领域之一。

在推介环节中，来自中奥双方的23家信息通信企业代表带来了包括物联网、可视化计算机系统、计算机辅助设计、大数据、智慧城市、高能计算机等方向的企业宣讲及项目推介。在对接环节中，来自奥地利的21家科研机构及企业与广东省30余家高校、科研机构及研发企业的60余位代表进行了3个多小时逾100场“一对一”技术洽谈，现场气氛热烈。通过对接，中奥双方建立初步联系，增强互信，多家机构表示有意向进行后续深入合作交流。

广东省与加拿大安大略省研发创新与科技合作签约仪式　该仪式由省科技厅和加拿大安大略省研究创新与科学厅共同主办，省科技合作研究促进中心和加拿大驻广州总领事馆承办，4月18日在广州成功举行，4组中加企业家代表在现场签署项目合作协议，内容包括智能制造、节能环保等。共计35家省内高校、研究机构、科技企业和投资机构的50余人次参会并和与会加方机构代表进行自由洽谈。

【国际科技合作计划】　2017年，省科技厅共推荐36个项目申报国家重点研发计划战略性、政府间国际科技创新合作重点专项，已有4项与美国、德国、泰国等合作的项目列入支持，科技部共支持经费1 922万元。被列入中国与捷克科技合作委员会例会交流项目1项，获得科技部对人员往来的经费资助；被列入2017年度发展中国家技术培训班1项，获得科技部26万元的经费资助；被列入2017年度“中法杰出青年科研人员交流”项目共5人，获得科技部对科研人员赴法交流共5万元资助。

完成2017年度省级项目的立项工作，共立项68项，资助金额共4 998万元。其中，重点国别合作项目立项21项，合计2 050万元；其他项目立项41项，合计2 048万元；设立境外研发机构专题立项1项，国际科技合作基地立项5项，每项资助150万元，合计900万元。

【粤港澳台科技交流与合作】

粤港交流与合作　2月，为落实中央领导批示，进一步推动香港科技创新发展，将对港科技工作纳入中央对港整体工作部署中，科技部港澳台办会同中国科学技术交流中心组织专家在广东调研，与广东省科技主管部门、高校、科研机构、企业、香港驻内地机构等单位代表进行交流，了解粤港科技创新合作进展情况及建议。5月，省科技厅人员就粤港澳大湾区建设及粤港合作问题赴港调研。9月，省科技厅人员及有关专家赴港参加科技部与香港创新及科技局共同举办的“香江创科论坛2017”。

10月，“粤港高新技术合作专责小组”第十四次会议在广州召开。会议通过了2016年度的粤港科技合作工作和下一阶段工作计划报告。双方就以下重点工作积极推进粤港科技创新合作：第一，积极跟踪管理已进行的粤港联合创新资助计划；第二，共同推动粤港澳大湾区建设，建立高效务实的技术转移机制，促进粤港科技成果在大湾区转移转化；第三，继续鼓励粤港高校和科研机构的平台建设；第四，促进粤港科技创新创业，鼓励粤港共建科技企业孵化器（众创空间），支持香港青年在广东创新创业；第五，在粤港合作联席会议工作机制下，适应新时期科技创新发展新要求，重新签署《粤港科技创新交流合作安排》；第六，协同推进“一带一路”沿线国家科技合作。

11月，粤港合作联席会议第二十次会议在香港特区政府总部举行，会议期间，省科技厅与香港特区创新及科技局共同签署了《粤港科技创新交流合作安排》。11月，省科技厅人员赴港参加“内地与香港科技合作委员会第十二次会议”。

粤澳交流与合作　4月，由省科技厅推荐佛山市康侃爱伦生物技术有限公司1名专业人员赴澳门参加中国科学技术交流中心与澳门科技发展基金共同举办的“第六期中药质量鉴定技术研修班”。9月，省科技厅人员赴澳门与澳门科技发展基金、澳门大学、澳门科技大学进行会谈，就粤澳科技创新合作进行深入交流。11月，省科技厅人员赴澳门参加“内地与澳门科技合作委员会第十一次会议”。

粤澳联合创新领域，共立项72项，资助金额共4 600万元。其中粤澳创新平台建设专题立项5项，合计750万元；粤澳创新平台建设后补助专题立项 1 项，合计 150万元；粤澳科技合作项目专题立项66项，合计3 700万元。

12月，粤澳合作联席会议第十九次会议召

开。这次会议是党的十九大胜利召开之后，围绕两地科技创新合作举行的第一个重要会议，对于推动澳门深度融入国家创新发展、促进两地科技创新合作具有重要意义。科技部深入贯彻落实党的十九大精神，会同内地有关部门积极谋划、主动作为，并在以下方面配合澳门特区政府推动科技创新工作。一是进一步密切合作，携手推动澳门深度融入粤港澳大湾区、“一带一路”建设；二是聚焦重点领域和重点区域，开展务实合作；三是携手共进，助推澳门青年创新创业；四是进一步提升国家重点实验室的引领作用，并逐步向澳门科研工作者开放国家科技计划；五是促进相关企业、高校等科研机构参与合作委员会有关工作。

粤台交流与合作　2017年，省科技厅系统共组织6批52人次赴台进行科技中介产业创新服务、科技管理交流活动。台湾地区自20世纪70年代中后期开始高度重视科学研究和技术推动产业发展的战略和政策，值得广东学习和借鉴。

【泛珠等区域合作】　11月，第十五次“泛珠三角”区域科技合作联席会议在江西省南昌市召开。泛珠三角区域“9+2”各省区科技管理部门代表、主管科技评审评估系统主要负责人共40余人出席会议。本次会议主题是“构建协同创新体系　探索区域共享管理模式”。联席会议期间，同期举行了“科技评审评估系统共享机制研讨会”。各省区代表赴景德镇考察了江西省国家级国际科技合作基地、陶瓷创新创业基地和科技型企业。

7月，为切实贯彻落实《国务院办公厅关于印发东北地区与东部地区部分省市对口合作工作方案的通知》精神，省科技厅人员参加在哈尔滨举行的第三届黑龙江省高新技术产业创业投资大会。本次活动是2017年度广东省与黑龙江省对口合作中科技交流与合作重点工作的组成部分。大会期间，粤黑双方就两省科技创新合作机制、合作方向等进行充分交流，初步确定了在双创载体建设等方面先行开展合作。黑龙江省拥有丰富的自然禀赋和创新资源，广东省具有较为成熟的园区及双创建设经验，具备较强的高新技术产业化能力，双方具有合作的潜力，前景广阔。下一步，双方将积极推动举办两省“双创”论坛，介绍广东省创新创业企业培育、创新创业平台建设的经验做法，推动广东省优秀的创业投资机构和团队参与黑龙江省创业投资发展，协力支持黑龙江省建设一批科技企业孵化器。

（李　荷）

【民间科技交流与合作】　2017年，围绕“创新驱动发展战略”核心任务及广东科技自主创新体系主题，广东省通过聚集全球创新资源，加强国际和地区间的科技创新交流与合作，呈现出良好的发展态势，稳步推进科技交流与合作的各项工作，加速提升科技创新，取得显著的成效。

跨境科技交流合作　据不完全统计，在政府间国际（地区）科技合作框架下，2017年广东省内由民间组织主办或承办的重要跨境科技交流活动有75场次，其中包含来粤开展的跨境科技交流合作活动（详见表8-3-1）和赴境外开展的科技交流合作活动（详见表8-3-2）。

表8-3-1　在粤开展的与科技领域相关的重要跨境交流活动

序号	活动名称	时间地点	活动简介
1	“德国工业4.0”报告交流会	1月16日 广州	省内高新区、高校、科研院所和企业代表200余人参加交流。为广东省创新驱动发展战略实施和“中国制造2025”计划提供借鉴，促进双方在科技领域友好交流。
2	韩国科技代表团到广州生物院交流	1月18日 广州	韩中科技合作中心首席代表建国大学教授等韩国科技代表团一行到访广州。促进了韩国与广州地区尤其是广州生物院的合作，共同推动国际干细胞领域的研究。

（续上表）

序号	活动名称	时间地点	活动简介
3	加拿大艾伯塔省亚太地区高级代表一行到访科技厅	2月10日 广州	加拿大艾伯塔省亚太地区高级代表贺文龙一行到访，进一步落实合作备忘录中具体项目的合作。
4	中日（广东）中小企业论坛	2月23日 广州	本届论坛由日本贸易振兴机构广州代表处与中国国际中小企业博览会事务局共同举办。省内高校、科研机构、企业及科技管理部门代表40余人出席。
5	广东—奥地利信息通信技术对接会	3月14日 广州	奥地利21家企业与广东省30余家高校、科研机构及企业进行“一对一”技术洽谈。
6	中瑞（广州）低碳城市合作项目企业座谈会	3月17日 广州	广州市发展和改革委、从化区经济贸易局、瑞士发展与合作署、瑞士格尼斯北京公司、中国科学院广州能源研究所等机构的代表出席。座谈会搭建了企业参与中瑞（广州）低碳城市项目的交流平台，进一步落实中瑞低碳城市合作项目。
7	密克罗尼西亚联邦总统率代表团到访广东省农科院	3月21日 广州	密克罗尼西亚联邦总统彼得·克里斯琴一行12人到访，就加强科技人员互访，双方农业部门开展科技合作进行交流。
8	广东省与加拿大安大略省研发创新与科技合作签约仪式暨科研创新交流会	4月18日 广州	加拿大安大略省研究创新与科学厅厅长莫伟力带队的科研创新交流代表团一行到访科技厅，见证项目签约。35家省内院校、研究机构、科技企业和投资机构的代表50余人次与加方机构代表进行洽谈，有效推动中加双方在智能制造、节能环保、生物医药等领域的研发创新合作。
9	广东省与荷兰化学技术研讨会	4月24日 广州	来自荷兰的5家企业与省内13家高校、科研机构及科技企业的21位代表与会，推动并支持双方之间化学产业领域项目的科技交流与产学研合作。
10	中以先进制造创新技术对接会	5月10日 广州	8家以色列创新型公司与广东省近50家研发企业和投资机构开展了100余场业务洽谈。结合以色列的创新优势与广东省产业制造能力、广阔市场，提升双方合作水平。
11	广州—安大略省医疗技术合作研讨会	5月12日 广州	加方9家医疗企业的代表与50余家省内医疗领域机构的代表共计100余人进行了技术洽谈，推进双方务实合作，为开展生物科技、医疗设备等合作搭建平台。
12	中美3D打印教育和科研创新研讨会	5月22日 广州	省内高等院校及科研机构逾300名教育专家、科研工作者参会，展开中美教研交流，探讨3D打印领域前沿技术发展、应用和科研项目合作。
13	粤港澳高校联盟年会暨校长论坛	6月6日 深圳	商讨共同培养三地高素质人才，提升三地科研创新合作，推动三地共同迈向知识型经济时代。
14	“2017中欧创新经济论坛——一带一路·创新共赢未来”	6月25日 广州	希腊共和国驻广州总领事馆、中国欧盟商会监管委员会及华南分会、希腊雅典农业大学、希腊国家技术研究中心、广东省科技厅、广东省科学院、广东省生物技术产业化促进会等机构的嘉宾出席论坛，以创新合作为契机，在各领域的产学研用方面开展务实合作，实现互利共赢。

（续上表）

序号	活动名称	时间地点	活动简介
15	中英城市创新项目合作对接会	6月28日 广州	中英双方近70家机构的代表参加并进行技术对接，建立联系，增强互信，为两地联合产业研发开辟新空间。
16	“粤台学子中华情”创新创业交流活动	7月9—16日 广州、中山	由广东海外联谊会主办，中山大学、暨南大学、广州中医药大学、华南师范大学4 所高校承办。本次活动以“情牵两岸，圆梦中华”为主题，展开全方位多角度的沟通，增强创新创业意识，加深彼此的了解，推动两岸文化的交流。
17	两岸资源环境与生态保育南岭山地学术研讨会	8月11—12日 广州	来自海峡两岸多家单位30 多名环境资源与生态保育领域的专家学者以及研究生参加研讨会，其中有13 名来自港台地区院校的学者。
18	海峡两岸“海水鱼类免疫学技术”研讨会	9月8日 广州	来自台湾海洋大学、香港科技大学、华东理工大学、中国科学院水生生物研究所等院校和科研机构的专家学者、深圳出入境检验检疫局代表、知名企业代表等100 余人参会。
19	中俄综合性大学联盟成立大会暨中俄大学校长论坛	9月13日 深圳	中国国务院副总理刘延东，俄罗斯副总理奥莉佳・尤里耶夫娜・戈洛杰茨，中俄两国外交部、教育部、财政部以及广东省领导等，以及近100 所中俄大学校长代表和教育领域嘉宾出席。刘延东副总理和戈洛杰茨副总理分别代表双方政府致辞，鼓励双方高校在现代教学方法、科学研究、文化教育以及社会活动等领域联合开展交流，并协调、组织活动，从而在两国的发展战略指导下开展系统性合作，深化中俄高校间实质性交流。大会通过了《关于成立中华人民共和国与俄罗斯联盟综合性大学联盟的共同宣言》和《中国俄罗斯综合性大学联盟章程》。
20	首届粤港澳“一带一路”论坛	10月20—21日 广州	本次论坛由华南理工大学、香港大学、澳门大学联合主办，以“强化大湾区互融互补优势”为主题，来自内地、香港和澳门的180 余名专家学者参加论坛。粤港澳三地专家和学者从不同领域和视角，分享了关于“一带一路”相关政策规划、金融贸易、交通和基础设施建设、法律协调机制等方面的经验和看法，畅谈了粤港澳大湾区在“一带一路”倡议中肩负的责任和使命，探讨了粤港澳大湾区互补的方向和思路。
21	中山大学诺贝尔大师系列讲坛第十七讲	10月27日 广州	由国家外国专家局、广东省外国专家局和中山大学联合主办。来自中山大学药学院、化学学院、生命科学学院、医学院等共计300多名师生参加。2016年诺贝尔化学奖获得者Ben L.Feringa 进行了题为《构建分子机器的艺术》的演讲。
22	“一带一路”国家科技创新政策研究与方法国际培训班广州调研	10月30日—11月3日 广州	来自8个国家的近20名外籍学员参加调研，活动提升了“一带一路”沿线国家对广东科技发展情况的了解，促进了科技交流与合作。

（续上表）

序号	活动名称	时间地点	活动简介
23	加拿大工业废水、市政污水处理技术交流工作坊暨商务对接会	11月8日 广州	加方8家机构与广东省40余家高校、科研机构及研发企业代表进行交流，鼓励和推进双方在应用型和原创性研究及技术开发方面的深入交流与合作。
24	中国欧盟青年农业人才交流团来省农科院访问交流	11月9日 广州	中国欧盟青年农业人才交流团一行10人在农业部国际交流服务中心、省农业厅等官员陪同下到访。活动中大家分享了良好的实践经验，以期建立紧密的合作和联系，深化中国与欧盟国家在农业领域的国际合作与交流。
25	智能电网与智慧城市国际论坛	11月20日 广州	本次论坛由广东工业大学主办，中国工程院院士、美国工程院院士、“长江学者”及数十位来自国内外的著名学者和教授参加论坛。加深了对智能电网和智能城市的认识，促使智能电网向更深层次、更宽范围、更广角度不断推进。
26	太平洋岛国驻华使节团到省农业科学院访问交流	11月21日 广州	由萨摩亚、巴布亚新几内亚、汤加、密克罗尼西亚联邦、瓦努阿图等国驻华大使等共13人组成的太平洋岛国驻华使节团在外交部、省外办领导的陪同下到访，对加强广东与太平洋岛国在农业科技领域的合作与交流起到积极的推动作用。
27	2017中国（东莞）国际科技合作周、科研机构创新成果交易会	12月8日 东莞	见第8页
28	中国—乌克兰巴顿焊接研究院第二届理事会成立暨第一次会议	12月8日 东莞	科技部原副部长曹健林、乌克兰驻华公使，广东省科技厅、广州市人民政府、广州市科技创新委员会、乌克兰国家科学院、广东省科学院等有关人员出席会议。会议听取和审议了中乌研究院2015—2017年工作总结及2018年工作计划。经第一届理事会提名及参会代表表决，聘请广东省科技厅厅长王瑞军为中乌研究院名誉理事长，推选了中乌研究院第二届理事会理事，推选广东省科学院党委书记、院长廖兵为中乌研究院第二届理事会理事长、伊戈尔·克里夫出为副理事长。
29	科技创新之路论坛	12月20日 广州	本论坛由科技部主办，广东省科技厅支持，广州市科技创新委员会、广东省科学院承办，60位嘉宾以及200多名观众参加了论坛。本次论坛落实党的十九大科技发展战略，就国家“一带一路”倡议对推动地方经济创新发展、科技成果转化机制的重塑、资源对接装备制造业创新发展等议题展开研讨，多角度探讨科技创新之路，加快推进“中国智造”转型升级，助力广东创新驱动发展战略实施，用创新引领新征程。
30	国际技术转移与创新合作培训班	12月17—21日 广州	省内高校、科研院所和企业代表共计30人参加小班制培训。本次培训班为技术转移及成果转化工作提供了新思路，提升了从业人员的专业能力。

表8-3-2 赴境外开展的科技交流合作活动

序号	活动名称	时间地点	活动简介
1	中国工程院“一带一路”能源战略高级代表团考察活动	2月13—20日	中国科学院广州能源研究所研究员陈勇院士参加中国工程院“一带一路”能源战略高级代表团出访阿拉伯联合酋长国、印度尼西亚，对两国的能源产业和技术发展及与中国能源合作情况等进行考察交流。
2	第六届中国—加拿大（安大略）研究与创新合作论坛及技术对接交流	5月14—21日 美国 加拿大	省内科技企业、孵化器、技术转移服务机构、科技管理部门、科研院所等人员参会，论坛旨在开拓国际视野与合作渠道，宣传广东省科技、经济实力，建立双方联络。
3	2017年广东省专业镇技术创新服务交流活动	6月5—9日 6月12—16日 共两期 中国香港	省级专业镇政府部门、公共服务平台、行业商协会、科技企业管理人员参加交流活动，提升了专业镇协同创新服务平台建设与服务的能力，为产业转型升级提供思路。
4	广东省科技厅与英国创新署签署产业技术研发合作谅解备忘录	6月14日 英国	双方一致决定，将在共同感兴趣的领域促进和资助应用型和原创性的研究及技术开发活动，构建并鼓励以伙伴关系开展商业导向的研发创新合作项目，并对原创性研发创新项目予以资助。
5	美国、加拿大新英格兰美中医药开发协会第十九届年会、美国国际生物大会（BIO）及生物技术转移交流活动	6月14—21日 美国、加拿大	广东省内高新区及科技局科技代表参加交流活动，开拓与美加两国合作渠道。
6	“携手共建粤港澳大湾区 合力打造世界级城市群”论坛	7月1日 中国香港	由国家发展和改革委主办，广东省人民政府和香港、澳门特别行政区政府协办的“携手共建粤港澳大湾区 合力打造世界级城市群”论坛在香港举行。中共中央政治局委员、广东省委书记胡春华，香港特别行政区行政长官林郑月娥，澳门特别行政区行政长官崔世安出席论坛并致辞，全国政协副主席梁振英、广东省省长马兴瑞出席论坛。广州、深圳、珠海市政府负责人，国务院发展研究中心和粤港澳三地专家学者及企业代表围绕粤港澳大湾区建设进行了演讲。国家有关部门负责同志，粤港澳三地政府官员、专家学者、有关企业及商会（协会）代表共200余人参加论坛。
7	中日青少年科技交流计划高中生赴日交流活动	7月2—8日 日本	广东省高中生及教师代表参与日方学校科技教学活动，中日青少年共同开展科研学习活动。
8	深化粤港澳创新创业合作座谈会	7月27日 中国香港	座谈会由省科技厅与省商务厅共同举办，粤港澳三地创新创业企业代表、孵化平台代表及商协会代表约90人参加了座谈会，香港数码港、香港电子业商会、香港科技园、澳门中华总商会青委会、广东省科技企业孵化器协会、创汇谷——粤港澳青年文创社区等机构代表做主题发言。

（续上表）

序号	活动名称	时间地点	活动简介
9	新西兰、澳大利亚皇后镇医学科学周及技术对接交流活动	9月2—9日 新西兰、澳大利亚	广东省内生命科学领域专家代表参与交流。这次活动落实了省科技厅与新、澳双边科技合作协议，搭建了双方科研人员互动平台。
10	土库曼斯坦“首届中土科学创新论坛”	10月10—15日 土库曼斯坦	论坛由中华人民共和国科技部与土库曼斯坦科学院共同主办，广东省科技系统管理人员代表参加了论坛，接触了解“一带一路”沿线国家科技发展现状，拓宽国际合作渠道。
11	第三届香港与广州国际干细胞与再生医学论坛	11月9日 中国香港	香港特别行政区创新及科技局、香港科技园、中国科学院国际合作局、中国科学院广州生物医药与健康研究院等相关专家领导出席论坛。来自中国、加拿大、英国、澳大利亚等地多领域内专家，就造血干细胞治疗白血病、基因疗法、神经干细胞疗法等干细胞及再生医学的不同范畴，分享研究经验，交流研究成果。
12	香港应用研发创新与技术转移交流活动	12月2—8日 中国香港	省内孵化器、技术转移服务机构、科研院所、投资机构、科技管理部门代表参加了交流，有利于借鉴香港成果研发及产业化合作模式，提升地区自主创新能力和产业竞争力。

科技合作基地建设　1月9日，华南理工大学与西澳大学联合创办的“中澳学院”举行揭牌仪式。中澳学院的成立是两校进一步创新合作模式上的重要探索。中澳学院将整合优化国际合作办学资源，打破学院、学科和专业界限，创新人才培养模式，拓展工程类“3+2”本硕联合培养等国际化人才培养项目，涵盖软件、环境、电气工程等多个学科领域，充分发挥两校教学和科研资源优势，培养具有全球视野和竞争力的优秀人才，进一步推动科研合作。

5月11日，中国科学院广州生物医药与健康研究院—广州医科大学联合生命科学学院在广州举行揭牌仪式。联合生科院将培养生物医药技术领域的创新人才，促进相关学科实力提升，积极推动高水平大学建设，旨在培养医学科研、开发和医学应用为特色和优势的多层次研发和应用、推广高端人才；开展高水平的研究和开发工作；建立华南高水平的生物技术教学、科研平台。

7月1日，中国科学院广州生物医药与健康研究院香港中心在香港科学园举行揭牌仪式。该中心将成为中国科学院在香港的首个注册实体，将成为中国科学院重要的国际合作前沿基地，为我国在干细胞与再生医学研究领域创造国际化新机遇，将有助于提升香港作为亚洲生物科技中心的地位，对进一步深化合作与交流，提升创新能力，实现两地战略跨越式发展具有重要意义。

9月3日，“国家精准农业航空施药技术国际联合研究中心”巴基斯坦分中心授牌仪式及学术研讨会在华南农业大学国家精准农业航空中心会议室举行。“国家精准农业航空施药技术国际联合研究中心”巴基斯坦分中心的成立，对于提升学校国际科技合作的质量和水平，探索“项目·人才·基地”相结合的国际科技合作模式，及对地区国际科技合作的发展，将产生引领和示范作用。

12月8日，广州市科技创新委与美国斯坦福国际研究院、美中硅谷协会签署合作框架协议，三方将在穗合作设立广州斯坦福研究院，以企业化形式运作和发展，通过集聚各类创新要素，推动该研究院建成联合研发的组织平台、研发成果与知识产权转移转化应用平台、科技交流与合作的支持平台，并成为硅谷地区研究机构、教育机构、金融机构和企业界与广州合作的重要联系渠道。

国际科技展览　2017年，由广东省科技合作研究促进中心主办的国际性专业科技展览面积达23.1万m^2，来自全球20多个国家和地区的3 200多家企业参展，接待观众13.8万多人次；同期举行近189场专题技术研讨会与学术论坛，约有90多个国家和地区的1.6万多名专业人士与会（详见表8–3–3），其中，华南国际口腔医疗器材展规模已突破51 000m^2，成为亚太地区第一行业展会；国际专业音响灯光展目前规模全球第1，成为行业展示和交流的重要平台之一；国际乐器展近年发展迅速，目前规模已达35 000m^2，居全国第2。几大展会影响力不断增强，有效推进了科技成果产业化、市场化步伐。

表8–3–3　省科技合作研究促进中心主办的国际性专业科技展览一览表

序号	展会名称	举办时间	活动概况
1	第22届华南国际口腔医疗器材展览会暨技术研讨会	3月2—5日	展览面积达51 000m^2，923家来自20多个国家和地区的展商集中展示最新牙科制造技术及世界顶尖牙科品牌和产品。吸引来自100多个国家及地区的56 301名专业人士与会。展会同期举办153场高技术研讨会，涵盖牙体牙髓、正畸、种植、修复、诊所管理等多个热门专题，200多位国内外顶尖专家交流了前沿、权威、实用的医学研究成果、临床治疗技术、诊所管理方法。
2	第15届中国（广州）国际专业音响灯光展览会	2月22—25日	来自25个国家和地区的1 250家企业展示了高端多元的专业音响、灯光、舞台产品和设备，带来焕然一新的技术体验，73 986名专业观众（含同期乐器展）莅临现场参观采购。同期举办18场高端研讨会，邀请海内外顶尖专家剖析市场动向，为业内人士搭建高效技术交流平台。
3	第14届中国（广州）国际乐器展览会	2月22—25日	响应省政府提出的建设文化大省的号召，发挥广东乐器产业基地的优势，三大展馆荟萃603家展商，集中展示乐器技术、产品信息、行业动态，吸引73 986名观众（含同期音响灯光展）慕名而来。同期12场专业研讨会精彩纷呈，为业内人士提供了经验分享和信息交流的良机。
4	广州国际分析测试及实验室设备展览会暨技术研讨会	2月21—23日	围绕“科技驱动，创建未来”的主题，云集418家分析仪器及实验室设备企业展示分析测试领域前沿的技术研究成果，展会期间迎来8 257位专业观众进场参观。同期举办了4大主题共6场研讨会，为实验室领域专业人士打造宣传、贸易、交流、学习的互动平台，助推华南地区分析测试领域的发展进步。

（张　郁）

地市科技发展

广州市

【概况】 2017年，广州市坚持市场导向、企业主体，打破路径依赖，全力以赴建设国家创新中心城市和国际科技创新枢纽，打造国际科技产业创新中心，科技创新工作取得新成效。科技创新企业发展迅速，新增科技创新企业4万家，总数突破16.9万家；净增高新技术企业3 951家，总数达到8 690家，连续两年呈爆发式增长；重大创新平台布局取得突破，广州再生医学与健康广东省实验室获省政府批准组建并正式挂牌，国家先进高分子材料产业创新中心、省印刷及柔性显示技术创新中心分别获批组建；科技成果转化加速，技术合同交易额达357.51亿元，同比增加23.45%；科技金融撬动效应明显，4亿元规模的广州市科技信贷风险补偿资金池推动银行授信金额超过100亿元，发放贷款60亿元，全国同期规模最大；孵化育成载体量质提升，众创空间、孵化器总数分别达164家（国家级53家）、261家（国家级26家），孵化面积987.6万m^2，优秀国家级孵化器数量连续三年居全国前列；双创环境持续优化，广州连续两年位居“机遇之城”榜首，海归回国就业意向城市排名全国第二；政务服务能力再上新台阶，“基评”综合排名从第25位上升至第4位。

【科技政策环境】

创新发展环境 广州市完成制定《广州市促进文化与科技融合的实施意见》，在市科技经费、市文化产业经费、市新兴产业发展资金中安排经费支持文化科技领域关键技术研究、行业标准制定和重点产业发展等；完成起草《珠三角国家自主创新示范区（广州）先行先试政策意见》，围绕跨境投融资和研发活动、生物材料和特殊物品进出口、人才引进和激励、科技成果转化、新型研发机构建设、知识产权、创新环境以及平台经济等提出了先行先试政策意见；完成制定《广州市支持创业投资机构促进创新创业发展的若干政策规定》，围绕支持创投机构在穗开展创业投资活动，促进广州创新创业发展提出了一系列奖励、扶持政策。

政策评价评估 对广州市“1+9”科技创新系列政策实施效果进行评价，形成了《广州市科技创新促进条例及“1+9”科技创新政策评价研究报告》，结合政策评价情况分批分类开展广州市“1+9”政策修订、延期工作；及时启动科技创新政策延期及修订完善工作，对广州市“1+9”政策及10个配套文件进行了梳理，根据实际情况提出延期或修订建议；启动科技成果转化政策实施情况评估，为《广州市科技创新促进条例》《广州市促进科技成果转化实施办法》等修订做好前期准备工作。

简政放权改革 根据《广州市科技创新领域简政放权改革工作方案》工作安排，统筹跟踪推进市科技创新发展专项部分项目立项权下放试点及《广州市科技计划项目管理办法》和《广州市科技创新发展专项经费管理办法》的修订，推进科技计划项目管理全流程简化优化，开展项目立项权下放试点，升级完善科技管理信息系统建设，充分利用技术手段减轻创新主体负担。

创新型试点城市综合评价 广州市按照国家关于开展创新型城市建设试点评价验收的标准要求，在组织全市各区、各部门对照国家明确的5个一级指标、27个二级指标开展自查自评的基础上综合形成自估报告，并组织广州建设国家创新型试点城市专家现场评审会。

【科技投入】 2017年，全市财政对科技投入经费总额171.25亿元，比2016年增长51.61%。市本级财政对科技投入经费总额43.22亿元，占一般公共预算支出比例为1.98%。其中，归口市科技创新委管理的科学技术投入经费总额30.29亿元，包括技术研究与开发经费28.44亿元。财政科技经费配置基本实现“两个80%”：后补助、科技金融等方式支持的经费约占80%，形成结果导向、市场导向的投入模式；支持企业或企业牵头承担项目的经费约占80%，强化企业技术创新主体地位以及对产业支撑作用。

【科技计划项目】 2017年，实施科技创新企业发展专项共2 394项，支持财政经费18.5亿元，其中科技型中小企业创新专题支持企业727家，财政支持经费4.18亿元；培育科技创新小巨人和高新技术企业1 667家，财政支持经费14.32亿元。实施企业研发经费投入后补助专项，按2016年研发投入1亿元以下、1–5亿元（含1亿元）、5–10亿元（含5亿元）、10亿元以上（含10亿元）分为4个档次，分别给予不同比例的补助，共支持2 307家企业，安排财政资金6亿元。实施企业研发机构建设专项，支持404家企业设立研发机构，包括2016年结转的50万元，共支持财政经费2.47亿元。实施产学研协同创新重大专项，包括产业技术研究、民生科技研究、对外科技合作3个专题，共支持项目712个，支持财政经费共7.65亿元。实施科技创新平台与科技服务专项，共支持项目323项，财政支持经费2.63亿元。实施科技企业孵化器与众创空间专项，共支持项目797项，支持财政经费9 344.25万元。实施科学研究专项，支持595个项目，支持财政经费共2.15亿元。实施科技与金融结合专项，支持2015年科技与金融结合专项项目212项，共支持财政经费2.4亿元。实施科普与软科学专项，共支持项目229项，支持财政经费4 873万元。实施科技创新人才专项，支持高校、科研院所、医疗机构等单位35岁以下的青年科技人员开展科研活动，培育青年科技骨干，共支持项目500项，支持财政经费5 710 万元。

【科技企业】

科技型中小企业技术创新资金 2017年，广州市将科技型中小企业技术创新专题与第六届中国创新创业大赛（广东·广州赛区广州赛区）深度融合，在“以赛代评”科技评审体制改革的助推下，2017年广州参赛企业数量呈爆发式增长，总量达3 154家，占广东省总量的75%。本届大赛“IAB”数量占中国创新创业大赛六大行业（电子信息、先进制造、生物医药、互联网与移动互联网、新材料、新能源及节能环保）的47.65%，电子信息、先进制造、生物医药企业占比分别为24.6%、11.6%和11.07%，已获或通过大赛获得市场化VC/PE投资或银行贷款的企业占比9%以上，融资5.6亿元。广州赛区3 154家参赛企业中，已有1 085家企业进入广州市科技型中小企业信贷风险补偿资金池备案企业库，其中222家企业已获得资金池中国银行、建设银行、广州银行、兴业银行等8家合作银行授信19.87亿元。广州参赛企业包揽广东赛区成长组六大行业的全部一等奖，六大行业共73家企业获省赛奖项（共96个奖项），获奖占比76.04%。广州赛区308家优胜企业拥有超过5 000项知识产权，其中发明专利600项，占比11.9%；实用新型专利1 392项，占比27.65%；外观设计专利464项，占比9.14%；软件著作权2 579项，占比51.22%。

企业研发费优惠政策 2017年，为进一步做好企业研发经费税前加计扣除优惠政策，广州市科技创新委员会与广州市国家税务局、广州市地方税务局共同开发和建立了广州市企业研发经费加计扣除业务管理平台。税务部门根据不低于20%比例的核查要求确定核查名单；被核查的企业按要求在加计扣除业务管理平台上传研发项目相关的备案材料；税务部门转请科技部门出具鉴定意见；科技部门委托中介机构组织专家进行鉴定，并反馈鉴定结果。

2017年，广州市共有4 318家企业申请享受扣除优惠政策，减免税额约33.77亿元。2017年，市税务部门核查了1 455家企业，共9 694个项目。有8 597个项目通过了专家技术鉴定。为引导企业持续加大研发投入，广州市科技创新委员会及广东省科技厅继续对企业研发投入进行后补助。2017年，共有4 176家企业提交了广州市企业研发经费投入后补助申请。经审核，广州市拟对4 058家企业进行补助，补助金额15.35亿元，其中市本级7.68亿元，区级7.68亿元。2017年共有3 690家企业获广东省企业研究开发省级财政补助13.97亿元。

【科技创新平台】

新型研发机构　2017年，广东省已分三批认定省级新型研发机构，第一批广州市共有28家单位获得认定（全省124家），数量居全省首位；第二批广州市共有16家单位获得认定（全省46家）；第三批共有8家单位获得认定（全省39家），总数继续保持全省首位，优势进一步凸显。据统计，2017年，广州市52家新型研发机构已建有国家级和省级创新平台超过600个，成果转化与技术服务收入158亿元，服务企业超过24 000家。

企业研发机构　截至2017年年底，广州市目前建有市级以上研发机构（含科技部、国家发改委、省科技厅、市科创委立项建设各级企业工程技术研究中心、企业研发机构、工程研究中心、工程实验室；工信部、省经信委、市工信委立项建设的各级企业技术中心）的企业有2 870家，同比增长38%。2017年，广州市规模以上工业企业4 612家，其中建立企业研发机构的比例超过40%，大型工业企业实现研发机构建设100%全覆盖。

广州超级计算中心　2017年，国家超级计算广州中心服务用户总数超过2 600家，全面覆盖我国28个省级行政区的高校、科研机构与企事业单位，全年签订的机时合同总金额连创新高，系统资源平均利用率保持在70%，最高系统利用率达85.06%，是全世界用户数量最多、系统利用率最高的超算中心之一。

基于高性能计算、大数据和云计算的融合，超算中心集中力量完善“天河二号”应用环境，通过完成自主开发和部署适配一系列先进国内外优秀应用软件，超算中心大气海洋环境应用平台、天文地球物理计算与大数据应用平台、CFD与工业设计制造应用平台、新材料新能源应用平台、生物医药健康人数据应用平台、视频交通大数据应用平台、数字媒体大数据应用平台、深度学习与认知智能应用平台、高性能计算与大数据处理教育实践平台等领域的应用服务平台建设成效显著，优秀应用成果迭出，服务大科学、大工程、新产业取得了一系列重要的科学研究、工程突破和技术产业创新成果。

在大科学方面，超算中心积极支撑前沿科学研究，与广大科研用户紧密合作，在天文宇宙科学、生命科学、地球科学与海洋科学、材料科学、高能物理等基础科学领域加速产出了一批国际领先的科研突破成果。

在大工程方面，中心不断深化超级计算技术与工业信息化的结合，助力战略工程发展，与用户单位合作在战略工程装备研发制备、核电工程、复杂电磁工程、水利建筑工程、基因与制药工程等领域取得了一系列标志性成果。

应用水平不断提升、服务效益再创新高的同时，超算中心积极融入国家科技发展战略，坚持应用与研发并举，以科技项目带动研发，通过研发不断提升应用服务能力，以实现中心的快速可持续发展。2016—2017年，超算中心成功立项的国家、省、市重点科技项目共22项，其中，国家重点研发计划项目与课题13项，国家自然基金委项目与课题3项，广东省科技计划项目2项，广州市科技计划项目4项。2017年，中心新立项国家和广东省科技计划项目9项。通过一系列科技项目，超算中心致力于构建我国高性能计算系统与应用发展生态圈，由中心牵头负责的2017年国家重点研发计划“高性能计算应用软件协同开发工具与环境研究”项目，联合了我国各大超算中心和国内一众应用研发能力领先单位，专注建设面向国产超算的应用软件协同研发平台和工具，将构建我国超级计算环境应用软件中心。

此外，中心全力承担了国家自然科学基金委—广东省政府联合基金超算应用专项的实施，全面支撑地球、工材、管理、化学、生命、数理、信息、医学8大学部各类研究，多领域实现前所未有的大规模计算，并由此取得了一系列世界领先的研究成果。实施以来，专项共产出高质量论文达1 580篇，其中SCI收录论文占比82.37%，在*Science*、*Nature*发表的论文（含子刊）12篇，申请专利数量达55件，获各类重要奖项25项，全面打开了我国超算应用局面，极大地丰富了国产超算应用领域，有力地提升了各学科基于超算的研究能力。在专项支持下，中心与136家专项用户基于“天河二号”开展了各学科领域的应用软件的自主研发工作，全面支撑了典型领域国产应用软件实现自主可控，助力构建良好的国产高性能计算软件生态环境。此外，通过与用户单位的密切合作，中心支持2万多名研究人员与学生使用“天河二号”，培养了一批具有超算思维、掌握超算方法的跨学科基础科研团队，同时，通过专项与国际接轨的支持模式和“天河二号”的世界一流平台，有力地促进了创新人才聚集，为加速我国多领域研究赶超世界先进水平打下坚实基础。

顺应粤港澳大湾区发展战略，超算中心通过建设分中心等有效措施，进一步增强“天河二号”计算能力对粤港澳大湾区城市群的覆盖和辐射。其中，南沙分中心进一步做大做强，已成为中心为香港高校、企业及部分海外用户提供超算服务的快捷窗口；中山分中心特色鲜明，成为中心连接中山市及其周边地区创新型企业的桥梁；珠海分中心于2017年年底完成建设，旨在为中山大学珠海校区各学院及珠海地区的格力电器、魅族科技等高新技术企业提供计算支撑，并将辐射到澳门地区高校。

【产学研结合】　2017年，为推动IAB领域创新资源集聚、产业链上下游协同发展，广州科技企业已联合高校、科研院所在5G通信技术、通信芯片、新型显示、网络安全、大数据应用等领域推动新组建联盟37家。累计组建了140家产学研协同创新联盟，包括大数据、宽带通信与新型网络、物联网、卫星导航、互联网、新型显示等44家新一代信息技术领域联盟；语音及视频识别、无人机及无人船、智能制造及工厂、机器人、智能家居等13家人工智能领域联盟；新药创制、精准医疗、第三方检验检测、医药研发外包、医疗器械等34家生物医药与健康领域联盟，即集中在广州市重点发展的IAB产业领域的联盟有91家。广州产学研协同创新联盟成员单位已超过1 800家。截至2017年12月，各技术创新联盟内企业与高校、科研院所合作开展重大技术攻关427项，争取国家、省、市科技计划立项191项，获得科技奖励114项，获批或维持的国家、省、市工程（技术）研究中心或重点（工程）实验室、孵化器、新型研发机构、检验检测公共服务平台等创新平台217个，申请知识产权2 425项，获得知识产权945项，牵头或参与制定技术标准312项，进行转化和产业化的成果411项，所产生的销售收入近256亿元，产学研协同创新有力地促进了产业创新能力发展。

【科研基础条件】

重点实验室体系建设　截至2017年年底，广州市已建有国家重点实验（含企业重点实验室）19家，其中，7家以科研院所为依托单位，10家以大学为依托单位，2家为企业国家实验室。国家重点实验室作为国家科技创新体系的重要组成部分，领域分布广泛，涉及新能源汽车、农业生物技术、高性能复合材料、核能、智能电网等多个领域。

截至2017年年底，分布在广州市的省重点实验室共213家，其中，110家以高校为依托单位，56家以科研院所为依托单位，15家以医疗卫生事业单位为依托单位，32家为企业省重点实验室。实验室体系学科齐全，基本覆盖了电子信息、生物医药与健康、新材料、环保、新能源、海洋、先进制造、现代农业等广东省重点发展领域。实验室体系结构完整，从基础研究到战略高科技研究、从技术突破到成果转化，对广州市的支柱产业和经济社会各领域的发展起到有力的支撑、引领和带动作用。

截至2017年年底，广州市建有市重点实验室156家，其中，74家以高校为依托单位，36家以科研院所为依托单位，18家以医疗卫生事业单位为依托单位，28家为企业重点实验室。截至2017年年底，广州市重点实验室共获得国家级奖励41项，省部级奖励191项，市级奖励43项；发表论文4 544篇，其中国外发表论文10 470篇；参与制定标准241个；获授权专利1 225项，其中发明专利达643项。市重点实验室已逐渐实现与国家、省重点实验室建设的有机衔接，形成了从基础研究、应用基础研究到应用开发研究全覆盖的良好态势。

生物种质资源库　2017年广州市财政支持省市共建生物种质资源库建设项目7项，经费支出372.15万元，对生物种质资源、科技文献信息资源、科学数据和大型仪器设备等公共科技信息资源的建设与维护、开发与利用形成稳定支持。种质资源库坚持“广泛收集，妥善保存，深入研究，积极创新，充分利用”的原则，对广东省生物种质资源进行收集、保存和创新利用。2017

年，种质资源数量显著增加，引进种质资源213份，更新库存种质资源325份，审定品种4个，创新资源23个，推广了2.5万株苗木，开发产品收入726多万元。通过加强生物种质资源的保护和利用工作，支持保存种场地的建设与设施升级，使广东省种质资源库基础条件和设施达到国内领先水平，为生物种质资源范围不断扩大提供了坚强的保障

科技资源共享平台　2017年，广州市财政支持资源共享平台建设项目2项，经费支出130万元。在该平台已建成的软硬件资源及信息资源的基础上升级改造，建立了广州科技创新资源共享服务平台。新版本系统整合建设了文献服务系统、协同服务系统、平台门户三大系统。其中，文献服务系统实现了元数据仓储检索、文献数据检索、原文下载、资源使用统计等功能；平台门户建立了各类信息展示模块、自动供需配对，提供网站管理等；协同服务系统建立了服务信息存储、服务需求处理调度、服务质量评价、服务费用结算等功能，为社会提供了更完善的科技资源公共服务。截至2017年12月底，资源条目已经超过5亿条，平台总容量已达到15TB，平台注册用户5 000个以上。

【广州国家自主创新示范区】　2017年，广州国家自主创新示范区（以下简称“广州自创区”）制订自创区先行先试政策，推进药品上市许可持有人制度试点等政策。全面落实自创区和广州市科技创新系列政策，财政科技经费使用逐步实现“两个80%”，落实企业研发费税前加计扣除、研发投入后补助等政策，完善服务科技创新企业、科技成果转移转化等政策体系。2017年，共有科技企业孵化器总数261家，众创空间总数164家；新认定国家级孵化器5家，新增国家级备案众创空间8家；通过高企认定的企业达到8 690家，省高企培育入库企业达到2 354家。截至2017年年底，“珠江人才计划”创新创业团队共62个，占全省的38.5%；省“珠江人才计划”领军人才共65人，占全省的54.2%。实施人才绿卡制度，举办“海交会”、“春晖杯”中国留学人员双创大赛等活动，吸引全球顶级创新人才、创新型企业到广州创业或落户。2017年，广州地区累计培育境内外上市公司151家，新增新三板挂牌企业116家，近90%为科技企业。设立全国规模最大的科技信贷风险补偿资金池，鼓励银行为科技企业提供信贷支持。

【高新技术产业园区】

广州高新区　2017年，广州高新区率先在全国出台促进先进制造业、现代服务业、总部经济、高新技术产业发展的4个“黄金10条”，以及提升人才建设、知识产权保护水平的两个“美玉10条”，形成“金镶玉”政策体系，旨在推进供给侧结构性改革，振兴实体经济发展，广纳全球创新创业英才，为全国知识产权运用和保护综合改革试验探索经验。高新区各园区相继出台系列创新政策，全面支持企业创新发展。2017年大力发展战略性新兴产业，围绕IAB和NEM战略性新兴产业布局，新一代信息技术产业预计实现工业总产值2 400亿元，约占全市的80%；人工智能产业预计实现工业总产值170亿元，占全市的50%以上；生物医药产业预计实现工业总产值600亿元，约占全市的60%。预计新增认定高新技术企业2 300家，总数达4 000家，11家企业入选省高新技术企业综合创新实力百强榜；遴选出独角兽和潜在独角兽企业10家，未来领军型创新企业群体初具规模。全年新增国家级孵化器14家。建成41家创客空间，其中国家备案的创客空间14家，创办了全国首家国际知识产权众创空间。全区风险投资机构达236家，资金规模约585亿元。

华南新材料创新园　截至2017年12月，华南新材料创新园在园企业429家，总销售收入近30亿元，创造利税近1亿元，创造就业岗位5 000人；在园海外留学创业人员40人，广东省创业领军人才2人，开发区创业英才4人，开发区创业领军人才4人；在园新四板企业50家，高企38家，高企培育41家（其中24家已通过高企），瞪羚企业4家，市企业研发机构13家。已上市企业2家，拟上新三板企业5家，拟上创业板企业3家，拟上主板企业1家。园区投资孵化企业6家。企业申请专利2 361项，获授权专利797项。协助园企申报各类项目成功立项的76家，获立项资金1.36亿元。

广州番禺节能科技园　截至2017年12月，番

禺节能科技园已入驻企业1 182家，其中科技型中小企业930多家，上市企业26家。园区企业共取得各类科研成果6 872项，其中126项填补了国内技术空白。园区现有中海达、浩云安防、环峰能源、刑帅集团等上市企业26家，10多家企业正在培养辅导上市。设立了市、区、街三级“一站式”政务服务中心，为企业提供工商税务、经贸外管、环保消防、警务服务、扶持政策咨询、补贴申报、孵化企业认定、信息查询等审批业务以及科技项目申报、知识产权认定申请、协助落实优惠政策等服务，助推企业集中精力搞研发、开拓市场。与番禺区委组织部、人社局共同成立了“人才服务站”，帮助企业解决人才引进、职称评审、集体户口管理、子女教育等发展亟需业务。开创首届产业园区现场招聘会，至今连续举办五届专场招聘会，累计提供超过1万个以上职位，吸引求职者超过1.5万人次，为1 100多家企业提供专场招聘服务。

留学人员广州创业园　以广州留学人员创业园为核心的广州开发区科技企业孵化器集群已建成包括86家科技企业孵化器，总孵化面积达474.02万m^2，其中国家级孵化器10家，省级以上孵化器16家，市级以上孵化器52家；累计建成31家创客空间，其中国家级创客空间9家，省级以上创客空间15家，市级以上创客空间28家。截至2017年年底，累计引进留学人员企业776家，累计引进创办企业的留学人员1 073人、博士442人、硕士270人、1名诺贝尔奖获得者、16个广东省创新科研团队。2017年，继续深入开展“名师大讲堂”和“企业培训营”等公开课培训，并拓宽培训项目和加强培训效果，结合“互联网+培训”，面向全区免费提供350个E-learning学习账号，范围覆盖区内所有孵化器，近200家企业受益；同时，作为科技部火炬中心首批“中国创业导师行动”试点单位，广州创业园为园区内科技型中小企业提供了全面的创业辅导服务。聘请了30位成功企业家、风投机构、行业专家、管理咨询专家、财税专家和法律专家担任“广州开发区创业导师”，通过定期组织创业导师活动，包括创业导师进企业、创业导师进园区、创业培训等，为园区内初创企业提供个性化定制的创业辅导，2017年累计举办创业导师培训活动逾30次。

广东软件科学园　2017年度，广东软件科学园（拓思软件园）在国家、省、市、区各级孵化器绩效考核中均获得优秀等级（A类），在《互联网周刊》和eNet研究院编制的2017科技孵化企业100强中名列全国第10、全省第1。截至2017年年底，园区企业年产值累计约650亿元，上缴税金累计约50.6亿元。累计培育上市企业6家（威创视讯、高新兴、视源股份、科士达、航新航空、广哈通信），新三板挂牌企业5家，广州股权交易中心挂牌企业20家，高新技术企业143家；就业人数超过6 000人，培养了一批优秀企业家。园区社会效益和经济效益显著，是广州地区科技创新、人才聚集、科技成果转化和企业创新的示范基地。为降低软件企业的创业成本，推动软件企业的技术创新和核心竞争力提升，拓思软件园投资建设了包含“广东省软件共性技术重点实验室”“广东软件科学园数据中心”“广东软件评测中心”三大技术服务机构在内的软件公共技术支撑服务平台。

【孵化育成体系】　截至2017年年底，广州市共有科技企业孵化器261家，其中国家级孵化器26家，国家级孵化器培育单位31家；共有众创空间164家，其中国家级备案53家，省级众创空间试点单位33家；孵化面积987万平方米；孵化企业和项目12 000多家（个）；直接提供就业岗位17万余个。2017年，5家孵化器获得国家级孵化器认定，8家众创空间获国家级众创空间备案，21家孵化器获认定为国家级孵化器培育单位，29家众创空间获认定为广东省众创空间试点单位。2017年第六届中国创新创业大赛（广东·广州赛区）暨第二届羊城“科创杯”创新创业大赛的6个领域（初创组和成长组）的12家冠军企业中有10家来自于孵化器。

【科技与金融】

科技创业投资　2017年6月17日，全国首个创投小镇在广州市海珠湖西畔揭牌，预计3～5年内资金管理规模达500亿元左右，孵化创新型企业250家左右。创投小镇先后举办第十九届中国风险投资论坛洋湾分论坛、广州创投周、广州市2017年科技金融成果展示周等40余场创投活动，吸引约300家创投机构参与，路演企业1 000家，与创投资本及银行对接的企业超过2 000家。打造五大创业投资品牌活动，包括中国风险投资论坛、小蛮腰科技大会、中国创新创业大赛广州赛区活动、广州创投周活动与德勤高科技高成长20强评选活动，营造创新氛围。

科技信贷　截至2017年12月，资金池库内企业累计达9 124家。资金池共撬动8家合作银行为全市1 005家科技企业提供贷款授信超过106亿元，实际发放贷款超过62亿元。已获批企业中，首次获贷企业占比36.12%，获得纯信用贷款企业占比73.46%。

新三板及上市　截至2017年，广州市共有“新三板”挂牌企业429家，位列全国省会城市第1；2017年新增新三板企业116家，增长速度远超北上深，位列一线城市第1；创新层企业数比2016年增加了20家，达到55家，数量居全国省会城市第1，增长率为71.88%。

【科技人才队伍】　2017年，市科技创新委员会会同广州市有关部门研究制定《广州市高层次人才认定方案》《广州市高层次人才服务保障方案》和《广州市高层次人才培养资助方案》（穗组字〔2017〕98号），按广州市杰出专家、广州市优秀专家、广州市青年后备人才三个层次遴选广州市各领域高端人才。实施更加开放的人才政策，配合市人才办研究起草《中共广州市委、广州市人民政府关于加快建设创新创业人才高地的决定》，将广州打造成为全国乃至全球人才集聚的高地。

市科技创新委员会会同市人社局落实“1+4”人才政策文件精神，组织开展“创业领军团队”“创新领军团队”“创新创业服务领军人才”“杰出产业人才补贴”等专项申报评审工作。完成2016年产业领军人才集聚工程项目合同签订及资金下达，完成2017年项目申报及评审工作，两年来创新创业领军团队共吸引8名“两院”院士、3名外籍院士、申报，遴选了20个创业领军团队、21个创新领军团队、18名创新创业服务领军人才和56名杰出产业人才，吸引了包括中国科学院陈新滋院士的“有机氟新材料研发及产业化”团队，中国工程院彭永臻院士的“污水生物脱氮除磷深度处理新技术研发与推广应用”团队等高层次人才和团队来穗创业，初步形成了高端产业人才集聚广州创新创业的良好氛围。

2017年，根据市科技创新委员会创新发展专项部分立项权下放试点工作部署要求，选择中山大学等8所高校、中科院广州分院等4所科研机构作为珠江科技新星项目放权试点单位，组织2018年珠江科技新星遴选。各试点单位认真履行职责，严密组织项目评审，共向市科技创新委员会推荐103项2018年拟立项项目，试点工作基本达到预期目的。从中山大学等10所高校、科研院所反馈的情况看，历年珠江科技新星入选者获得省级上奖励和资助的共427人（占立项数60%）。其中，入选国家重点研发计划项目24人，国家自然科学基金项目183人（其中包括国家自然学科基金优秀青年科学基金项目33人），“万人计划”（青年拔尖人才）5人，教育部“长江学者”4人，教育部新世纪优秀人才4人，获国家科技进步奖二等奖2人，获中国专利优秀奖1人，广东省自然科学基金项目103人（其中包括广东省自然科学基金杰出青年基金项目26人），广东省特支计划项目70人，广东省“珠江人才计划”2人，获其他省级以上奖励和资助的28人。

积极落实省重大人才工程，截至2017年12月，在穗工作的诺贝尔奖获得者6人、“两院”院士77人（市属35人）、“万人计划”专家95人；省“珠江人才计划”创新创业团队45个、领军人才53人，“南粤百杰”培养对象59人，“广东特支计划”入选者502人。李立涅院士主持完成的“特高压±800kV直流输电工程”荣获2017年度国家科技进步奖特等奖。2017年，广州新入选省珠江人才创新团队17个，“珠江人才计划”引进领军人才12人，位列全省第1。

【科技成果与奖励】

科技成果转化　2017年，市科技创新委员会建立科技成果转化数据库，汇集科技成果9 260项，为全市科技成果转移转化提供支撑。全市共有国家级技术转移服务机构12家，省科技服务业百强企业（机构）58家，占全省的53.7%；广州地区有21家技术合同服务点，2017年技术合同交易额达357.51亿元，为企业申请减免税约3.7亿元。双创环境持续优化，广州连续两年位居“机遇之城”榜首，海归回国就业意向城市排名全国第2。按照《广州市科技成果登记实施办法》，对符合条件的科技成果进行登记，2017年共公示13批1 036项科技成果。华南（广州）技术转移中心落户南沙，省、市、区拟分3年投入1.8亿元。

在5G通信技术、通信芯片、新型显示、网络安全、大数据应用等领域推动企业牵头新组建产学研技术创新联盟37家，总数140家，成员单位超过1 800家，涵盖各领域龙头企业、上下游配套企业、高校、研究机构及中介、投资机构等。

实施打造具有国际影响力的风投创投中心行动计划，正式设立财政投入50亿元的科技成果产业化引导基金，全国首个创新资本研究院、广州首个创投小镇落户洋湾2025创新岛；成功举办全国首个创投周，超过100家科技企业获得机构意向投资。实施科技信贷行动计划，科技信贷风险补偿资金池新增备案企业4 700多家，累计超过9 000家，1 115家获得贷款企业中，首次获贷比例达37%，纯信用贷款比例达69%，切实解决中小型科技企业融资难融资贵问题。

技术成果及交易　2017年广州市技术合同共成交6 612项，合同成交额357.51亿元，技术交易额350.71亿元，成交额同比增长23.45%；为企业申请减免税约3.7亿元。2017年广州市输出技术和吸纳技术都有所增长，输出技术合同成交额353.89亿元，同比增长34.17%；吸纳技术成交额192.21亿元，同比增长14.41%，全市输出技术成交额是吸纳技术成交额的1.8倍。广州作为广东省技术交易最活跃的地区之一，技术合同交易额位居全省各市第2位，仅次于深圳，占全省技术交易量的37.65%。在科技创新环境不断优化的前提下，先后制定并出台了《广州市促进科技成果转化实施办法》《广州市科技成果交易补贴办法》《广州市科技创新券实施办法》《广州市加快发展科技服务业三年行动计划》和《广州市促进科技成果转移转化行动方案》（征求意见稿）等政策文件。其中，《广州市科技成果交易补助实施办法》支持开展技术成果转移转化交易活动，对符合条件的企业按技术交易额5%的比例给予补助；《广州市促进科技成果转移转化行动方案（2018—2020年）》实行技术合同登记服务奖补制度，按每亿元交易额奖补0.5万元的标准，确定年度技术合同登记服务奖补资金总额。

科学技术奖励　广州市牵头及合作完成的21项重大科技成果获2017年度国家科学技术奖，其中国家技术发明奖2项，科学技术进步奖19项。由中国工程院院士、中国南方电网公司专家委员会主任李立浧主持完成的“特高压±800kV直流输电工程”荣获了2017年度国家科技进步奖特等奖，实现了广州市牵头完成特等奖项目零的突破，也是广东省获国家科技进步奖特等奖零突的破。广州地区共162项成果（人）获2017年度广东省科学技术奖，占全省获奖项目的65.6%。其中突出贡献奖2人、一等奖24项、二等奖47项、三等奖89项。根据国务院《关于深化科技奖励制度改革方案的通知》要求，经市政府同意，从2017年起停止广州市科学技术奖评奖工作。

【知识产权工作】　2017年广州获评国家知识产权试点示范城市工作先进集体，在全国专利行政执法绩效考核中排名第1。

专利规划、创造与运用　2017年，广州市制定《广州市创建国家知识产权强市行动计划（2017—2020年）》，全面促进知识产权的创造、运用、管理、保护和服务。市政府印发《广州市加强知识产权运用和保护促进创新驱动发展的实施方案》。市知识产权工作领导小组印发《广州市重大经济和科技活动知识产权评议实施方案》，推动对政府投资或使用国有资产数额巨大或对全市影响重大的涉及知识产权的经济和科技活动开展知识产权评议。完成《广州市知识产权局规范专利行政执法自由裁量权规定》等4部部门规范性文件的制订修订，以及修订完善《广州市知识产权局行政复议案件办理工作制度》。

市知识产权局联合市科技创新委员会出台《关于加强高新技术企业专利工作的实施意见》，联合市国资委印发《关于新形势下进一步加强市属国有企业专利工作的若干意见》。推动《企业知识产权管理规范》的贯彻实施，加强知识产权优势示范企业培育，全市培育国家知识产权示范企业10家，优势企业26家；省级知识产权示范企业42家，优势企业109家。修订印发《广州市专利工作专项资金管理办法》，印发《2017

年度广州市专利工作专项资金（专项发展资金）项目申报指南》。将2016年市知识产权市长奖和专利奖纳入市科学技术奖励体系，评出市长奖3项，专利金奖3项、优秀奖17项。

市政府批准组建市重点产业知识产权运营基金，首期募集基金6亿元，重点投向IAB和NEM产业。扩大专利信息基础数据资源，完成生物医药等7大战略性新兴产业专利数据库建设。全市注册的专利代理机构达到100家，占全省总数的20%；全市执业专利代理人近650人，约占全省总数的33%。

知识产权保护　积极推动《广州市电商平台知识产权保护办法》制定，与全国19个城市联合签署《电商领域知识产权联合执法宣言》。与京东集团成立知识产权保护广州工作站，创建电商知识产权保护试点，49家电商企业被确定为“广州市电商知识产权保护试点单位”。进驻广交会、中国（广州）国际家居博览会等21个展会加强知识产权保护。出台《广州市行业协会知识产权工作部建设指南》，5家行业协会成立知识产权人民调解中心，36家行业协会开展知识产权“建部试点”工作，成立医药产业、皮革皮具产业知识产权联盟。制定《加强重点企业和重点市场知识产权行政保护的措施》，启动120家重点企业、5家专业市场的知识产权规范化市场培育工作。

【科技与民生】

科技创新对口帮扶　对口帮扶梅州市五华县华阳镇华新村，组织实施了特色的草龟养殖示范项目，采取“养殖基地+合作社+农户”的形式与五华县益生源种养专业合作社合作，投资养龟资金累计190万元，2017年返还资金本金及分红30万元，贫困户入股分红共16万元，村集体收入14万元；华新村村委会与广东省农业科学院农业科研试验示范场合作，种植樱桃、番茄，市财政投入50万元建设0.2 hm^2无土栽培大棚，广东省农业科学院农业科研试验示范场全程提供技术指导，目前樱桃、番茄生长良好；在龙华公路华新村路段和村各主要路口安装了130盏太阳能路灯；完成了两条自然村村道硬底化项目，总长1.8km。

对口帮扶新疆疏附县，“新疆疏附县特色农产品产销展示信息服务平台建设”已完成验收。项目构建起了疏附县特色农产品库、企业库、成果库，其中发布设施装备信息51条，生产技术信息550条，加工保鲜信息50条，疫病防控信息72条，优新品种信息305条，总数共1 028条。“新疆疏附县婴幼儿保健服务能力建设”项目已完成验收，项目建立以疏附县人民医院为主的婴幼儿急救中心。制定和完善疏附县人民医院一系列的临床诊疗制度和流程，规范抗生素使用，建立危重症儿童抢救流程，并补充相关急救设备。2017年立项的项目“疏附县设施作物栽培技术研究与示范推广”“疏附县人群麻疹IgG抗体水平演变规律及疫苗保护效果研究”财政资金支持每个项目100万元。

对口帮扶西藏林芝市，“西藏灵芝的规范化种植研究及系列产品的开发与产业化”已通过验收。项目对西藏灵芝种植基地的灵芝种植大棚进行改造，完善了灵芝、灵芝孢子粉加工生产线；形成西藏灵芝菌种标准及检验规程、栽培技术规范、灵芝和孢子粉采收加工技术规范3项企业技术标准。2017年立项的项目“西藏优质冬虫夏草菌种的人工筛选”“西藏小型猪选育及产业化开发利用”财政资金支持每个项目100万元。

对口帮扶黔南州，“黔南州贵定县优势茶树品种高效加工技术产业化模式示范与推广”已完成验收。以贵定县优势茶树品种鸟王种为原料，建立了春季早期生产毛尖茶、末期生产乌龙茶，夏季生产名优高香红茶，秋冬季生产毛峰茶、乌龙茶的高效生产模式，使亩产值从1.9万元增加到5.4万元，提高了农民的收入。2017年立项的项目“罗甸火龙果主要病害绿色防控技术研究与推广”“荔波铁皮石斛贴树栽培技术研究与示范”财政资金支持每个项目100万元。

对口帮扶毕节市，2017年6月，由市科技创新委员会领导带队，组织相关主管部门、广州地区科研院所专家和企业负责人赴毕节市就科技帮扶工作重点和方式进行座谈交流并现场考察调研，经与毕节市科技主管部门协商，结合毕节市经济社会发展的实际科技需求，2017年拟启动毕节市刺梨精深加工关键技术研发及产业化项目。

对口帮扶梅州市，“梅州市大埔县优质桃品种引种及示范”项目已验收。项目制订出适栽品种三华蜜桃的配套栽培技术1套，举办优质桃的各种技术培训班及咨询活动11期，培训人数合计529人次。“梅州灵芝产业化生产关键技术研究与示范”已验收，项目制定了“梅州室内有机赤灵芝标准化栽培技术规程”，申报国家发明专利1项。“梅州红豆杉植物新品种培育与资源综合利用”已验收。项目开展了红豆杉优良株系的分子遗传图谱研究，发现特有基因变异，形成只有优良株系才具备的分子遗传图谱，明确与紫杉醇及10-DABⅢ高效合成相关的SNP位点。2017年立项的项目“高附加值日用瓷关键技术研究与应用”财政资金支持100万元。

对口帮扶清远市，2017年立项的项目“清远新特材料协同创新研究院平台建设”“清远气凝胶新材料创新平台建设”财政资金支持每个项目100万元。

民生科技重大专项　2017年，产学研协同创新重大专项民生科技专题立项项目211项（包括科技帮扶项目），其中有47项每项支持经费200万元，164项每项支持经费100万元，共支持经费2.58亿元，已按计划完成全部项目合同签订。鼓励了一批高校、科研院所、医疗卫生机构等事业单位和企业开展技术研究、产业化应用及示范，各类单位均得到充分支持，其中支持广州市区域内高校立项项目72项，占34.1%；企业立项13项，占6.2%；科研院所立项35项，占16.6%；医疗卫生机构立项91项，占43.1%。

健康医疗协同创新重大专项　广州市2014年设立了健康医疗协同创新重大专项，重大专项1～4期项目每年安排1亿元财政科技经费，紧紧围绕恶性肿瘤防治、新发突发及重大传染病综合防治、重大疾病干细胞治疗技术创新、医学诊断技术和产品创新应用4个重点专题，通过公开申报、专家评审、可行性论证、政府决策等环节，4年共计遴选支持73个重大项目。其中，第一期（2014年）立项支持16个项目，目前已陆续开展验收工作，基本达到了预期目标；第二期（2015年）立项支持18个项目；第三期（2016年）立项支持20个项目，目前已取得一批重要突破性进展；第四期（2017年）立项支持19个项目，目前也已按计划实施，进展顺利。重大专项1～4期项目共计发表SCI收录论文461篇，核心期刊论文21篇，申请专利380项、获得专利授权94项，获得国家级奖励13项、省部级奖励24项，注册新产品75项，获得科技人才奖励36项，引进人才54人，培养人才597人，进一步提升了广州市在健康医疗科技领域国内领先、国际先进地位。

【科技交流合作】

国际科技合作平台　美国斯坦福国际研究院与广州市合作共建广州国际斯坦福研究院，该研究院将组建项目引进、技术研发、创新培训、风投基金、行政管理等五大中心，并将成立首期规模为10亿元的广州斯坦福创新成果转化基金，争取打造成为吸引和汇聚国际顶尖科技和人才资源的重要平台。美国冷泉港实验室与广州开发区签订全面合作备忘录，共同设立冷泉港（广州）科技成果转化中心、冷泉港广州DNA学习中心及冷泉港价值创新园等，共同打造新型国际化研发孵化器及成果转化项目。广州市香港科大霍英东研究院建设国际智能制造平台，打造“智能制造与互联网+融合发展”的创新平台。提升中乌科技合作平台，截至2017年年底，已建成5个高水平的创新研发平台（现代焊接装备与工艺平台、现代表面工程平台、先进材料平台、高能束流加工平台、生物医疗平台）。中新国际联合研究院是中国和新加坡两国战略合作的标志性项目，截至2017年年底，已完成注册、建设方案论证、基础设施建设等工作，已引进了24个产业化项目，其中17个为国际科技合作项目，已孵化企业6家。

国际科技活动　市科技创新委员会在美国硅谷举办了一场以开放和创新为主题的广州硅谷推介会，有力地宣传了广州作为一个国际化城市在科技创新领域的新进展和新机遇。圆满完成2017《财富》全球论坛各项工作任务，包括牵头组织2017《财富》国际科技头脑风暴大会，举办《财富》中国创新大赛决赛活动，开展广州市科技创新宣传等；主办及参与一系列大型国际性科技创新活动，牵头组织第三届中国创新科技成果交易会国（境）外合作成果展，主办或协办一系列国际学术论坛和产学研交流活动。

对外科技合作专项　深化与英国伯明翰大学、乌克兰国家科学院等政府间合作，着力引导英国伯明翰大学、乌克兰国家科学院、白俄罗斯国家科学院等政府间框架合作伙伴技术研发与广州市产业需求对接。2017年，伯明翰大学的专家到访广州共36人次，广州市政府及企事业单位访问伯明翰大学40多人次，在穗举办7场专题研讨会和项目对接会，推动先进工程制造、医学研究、地铁轨道等科研领域8个项目成功立项并开展研究，立项6个与乌克兰国家科学院合作项目，全年邀请乌克兰、白俄罗斯、俄罗斯专家94人次来穗参加项目推介和点对点项目对接活动，并成功推荐乌克兰国家科学院金属和合金物理技术研究所谢列茨基·亚历山大博士获得2017年度“中国政府友谊奖”。

港澳台科技合作　市科技创新委员会参与制订粤港澳大湾区打造国际科技创新中心实施方案，吸引港澳创新资源向广州市集聚。连续第二年支持香港科技大学在穗举办广州南沙百万奖金国际创业大赛，报名参赛团队数量比2016年翻番；与澳门大学签署科技合作备忘录，支持在穗企事业单位与澳门大学就微电子、中医药现代化方面开展研发合作，也促使澳门大学有意在未来将科技成果重点在穗转化落地；推动广州台企服务中心建成远程技术诊断平台，聘请24名专家团队为台企服务做技术支持，开展一系列的技术对接、技术服务与交流等。

小蛮腰科技大会　2017小蛮腰科技大会在广州市人民政府大力支持下，于2017年10月12—13日在广州·四季酒店举行，大会开幕前注册人数近8 000人，实际到会观众超过9 000人次，其中主论坛现场人数超过1 500人，各平行论坛均超过500人。大会以“预·见未来！”为主题，致力于促进广州建设成为具有国际影响力的国家创新中心城市，推动广州高新技术人才的聚集和助力广州经济结构转型，进而推动各种移动应用软件和智能硬件在国民经济各个领域内的广泛使用，加速人工智能时代的全面发展。

中国创新创业大赛　2017年，在广东省科学技术厅的指导下，由广州市科技创新委员会主办，广州市科技金融综合服务中心等单位承办的第六届中国创新创业大赛（广东·广州赛区）暨第二届羊城“科创杯”创新创业大赛取得了显著成效，广州市报名参赛企业创历史新高，总量达3 154家，占广东省总量的75%。居全国省会城市第1，超过全国21个省级赛区及北京、天津、重庆等直辖市。据统计，广州赛区308家优胜企业中，黄埔开发区95家、天河区90家、番禺区37家，黄埔、天河、番禺三区的优胜企业占比为72%，其中，天河区电子信息、互联网与移动互联网行业，优胜企业占比分别为36%、40%；黄埔开发区先进制造、生物医药、新能源及节能环保行业，优胜企业占比分别为36%、73%、30%。在本届大赛的助推下，广州参赛企业包揽广东赛区成长组六大行业的全部一等奖，六大行业共73家企业获省赛奖项（共96个奖项），获奖占比为76.04%。其中，初创组共23家广州企业获奖，占比为63.89%；成长组共50家广州企业获奖，占比为83.33%。此外，广州赛区222家成长组优胜企业中，国家级高新技术企业132家，占比为59.46%；拥有国家或省级研发机构的企业14家，占比为6.31%。

【科技招商】

重点项目落地和发展　1月18日，广州斯坦福国际研究院在广州市黄埔区广州开发区成立，并同时设立10亿元广州斯坦福创新成果转化基金。5月23日，科大讯飞股份有限公司与广州市政府、广州市南沙区政府签署战略合作协议，入驻广州南沙国际人工智能产业研究院。8月14日，广州南沙开发区管委会与广州市科技创新委员会、海尔集团公司签署了《战略合作框架协议》，标志着“海尔全球产业金融中心”海尔金融科技中心等“科技、金融、产业”三融合系列项目落户广州南沙——设立金融科技中心和科技金融创新中心，致力于发展Fintech区块链和金融科技新业态；设立“海尔双创南沙自贸产业园”，建立智慧家居大数据领域共创平台和智慧医疗平台；设立产业基金，支持企业大力发展科技创新、科技金融创新、智慧家居大数据、智慧医疗等业态。12月7日，总规模约100亿元的冷泉港广州生物医药产业基金在黄埔区、广州开发区签约落户，基金公司同步揭牌；同时，该区还与美国冷泉港实验室签订进一步全面合作备忘录，设立冷泉港价值创新园。

《财富》全球论坛　12月5—6日，2017《财富》国际科技头脑风暴大会在广州成功举办，这是科技头脑风暴大会首次在美国以外的地区举行，大会以“中国的创新革命”为主题，安排了13场科技创新领军人物的发言、对话、采访活动，主题涵盖创新、创业、创投等领域，200多位来自美国、英国、加拿大及中国（含港台）等地区的创投机构合伙人、社会知名人士、创新企业的创始人等嘉宾出席大会，探讨中国企业与全球企业在创新领域的交流与合作，为世界了解中国创新，让广州、广东进一步融入国际科技创新网络提供了平台和渠道。

《财富》中国创新奖由《财富》杂志和广州市政府共同主办，科技部火炬中心协办。自2017年5月开始启动，通过发动中国创新创业大赛获奖企业报名以及由10多家顶级风投机构推荐，共有100多家企业报名参赛。通过两轮评选，遴选出15家企业参加决赛。15家决赛企业在12月5日《财富》国际科技头脑风暴大会上展开角逐，最终决出首届《财富》中国创新奖5强。

2017中国广州国际投资年会　组织广州市优秀创新企业举办创新成果展，广汽集团、科大讯飞、亿航、玖的、奥飞等企业参展，参展项目有自主品牌汽车、机器人、无人驾驶飞机、VR体验等，向各界来宾展示了广州科技的最新成果。举办“发现·广州创新力量”论坛，从多个维度发现广州的创新价值和创新行业内的“隐形冠军”，展现广州的创新底蕴，吸引更多人来广州投资创业，论坛观众规模达500人。

2017中国海外人才交流大会暨第19届中国留学人员广州科技交流会　见第11页。

【科普工作】　2017年广州市科普工作坚持以服务创新驱动发展战略为目标，以提升公众科学素养为主线，以培养公民创新意识为重点，以推进科普供给侧结构性改革为抓手，强化统筹，擦亮品牌，着力提升广州科普影响力。

科普法规政策　印发《2017年广州市科普工作计划》，为全市开展科普工作提供指引。修订出台了《广州市科学技术普及基地认定管理办法》，对市科普基地进行分类指导，并进一步强化市科普基地对公众开放和开展科普活动的要求。启动第十批市科普基地认定，新认定35家市科普基地。

科普宣传　2017年共举办珠江科学大讲堂12期，至2017年累计共举办44期，邀请了中国科学院院士姚开泰、彭平安、侯凡凡、计亮年、郭柏灵、何质彬等作为主讲嘉宾，约3 300人参加了讲堂。与媒体合作打造广州系列宣传品牌，与广州电视台合作，组织拍摄《我身边的科技大咖》《我身边的科普基地》系列视频，扩大了科技在市民中的影响，树立了良好的科技形象。与市教育局联合举办广州家庭创新电视大赛，依托广州电视台，在全市开展以家庭为单位的创新展现活动。与市食品药品监督管理局合作，组织策划“科学生活”科普嘉年华活动。

科普基地建设　截至2017年年底，广州市共认定市科普基地141家。依托广州科普联盟组织市科普基地开展科普联盟“四进”活动，全年走进20多个学校、社区，针对不同年龄层次的人开展内容丰富、形式多样的群众性科普活动，受众数万人。

广州科技活动周　2017年，以“科技强国　创新圆梦”为主题，于5月20—27日举办广州科技活动周。据初步统计，活动周期间，全市共举办各类活动150多场，参与人数110万人次以上，媒体发布宣传报道近200篇（次），首次拍摄科技活动周宣传片，在电视台和地铁视频播放平台上播出。与广州地铁合作，在广州地铁所管理的多元化的媒体及广告传播平台上投放经过整理、制作的相关平面、视频宣传材料，取得了良好的宣传效果。

【广州市科学技术协会】　2017年，广州市科学技术协会制定了《广州市科协学习贯彻党的十九大精神实施方案》，在全系统开展学习贯彻党的十九大精神“百场宣讲活动”共86场。贯彻实施《广东省科协系统深化改革实施方案》，扎实推进各项改革措施落地。调整优化机关内设机构和事业单位设置，增设创新发展部，成立广州院士活动中心，成立筹建工作组承接广州科学馆建设项目，“四服务”职责分工更加合理化。推动科协组织建设进一步向基层延伸，引导有关科技社团加入市科协团体会员，2017年新成立40多家企业科协、8家高校科协，共有18个学会和20个企事业科协成为市科协团体会员。

办好2017中国创新创业成果交易会，展出国内外1 300项创新创业成果项目，同期举办30场专项活动。针对成果转化落地提出“1+1+N”模式，建立了广州华南新材料创新园等8个成果转化基地。全年共促成160个项目达成合作意向，63个项目已实现转化落地，交易金额达628 584万元。

深化学术交流和国际科技合作交流，围绕建设国际学术会议之都，全年共支持广州地区高校、科研院所和市科协团体会员举办2017中国广州·海绵城市高峰论坛、热带海洋环境变化国际学术研讨会、花城科技论坛国际建筑师峰会等高层次学术交流活动共40场次。

进一步提升科普服务功能，“全国科普日”期间全市共组织开展了300项科普活动，参与人数超过200万人次，市科协被中国科协评为2017全国科普日活动优秀组织单位。“科普大讲坛”全年共举办15场次。“科普一日游”和“科普自由行”发掘了140多家科普场馆和科普资源单位向市民推荐，市民报名参加数量分别为13.2万人次和5.4万人次。举办广州院士专家进校园活动74场，覆盖了10个区72所中小学校，受益师生3万多人。

切实提高服务科学决策能力，一年来，通过“两代表一委员”、思想库课题立项29个，提炼刊印《科技工作者建议》12期，为市委、市政府及有关部门建言献策，其中3期建议得到市领导的重视和批示，8篇调研成果被《广州调研》和《广州蓝皮书》等收录，并获评为广州蓝皮书优秀组织单位。

尽职尽责服务科技工作者，举办中国工程院、广州市政府合作委员会2017年工作会议暨院士咨询座谈会，院士们围绕“中国制造2025广州战略研究”提出了建议。举荐培育优秀科技人才，实施青年人才托举计划，培养2名青年科技人才。加强广州自然科学高层次专家人才库建设，更新了160家单位共3 500名专家数据。

【科技服务体系】 2017年，广州市落实科技服务业3年行动计划，设立科技服务业发展专题，发展一批高校研究院所技术转移机构，培育壮大一批科技服务龙头机构和服务品牌，支持5家科技成果转化示范机构、8家检验检测机构、18家科技服务机构，支持经费2 500万元；落实创新券促进科技服务市场培育工作，全市审核兑现创新券共2批次，兑现金额达2 649.82万元，并配合创新券服务供给需求，汇集国内（含港澳台地区）科技创新服务机构1 098家，涵盖研究开发、知识产权、产品设计、技术检测、认证等服务领域；首次实施广州市超算服务券政策，支持广州地区企业向国家超级计算广州中心购买高性能计算和云计算服务，全市审核通过超算服务券项目19项，兑现金额398.11万元；落实科技成果交易补助政策，鼓励企业向国内外高等学校、科研机构购买技术成果，给予14个购买科技成果的项目补助经费161.86万元。

【科技信息网络建设】 2017年，完成了科技项目申报、合同填报、创新券发放、超算券申领及兑现、科技奖申报评审、科技项目中期检查和结题验收、市产业领军人才管理、企业研发费税前加计扣除业务管理以及科技专家库管理等各项业务的运维工作，确保了各项网上政务应用的顺利进行，取得了良好成效。据统计，2017年申报科技项目约13 000项，完成了53份申报书及下载打印模板的编制、测试、部署和用户培训工作，项目申报期间累计提供各类咨询服务约1 000次；在线填报合同共计2 200多项，发放创新券670项，合计5 219.189万元，共受理兑现849项，合计1 507.04万元；在网上进行超算券申领共20项，兑现23项；完成项目中期检查和验收工作，其中自查1 629项，完成抽查项目291项，完成结题申请的项目共953项，其中承担单位组织验收152项，市科技创新委员会委托验收801项；受理领军人才管理平台申报项目434项，进入专家评审382项；完成2017年广州市企业研究开发费用税前加计扣除鉴定项目资料报送工作，共填写项目10 072项，其中通过审核8 163项，未通过审核1 531项。在科技专家库管理工作方面，对专家库管理办法进行了修订，技术上引进4E86语音电话通知专家模块，实现交互式语音通知功能，提高了专家邀请效率。截至2017年年底，广州市科技专家库现有入库专家4 610名；2017年系统记录专家抽取事由1 870次，共有6 384人次应邀参与了各种专家活动；年内共受理专家入库申请材料270份，已通过审核并完成公示入库的专家共3批142人，专家超龄出库14人，上调595名专家信用等级。

2017年，完成广州市科技创新企业数据库建设工作，系统开发了企业信息管理、统计分析、图表分析、配置管理、决策分析、用户角色权限管理、系统管理、个人设置等功能，并进行了数据整合。导入科技计划项目数据达10 648项，导入科技成果2 075条、知识产权60 622条。初步建立起广州市统一的科技创新企业基础信息数据库，形成以培育国家认定高新技术企业为主要目标的企业梯次数据库，为建立科技创新企业信息更新长效管理机制，优化科技资源配置、促进企业科技创新提供了有力的支撑。

为了满足公众对政务信息公开的需要，2017年持续努力做好信息维护工作，完成市科技创新委员会门户网站、微博、微信和广州科普网上各类信息的采编、发布工作，2017年共采编发布网站信息7 641篇、微博2 542条、微信1 255条，编制46期每周综述。在2017年第一季度政务新媒体榜中，市科技创新委员会在38个纳入测评的市直部门中排在第11位，相比上一次榜单前进2位，排名稳中有升；在科技日报社主办的“锐动源”微信公众号推送的10期“国内省市科技政务新媒体榜单”中，市科技创新委员会微信公众号“广州创新”稳居前10，其中多次进入前3。

【防震减灾工作】 2017年，广州市地震局重点开展《广州市防震减灾“十三五”规划》编制工作。与合作单位省地震工程实验中心举行了6次项目会，编制规划充分征求局内意见，并征求了省地震局、市科技创新委员会等10个单位意见。2017年9月市地震局组织召开该规划专家评审会，省地震局吕金水副局长任组长的专家组审议并通过了该规划。11—12月，在市科技创新委员会指导下，向市政府报送该规划送审稿，审批后将印发。

防震减灾科普馆建设 广州市防震减灾科普馆2015年开始建设，设于市地震局一楼业务用房，占地面积近500m^2，是北上广深一线城市中首个专门的地震科普馆。馆内展品包括数字剧场、虚拟现实系统、模拟地震体验平台等七大模块展项，运用声、光、电等多种高科技手段开展地震科普教育宣传。9月，该馆基本结束内饰工程、硬件设备安装和软件开发工作，完成专家评审和初验，预计2018年上半年试运行。

防震减灾应急疏散演练与科普宣传 “5·12”国家防灾减灾日前后，以华南理工大学大学城校区为主会场举办超过2 000名师生参加的地震应急疏散演练活动。市地震局先后在市府大院、华南理工大学大学城校区、黄埔花园、市第五中学、广东省城市建设技师学院开展科普宣传活动。通过地震科普知识咨询服务、地震科普知识展板宣传、有奖问答、地震倾斜小屋现场体验、地震应急救援装备演示及体验等多种形式，有效开展了地震科普宣传活动。

（李晓银　吴　蕾）

深圳市

【概况】 2017年，深圳紧紧围绕“五位一体”总体布局和“四个全面”战略布局，加快打造可持续发展的全球“创新之都”，奋力向竞争力影响力卓著的创新引领型全球城市迈进。科技创新对经济增长的贡献率逐渐提升，全市2017年度科技进步贡献率61.2%，较上年提高0.5个百分点。2013—2017年5年来，全市科技进步贡献率由57.8%提高到61.2%，提高了3.4个百分点，年均增速1.44%。全社会研发投入持续提高，2017年，深圳R&D投入976.94亿元，占广东省的41.7%、全国的5.5%，分别比2012年提高2.2和0.8个百分点，在全国大中城市排第3位。

【高新技术产业】 全市高新技术产业产值达到21 378.78亿元，同比增长11.22%；实现增加值7 359.69亿元，同比增长12.19%。

实施国家高新技术企业培育计划，引导和支持企业加强技术研发能力，扩大科技型企业规模。2017年，新增国家高新技术企业3 193家，总数达到11 230家；新增市高新技术企业1 759家，总数达到4 530家。

【知识产权保护】 2017年，深圳市知识产权产出继续保持稳定增长，数量和质量均大幅提升，多项指标居全国前列。2017年，深圳国内专利申请量达177 103件，同比增长21.89%；其中发明专利申请60 258件，同比增长6.96%。获国内专利授权94 250件，同比增长25.59%；其中发明专利授权18 926件，同比增长7.13%；截至2017年年底，深圳累计有效发明专利量达106 917件，同比增长12.11%，占全国有效发明专利总量（1 413 911件）的7.56%。每万人口发明专利拥有量为89.78件，为全国平均水平（9.8件）的9.2倍。有效发明专利维持5年以上的比例达86.72%，居全国大中城市首位。PCT国际专利申请量突破2万件，达20 457件，占全国申请总量的43.07%（不含国外企业和个人在中国的申请），连续14年居全国大中城市第1名。

【创新人才引进】 2017年新引进“孔雀计划”创新团队30个，累计引进“孔雀计划”创新团队116个；13个团队入选第六批“珠江人才计划”引进创新创业团队，累计引进“珠江人才计划”创新创业团队44个。

【科技服务体系】 与科技部共建国家技术转移南方中心，积极构建技术交易中心平台，筹建深圳科技创新服务大厦。

2017年，全市技术合同认定登记金额555亿元。拥有国家技术转移示范机构13家，占全省的40%，拥有市级备案技术转移机构57家。

【科技金融】 实施科技金融计划，2017年对75个银政企合作贴息项目予以1 568万元贴息支持，累计对入库企业予以5 600多万元贴息支持，400多家入库企业获得合作银行贷款，合作银行发放贷款总额近60亿元，有效缓解了广大中小微企业的融资难融资贵压力，激发了中小微企业的创新创业活力。

【大众创新、万众创业】 组织实施创客专项计划，累计培育了75家创客服务平台和281家创业孵化载体。开展科技创新券资助，2017年向1 525家中小微企业发放创新券总额11 162万元，向88家服务机构兑换3 213.3万元。

2017中国（深圳）IT领袖峰会 4月2日，2017年中国（深圳）IT领袖峰会开幕。知名学者、企业领袖和投资家齐聚深圳，以“迈进智能新时代”为主题，探讨行业发展新趋势。本届峰会设置了人工智能、中国机遇与挑战和颠覆性技术与未来两个高端对话，以及无人驾驶、智慧环境、区块链接与金融科技、物联网与智能设备等5个主题论坛。此外，峰会还发布了《中国IT产业发展年度报告》和《深圳IT产业发展报告》。

第三届深圳国际创客周　9月21—25日由深圳市人民政府主办，市科技创新委、市发展改革委、市教育局、市人力资源和社会保障局、团市委、市科协、各区政府（新区管委会）承办，深圳市工业设计行业协会、深圳会展中心协办的“2017全国双创周深圳活动暨第三届深圳创客周”（以下简称“创客周”）在深圳各区举行。

本届创客周以“与深圳同创造”（MAKE WITH SHENZHEN）为主题，由深圳市级活动及各区活动两大板块组成，其中市级活动包括启动仪式、创客成果展、全国大学生创业大赛、国际创客成果互动展演、一带一路国际创客峰会、Slush Up！深圳创客创业嘉年华、2017“深圳·遇见未来”超级盛典、“创青春”深圳青年创业年度风云人物评选活动、深圳学生创客节（2017）、C Future Lab国际科技艺术展暨主题论坛等。各区政府结合活动周主题和创新创业特点，举办配套活动50个，包括成果展示、高峰论坛、创客大赛、创客工坊、创客马拉松、项目路演等活动，形成市区联动、协调推进、竞相发展的良好局面。

2017深圳国际石墨烯高峰论坛　为推进石墨烯等二维材料的研究和产业化应用，重点以学术和产业化视角探讨石墨烯等二维材料的科学研究进展和产业发展前景，为国内外杰出科学家与企业家搭建一个交流与合作的平台，4月10日，由中国科学技术协会和深圳市科技创新委员会共同主办，清华大学深圳研究生院和清华—伯克利深圳学院承办的2017深圳国际石墨烯高峰论坛在清华大学深圳研究生院开幕。

高峰论坛吸引了50余位石墨烯领域世界知名科学家和产业界人士作公开演讲，其中包括安德烈·海姆教授、美国国家工程院院士雷·鲍曼教授、加拿大皇家科学院院士费德里克·罗塞伊教授、中国科学院院士刘忠范、中国科学院院士谢毅和中国科学院院士俞大鹏等多位国内外著名科学家发表主旨演讲。论坛设置了化学剥离石墨烯及其二维三维自组装、薄膜制备及应用、其他二维材料、储能应用、其他器件应用和其他纳米碳6个分论坛共计45个分会报告，并举行石墨烯学术和产业界对话活动。论坛吸引了来自中国、美国、欧洲、日本、韩国、新加坡等国家和地区的高校、科研机构和企业的代表近600人参会。

【深创赛】　2017年第六届中国创新创业大赛深圳赛区暨第九届中国深圳创新创业大赛（简称“深创赛”）全市报名总量达4 220个，同比增长65.3%，其中企业组报名同比增长133%。深圳市推荐76名优秀选手参加第六届中国创新创业大赛（国赛），深圳选手荣获国赛新能源节能环保行业总决赛成长组第一名、初创组第二名，电子信息行业总决赛成长组第二名、初创组第三名，以及6个行业总决赛优胜奖共22个奖项。

【创新载体】　新增各类创新载体195家，累计建成创新载体1 688家；新设立省级新型研发机构11家，累计设立省级新型研发机构41家。2017年，新增3家、累计挂牌成立5家诺贝尔奖科学家实验室，正式授牌7家海外创新中心，成立3家基础研究机构。

组建诺贝尔奖科学家实验室（以下简称“诺奖实验室”）是深圳建设国际科技产业创新中心的重要举措，是深圳强化基础研究、加强应用基础研究，开展高水平国际学术交流的重要手段，旨在增强深圳市原始创新供给能力，提升科技创新质量。通过在自然科学领域吸引一批以诺贝尔奖获奖科学家为代表的全球顶尖创新团队，完善创新生态，创新体制机制，以国际化标准和方式培育深圳尖端科技队伍，以科技突破推动产业跃升，以产业创新牵引科技发展，全面提升深圳国际科技产业合作的质量和水平。2017年，累计挂牌成立的诺贝尔奖科学家实验室分别为：格拉布斯研究院、中村修二激光照明实验室、科比尔卡创新药物开发研究院、瓦谢尔计算生物研究院。

2017年成立的基础研究机构分别为深圳华大生命科学研究院、深圳数字生命研究院和深圳量子科学与工程研究院。

【科技奖励】　由19家深圳高校、科研机构及企业主持或参与完成的15个项目获得2017年国家科技奖，其中3个项目为主持完成；获得技术发明奖7项，占该奖项授奖总数的10.6%，是深圳建市以来在该奖项取得的最好成绩。

深圳44个项目获2017年度广东省科学技术奖，获奖总数取得历史第二好成绩。其中，特等奖1项；一等奖5项，占该等级授奖总量的17%；二等奖15项；三等奖23项。

华为技术有限公司“高可靠、高性能、高效能的高端存储关键技术及应用”摘得唯一的特等奖，这是深圳第6次获此殊荣，也是深圳民营企业主持攻关的成果在该重大奖项中“零的突破”。

哈尔滨工业大学深圳研究生院主持完成的一等奖项目“复杂高层结构抗震设计理论及工程应用”，重点解决了复杂高层结构的大震弹塑性分析技术、失效评价方法、失效调控等关键科学问题，创新性提出了基于“大震设计，小震验算”思想的复杂高层建筑结构抗震设计理论。研究成果发表学术论文109篇，实现10项工程应用，为结构安全提供了重要保障，提升了我国复杂高层结构抗震设计的研究水平和国际影响力。

深圳大学主持完成的一等奖项目“面向智慧城市的大规模无线感知和异构互联系统及其产业化应用”，研发了面向智慧城市的大规模无线感知和异构互联网络架构，从感知、网络、管理三个层面的核心技术上取得突破，解决了传统感知网络感知性能差、互联效率低、融合代价大的难题，构建统一的泛在感知互联平台，实现了城市智能化创新运营，对我国智慧城市建设起到了重要的推动作用。

【科技交流与合作】　深港合作充分利用深港科技合作的创新机制，将深港打造成为粤港澳大湾区创新主引擎。2017年对8个深港创新圈项目给予1 400万元资助，累计联合资助深港合作项目77项，双方共投入资金超过4亿元。

【科技政策法规】　印发实施《深圳市科技创新“十三五”规划》《深圳市十大海外创新中心建设实施方案》2项配套实施办法。出台《深圳促进重大科研基础设施和大型科学仪器共享管理暂行办法实施细则》，加快推进深圳市重大科研基础设施和大型科学仪器向社会开放共享，进一步提高科技创新资源利用效率和共享水平。

（程　山）

珠海市

【科技政策环境】 2017年，珠海市制定出台了《珠海市深入推进创新驱动发展，打造粤港澳大湾区创新高地实施方案》，明确了创新高地建设的路线图，提出打造高端产业、产业技术孵化、创新人才、创业投资、知识产权服务、质量标准“六大高地”的具体措施。是年，制定出台《关于建设知识产权强市的意见》《珠海市引进建设重大研发机构扶持资金管理暂行办法》《珠海市市级重点企业技术中心和市级工程技术研究开发中心暂行管理办法》等一系列政策措施文件，进一步优化完善创新驱动政策环境。

【科技计划项目】 2017年，珠海市共有562家企业获得国家及省科技专项支持，获扶持资金2.71亿元，其中省重大科技专项8个，获扶持资金3 000万元。是年，珠海组织实施新型研发机构和科技创新公共平台资金项目，对华南理工大学珠海现代产业创新研究院、珠海冀百康生物科技有限公司、中航通飞研究院有限公司、珠海纳睿达科技有限公司、广东科学技术职业学院电子与通信技术公共服务平台等20个项目予以合计1 705万元补贴。组织实施科技企业孵化器资金项目，对粤澳合作中医药科技产业园孵化器、集合科技企业孵化器等31个孵化器及众创空间项目予以1 295万元经费支持。

【产学研合作】 2017年，珠海市出台了《珠海市引进建设重大研发机构扶持资金管理暂行办法》，用于规范重大研发机构引进程序和日常建设管理，用该办法引进建设的珠海中科先进技术研究院有限公司在该市挂牌成立。珠海中科先进技术研究院有限公司成为珠海市首家以企业化模式运营的重大平台，为全市重大平台的建设做出了探索。加快新型研发机构建设，2017年，珠海深圳清华大学研究院创新中心、珠海霍普金斯医药研究院股份有限公司被认定为省级新型研发机构。截至2017年年底，珠海市省级新型研发机构累计达到14家，数量居全省第五位。年内新认定市级新型研发机构5家，全市新型研发机构累计达到34家，主要分布在生物医药、电子信息、装备制造等领域，基本实现了在全市产业区的全覆盖，成为该市自主创新的重要源头。

【高新技术产业发展】 2017年，珠海市继续大力培育高新技术企业，实施“对口督查、分片包干、一企一策”的培育机制，2017年申报高新技术企业1 527家，预计高新技术企业将突破1 400家。及时兑付2016年省、市、区各级高新技术企业培育资金约7.1亿元。

【人才队伍建设】 2017年，珠海市出台实施《珠海市人才引进核准办法》，高效引进高层次、高学历、高技能和高水平10类人才。建立和完善共有产权住房、公共租赁住房、货币补贴等多层次、多渠道、多形式的人才住房保障机制。为全市高层次人才、企业新引进人才、产业发展与创新人才发放9 000余万元补贴和奖励。举办系列高端人才交流活动，引进40多个海外高端人才项目落地珠海。对珠海市入选的广东省领军人才和优秀留学人员给予3 800万元创新创业扶持资金。引进省领军人才存量、新引进留学生、博士和硕士等指标位居全省地级市前列。

【孵化体系建设】 2017年珠海市出台实施《珠海市孵化器建设规划》，指导各区开展孵化器建设，建成“众创空间—孵化器—加速器—产业园”的全链条孵化体系，逐步实现对各区主要产业的全面覆盖。积极组织孵化器申报国家和省级认定，不断提高孵化能力和服务水平，2017年全市科技企业孵化器37家，孵化器面积154.9万m^2，在孵企业达1 304家，当年毕业企业83家；众创空间27家。落实《珠海市科技企业孵化器管理和扶持暂行办法》，开展孵化器项目受理申报工作，对符合条件的31个项目予以1 295万元的资金支持。

【科技成果与奖励】 2017年，珠海市登记科技成果62项。4个项目获2017年度广东省科学技术奖。珠海格力电器股份有限公司和珠海格力节能环保制冷技术研究中心有限公司完成的“空气源热泵空调关键技术及应用”项目获省科学技术奖一等奖。广东中星电子有限公司完成的“具有加解密可扩展安防监控视音频编解码国家标准高性能系统级芯片”、珠海格力电器股份有限公司完成的“低噪声高可靠性舰船螺杆式冷水机组关键技术研究及应用”及珠海国佳新材股份有限公司完成的“去除污泥重金属的凝胶材料及其新技术、新设备开发”3个项目获省科学技术奖三等奖。

【科技金融】 2017年，珠海市修订出台《珠海市企业上市挂牌奖励实施办法》，首次将省内区域性股权交易市场、“广东省高成长中小企业板”纳入奖励范围，三级财政奖励最高额将超过600万元，进一步提高企业在多层次资本市场融资的积极性和竞争力。截至2017年年底，全市境内外上市公司达36家（新增3家），其中境内上市公司27家，总市值5 056.6亿元；“新三板”挂牌公司85家（新增7家）。2017年，全市企业通过资本市场境内融资72.59亿元。是年，珠海市印发出台《珠海市知识产权质押融资风险补偿办法》，设立首期规模4 000万元的风险补偿资金，成立知识产权质押贷款服务联盟，推动扩大知识产权质押融资规模，截至2017年年底，全市6家合作银行已放贷9笔知识产权质押贷款，放贷金额3 110万元，在国家知识产权局质押融资备案金额超过1亿元。

【知识产权工作】 2017年，珠海市申请专利20 737件，比上年增长17.48%，其中发明专利申请量7 769件，实用新型申请量10 765件，外观设计申请量2 203件。获专利授权12 544件，比上年增长35.07%，其中发明专利授权2 479件，实用新型授权8 021件，外观设计授权2 044件。全年全市每百万人口发明专利申请量4 637.38件，排名全省第2位。年末全市拥有有效发明专利8 401件，每万人口拥有有效发明专利50.15件，增长49.84%，排名全省第2位。是年，全市11个专利项目获中国专利优秀奖，2个获中国外观设计优秀奖，中国专利奖获奖项目累计达到50个。

【科普工作】 2017年，珠海市举办了多场科普活动。3月份，由珠海市科协主办的2017年珠海“大手拉小手——科普报告希望行”活动，举行了61场科普报告，内容涉及环境科学、3D打印、国防军事、天文地理、气象探测等方面。4月，启动2017科技进步月系列活动，围绕“创新引领、共享发展”活动主题，面向社会公众开展17个科技惠民志愿服务项目，启动12个专题的珠海科普讲堂，为广大市民提供120场科普报告。9月，珠海市科协在高新区举行2017年全国双创周——珠海市科技工作者创新创业活动周系列活动启动仪式暨珠海市科技工作者创新创业联盟成立大会，首批加入的联盟成员单位有 50多家。11月，启动2017珠海科技工作者创新大会暨第十五届学术活动月，围绕“创新驱动引领支撑”主题，在全市设立1个主会场、153个分会场，举办各类专题学术报告超过350个，为广大科技工作者搭建多学科、综合性、开放式的学术交流平台，促进了学科的交叉融合，科学技术的传播、交流与应用，科技创新和科技人才的成长。

【防震减灾】 2017年，珠海市继续开展防震减灾示范城市创建活动。印发实施《珠海市防震减灾“十三五”规划》。开展行政许可和行政处罚等网上大厅信用信息完善工作。完成中国地震局与广东省政府合作项目“珠海市（香洲主城区）震害预测与对策系统建设”任务并投入使用。更新升级市地震应急指挥中心会议视频系统和珠海数字化地震处理系统。配合广东省地震局完成国家地震烈度速报与预警工程设在珠海市的4个预警终端建设工作。配合湖北省地震局完成国家重力基准网珠海市基准点标石改造工作。对本年度及下季度地震趋势进行综合分析和预测，完成年度及每个季度地震趋势分析报告。在全市范围内新建6个地震应急避难场所，创建2个省级地震安全示范社区和2个省级防震减灾科普教育基地。在香洲区行政中心、高新区管委会大院和全市10个学校、社区开展地震灾害综合应急救援演练，增强市民防震减灾意识。举办“珠海市地震应急救援志愿者培训班”，约300名志愿者参加培训。编印《防震减灾基本知识手册》2.5万册、宣传折页15万张分发到全市各区及中小学校和社区。在珠海市第三中学、九洲中学、文员中学等多所中小学校以及珠海市高新区、珠海城建保利大剧院举办“地震与地震灾害”专场讲座共8场，听讲座人数约4 600人。

（黄昭颖　李　崧　张勋昭　罗玉宏
权　超　肖茜虹　王　昭）

汕头市

【概况】 2017年，汕头市启动国家创新型城市创建工作，汕头高新区升格为国家级高新区，广东以色列理工学院顺利办学，部署实施创新驱动发展“八大举措”取得明显成效。创新驱动发展为汕头国家级高新区、华侨经济文化试验区、临港经济区三大创新平台注入新动力，新旧动能转换迈出新步伐。2017年，全市地方财政科技投入4.92亿元。全市获得省科技专项资金扶持18 648.58万元。

【科技政策制定与宣传】 为贯彻落实《广东省人民政府关于加快科技创新的若干政策意见》和市委十一届二次全会精神，促进汕头市创新发展，出台了《汕头市促进科技创新发展若干措施》，对财政科技资金投入方式进行了改革创新，提出了高新技术企业认定奖励、企业研发财政补助和创新券补助、新型研发机构和企业研发机构补助、科技企业孵化器和众创空间补助等普惠性后补助措施，以及实施普惠性科技金融补贴等间接补助的措施，这些措施较好地发挥了市场配置科技资源的决定性作用，大大提高了企业申报财政科技资金的便利性。

市科技局根据《汕头市促进科技创新发展若干措施》，结合实际不断完善科技政策体系，2017年相继出台《关于印发汕头市科学技术局扶持科技企业孵化器和众创空间发展实施细则的通知》《汕头市科学技术局市级科技计划项目管理办法》和《汕头市科学技术局 汕头市财政局小微科技企业信贷风险补偿资金管理暂行办法》等政策措施。政策体系的完善为大力实施创新驱动发展战略，加快建设创新型经济特区，提供了重要的支撑引领作用。

落实研究开发费用税前加计扣除政策。草拟《关于明确企业研究开发费用税前加计扣除项目鉴定工作的通知》，明确异议项目的鉴定申请、鉴定内容、鉴定程序。

【科技金融】 2017年，汕头市印发了《关于开展普惠性科技金融试点工作的实施方案》，制定了《关于开展汕头市科技保险补贴工作方案》（试行）等相关政策，筹备建立中小微科技企业信贷风险补偿金，放大银行授信额度。作为全省7个科技金融试点城市之一，广东省科技金融服务中心汕头市科技局分中心获批。推动大众创新万众创业，申请设立第六届中国创新创业大赛广东汕头赛区，组织发动107家科技型企业参赛，12家企业获得省优胜奖。

【科技创新平台建设】 全市新认定市级工程技术研究中心118家，新增省级工程技术研究中心42家，省、市级分别达到159家和298家。在“广东省工业企业研发机构备案管理系统”备案的企业中建有研发机构企业526家，覆盖率28%。推动高校、科研院所与企业联合建立新型研发机构、产业技术创新联盟、院士工作站、科技特派员工作站等创新载体。新认定市级新型研发机构14家，新增省级新型研发机构4家。新增院士工作站2个、科技特派员工作站2个，获得省科技厅扶持资金300万元。新增省产业技术创新联盟4个，“广东省轻工机械产业技术创新联盟建设示范”项目获得省科技厅立项。

【科研团队引进】 贯彻落实《中共汕头市委、汕头市人民政府关于进一步加强高层次人才引进培养使用的若干意见》，实施汕头市科技创新创业团队引进计划，2017年，根据《汕头市引进科技创新创业团队评审管理实施意见（试行）》，经专家评审后引进电子化学品超净高纯试剂关键技术研发产业化创新团队、纳米级软性光学膜研发与产业化团队、多功能生态膜制造装备技术研发创新团队共3个科技创新创业团队。

根据《广东省科学技术厅关于组织申报2017年“扬帆计划”引进创新创业团队项目的通知》要求，汕头市4个创新创业团队申报2017年省“扬帆计划”，其中，有机废物资源化与能源化清洁利用团队（广东树业环保科技股份有限公司）入选省“扬帆计划”。根据《广东省科学技术厅关于开展2017年“广东特支计划”科技创新领军人才、科技创业领军人才、科技创新青年拔尖人才组织申报工作的通知》，汕头市共组织推荐3人申报了2017年省 “特支计划”，其中创新领军人才1人、创业领军人才2人。

【科学技术普及】

科技宣传　为配合全国“科技活动周”和全省“科技进步活动月”活动，积极营造实施创新驱动发展战略，5月15日—6月15日，市科技局、市委宣传部、市科协等共同在全市广泛开展以“实施创新驱动发展战略，建设区域科教创新中心”为主题的“科技进步活动月”活动，加强科普宣传，在全市营造良好的舆论氛围。包括“节约保护水资源科普图展进校园”活动、“重大创新政策法规宣讲”活动、“科技下乡精准扶贫”活动、“文化、科技、卫生三下乡”活动、“汕头惠民之旅”——汕头科技之旅活动等一系列主题鲜明、内容丰富、形式多样、富有创新特色的科普活动。11月，市教育局、市科技局、市科学技术协会和市公益基金会联合开展汕头市2017年科学家进校园讲科学主题教育活动，共举办30场科学家进校园讲科学报告会，在全市营造青少年科技教育氛围，提升学校科普教育质量。市科技局按照《汕头市创建国家节水型城市实施方案》的部署，开展节水宣传工作，主要联合汕头科技馆分别于市聿怀初级中学、市芙蓉小学、市私立广厦学校、市第二中学、市长安小学开展“节约保护水资源科普图展”和派发节水科普宣传资料，增强全社会对创建国家节水型城市的重要性、紧迫性的认识，提高市民知晓率。

科普基地建设　根据广东省生产力促进协会《关于开展2017年度广东省青少年科技教育基地申报认定及复核工作的通知》要求，配合省科技厅对汕头市6家省青少年科技教育基地进行了考核，5家通过，1家被取消资格。同时，广东省青少年陶瓷科技教育基地和汕头市青少年活动中心青少年科技教育基地被认定为省青少年科技教育基地。目前汕头市共有10家省青少年科技教育基地。

汕头科技馆　2017年汕头科技馆累计接待公众约18万人次，接待学校团体64批次，举办科普论坛、讲座、培训203场次，表演科普剧40场次，科普活动进校园5场次。4月25—26日，汕头科技馆派出4名科普辅导员参加在东莞市举办的“第五届全国科技馆辅导员大赛南部赛区”比赛。在展品辅导赛中，该馆参加比赛的三名科普辅导员均荣获优秀奖；在其他科学表演赛中，该馆自编自演的《生鸡勃勃》科普剧荣获二等奖。10月28—29日，汕头科技馆组织市蓬鸥中学、广东第二师范学院龙湖附属中学推荐4支队伍共14名学生参加在广州举办的“第六届广东省创意机器人大赛”。市蓬鸥中学获得基础型二等奖及三等奖各1个，优秀园丁奖2个；广东第二师范学院龙湖附属中学获得基础型三等奖2个、优秀园丁奖1个。

【科技创新载体建设】

8月，市科技局制订出台《关于印发汕头市科学技术局扶持科技企业孵化器和众创空间发展实施细则的通知》，开展对汕头市科技企业孵化器和众创空间建设扶持补助工作。

2017年，全市新增科技企业孵化器5家，新增国家级科技企业孵化器培育单位1家，市级科技企业孵化器1家，国家级众创空间1家，省级众创空间1家。截至2017年年底，全市登记备案的科技企业孵化器13家，其中国家级1家、省级4家、市级8家、全市登记备案众创空间14家，其中国家级2家、省级5家。首次对汕头市的科技企业孵化器和众创空间建设进行资金扶持，下达资金78万元。

【产学研结合】

2017年，实施《汕头市推动科技企业对接“双高大学”三年行动计划（2017—2020年）》，推动汕头市科技企业与全国高校，特别是与广东省高水平大学重点建设高校和重点学科建设项目高校开展产学研合作。5月26日，市科技局联合汕头大学举办“企业走进汕大”系列活动暨汕头大学与汕头市轻工装备企业产学研合作对接会。6月14日，举办汕头市与华南农业大学产学研合作对接会。6月21—22日，汕头市84家高新技术企业等科技型企业约140名代表赴惠州参加首届中国高校科技成果交易会。9月15日，举办广东省科学院“科技服务地方行”汕头站活动。2017年，在市领导和市科技局先后多次带队前往华中科技大学、中山大学、华南理工大学、华南农业大学、广东省科学院、中科院广州化学研究所、广东工业大学、广东药科大学等高校、科研院所开展产学研对接活动。吉林大学、广东药科大学、广东石油化工学院等高校、科研院所专家教授也专程莅汕调研汕头市企业，通过广泛接触洽谈，积极构建合作关系。

【对外交流与合作】 2017年，市科技局依托广东以色列理工学院落户汕头这一重大契机，重点与以色列开展科技合作。2月28日，市政府与以色列经济与工业部驻华华南经济与商务处联合举办汕头·以色列先进制造技术匹配会，来自以色列的6家电子、半导体、净水科技、工业自动化、3D打印和金融企业在汕路演推介，并进行中以企业双方“一对一面谈”。6月26—27日，市科技局带队到珠海参加第三届中以科技创新投资大会。汕头市瑞祥模具有限公司与以色列航空工业公司联合申报的“金属增材制造技术（3D打印）在航空钢结构件制造中的应用研究”项目获得省科技厅立项。

【高新技术发展】 2017年，汕头市实施创新驱动发展战略，推动高新技术企业发展。全市通过高新技术企业认定277家，总量达538家。

【科技计划项目】

项目立项情况 2017年，全市共有22个项目获省科技计划项目立项，获扶持资金2 225万元；下达2016年市级科技计划项目共125个，拨付财政资金1 428.5万元。下达2017年度汕头市医疗卫生科技计划项目18项，拨付财政资金64万元。

项目监督与审计 为进一步推动科技计划项目的监督管理工作，8月29日成立市科技局科技计划项目验收结题工作领导小组，推动科技计划项目验收结题工作。10月18日经市编委同意，设立监督审计科，科室职能是“监督检查科技经费预算执行情况；监督检查专项经费使用；组织本部门内部审计和项目审计工作；负责组织科技计划项目的结题验收；承担本部门财政科技投入绩效评价；开展科研信用体系建设工作；承办局领导交办的其他事项”，进一步加强对科技项目的监督管理。

2017年，市科技局按照“双随机一公开”监管方式，对近年来未验收的省、市重大（重点）科技项目实施情况及资金使用情况进行专项检查。先后发出《关于做好市级科技计划项目验收结题准备工作的通知》《关于进一步做好市级科技计划项目验收结题工作的通知》《关于近期市级科技计划项目验收结题工作安排的通知》等，加强科技计划项目清理和验收组织工作。按照《汕头市科学技术局市级科技计划项目管理办法》《汕头市医疗卫生科技计划项目管理办法（试行）》要求，制定了《汕头市科技局市级科技计划项目验收和终止结题工作指引》，细化操作程序，加快推进市级科技计划项目验收结题，共组织验收结题206项。同时加强省级科技计划项目管理，与广东省科技基础条件平台中心合作，推进项目结题验收，共验收结题32项。

【农村与民生科技】 2017年市科技局积极组织申报省级社会发展、农业科技项目，共组织推荐申报省级社会发展、农业领域科技计划项目42项，获得立项2项，获得立项资金310万元。以改革创新和敢于担当精神，制定和出台《汕头市市级科技计划项目医疗卫生类别工作指引（试行）》。2017年共申报223项医疗卫生科技计划项目，其中财政经费支持项目申报22项，获得立项18项，获得立项资金64万元，自筹经费项目申报201项，获得立项175项。

2017年，市科技局制定《汕头市科技局关于科技精准扶贫精准脱贫攻坚工作的实施方案》，7月10日印发后即积极组织实施。

【科技成果奖励】 2017年，汕头大学—香港大学联合病毒学研究所管轶教授、朱华晨教授团队与浙江大学、中国疾控中心等单位合作，“以防控人感染H7N9禽流感为代表的新发传染病防治体系重大创新和技术突破”项目获2017年度国家科学技术进步奖特等奖。评定汕头市科学技术奖获奖项目45项：其中一等奖11项、二等奖13项、三等奖21项。“印制电路任意互连特种电子化学品关键技术及产业化”和“基于物联网和随机图像识别的防伪物流管理平台”分别获得2017年度广东省科学技术奖二等奖和三等奖。

以防控人感染H7N9禽流感为代表的新发传染病防治体系重大创新和技术突破 该项目由汕头大学—香港大学联合病毒学研究所管轶教授团队与浙江大学、中国疾控中心等单位合作，获2017年度国家科学技术进步奖特等奖。汕头大学作为主要完成单位，负责H7N9等新发传染病的溯源、进化及致病性、传播性等风险评估。

2013年春，长三角地区突发不明原因呼吸道传染病，来势凶猛，我国政府和国际社会高度关注。项目组快速行动，在发现新病原、确认感染源、明确发病机制、开展临床救治、研发新型疫苗和诊断技术等方面取得了6项重大创新和技术突破，创建了新发突发传染病防治“中国模式”和“中国技术”。另外，项目组还成功控制MERS、寨卡等传染病的输入传播，成功援助非洲控制埃博拉疫情。为全球提供了“中国经验”，展现了“中国力量”，WHO评价中国传染病防控体系堪称“国际典范”。

印制电路任意互连特种电子化学品关键技术及产业化 该项目围绕相关技术瓶颈开展了多年研究，通过创建理论设计模型、研制新材料和产业化方法、创新工艺技术等，解决了PCB任意互连特种化学品的研发、生产与应用等国际难题，打破了国外企业在该领域对我国企业的封锁与垄断，填补了我国此类产品的国际市场空白。项目已申请发明专利28件（其中PCT2件），获授权发明专利18件，出版专著1部，发表论文40篇（SCI收录论文11篇）。项目成果在广东光华科技股份有限公司和广东东硕科技有限公司实现了产业化。近3年光华科技和东硕科技累计新增销售5.64亿元，新增利税6 042.67万元。成果使我国成为掌握高端电子化学品制造核心技术的国家之一，有力地推动了我国精细化工和印制电路行业技术进步和产业的升级换代。

基于物联网和随机图像识别的防伪物流管理平台 项目应用现代智能控制技术优化改良标识制备工艺，为每枚标识自动分配标识号和二维码，进行图像整体采集、切割和入库保存，提升防伪技术水平，实现流水线自动化制备生产。其制备生产原理是将彩色纤维随机涂布并固化在膜与膜（纸）之间，使彩色纤维成为具有立体的和凹凸感的随机纹理形状，再利用防伪标识中的随机字符、随机序号、随机二维码/条码和其他印刷信息构成的特征图案作为防伪信息，使防伪标识具有“指纹”般的唯一特征。

项目具有在线纤维铺布装置、覆膜、局部撒纤装置，使撒纤工序、覆膜工序一次性完成，生产效率提升两倍以上，通过控制纤维铺布装置的丝网滚筒网眼密度及转速，使掉落到纤维载体层表面的纤维丝数量可控，形成具有“指纹”般唯一性标识，节约生产成本60%以上。

项目通过与移动互联网技术深度融合，并且结合语音、图像和手感触摸等综合方式，建立起智能综合性防伪验收手段。项目实现了一体化印刷，有效解决了造假者“撕标”难题，大量节省了基膜。

【技术合同与交易】 全年共受理、登记技术合同25项，技术交易额1 109.51万元。

（曾继标）

佛山市

【概况】 2017年，佛山市牢牢扭住打造国家科技产业创新中心战略部署，以落实创新发展“八大举措”为抓手，全力推动珠三角国家自主创新示范区建设，依靠科技创新培育发展新动力的成效逐步显现。2017年，佛山市全社会研发投入（R&D）250亿元以上，是2012年的1.7倍；国家高新技术企业2 547家，是2012年的5倍；国家级孵化器和众创空间共38个，是2012年的6倍；省级创新平台629个（总数居全省第2），是2012年的5倍；发明专利申请量和授权量分别为2.59万件和4 901件，是2012年的8倍和4倍。2017年全市财政创新投入47.29亿元，同比增长35.27%，其中市本级财政投入6.81亿元。截至2017年年底，全市拥有省“珠江人才计划”领军团队7个、省“特支计划”人才13人，市科技创新团队76个。

【科技政策环境】

科技创新政策 2017年，佛山市出台了《2017年佛山市规模以上高新技术企业和5亿元以上工业企业研发机构全覆盖工作方案》和《佛山市医学科技创新平台建设方案（2017—2020年）》等政策文件，深入推进创新载体建设的各项工作，有力地推动了佛山市经济社会新一轮发展。2017年市科技局对37份规范性文件进行评估清理，共清理到期规范性文件13份。

税收优惠政策 进一步推动落实企业科技创新税收优惠政策，市科技局加强与税务部门、财政部门的沟通交流，联合市国税局、地税局共同开展了6场税收优惠政策宣讲培训会，广泛发动企业申报研究开发费用加计扣除，降低企业研究开发成本，提升企业科技创新能力。2017年，佛山市共有797家企业申报了研究开发费用税前加计扣除，累计研发费用加计扣除额达327 433万元，按照25%所得税税率计算，减免税额达81 858.25万元。

科技创新宣传 2017年，市科技局通过“传统媒体+新媒体”“线上+线下”的方式，对企业进行全方位、立体化的政策宣传和工作辅导，努力做到政策全覆盖，已开展有关政策宣讲会20多场，参与企业超1 500家，建立工作交流微信群，入群企业800多家。继续坚持传统媒体和新媒体同步、专版深度报道和日常新闻报道并行的宣传方式，主动与南方日报社、佛山日报社、佛山电视台等传统主流媒体开展良好合作，积极运行好“佛山科技”新浪官方微博和微信公众号，配合市委宣传部做好中央电视台、新华社、人民网、《财经》杂志等重要媒体对市主要领导的采访活动以及第三届“互联网+”博览会新闻宣传工作。2017年，共在《南方日报》《佛山日报》刊发专版报道10版，深入报道了该市开展的第三届广东院士高峰年会、佛山企业走进清华、中国（佛山）知识产权保护中心获批、佛山与中科院院市合作等重要工作。全年在“佛山科技”新浪官方微博及时发布信息796条，“佛山科技”微信公众号推送信息超530条，编印《佛山市创新驱动发展工作简报》13期。同时，为做好全局科技创新工作，市科技局牵头成立科技创新宣传团，策划编撰全市创新创业团队书籍，与省情报所等机构开展科技创新专项课题研究等。

【产学研结合】

新型研发平台建设 佛山市继续加快新型研发机构建设，加快先进科研成果率先在佛山市落地转化，发挥新型研发机构在攻克产业共性关键问题、解决企业技术难题等方面的支撑服务作用。截至2017年年底，通过各区走访摸底，佛山市规模以上工业企业研发机构建有率超过45%、主营业务收入5亿元以上的大中型企业研发机构建有率已实现全覆盖，获认定省级新型研发机构的共有31家（全省排名第3）。

广东工业大学数控装备协同创新研究院经过4年发展，已建成4大创新创业平台（工匠创客汇、机器人中心、精密装备中心、3D打印中心），柔性或全职引进160多名国内外高端人才，培育了60多个高端创业团队（其中10个团队获“佛山市创新团队”支持项目），孵化了50多家企业（其中7家获高企认定，9家进入高企培育库），申请了400余件专利（其中发明专利超300件），培养创新人才400余人，服务地方企业超1 000家，实现技术服务收入超亿元，带动新增产值50亿元。

院市合作平台建设　2017年，佛山市举办了第三届广东院士高峰年会、佛山企业走进清华等大型活动。成功引进中科院生物物理所陈润生院士、毕利军研究员的高水平结核病防治团队，建立省级重点实验室1个，集聚高层次人才超过150名，在佛山市孵化结核病防治上下游企业近10家，形成结核病防治产业雏形。

5月12—14日，在佛山中欧中心举办了第三届广东院士高峰年会（以下简称“院士峰会”）。院士峰会邀请到来自中国工程院、中国科学院等的52位院士专家及其团队出席。来自省市政府部门，省内高等院校、科研院所、企业、科技服务机构等的代表2 000多人次参加了院士峰会。6个项目在开幕式现场签约。院士峰会期间还举行了12大项42场专题报告会、论坛等活动，紧紧围绕“开放引领·创新驱动·智造未来”主题，为佛山迈向面向全球的国家制造业创新中心提出实实在在的指引。

7月12日，举办佛山企业走进清华活动，50多家佛山市企业的近百名企业代表出席了活动。9月28—30日，清华大学一行15人赴佛山进行调研和产学研对接，共走访了13家企业和机构。加强与清华大学协调沟通，围绕每年5 000万元、总额不低于3亿元的专项，草拟“清华—佛山产学研合作协同创新专项资金”实施细则，并配合清华大学推进协同创新研究院组建工作。

【科技计划项目】　2017年，市科技局继续加强和完善科技计划项目经费管理，按照业务类别划分的6个业务科室，根据评审、监督、评价的业务流程整合成3个大中心，形成一室三部的架构，将项目评审、监督和评价3个环节分由3个部门独立负责，对科技项目立项、实施、验收、考核等环节实行分开管理，做到互相监督，促进各项行政权力的规范运行，提高科技局工作效能和管理服务能力。

在市级科技项目方面，截至2017年年底完成了对项目合同在2016年12月31日前到期的部分2013年度和2014年度佛山市科技创新资金立项项目进行验收。累计组织验收项目197项，其中通过验收138项，结题31项，不通过验收9项，延期验收6项，项目到期未提交验收材料也未申请延期验收的共13项（视为不通过验收）。跟进由市情报所开展的2017年12月31日前到期的项目验收工作，项目合同在2017年12月31日前到期的佛山市科技创新资金立项项目，共计134项，其中需现场验收24项、会议验收40项、集中验收70项。

【科技成果与技术市场】　佛山市从2013年开始进行事权下放改革，将科技成果登记审核业务下放到各区。2017年经省科技厅批准，佛山市在各区经科局、佛山科技学院、佛山高新委分别增加设置6个技术合同登记点，登记点为区科技部门业务科室或本区科技服务机构，企业届时可在本区办理技术合同登记业务，享受税收优惠政策。截至2017年年底，共受理审核技术合同登记291项，合同成交金额2.48亿元，其中技术交易额2.25亿元。

佛山市有14个项目获得2017年度省级科学技术奖，比2016年度增加2项，其中广东联塑科技实业有限公司独立完成的“高性能聚丙烯（PPR）冷热水管的技术研发及产业化”项目获得二等奖。这些获奖项目主要涵盖机械、家电和材料等传统优势领域，以美的、联塑、溢达等大企业为主，大部分项目以企业作为牵头单位完成，部分项目与中科院、中山大学、华南理工大学等高校科研院所联合开发完成，体现了佛山市以企业为主体、市场为导向、产学研深度融合的创新特点。

【高新技术产业】

全市落实创新驱动“八大抓手”任务与推进高企培育工作会议　4月19日，佛山市召开2017年全市落实创新驱动“八大抓手”任务与推进高企培育工作会议。会议指出，2017年佛山市将全面落实以高企培育为代表的“八大抓手”任务，确保2017年全市高新技术企业数量在2 000家以上。会上印发了《佛山市建设珠三角国家自主创新示范区2017年工作要点》（征求意见稿），围绕高新技术企业培育、新型研发机构建设、企业技术改造、孵化育成体系建设、高水平大学建设、自主核心技术攻关、创新人才队伍建设、科技金融融合“八大抓手”任务，明确2017年佛山市实施创新驱动发展战略的重点工作以及目标。会上，佛山市政府与佛山科技学院签订《2017年佛山市高新技术企业培育工作任务目标责任书》。

高新技术企业　截至2017年年底，佛山市高新技术企业数量达2 547家，较2016年增加83.5%，共有807家企业通过高企培育库，提升自主创新能力和为创新驱动培育源头企业的基础性作用在全社会已形成广泛共识。全面落实高新技术企业优惠政策，2017年全市国税、地税系统预计共有1 008户企业享受高新技术企业优惠政策，减免企业所得税预计超过17亿元。

高新技术产品　在2017年高新技术产品认定中，全市共受理了1 580家企业提交的5 729份申请材料。经专家评审和结果公示，最终有1 514家企业合计5 236件产品通过了评审（禅城138家企业共398件产品、南海476家企业共1493件产品、顺德719家企业共2 740件产品、高明45家企业共142件产品、三水136家企业共463件产品）。

机器人及智能装备生产　大力实施机器人及智能装备生产应用“百千万工程”。截至2017年年底，华数机器人已签约85条自动化生产线，另有18条自动化生产线已确定签约意向，预计在2018年3月底前全部完成；工业机器人整机销售已超过2 100台（套），完成了销售2 000台（套）工业机器人的任务；经过对装配工艺、质量检测、出厂测试进行扩充与优化，年产能已从初建时的1 500台（套）提升到5 000台（套），短期通过局部优化可提升到6 000台（套）左右。

第三届“互联网+”博览会　10月12日，第三届“互联网+”博览会在潭州会展中心盛大开幕。本届博览会以“新互联　新智造　新未来”为主题，首次携手世界顶级知名大会CEBIT（汉诺威消费电子、信息及通信博览会），更加突出国际化和专业化。本届博览会展会规模达到4.5万m^2，分为五大展馆、七大展区。展品范围包括工业机器人及自动化、“互联网+”应用成果、人工智能、云计算、大数据、物联网、可见光通信、智慧政务解决方案与成果、网络银行、电商平台、创客空间和智能家居等。

在开幕式上，国内首个机器人学院——佛山机器人学院正式亮相。该学院是中国首个机器人学院，也是汉诺威机器人学院唯一的品牌海外授权使用机构，由顺德区、汉诺威机器人学院共同建设，其中，中方投资建设硬件设施，德方提供品牌许可、运营管理。在开幕式上还进行了20个项目的签约仪式，签约金额达829.1亿元。

【孵化育成体系】　截至2017年年底，佛山新增孵化器25家，新增众创空间26家，孵化器和众创空间总数达77家和59家，同比增长分别达48%和79%。其中，国家级科技企业孵化器有18家（在全省地级市中排名第1），实现五区全覆盖；国家级众创空间20家，总孵化面积达220万m^2，在孵企业2 200家、年内毕业企业252家。

在第六届中国创新创业大赛（广东赛区）暨第五届“珠江天使杯”科技创新创业大赛中，佛山市科学技术局、佛山高新区管委会、顺德区经济和科技促进局荣获优秀组织单位奖，广东省科技金融综合服务中心佛山分中心、广东顺德科创管理集团有限公司荣获优秀服务机构奖，佛山卡蛙电子科技有限公司荣获电子信息行业成长组二等奖。

完善孵化育成政策体系　2015—2017年，佛山市先后出台了《佛山市科技企业孵化器后补助试行办法》《佛山市科技企业孵化器创业投资风险补偿资金实施细则》《佛山市科技企业孵化器信贷风险补偿资金实施细则》《佛山市科技企业孵化器产权分割管理暂行办法》《佛山市科技创新载体发展行动方案（2017—2020年）》等一系列政策措施，对孵化器新增孵化面积、公共技术平台建设、大学生创业、众创空间、投融资服务等给予补助，以项目的形式扶持资助新建孵化器，引导更多的社会力量建设孵化器。各区也出台了相应的孵化器扶持政策，全市完善的孵化器政策体系基本形成。2017年，佛山市通过后补助的方式，共给予孵化器627万元补助，通过项目的形式，共资助10个新建孵化器和10个众创空间1 100万元资金资助。

对接广深创新走廊　为推动佛山市科技载体提质增量，积极对接广深创新走廊，打造创新集聚区，9月14—15日，市科技局组织创业南方、新媒体产业园、智能示范中心、C时代等市优秀科技载体代表约50人到东莞、深圳调研科技载体建设情况。考察团结合佛山本地孵化器及众创空间需求，重点了解莞深科技载体的主题定位、建设思路、业态布局、运作模式、公共服务平台建设等情况。东莞松湖华科打造以“华科城”品牌运作模式实施孵化服务输出，还有科技寺、腾讯众创空间等优秀深圳创客载体所秉承的开放、自由、宽容的创新创业态度和理念，对佛山市科技载体的进一步发展有很大的启发。

政策宣讲　2017年，成功举办了10次政策培训宣讲活动，包括科技企业孵化器从业人员培训、国家级孵化器认定申报培训、技术转移实务培训、国家级孵化器培育单位及广东省众创空间试点单位认定申报预答辩辅导等内容，累计超过400人参加。

【创新能力建设】

企业创新平台　2017年，佛山市新增省企业重点实验室4家、总量达21家；新增省级工程技术中心233家，获批数量居全省第2，总量达到628家，省级创新平台数量继续居全省第2。规模以上工业企业研发机构建有率达49.07%、覆盖率同比实现翻番、居全省第1。主营业务收入5亿元以上大型工业企业实现全覆盖，覆盖率同比接近翻番，建有研发机构的企业数量居全省第1，企业研发机构建设工作荣获全省“双冠军”。截至2017年年底，建有省级新型研发机构的企业共有31家（全省排名第3）。

创新人才队伍　2017年，立项团队共19个，资助经费达8 850万元。2017年，佛山市创新创业科研团队申报数量由2016年度的132个增加至157个，主要集中在节能环保、生物医药、制造与装备、新材料和新型电子信息领域。申报团队构成越来越多元化，高校医院、科研机构、企事业单位以及海外高层次人才都均有团队申报。申报团队整体层次较高，创新实力较强，共吸引了768名高层次人才参与团队申报，其中580名正高以上人才、101名境外人才。立项的团队中，汇聚高层次人才95名，包括博士或正高级职称82人、院士3名、终身教授3人、长江学者3名、国家杰青4人、国家重点实验室负责人3人。

【科技金融】

科技型中小企业信贷风险补偿基金　科技型中小企业信贷风险补偿基金从2014年9月设立以来，资金规模已达1.73亿元，采用信贷风险补偿和贷款贴息等形式，健全财政资金对科技型企业投入的风险补偿分担机制，降低科技型中小企业融资成本和难度。2017 年，新增授信企业106家，授信金额66 970.10万元；提款企业111家，提款金额60 697.63万元。截至2017年年底，累计授信企业337家，授信金额298 432.10万元；累计提款企业303家，提款金额245 008.32万元；累计收回贷款185 325.39万元。2014年9月1日—2016年6月30日，基金项下首批贷款贴息共有57笔贷款业务符合贴息要求，贴息总金额2 462 681.40元。

科技金融服务　中国银行古大路支行、中国银行佛山亿能国际广场支行等新认定的佛山市科技支行，通过佛山市科技型中小企业信贷风险补偿基金决策委员会的审议，成为佛山市科技型中小企业信贷风险补偿基金的合作银行，正式为佛山市科技型中小企业提供基金贷款业务。在基金政策的覆盖下，为科技企业提供更加专业、优惠的定制融资产品，加快科技企业发展。

金融科技产业公共服务平台　截至2017年12月底，佛山市已建成广东省科技金融综合服务中心佛山分中心、顺德分中心和广东省金融高新区分中心等3个科技金融服务平台，并成立了佛山市科技金融协会。其中佛山分中心通过承办“佛山农商银行杯”创新创业大赛聚集了一批优秀参赛企业并对接银行金融机构为企业提供金融服务；金融高新区分中心通过运营创新券、知识产权质押融资贷款等业务，为企业提供区域版股权交易中心挂牌服务；顺德分中心则立足服务顺德企业，为顺德企业提供政策性贷款、担保贷款、股权投资等服务。

【知识产权工作】 2017年8月，国家知识产权局批复同意建设中国（佛山）知识产权保护中心，面向智能制造装备和建材产业开展知识产权快速协同保护工作。佛山市已按国家知识产权局要求，全部落实了保护中心的机构编制、经费保障和场地保障，包括：成立副处级公益类事业单位，定编20名事业编制；办公场地建筑面积超过2 100m^2，由市、区、镇三级财政保障经费。

专利产出 2017年，佛山市专利申请量为73 948件，同比增长39.49%，其中发明专利申请25 899件，同比增长50.72%。获专利授权量为36 767件，同比增长28%，其中发明专利授权4 901件，同比增长46.39%。PCT国际专利申请量为726件，同比增长54.47%。佛山市有效发明专利数达15 050件，同比增长50.32%。2017年，在第十九届中国专利奖中，佛山市获得40项中国专利奖优秀奖、1项中国外观设计金奖和8项中国外观设计优秀奖，获得中国专利奖的数量创历史新高；2项专利获得广东专利金奖，5项专利获得广东专利优秀奖，1位专利权人获得广东省发明人奖，获得广东专利金奖数量同样有所突破；7家企业被认定为国家知识产权示范企业，7家企业被认定为国家知识产权优势企业。

知识产权质押融资 2017年，市级财政投入2 000万元，禅城区和南海区各投入1 000万元，知识产权质押融资风险补偿资金规模达5 000万元，资金规模不断扩大。8月，市科技局开展第二批合作银行公开征集工作，经决策委员会同意确认合作银行扩充至13家。截至2017年12月底，全市共有131家企业进入扶持企业库，提出融资需求合计10.45亿元。2017年，佛山市扶持企业共45家，质押融资款项达2.48亿元。

专利维权执法 2017年，佛山共受理专利侵权纠纷案件32宗，结案29宗。调处展会案件2宗。开展专利执法专项行动3次，出动执法人员70余人次，检查禅城、南海、三水、高明区商品2 000多件。查处其他专利案件12宗，结案12宗。公开行政查处信息3件。受理电子商务专利侵权案1宗、假冒专利案7宗。

知识产权培训 2017年，佛山市创客中心通过建立“创课讲堂”，以企业为核心，组织企业研发人员、产业上下游相关技术领域专家、知识产权代理人、金融机构专业人员等开展研讨、交流、思维碰撞等活动，使技术专利化，单个专利衍生成多个专利，核心专利形成专利群，实现强有力的知识产权保护。同时通过建立天使投资人联盟等多渠道、多层次的投资渠道，解决项目孵化资金，开展预孵化。截至2017年年底，举办创客讲堂29次，累计参与人数高达3 000人次。

重点产业专利联盟 截至2017年年底，佛山建立了机器人专利联盟、精细高分子与新材料专利联盟等近22家知识产权联盟，其中电压锅、LED、医疗智能科技、健康照明、家用榨油机和智能卫浴6个知识产权联盟获得在国家知识产权局备案，知识产权联盟备案数量位居广东第1。

【科普工作】

佛山科学馆 2017年佛山科学馆稳步推进新馆建设，多个项目陆续竣工验收。动感影院、立体影院运行一年以来，设施基本稳定，共播放1 200场次，接待10万名游客观众。四大主题展厅200多件常设展项已基本完成竣工验收工作，布展工程整体竣工验收，标志着四大主题展厅进入正常运行阶段。大型展项 “梦想号” 和两个创新性展项已完成竣工验收工作。7个科学实验室中的4个，包括三维立体图像实验室、微型科普展品展览室、物理实验室和化学实验室已实现竣工验收，并邀请专家开展内部专业培训。

科技进步活动月 5月中旬至6月中旬“广东省科技进步活动月”期间，结合佛山市生态文明建设和《佛山市创建国家森林城市工作方案》总体要求，佛山市科协联合市直有关单位及各区科协共同举办了4场以“创建国家森林城市，共享生态文明家园”为主题的群众性科普活动；活动共组织了市林科所、健康教育所，推拿学研究会等单位的120多位（次）专家，深入南海区西樵镇、顺德区龙江镇、三水区乐平镇、高明区更合镇等乡镇的乡村、社区大力宣传与人民生活相关的科普宣传活动；免费发放了《城市生活 安全知识》《公民应急灾难逃生指南》《生态文明公民读本》《高血压自我管理》、生态科普宣传折页等30多种20 000多本（份）图文并茂的科普读物，免费推广派发新品种蔬菜瓜果种子5 000多份。

全国科普日　为贯彻落实《全民科学素质行动计划纲要》，动员广大市民共同参与科普，形成“创新驱动发展，科学破除愚昧”的良好氛围，在9月16、17和23日，佛山科学技术协会与各区科协、各有关科普教育基地联合举办了“科普基地一日游活动”，组织400多名市民代表进行科普基地游。这次参加活动的10个科普基地覆盖了五区，涵括了工业、农业、科研、第三产业，并有内容丰富、形式多样的活动，让市民耳目一新。

8月14—19日，组织佛山市师生参加第32届全国、广东省青少年科技创新大赛获得了优异成绩。在全国赛中，佛山市共有6个项目参赛，佛山参赛选手共为广东省代表队争得一等奖1项、二等奖1项、三等奖3项的好成绩。佛山市第六中学李柱霖发明的“‘无警惕’性可连续自动捕鼠箱”过五关斩六将，在众多项目中脱颖而出，获得大赛一等奖，同时还斩获了大赛专项奖“高士其科普奖”，这也是该市近10年来首次有初中项目获全国奖项。在省赛中，佛山市获得9个一等奖、20个二等奖和21个三等奖。

（陈觉敏）

韶关市

【科技环境营造】 2017年，创新创业氛围日益浓厚，《韶关市培育高新技术企业扶持办法》等6个政策文件出台。韶关市科技创新能力稳步提升。全社会研发投入14.72亿元，同比增长13.72%，研发投入占GDP比重达1.1%。创新型经济加快发展，深入实施“双百人才工程”，引进94名紧缺适用人才，选拔出首期享受市政府特殊津贴人才111名。

【科技计划】 3月，韶关市启动了2017年度韶关市科技计划项目组织申报工作。经组织申报，共受理155项。在市纪委第十二派驻组和市科技局监察室的全程监督下，由电脑随机选出评审专家，分异地（广州）和本地开展项目评审，异地评审首次探索抽取省科学院及下属科研院所等单位的专家在广州进行评审。按评审结果从高到低排序，经网上公示并征求市财政局意见后，共有66个项目立项由市财政资助。

【研发机构建设】 2017年主营业务收入5亿元以上的工业企业新增研发机构9家，完成全覆盖目标；规模以上工业企业新增研发机构63家，完成规模以上工业企业设立研发机构比例提高到20%的目标。年内，仲恺农业工程学院在韶关市设立新型研发机构，新组建院士工作站1家（金苹果公司）、省级企业科技特派员工作站2家（曲江盛大冶金渣环保公司、韶瑞铸钢公司）、精细化工产学研创新联盟1家。

【专业镇建设】 成功创建省级专业镇4个，分别是钢铁（曲江松山街道）、绿色蔬菜种植（乐昌梅花镇）、水稻现代农业（乐昌廊田镇）、香菇（始兴县隘子镇）专业镇。

【科技成果及奖励】 2017年，韶关市企业参与承担的科技项目荣获2017年度国家科技进步奖二等奖1项、2017年度广东省科学技术奖一等奖3项、2017年度广东省科学技术奖三等奖1项。

项目名称：中药和天然药物的三萜及其皂苷成分研究与应用项目

获奖情况：2017年度国家科技进步奖二等奖

该项目完成了68种中药和天然药物中的三萜及其皂苷活性成分的系统研究，构建了强水溶性及双糖链三萜皂苷类成分的分离鉴定方法体系，获得了80余个具明显生物活性化合物和12个新药先导物，建立并完善了中药质量控制体系。该项目建立的中药白头翁含量测定方法已被《中国药典》收录。该项目发表研究论文189篇，他引1 895次；获授权中国发明专利8件；参编专著1部。项目研究成果系统性和创新性强，社会和经济效益明显，整体已达到国际领先水平。

项目名称：大花蕙兰和兜兰新品种创制及产业化关键技术

获奖情况：2017年度广东省科学技术奖一等奖

该成果建立了大花蕙兰、兜兰的种质资源圃和评价技术体系，首次揭示巨瓣兜兰、汉氏兜兰等9种濒稀兜兰的染色体数目及其核型，开发出2个与香气性状紧密连锁ISSR标记用于辅助育种。率先构建了大花蕙兰×墨兰、兜兰×兜兰的育种体系，填补了大陆地区大花蕙兰、兜兰杂交育种空白。攻克了兜兰种苗繁育国际难题，首次实现汉氏兜兰、卷萼兜兰等14种濒稀兜兰的无菌播种及汉氏兜兰和摩帝类兜兰的无性克隆繁殖。突破了大花蕙兰、兜兰栽培技术瓶颈，示范种植盆花280多万株。

项目名称：冬虫夏草繁育关键技术研究及其产业化应用

获奖情况：2017年度广东省科学技术奖一等奖

乳源南岭好山好水冬虫夏草有限公司依托于国内一流的药业研究院和专业的冬虫夏草研发团队，首创冬虫夏草大规模产业化繁育技术，已拥有多项知识产权，2017年冬虫夏草产量达15t，解决了濒危资源的可持续发展问题。

项目名称：极低品位复杂稀有金属矿产资源综合利用关键技术

获奖情况：2017年度广东省科学技术奖一等奖

该项目主要针对可浮性相近硫化矿分离难、银综合利用程度低、有价元素富集比要求高、高硫环境下性脆易碎钨与硫化矿选择性解离难和枱浮残留药剂干扰后续浮选环境等5个共性关键技术难题进行研究，研发出了既有代表性、又有广泛性的极低品位复杂稀有金属矿产资源综合利用核心技术，整体达国际领先水平。

【孵化载体建设】　韶关市制定并出台了《韶关市众创空间认定和管理暂行办法》。高新区创业服务中心申报国家级科技企业孵化器获得科技部火炬中心批准，实现国家级科技企业孵化器零的突破。南雄市电子商务创业园、新农业创新创业园被认定为省级科技企业孵化器。乐善空间、校园猫众创空间被认定为省级众创空间。积极引导新型特种精细化学品专业孵化器、鑫金汇智汇小镇、莞韶双创空间等一批新型创新载体创建市级科技企业孵化器（众创空间），进一步提升创新创业水平。

【高新技术产业】　2017年全市净增高新技术企业38家，截至2017年年底，全市有效期内高新技术企业累计103家。2017年韶关市组织申报广东省高新技术企业培育库入库企业81家。2017年，全市高技术制造业增加值20.5亿元，增长15.2%；高新技术企业总产值196.7亿元。

在省科技厅的大力支持下，国家高新区创建顺利推进。韶关市成立了创建国家高新区工作领导小组，完成了创建国家高新区申报材料的组织和编写等有关工作，6月底获省政府批复并报国务院。南雄精细化工园启动申报省级高新区。

【科技金融】　2017年，韶关市科技金融实现重大突破，丹霞天使、众投邦创新创业投资基金成立，市科技风险准备金撬动银行对科技型企业实际放款3.11亿元。2017年全市科技信贷风险准备金入池企业从2016年的33家增至82家，撬动银行实际放款3.11亿元，同比增长25%。

2017年，韶关市成立了第一支科创类母基金（丹霞天使）及第一支科创类投资基金（众投邦）。“韶关市丹霞天使母基金”首期基金总规模为5亿元，该基金主要投向产业子基金，预期在2年内投资8支以上的直投子基金，完成基金总规模合计不少于30亿元的目标；由子基金投向文化旅游业、大消费、医疗、大数据、节能环保、韶关市城市优化发展等项目。

“韶关市众投邦创新创业投资基金”总规模为2.5亿元，该基金主要投向人工智能、先进装备制造、大数据、特色农业、文化旅游、医疗健康、商贸物流等符合韶关地域优势的产业领域。

9月15日，2017韶关首届科技创新投资高峰会举行。峰会以“产业、科技、金融深度融合　振兴韶关绿色转型发展”为主题，旨在开创优化韶关产业发展思路的新格局，培育好韶关地区的创新科技产业，加大金融、科技推动韶关经济转型发展力度。经济学家、教授、博士生导师何小锋作题为《优化自然资本（NC），助推绿色经济发展》的主题演讲，其他与会嘉宾针对未来产业融合发展的重点领域，围绕韶关绿色转型、科技创新、产业发展等进行了对话。会上韶关·众投邦“双创加速器”成立。

【知识产权工作】　2017年，韶关市出台了《韶关市专利资助管理办法》，明确规定发明专利资助2万元/件，史无前例加大对发明创造的扶持力度。

2017年，全市申请专利3 551件、同比增7.35%；获授权1 486件，其中发明专利授权141件、同比增20.51%。全市新增8家知识产权贯标培育企业，组织11家企业获得200万元的专利质押融资授信额度；新增国家知识产权优势企业2家（乳源东阳光化成箔有限公司、乳源东阳光优艾希杰精箔有限公司）。

年内，查处涉嫌侵犯知识产权案件9宗。

11月23—25日，由中国发明协会主办、佛山市人民政府承办的第二十二届全国发明展览会暨第二届世界发明创新论坛在广东（潭洲）国际会展中心举办，宝武集团广东韶关钢铁有限公司组织8项职工创新发明专利成果参展，收获4银2铜奖项，其中“焦炉烟尘污染物排放治理技术”等4个项目荣获银奖，“高炉热风炉系统研发及应用技术集成”等2个项目荣获铜奖。

【防震减灾工作】 韶关市地震局获评2017年全省地震系统考核优秀单位。2017年，韶关市成功创建1个国家地震安全示范社区和8个广东省地震安全示范社区，先后开展防震减灾系列宣传、培训、演练等活动10多场次，在韶关学院组织了1场大型地震应急救援综合演练，收到良好效果。

【科普工作】 3月，韶关市通过文化、科技、卫生“三下乡”等活动开展义诊咨询、健康科普工作，并进行防灾减灾宣传，向参观群众发放防震减灾知识折页、《广东省防震减灾知识100问》共计6 000余份。9月15日“全国科普日”，仁化县在该县城口学校开展了一次大型地震应急暨消防安全演练，有效增强了全校师生的地震应急、防震减灾意识。积极开展“韶关市科技金融服务行”，到10个县（市、区）精准实施科技政策宣贯，累计有368家企业受训，120多家企业通过申报项目获得科技扶持。市区开展防震减灾系列宣传、培训、演练等活动10多场次，在韶关学院组织了1场地震应急救援综合演练，收到良好效果。

【产学研工作】 年内向省科技厅推荐了广东韶钢松山股份有限公司和华南理工大学联合承担的“汽车用高品质弹簧钢关键技术研究及产业化”等12个项目。制定《2017年韶关市引进百名紧缺适用人才公告》《关于开展2017年度韶关市引进百名紧缺适用人才组织申报工作的通知》《2017年度韶关市引进百名紧缺适用人才申报书》等文件，深入基层和企业开展政策宣讲10次、参加人员800多人，组织完成产业发展领域人才的申报受理等工作。全年共组织开展产学研对接活动16次、对接广东聚石化学股份有限公司、广州广东省测试分析研究所、广东省石油与精细化工研究院和中国科学院广州化学研究所等企事业单位。

【农业科技发展】 2017年韶关绿色蔬菜种植专业镇（乐昌梅花镇）、水稻现代农业专业镇（乐昌廊田镇）、香菇专业镇（始兴县隘子镇）通过省认定。翁源江尾镇省级兰花专业镇协同创新中心启动建设，“新农业创新创业园”国家级星创天地、韶关学院食药用菌智能高效产业科技创新中心、韶关特色农产品深加工科技创新中心、广东省信达蚕桑科技创新中心等成功获得国家和省备案。

2017年，韶关国家农业科技园区建设加快，调整完善了园区规划，制定了园区建设实施方案。园区规划为核心区、示范区和辐射区，核心区位于仁化县大桥镇，集科技研发、展示示范、成果转化与推广、新型农民培训、服务体系、休闲观光六大功能；示范区由生态特色农业示范区、高效现代农业示范区、创新农业示范区3个部分组成，范围涉及仁化全县，突出茶叶、优质蔬菜、特色水果、优质油料、石斛、生态休闲农业等地方特色优势；辐射区包括整个韶关市及周边地区。在园区核心区组织实施了4项省、市科技计划项目，把园区打造成农业新技术集成创新和应用示范的重要基地。

（刘锡禧）

河源市

【科技创新政策与实施】 2017年，出台了《河源市社会发展科技计划项目管理办法（试行）》《河源市工业企业自建研发机构备案登记管理办法》《河源市联合科技信贷风险准备金管理若干规定》《建立重点企业知识产权保护直通车制度实施方案》等政策，不断完善科技创新政策体系，大力破解制约科技创新的体制机制障碍。

认真落实企业研发投入后补助政策，引导和鼓励企业加大研发投入。对30家获得2017年省企业研究开发省级财政补助项目的企业，立项金额1 561.27万元，给予市级配套补助712.68万元。抓好科技创新券后补助申报、发放、兑现工作，向符合条件的44家企业发放科技创新券342万元、兑现220.69万元，带动科技型中小微企业研发投入950万元。

该市兑现河源市促进科技创新若干政策措施，大力宣传企业研发准备金后补助及研发费用加计扣除等鼓励企业技术创新政策，科技型企业培育政策环境不断优化。支持社会力量兴办科技企业孵化器和众创空间，为创新团队和个人等科技创业者提供创业辅导，为初创科技企业提供研发、试制及共享设施等全方位服务，孵化和出孵了25家科技型中小微企业。

【科技投入及科技计划项目管理】 开发了集河源市科技业务管理阳光政务平台、河源市科技金融服务平台、河源市科技数据监测平台、河源市高新技术企业及知识产权服务平台等在内的河源市科技创新公共服务云平台，实现了河源市科技项目从申报到评审、立项等全流程管理以及科技信贷企业的在线信用评价和授信等级评定，全面提升了科技管理服务能力和水平。

积极推进科技经费投入和配置改革，政府投入更多地向能够产业化的科研项目倾斜、向企业倾斜。政府补助更多地由“前补助”转变为“后补助”，由“直接补”转变为“间接补”。改革科技经费配置，对获得省科技计划项目立项的项目给予市级配套补助。实行分级负担制，科技项目补助经费由市、县（区）财政按照5：5的比例分级负担，促使县区财政加大科技经费投入，支持企业创新创业。

2017年，精心组织科技计划项目实施。争取国家级科技计划项目（中央引导地方科技发展专项资金）1项，获得国家级财政科技资金80万元；争取省级重点科技专项3项，获得省财政资金支持900万元；围绕电子信息、模具制造、新材料、新医药以及特色水果新品种选育改良，首次组织实施了市级重点科技专项，共11个项目获得立项，市级财政科技投入资金760万元。通过科技计划项目实施，为高新技术产业发展注入了强大的活力，一批科技型中小微企业逐步做大做强。

【河源国家高新区】 2017年，区内新增高新技术企业13家，总数达45家，占全市的46%；创新平台建设进一步加大，积极对接引进珠三角高校、科研院所到高新区设立科技创新平台，新增省级工程技术研究中心12家、市级工程技术研究中心14家，共认定省市级工程技术研究中心、新型研发机构65家，占比达40%。孵化器建设运营水平不断提升，高新区拥有国家级科技企业孵化器1家、省级科技企业孵化器1家，在孵企业91家，孵化面积2.8万m^2；国家级众创空间2家，在孵团队及企业共21个。

【高新技术企业】 积极实施高新技术企业倍增计划，全年净增高新技术企业32家，增长48.48%，全市高新技术企业存量98家，39家企业入选省高新技术企业培育库，累计在库培育的高新技术企业103家。

【科技创新平台】 2017年，全市新组建省级工程技术研究中心38家，增长88.37%，总量达到81家，新组建省级现代农业科技创新中心（基地）5家，增长166.67%，总量达到8家。新组建市级工程技术研究中心59家，增长173.53%，总量达到93家；新组建市级新型研发机构4家，增长66.67%，总量达到10家；新组建市级农业科技创新中心13家，增长33.33%，总量达到52家。

【孵化育成体系】 支持鼓励各县区产业园区根据当地产业发展现状和市场需求，建设各具特色的科技企业孵化器。加强对科技企业孵化器及众创空间运营管理的指导服务，孵化器规模和数量呈现良好发展态势。2017年，全市新组建科技企业孵化器6家，新增孵化面积4.97万m^2、在孵企业达166家、毕业企业25家。新组建众创空间8家，新增在孵团队88个，吸纳创业者404人。

【科技金融】 成立了广东省科技金融服务中心河源分中心，设立了河源市联合科技信贷风险准备金，筹集了风险准备金3 000万元，建立了科技金融服务平台和科技型企业信用评价体系。与建设银行河源分行、中国银行河源分行等8家金融机构按1：10比例放大资金用于推进科技金融工作。2017年，通过平台登记企业89家，参与评级企业57家，达到A级以上的48家，授信总额度2.41亿元。16家获得贷款，贷款总额5 155万元。

【创新创业】 组织开展创新创业专题培训，联合河源广工大协同创新研究院举办系列创新创业活动8场。举行项目交流对接活动，与省科学院合作举办了“科技服务地方行”企业对接会，组织开展了CCFYOCSEF—河源首届人工智能技术交流暨科技成果对接大会，组织企业参加2017年全国双创周活动、第六届中国创新创业大赛暨第五届“珠江天使杯”科技创新创业大赛、“长鸿杯”河源市第六届青年创新创业大赛，激发大众创新创业激情。

【科技精准扶贫精准脱贫】 建设科技精准扶贫精准脱贫产业基地7个。发挥星创天地、农村科技特派员在精准扶贫精准脱贫中的作用。2017年，全市新增省级农村科技特派员31名，鼓励农村科技特派员深入贫困村、贫困户开展创新创业服务，有效带动了贫困村或贫困户脱贫。

【农业科技】 实施科技惠民富民工程，聚焦特色水果新品种选育改良，组织开展农业科技攻关。2017年，结合河源市传统优势农业发展需要，在农业新品种选育改良方面组织开展技术攻关，组织实施了猕猴桃新品种选育与改良、鹰嘴蜜桃早熟新品种选育及示范推广等5个项目，投入科技经费160万元，为传统农业转型发展提供了技术支撑。建设农业科技创新平台。积极组建省市级农业科技创新中心，推进星创天地建设，引导和扶持科技特派员深入农村创新创业，激发农村创新创业活力，营造农村“大众创业、万众创新”的良好环境。2017年，组织开展了省市级农业科技创新中心组建认定工作，新组建了广东省粤北山区特色药食同源植物科技创新中心等5个省级现代农业科技创新中心（基地），认定了河源市兴泰种猪养殖技术及产业化农业科技创新中心、河源市澳洲淡水龙虾苗种繁育及养殖农业科技创新中心等13个农业科技创新中心，推荐和备案了四伙记农村电商星创天地等2家省级星创天地，为传统农业转型发展提供了平台支撑。

【民生科技】 该市围绕人民群众关注的热点、难点和社会问题等，组织开展市级社会发展领域科技计划项目的申报评审。2017年，河源市共有115个项目获得市级社会发展科技计划项目立项，领域涉及医疗卫生、生态保护、环境治理和食品安全等。

【科技成果及奖励】 通过优化政策环境、组织实施科技重大专项等措施，加快推进成果转移转化。2017年推荐了9个项目申报2017年度省科学技术奖，3个项目获三等奖，组织认定高新技术产品183项，技术合同认定登记10项，技术合同认定成交额150万元。鼓励引导科技成果评估机构、从事科技成果转化的第三方中介服务机构，为高等院校、科研院所技术交易、科技成果转移转化提供服务，落实高校、科研院所科技成果转让优惠政策以及科技人员携带科技成果创业优惠政策，有效促进成果转化应用。

【知识产权】　2017年，河源市专利申请量3 693件，获授权量1 866件，同比增长44.20%；申请PCT专利5件；拥有有效发明专利278件，每万人口发明专利拥有量为0.90件。开展知识产权管理标准示范创建活动，7家企业通过“贯标”；建立重点企业知识产权保护直通车制度，23家企业列入重点保护，企业核心竞争能力不断提升；开展专利质押融资，完成1笔700万元的融资项目。开展市级知识产权项目申报工作，评定知识产权试点学校2个、示范学校4个、知识产权优势企业16个、专利实施计划项目11项；执行专利执法巡查，开展儿童用品（含玩具）、汽车配件等专项打击假冒侵权活动，共立案21宗、结案21宗，为专利产品保驾护航。

【科技合作交流】　2017年，河源市约180家企业与省科学院、广东工业大学、华南理工大学、华南农业大学、仲恺农业学院、河源职业技术学院等高校、科研院所建立了合作关系；新组建省部企业科技特派员工作站2个，28名省部企业科技特派员新进驻该市10家企业开展合作，全市省部企业科技特派员总数达到61人，形成了企业科技特派员工作长效机制。省科学院河源研究院建设步伐加快，河源广工大协同创新研究院建设成效凸显。通过打造孵化平台、技术服务、产学研合作和成果转化等方式，先后服务企业300多家，累计孵化科技中小微企业100多家，获得了国家级科技企业孵化器、国家级众创空间、广东省首批新型研发机构、广东中小企业公共技术服务示范平台等荣誉称号。河源市人民政府与全球语音人工智能领军企业——科大讯飞公司签订了合作协议，建立了战略合作关系。

（黄　强）

梅州市

【科技政策环境营造】

政策法规制定　2017年，市科技部门组织制订并以市政府办公室的名义印发了《广东梅州高新技术园区申报国家高新技术产业开发区工作方案》《广东梅州高新技术产业园区“以升促建”工作方案》，组织制订出台《梅州市推进知识产权强市建设工作考评方案（2017—2020）》，制订《梅州市关于建立重点企业知识产权保护直通车制度实施方案》和《梅州市知识产权金融服务促进计划补贴方案》等科技创新文件，深化科技创新体制机制建设。

政策宣传与实施　2017年全市科技部门和国地税部门共组织对企业科技创新政策和税收优惠政策培训40多场次，参训人员超过4 000人。

2017年协调启动了创新券发放工作，首次为38家建有研发平台的企业发放330万元创新券。市本级调集下达了633万元科技经费专项用于支持企业研发平台建设。

2017年，有55家企业申报省级企业研究开发财政补助资金，对比2016年申报企业数量增长一倍，获得省财政研发补助2 575万元，带动企业研发投入3.7亿元。企业新产品开发能力不断提升，2017年，有129项产品获省高新技术产品认定，对比2016年增加了74项。

科技人才培训　4月25日，市政府与嘉应学院共建的“知识产权学院”正式挂牌成立。2017年全市共举办各类知识产权培训4场，共1 000多人次参加。

【科技计划项目】　2017年全年获得下达的省科技计划项目24项，获经费支持共计1 050万元；受理2017年省级科技专项资金纵向协同管理省市联动项目15项，其中通过评审向省科技厅推荐9项，拟安排项目经费410万元。“世界客属青年创业创新中心服务能力建设”项目列入省科技厅“一事一议”项目，获扶持资金600万元。积极协调市县财政加大科技投入，加大对科研机构、大专院校、医疗机构科技研发能力建设支持力度，市级应用型科技专项列入2018年财政预算。

【高新技术产业】　2017年，梅州市将首次认定的高新技术企业奖励标准由原每家20万元提高至50万元。财政激励措施有效激发了企业申报的积极性，截至2017年年底，全市存量高新技术企业达到134家，比2016年的86家绝对增长数达48家。申报高新技术企业培育入库的企业总数达到113家。

8月17日，在梅州高新区召开了“梅州高新区升级国家高新区工作动员会”。会上明确提出了力争2年、确保3年内将梅州高新区建设成为国家级高新区的目标。结合实际，研究确定了梅州高新区申报国家高新区“一区多园”模式，制订了方案，成立了以市政府主要领导为组长的申报工作领导小组。申报材料于11月27日报送省政府，省政府亦于12月29日呈报国务院。

【科技创新平台与机构】　2017年，市科技部门组织认定了两批共57家市级工程技术研究中心，全市总数增至106家。有15家企业获省级工程技术研究中心认定，全市总数增至60家。全市企业已建市级及以上工程研究中心166家，其中规模以上工业企业107家，占规模以上工业企业总数的23.21%。2017年，主营业务收入5亿元以上工业企业新建研发机构15家，实现了全市大型工业企业研发机构全覆盖。

针对梅州市特色产业的技术创新平台有序推进，新增“广东省电子电路应用产业技术创新联盟”和“广东省梅县金柚产业技术创新联盟”2

个省级产业技术创新联盟，全市总数增至4家。“广东省冠锋科技航空航天电子信息技术院士工作站”在冠锋科技有限公司进入实质性运作。南粤科伦等单位设立了首家新型研发机构——梅州葛洪中医药研究院。

【农业科技】

农业龙头企业　结合梅州市主导产业技术需求和建设规划，深化龙头企业与高校、科研院所的产学研合作，扶持农产品加工、农业装备制造、新医药、科技信息等产业建立省级协同创新中心、省级以上检验检测中心或产业核心关键技术研发平台。至2017年年底，该市已认定省级工程技术研究中心60家、市级工程技术研究中心106家，实现年产值5亿元以上的大型工业企业设立研发机构全覆盖。针对该市特色产业的技术创新平台有序推进，成立了大埔陶瓷产业、丰顺电声产业、梅县金柚产业、电子电路应用产业共4家省级产业技术创新联盟。下一步，梅州市科技局将继续鼓励和支持农业集聚发展，推动产业技术创新联盟、新型研发机构及工程中心等平台的建设，加强科技创新和农业高新技术产品研发，促进梅州农业科技与经济发展。

精准扶贫攻坚战　2017年，梅州市科技局通过充分调研，了解技术需求，主动谋划和创新科技计划管理模式，与省科技厅共同启动实施“省市联动科技项目”。支持省定贫困村开展科技精准扶贫精准脱贫产业基地建设，全面提升农村科技工作显示度和影响力，截至2017年年底，已有2个科技精准扶贫精准脱贫产业基地项目正在实施。

2017年还开展包括水稻、茶叶、金柚等农业、农村科技领域的科技计划项目7个，累计投入245万元。推荐梅州市农科院、林科所、微生物所等14个单位共78人入库广东省级农业科技特派员，为打好精准扶贫攻坚战奠定人才基础。

“星创天地”“农创中心”建设　为激发农业农村创新创业活力，营造农业农村“大众创业、万众创新”的良好环境，2017年全市共有5家“星创天地”单位通过省厅备案，其中客天下电商产业园、壹龙星创天地、亿凡星众创空间培训中心3家单位由省厅推荐拟报国家级备案；此外，有5家省现代农业科技创新中心（基地）通过省厅备案，增强了农业供给侧结构性改革和现代农业发展新动能。

【孵化育成体系】

世界客属青年创新创业中心、专利技术孵化产业园和院士团队创新创业（梅州）驿站是梅州市全力打造的三大“双创”平台，也是完善该市科技企业孵化育成体系的重要环节。梅州市科技局牵头筹建的世界客属青年创新创业中心已于11月中旬在第五届世界客商大会召开前如期投入正常运营。梅州市专利技术孵化产业园区首期建设已投入1亿多元，第一阶段的专利技术孵化综合楼和研发车间预计年底可建成投入使用；院士团队创新创业（梅州）驿站建设进展顺利。

截至2017年年底，科技企业孵化器、众创空间稳步发展，全市在省网登记的科技企业孵化器已达到8家，其中有4家被省确认为国家级科技企业孵化器培育单位；众创空间19家，其中3家被科技部认定为国家备案众创空间，10家被省确认为广东省众创空间试点单位，实现了各县（市、区）全覆盖。

至2017年年底，该市已有50个省级专业镇，其中工业类19个、农业类25个、第三产业类（旅游）6个，调整并探索建设创新小镇、康养小镇、旅游小镇等各具形态的特色小镇。

【科技成果与奖励】

2017年梅州市科学技术奖评审委员会办公室共受理项目57项，其中农业类29项，医药卫生类14项，工业类14项。根据科技成果登记系统统计，2017年成果自我转化效益102 988万元，净利润32 372万元，实交税金5 850万元，出口创汇7 122万元，合作转化收益8 148万元。最终共评出一等奖4项、二等奖15项、三等奖37项，缓评1项。

博敏电子股份有限公司“高端高密度印制电路系列新产品关键共性技术及产业化”项目获2017年度广东省科学技术奖二等奖。该项目成功解决了印制电路层间贯穿互连的技术难题，实现最小盲孔孔径75 μm、填孔凹陷值≤10 μm、线宽/线距为50 μm/50 μm等技术指标；发明了不同厚度阶梯式精细线路的制作技术及工艺，解决了HDI

印制电路精细线路与阶梯线路的高密度化难题；设计出盲孔环绕通孔式复合靶标对位结构，结合激光烧蚀技术制作次外层对位标靶与X光穿透抓靶定位技术，解决了HDI印制电路板层间对准度和精准切割成型技术难题。

【知识产权工作】

知识产权创造　2017年，梅州市专利申请受理量2 562件，同比增长23.59%，其中发明专利申请受理量为245件，同比增长33.88%；获专利授权量1 671件，同比增长8.23%，其中发明专利授权量97件，同比增长31.08%；有效发明专利455件，万人有效发明专利拥有量1.04件，在粤东西北地市中排名第6。

知识产权运用　2017年，该市获批省级知识产权优势企业、示范企业各1家，获广东专利优秀奖2个。截至2017年年底，该市共有国家知识产权优势企业2家、广东省知识产权优势企业13家、广东省知识产权示范企业3家，共获得广东专利优秀奖8个。

企业贯标工作　2017年，该市共举办贯标培训班2场，培训近180人次。2017年8月23—25日，梅州市知识产权局与深圳市标准技术研究院［中知（北京）认证有限公司深圳联络办公室］联合承办了粤东地区企业知识产权管理体系内审员培训班，来自粤东地区的100多名企业代表参加了培训，提升了企业知识产权管理水平。11月10日，梅州市知识产权局在全市筛选出10家企业与“广州新诺”进行集中对接培训，促成企业与服务机构达成贯标培育的合作意向。

专利质押融资　2017年，梅州市利用政府担保机构及中小企业风险补偿基金两大增信平台，试点推广知识产权质押融资工作，对本市辖区内获得质押融资的企业给予贴息、评估费补助、担保费补贴等扶持。该市办理专利质押登记3件，质押融资金额2 200万元，在粤东西北地市中排名第2位。

知识产权保护　2017年，梅州市知识产权局一方面根据《2017年度执法工作计划》联合各县（市、区）开展专项执法行动，全市共出动专利执法人员150多人次，查处假冒专利案件22宗，调处专利权属纠纷案件3宗，处理专利侵权纠纷案件1宗，全部结案。另一方面，制订知识产权保护直通车制度实施方案，1家企业纳入广东省知识产权保护重点企业库，30家企业纳入梅州市知识产权重点保护企业库。

2017年开展第五批“正版正货”承诺活动，授予34家企业和商家2017年梅州市“正版正货”称号。至2017年年底，全市已有96家企业和商家获得“正版正货”称号。

知识产权管理　2017年，做实专利技术孵化园区，制订了园区规划建设运营方案。2017年10月，梅县区成立了国有全资的梅州智创专利技术孵化园有限公司，负责园区的建设和运营管理。

2017年，梅州市制订了考评方案，充分调动各县（市、区）知识产权局的工作积极性，提升了县域的创新能力和执法保护能力。梅县区作为国家知识产权强县工程试点区，于2017年高分通过了考核验收。落实创新专利资助管理办法，引导各县（市、区）加大对专利申请的扶持力度。全市于2017年共办理专利资助759件，资助金额100.8万元。

【科普工作】　2017年全市电视台、电台播出科普节目约2 450小时；开展科普活动79次，参与人数6.77万人次；举办各类实用技术培训711次。至2017年年底，全市共有科普专职人员555人。

科普设施建设　至2017年年底，已建成省级科普（技）教育基地7个，国家级科普（技）教育基地1个，科学技术馆3个，科普画廊257个，农村科普活动场地1 092个，年度科普经费使用额1 682.61万元。

科普活动　5月5日，梅州市科技局在梅县区人民广场举办以“自主创新　科技惠民”为主题的大型科技集市活动，开展提升梅州自主创新能力、营造创新创业环境、科技惠及民生等系列活动。在内容和形式上，围绕主题，结合当前科技发展热点以及广大群众的现实需求，为广大人民群众解决生产、生活中的科技难题提供咨询服务，免费发放科普宣传资料和科技资源。

（卓翠娟）

惠州市

【概况】　2017年，惠州市紧紧围绕建设绿色化现代山水城市和国家创新型城市的奋斗目标，出台加快建设国家创新型城市的实施意见，广泛集聚国内外创新资源，营造良好的创新环境，打造更具创新特质的智造高地，创新发展水平不断提升，创新对经济发展的引领和对项目的推动能力不断增强。9月，省创新办公布了珠三角9市2016年度创新驱动发展考核结果，惠州市得分87.1分，排名全省第6位。

【科技政策环境营造】　2017年，出台《中共惠州市委　惠州市人民政府关于加快建设国家创新型城市的实施意见》，提出了建成国家创新型城市的目标，部署了扎实做好加快建设国家创新型城市的重点工作，启动创新平台构建、创新要素集聚、创新企业培育、创新成果转化、创新政策改革、创新人才激励、创新服务完善、创新动能激发、科技创新惠民、创新环境优化十大工程，绘制了建设国家创新型城市的时间表和路线图。编制未来5年（2016—2020年）科技发展总纲要，印发了《惠州市科学技术发展“十三五”规划（2016—2020年）》，这是全市加快科技发展指导性和纲领性文件。为充分发挥知识产权对经济社会发展的支撑作用，确保国家知识产权示范城市建设取得实效，出台了《惠州市高标准建设国家知识产权示范城市工作方案（2016—2019年）》。出台了《关于加快培育发展高新技术企业的实施意见》，培育发展高新技术企业。

【高新技术发展】　2017年，实施“高企培育行动计划”，通过宣传培训、孵化育成体系建设、专利布局、科技金融、专业化服务、落实税收优惠、发展科技服务业等综合性措施，全方位多元化扶持惠州市高新技术企业持续健康发展。拨付了2016年两批省高新技术企业培育库入库企业9 996.68万元省级奖补资金和2016年认定的高新技术企业和省级创新型企业2 525万元市级奖补资金。推荐两批共562家企业申报高新技术企业认定，全市新增高新技术企业328家，高新技术企业总量达794家，同比增长70.4%。组织了两批共708家企业申报省高新技术企业培育库入库，共受理670家，年底新增入库企业400家以上。

【科技创新体系建设】

孵化器体系　2017年，大力实施“科技企业孵化器倍增计划”，推进孵化育成体系建设，加快培育科技型企业，促进众创空间和孵化器迅速增量提质，实现了众创空间和孵化器县区全覆盖。加强众创空间和孵化器从业人员培训，与深圳市科技企业孵化器协会、长沙新技术创业服务中心举办了2期孵化器及众创空间管理人员培训班。落实孵化器奖补政策，全年下达孵化器扶持奖励资金590万元。仲恺高新区积极拓展异地孵化器，打造“全球孵化+仲恺加速”孵化育成模式，韵腾激光、极而峰工业等22家高科技企业进入仲恺加速器。全市建成众创空间28家、孵化器26家，其中国家级众创空间12家、孵化器5家，省级众创空间2家、孵化器6家，孵化面积100.47万m^2，在孵企业1 026家，当年毕业企业119家。

新型研发机构　2017年，围绕支柱产业和战略性新兴产业发展需求，以企业组建、联合高校和科研院所共建、引进高端人才团队共建等三种模式推进新型研发机构建设，惠州市新认定省级新型研发机构2家（惠州市广工大物联网协同创新研究院、惠州市三航无人机技术研究院），新认定市级新型研发机构5家（南方工程检测修复技术研究院、惠州市南方智能制造产业研究院、惠州中科新能源研究院、惠州仲恺高新区智能终端技术研究院、广东莱佛士制药技术有限公司），全市共认定新型研发机构15家，突破了惠州市高端创新资源较为匮乏的局面。

企业创新平台　2017年，充分发挥企业研发市场主体作用，推动工业企业普遍设立装备精良、管理科学、运行高效的研发机构，全市规模以上工业企业设立研发机构比例为40%以上，推动主营业务收入5亿元以上工业企业研发机构实现全覆盖。全市组建市级以上工程中心351家，其中国家级2家、省级152家；其中，新认定省级工程中心59家、市级70家。全市企业组建创新平台299家，其中省级141家、国家级12家。

【专业镇建设】　2017年，实施专业镇科技专项，加快传统产业的优化升级，新认定省级技术创新专业镇4家：博罗县石湾镇（电子信息专业镇）、博罗县湖镇镇（电子材料专业镇）、惠东县平海镇（滨海旅游专业镇）、惠东县吉隆镇（制鞋业专业镇）。全市专业镇达26家（含纳入管理1家），各专业镇积极建立中小微企业公共服务平台，为各镇中小微企业提供专业镇特色产业关键共性技术服务。

【科技人才队伍建设】　鼓励企业、科研机构、高校建立科技人员奖励制度，加大高端创新资源的对接转化，吸引了一批科技创新顶尖人才和团队落户惠州。2017年，与丁文江院士共建南方（惠州）轻合金材料研究院，新增邓中翰院士工作站。4月，组织推荐省“珠江人才计划”团队，夏佳文院士带领的离子治疗癌症肿瘤装置研发团队、王复明院士带领的工程安全与防护团队、杨一行带领的新型量子点显示技术团队成功入选，共获得研发经费扶持1.7亿元，所获资金额位居全省地级市第2名。

【科技金融】　2017年，惠州市财政共投入3.262亿元发展科技金融，建立了市级知识产权运营平台，全市知识产权质押融资风险补偿基金达到2 000万元，制定出台了《知识产权质押融资风险补偿基金管理办法》《专利权质押融资贴息项目操作规程》及配套文件，全市金融机构共向企业放出知识产权质押融资贷款17笔共计1.42亿元。全市上市高新技术企业10家，募资205亿元，金融机构向高新技术企业贷款余额118亿元。

【知识产权工作】　2017年，市委、市政府把知识产权战略纳入全市整体发展战略，大幅提高专项经费至1 700万元。获得十九届国家专利优秀奖6项。开展知识产权质押融资，确定4家合作银行，引入保险公司共担风险机制，为中小企业专利质押贷款提供风险损失补偿，缓解科技型企业融资难题，推动企业通过专利权质押获得19笔1.56亿元贷款，推动14家企业累计投保36件专利执行保险，为企业科技创新成果提供维权援助支持。38家企业通过知识产权“贯标”认证，新增国家知识产权优势企业2家，全市国家级优势和示范企业达9家、省级28家。市知识产权局荣获全国知识产权系统执法工作成绩突出集体称号。推动专利产出增量提质，全市专利申请量、发明专利申请量、发明专利获授权量分别为30 448件、8 184件、1 469件，有效发明专利量5 112件，PCT专利452件，万人发明专利拥有量达10.7件，超额完成省下达任务，专利申请和获授权继续保持良好的态势。举行惠南园企业集体“贯标”启动仪式，探索推行互联网+集体“贯标”新模式，推动93家企业启动了“贯标”，其中25家企业通过了认证审核。

【科技成果及奖励】　2017年，办理技术合同认定登记46项，合同总金额2.8亿元，其中技术交易额1.8亿元。组织申报2017年度市级科技计划项目50项，立项31项，支持资金310万元。组织2017年度结题验收省、市级科技计划项目325项，其中省级项目25项、没有经费支持的市级医疗卫生类项目237项、有经费支持的市级项目63项。2017年，全市获2016年度省科技奖5项。其中获得三等奖2项；参与获得二等奖2项、三等奖1项。

【防震减灾】　2017年，市地震局紧紧围绕防震减灾“预、防、救”三大体系工作，创建防震减灾示范城市。一是着力加强地震监（观）测工作。新建7座地震烈度速报台站。二是注重强化震灾预防体系建设，新认定6个省级地震安全示范社区并获得认定。三是不断完善地震应急体系，组织学校、社区等举行避震逃生和自救互救模拟演练。四是积极开展防震科普宣传，着力增强社会民众的防震减灾意识。

（刘传和）

汕尾市

【科技创新政策环境】 2017年，汕尾市制定出台了《汕尾市人民政府关于加快实施创新驱动发展战略的若干意见（试行）》《汕尾市实施创新驱动发展战略2017年工作要点》《汕尾市经营性领域技术入股改革实施方案》《汕尾市落实全国科技创新大会精神近期若干重点任务的实施方案》《汕尾市人民政府办公室关于印发汕尾市加快众创空间发展服务实体经济转型升级实施方案的通知》等文件，以配套性政策加快实施创新驱动发展战略。

【高新技术企业与产品】 汕尾市通过举办申报培训会，深入企业一线实地调研，分解指标任务到各县（市、区），出台政策奖励措施等方式方法，大力培育高新技术企业。2017年，汕尾市新增高新技术企业9家，比上一年高新技术企业数量增长75%，累计21家；新增省高新技术企业培育库入库企业10家，累计23家；新增获认定高新技术产品20个，累计37个。

【创新体系建设】 2017年，汕尾市积极推动企业与省内外高校、科研院所等以多元化、多样化、市场化和现代化的模式联合共建新型研发机构，认真做好广东省新型研发机构动态评估以及组织认定超过3年的省级新型研发机构进行动态评估。全年新增新型研发机构3家，累计11家，其中获认定省级新型研发机构4家。

2017年，汕尾市新增获认定省级工程技术研究中心5家，累计10家。2017年汕尾市新增获认定科技企业孵化器3家，累计5家，其中省级科技企业孵化器1家；新增获认定众创空间1家，累计4家，其中国家级备案众创空间1家，孵化总面积达9.7万m^2；新增获认定产业技术创新联盟1个，累计2个；新增市级研究开发中心36家，总数达到76家，其中主营业务收入5亿元以上工业企业有24家（剔除不适合建设研发机构企业5家），已建研发机构企业19家，实现主营业务收入5亿元以上工业企业研发机构全覆盖；主营业务收入1亿元以上工业企业有85家，已建研发机构企业有61家，占比72%。

【专业镇建设】 截至2017年年底，汕尾市共有省级专业镇8个。2017年，汕尾市省级专业镇共有规模以上企业131家，地区生产总值为318.05亿元，特色产业总产值206.48亿元，特色产业科技人员4 695人。

【科技项目管理】 2017年，汕尾市积极做好省级科技项目申报与实施工作，共申报本年度省级科技项目22项，完成验收13项。截至2017年年底，已立项4项，获经费440万元。其中，汕尾市金瑞丰生态农业有限公司联合中国科学院广州能源研究所、暨南大学、广东南方环保生物科技有限公司申报的“华南地区养殖粪污高值化利用关键技术研发与工程示范”应用型研发专项获省科技厅立项，获经费300万元。完成“汕尾高新区孵化育成体系建设”项目和2016年高新技术企业培育库入库企业及奖补项目计划下达工作，共计获得省财政资金410万元。

汕尾市积极组织2017年省级科技专项资金纵向协同管理省市联动项目申报工作，立项13项（专业镇协同创新中心建设1项、粤东西北区域创新项目7项、科技型中小企业技术创新项目5项），获资金360万元。

2017年，汕尾市坚持强化市级科技计划项目管理和验收，共批复验收2016年度市级科技计划（社会发展）项目验收申请27项，受理审核22个项目执行情况报告；受理2017年市级医疗卫生项目申报33项，立项26项；协助市委组织部做好2014—2017年省人才工作专项资金使用绩效现场评价工作，完成对汕尾市金瑞丰生态农业有限公司引进的规模养殖粪污高值化利用技术创新团队进行现场评价工作。

【产学研工作】

产业技术创新联盟建设　2017年，汕尾市积极推动汕尾市金瑞丰生态农业有限公司与华南农业大学动物科学学院、暨南大学、广东工业大学环境科学与工程学院等22家单位联合组建“广东省供港澳活猪产业技术创新联盟”，并获省科技厅认定。截至2017年年底，全市共有产业技术创新联盟2个。

企业研发机构建设　积极推动汕尾企业与省内外高校、科研院所等以多元化、多样化、市场化和现代化的模式联合共建新型研发机构。组织认定超过3年的省级新型研发机构进行动态评估。截至2017年年底，汕尾市新增新型研发机构3家，现有新型研发机构11家，其中省级新型研发机构4家。2017年，汕尾市新增省级工程技术研究中心5家，总数达到10家。

【科技成果及奖励】　2017年，汕尾市积极推进金瑞丰公司的“生态种养模式下清洁生产关键技术研究与应用”项目和五丰公司的“低值蛋白资源的深加工及高值化利用新技术研究与应用”项目完成成果登记，并上报省科技厅参加全省科学技术奖评审，其中五丰公司完成的项目“低值蛋白资源的深加工及高值化利用新技术研究与应用”获2017年度省科学技术奖三等奖。

【创新创业】　第六届中国创新创业大赛（广东—汕尾赛区）暨汕尾市首届“红海杯”创新创业大赛启动仪式于5月9日举行。

汕尾市两企业在第六届中国创新创业大赛广东赛区第五届“珠江天使杯”科技创新创业大赛新能源及节能环保行业决赛中，分别获生物医药及节能环保行业优胜奖。

在经过初赛、复赛选拔后，全市共有6家企业晋级广东省“珠江天使杯”科技创新创业大赛决赛，与全省500多家企业通过PPT项目陈述以及专家答辩形式同台竞争。代表汕尾市参赛的广东冠龙生物科技有限公司、汕尾市中兆发环保有限公司分获初创组生物医药及节能环保行业总决赛优胜奖。

【科普工作】

科技创新政策宣传　6月，省科技厅“重大创新政策法规巡回宣讲团”到汕尾市巡回宣讲科技创新政策，进一步推动重大创新政策法规落实落地，有效地推动市县两级科技管理部门牵头组织辖区内各有关单位开展科普统计工作顺利完成。

科普统计工作　市县两级科技管理部门牵头组织辖区内各有关单位开展科普统计工作，参与单位有：汕尾市科学技术协会、汕尾市教育局、汕尾市国土资源局、汕尾市农业局、汕尾市文广新局、汕尾市环保局、汕尾市林业局、汕尾市旅游局、汕尾市园林局、汕尾市气象局、汕尾市总工会、共青团汕尾市委员会、汕尾市妇联、汕尾市公安局、汕尾市卫生和计划生育局。

文化、科技、卫生三下乡　积极开展2017年“文化、科技、卫生三下乡”集中服务暨“科技进步活动月”活动。在活动现场，来自全市各行各业的专家、科技工作者100多人及当地群众1 000多人参加了活动。本次活动为广大人民群众提供了健康检查、送医送药、法律咨询和技术咨询等服务，还开展了推广先进适用技术，禁毒宣传、优生优育、低碳环保、防震减灾、知识产权保护等知识普及活动，派发各类农业实用科技资料8 000多份及新种子、新化肥、医药、卫生用品、学生作业本等生产生活物资和学习用品一大批。

【对外科技合作与交流】　围绕落实《深圳市、东莞市、惠州市、汕尾市、河源市共建区域创新体系合作协议》的有关共建事项，五市科技部门从区域创新体系建设实际出发，明确了重点共建事项：构建知识产权联合保护机制，构建推进科技服务业合作机制，构建科技人才培训、技术交流机制，构建省级重大科技专项联合申报机制。五市科技部门按协议时间，逐步有序推进各项合作事项。

【知识产权工作】

知识产权管理与服务 为进一步鼓励创新，加强大众专利保护意识，推动汕尾市产业转型升级和提升企业核心竞争力，2017年5月18日，汕尾市人民政府办公室印发了《汕尾市人民政府办公室关于印发〈汕尾市专利促进工作实施办法〉的通知》，进一步规范专利申请资助工作。2017年，汕尾市索思电子封装材料有限公司成为首家通过贯标认证的企业。

知识产权创造与运用 2017年，汕尾市专利申请量2 407件，同比增长121.44%，其中发明605件、实用新型1 149件、外观653件；获专利授权量903件，同比增长40.87%，其中发明26件、实用新型465件、外观412件。PCT专利申请量7件。

知识产权保护与宣传 4月25日，汕尾市知识产权局联合市工商局、市公安局、市文广新局、汕尾海关和城区科技文体局在汕尾市城区开展知识产权联合执法行动。执法行动重点对大型超市、百货商场、药店经营与使用的日常用品、食品、药品、烟酒进行检查，查处侵犯知识产权和制售假冒伪劣商品行为，查获涉嫌假冒专利产品案件2宗。4月26日，汕尾市知识产权局联合市工商局、市文广新局、汕尾海关、城区科技文体局，开展主题为“创新创造改变生活，知识产权竞争未来”的“4·26”世界知识产权日宣传咨询活动。

4月13日，汕尾市工商局举办全市工商（市场监管）系统商标品牌战略培训班。5月25日，汕尾市知识产权局在海丰县举办“汕尾市贯标与专利申请保护培训班”。

【防震减灾】

地震监测预报 加强地震基础设施平台建设与运用。截至2017年年底，汕尾市地震局已完成国家级24个地震烈度站和11个预警信息接收终端选址工作；积极推进并完成省将在汕尾市建设的汕尾海岛综合观测台站选址工作；完成省级13个地震预警信息接收终端选点工作；推进汕尾红海湾张静中学强震台建设；利用GPS基准站和数字前兆台站观测资料，提出地震趋势年度研判意见，积极参与全省和粤东闽南联防区地震趋势会商活动。

汕尾数字测震台于2001年建成使用，对监测粤东与周边地震发挥了重要作用。为进一步提高数字测震台测震定位和数据应用的能力，8月18日，汕尾市地震局协助省地震局台网中心技术人员对汕尾数字测震台的监测设备进行了改造升级，新安装的设备是目前国内测震设备中最先进的装备。这次汕尾数字测震台的改造升级将大大提升台站监测的稳定性，有力地保障了汕尾数字测震台的高质量、高效率运行。

地震灾害预防及抗震设防管理 为4个单位的一般工程项目提供抗震设防参考依据；开展城市地震灾害风险点危险源排查整治专项行动；完成安全生产大检查工作；协助中国地震局开展汕尾区域流动重力观测点建设和典型建筑物调研工作。

地震应急救援 加强组织领导，调整市防震抗震救灾工作领导小组成员；建立市突发事件预警信息（地震）发布管理系统；督促各县（市、区）修订地震应急预案，加强地震应急指挥中心平台日常维护，切实保证地震应急救援工作高效有序。

地震科普 2017年，汕尾市地震局推进陆丰核电站展厅申报省级防震减灾科普教育基地工作，在推动科普平台建设的基础上大力开展防灾减灾科普活动，在“5·12”防灾减灾日活动期间，开展“5·12”期间防震减灾系列宣传活动，组织在学校开展地震应急避险模拟演练以及举办防震减灾系列知识讲座，着力提高群众地震自救意识与能力。

（蔡一妍）

东莞市

【概况】 2017年，东莞市以省创新驱动“八大举措”为指挥棒，大力实施创新驱动发展战略，主动参与广深科技创新走廊建设，全力打造创新驱动发展升级版，以科技创新支撑引领全市经济社会发展和产业转型升级，努力在全省建设国家科技产业创新中心战略部署中走在前列。是年，东莞市被评为2016年度国家知识产权示范城市工作先进集体，这已是东莞市连续第3年获此殊荣；连续第2年在全省创新驱动考核中仅次于广深，位居第3位；成为全省首批普惠性科技金融试点城市、首批科技计划中后期监理和验收工作省市协同改革试点城市；东莞市科技局首次被科技部评选为全国科技管理系统先进集体。全市2017年R&D经费总量达188.14亿元，同比增长14.14%；占GDP比重达2.48%，连续两年在全省排名第3。

【创新环境优化】 重点打造创新驱动发展升级版，制定了《关于打造创新驱动发展升级版的行动计划》，围绕“一廊”“两轴”“三带”总体思路，积极对接广东省科技创新走廊建设，实施“科技创新平台‘支撑计划’”等十大行动计划，全面提升科技创新对产业升级的支撑力。3月14日，高规格召开全市创新发展大会，深入贯彻全省创新发展大会精神，全面部署区域创新驱动发展工作。10月12日，召开全市推进广深科技创新走廊建设工作动员暨系列重大科技创新项目及规划发布会议，介绍广深科技创新走廊东莞段规划情况，解读“创新驱动发展升级版”计划，启动广深高速创新资源带建设，发布中子科学城概念规划，拉开了东莞新一轮创新驱动发展大幕。进一步加强基层创新驱动机构建设，推动大多数镇街成立创新驱动发展领导小组，鼓励长安、大朗、茶山等10个镇街独立设置或筹划独立设置创新办。

【创新主体培育】

高新技术企业培育　2017年，东莞市认定通过高新技术企业（简称“高企”）2 335家，全市高企数量达到4 058家，高企总数稳居全省地级市第1；高新技术培育入库企业通过1 312家，累计入库企业数达3 315家，均位居全省地级市第1。拨付2016年获认定的高企奖励资金3.59亿元，以及省级高企培育专项资金3.6亿元。召开高企培育发展工作联系会议，加强部门与高企的沟通协调，推进解决高企培育发展工作中存在的问题和困难。落实高企所得税减免优惠政策及企业研发费用加计扣除政策，2017年共为1 495家高企办理2016年度高企优惠及其他税收优惠，减免税额约28.03亿元，同比增长50.4%；为1 230家企业办理研发费加计扣除87.51亿元，对应减免税款21.87亿元，同比增长60.5%。

重点企业规模效益“倍增计划”推进　东莞市科技局建立局领导挂点定期联系倍增试点企业的工作机制，每季度开展一次面向倍增企业的实地走访或座谈，了解企业经营发展情况，推动解决企业的问题诉求；梳理倍增支持政策清单，将企业研发补助、创新券、专利贯标、专利资助、研发机构建设、高企奖励等扶持政策列入“倍增计划试点企业产业政策倍增扶持资助目录”。加快拨付倍增企业奖励资金，已向“倍增计划”试点企业拨付10 560.846万元，发放创新券976张。安排专人跟进企业在倍增服务平台线上平台提出的诉求，推动解决涉及倍增企业的43项问题诉求。成功举办“倍增计划”试点企业集约化发展创新驱动主题现场分享会，邀请OPPO、众生药业、广东华中科技大学工业技术研究院、深圳商弈投资管理有限公司等企业和机构现身说法，介绍开展和服务科技创新的心得经验。

【新型研发机构建设】 积极筹建首批4家广东省实验室之一的东莞材料科学与技术广东省实验室，以及东莞先进光纤技术研究院、东莞材料基因高等理工研究院等，全市共拥有省级新型研发机构25家。积极开展中国科学院工程热物理研究所东莞新能源研究院、东莞高能前沿技术应用产业创新中心、暨南大学研究院二期等研究院的引进、组建、扩建等相关工作。组织开展规模以上工业企业自建研发机构备案，全市新增备案机构1 340家次，累计受理并审核备案建有研发机构的规模以上工业企业共2 696家。2017年全市126家企业申报省级工程技术研究中心，其中109家获得认定，为省认定数量历史最高年度。

【科技企业孵化器建设】 全市拥有科技企业孵化器98家，其中国家级15家、省级32家，孵化面积达168.7万m^2，在孵企业2 880多家，累计毕业企业约1 000家。众创空间60个，其中，经认定的国家级19个、省级29个。国家级孵化器培育单位32家，国家级孵化器培育单位数量跃居全省地级市第1。完成2017年科技企业孵化器资助工作，组织受理2018年科技企业孵化器资助申请。寮步镇和南城街道分别被认定为省技术创新专业镇（智能制造）和省技术创新专业镇（金融服务），全市累计认定省级技术创新专业镇达36个（有5个镇分别被认定了2个特色产业的省级技术创新专业镇），已覆盖了全市31个镇街。

【“双创工作”】

联合培优行动 推进莞港澳台“联合培优”行动计划，积极建设东莞市科技创业学院，第一期实验班顺利开班，创业学院出资方及出资额已最终确认。落实联合培优政策，天安数码城和常平科技园已申报莞港澳台科技创新创业联合培优示范基地认定，并有49位港澳台籍人士被认定为港澳台科技创新创业人才。

示范镇街建设 组织科技四众平台认定和推进示范镇街建设，认定9家市级众创空间，新增莞城街道为广东省“互联网+创新创业”示范镇，制定了“互联网+创新创业”示范镇资金专项实施方案，组织申报省纵向协同管理省市联动项目（“互联网+创新创业”示范镇）。

名校研究生院培育 成立了市名校研究生院筹建办公室，获市编委批准在东莞市电子计算中心加挂东莞市名校研究生培育发展中心的牌子并招聘了10名专职工作人员。中心先后与复旦大学、华中科技大学等21家高校，北京大学东莞光电研究院、东莞深圳清华大学研究院创新中心等16家新型研发机构签订了《研究生联合培养意向书》，推动44所高校的342名研究生报名来莞实践，已报到研究生273人。

2017年赢在东莞科技创新创业大赛 6月5日，赢在东莞科技创新创业大赛首次增设深圳赛区和美国赛区。自6月份启动以来，吸引476个项目参赛，其中深圳赛区和美国赛区成功吸引110多个项目参赛。累计在东莞市内的松山湖、厚街、长安、寮步和东莞职业技术学院，以及深圳和美国等地共举办10场决赛路演，吸引2 500多人次前往观赛。经过初赛评审、复赛答辩和决赛路演等层层筛选，最终评审出77个获奖项目，奖励资金1 253万元。

【科技项目立项与实施】 全市获2017年省科技发展专项资金12.73亿元，同比增长79.8%。在2017年度广东省企业研究开发省级财政补助项目中，东莞市有1 117家企业获得总额约6.2亿元的财政资助，连续3年居全省地级市首位；2017年，东莞市有5个项目获省应用型科技研发专项立项资助3 000万元，立项数量和金额均位居全省地级市第1。组织企事业单位申报2017年度市科技计划项目715项（不含专利类项目），立项数464项。

重点产业核心技术攻关工作顺利推进，组织实施市重大科技项目，完成2016年市重大科技项目合同书签订工作，对2014年、2015年市重大科技项目拨付第二期市财政资助资金，启动2017年市重大科技项目申报受理工作；制定《东莞市重点产业核心技术攻关目录》，明确未来3年该市核心技术攻关方向主要集中于智能制造和高端装备、以移动互联与器件为核心的高端新型电子信息、云计算与大数据、新能源汽车、新材料、生物医药共6个技术领域；结合东莞的产业规划方向和产业发展实际，研究制定了《东莞市核心技术攻关“攀登计划”实施方案（2017—2020年）》并上报市政府。

落实2016年度广东省企业研发省级财政补助项目，为全市553家企业拨付约4.2亿元，受惠企业数量和补助资金规模在省内各地级市中均排名第1。

【创新科研团队引进】 2017年，东莞市共有5个团队获得省第六批创新科研团队项目立项，获省财政立项资助8 000万元。截至2017年年底，累计引进省市创新科研团队58个、创新创业领军人才55个，其中省创新科研团队数31个，稳居全省地级市第1。

【科技金融结合】 扎实开展普惠性科技金融试点工作，截至2017年10月底，全市累计投放普惠性科技金融贷款487笔，投放贷款金额7.13亿元；分批向18家签约银行推荐符合条件纳入信贷支持计划的重点企业合计1 692家，支持和鼓励合作银行对推荐企业发放信用贷款，全年为科技企业发放贷款预计达500亿元。全市专利权质押融资总金额达65亿元，占全省专利质押融资总额的48%，其中，广东东阳光药业有限公司以18件发明专利作为部分出质物，获得32.23亿元贷款，创广东省单笔专利权质押融资金额历史新高。

优化科技金融服务体系 组织全市科技金融专员举办科技金融专员培训班，通过理论学习及实地参观，增强队伍素质，提升业务能力；从省科技厅本年度划拨到东莞市的省科技发展专项资金中安排200万元，重点支持相关科技金融工作站和科技金融服务机构开展人才队伍建设及业务培训、科技金融数据库搭建、科技金融服务活动开展等，大力推动科技金融服务体系建设。新建14个科技金融工作站，总量达47个，逐步完善了市、镇（街道）、园区联动的科技金融公共服务体系。

扩大科技金融的规模体量 高效运作创新创业种子基金，引导民间资本投资市内注册的种子期、初创期等创业早期科技型中小微企业，投资企业9家，投资额达1 044万元，引导受托管理机构投入522万元。大力发展科技保险，降低科技企业开展科技创新的风险，2017年共推动94家企业参与投保，保额达164.6亿元，保费共计828.57万元，发放保费补贴共计274.35万元。深入开展专利权质押融资，其中广东东阳光药业有限公司以18件发明专利作为部分出质物获得32.23亿元贷款。推动专利金融工作，举办了“科技金融合作银行”工作座谈会、专利质押融资和专利保险项目对接会，促成建设银行、浦发银行创新专利质押融资业务新模式，推出“科技信用+专利质押”融资新产品。积极推荐申报上市后备企业，帮助企业利用多层次资本市场挂牌融资，共推荐7家科技型企业成功通过复审，认定为东莞市上市后备企业。

【科技合作】 积极推动东莞市中俄国际高技术转移中心项目建设，在东莞及莫斯科分别设置了专门的办公场所，搭建了项目对接平台，促成多个中俄项目对接。促进中俄学术交流与人才引进，与东莞理工学院合作在俄罗斯莫斯科成立“东莞理工学院俄罗斯交流中心”，合作开展海外高层次人才引进、科技项目引进和科研成果孵化工作。积极开展项目推介活动，邀请俄罗斯来莞举办“俄罗斯新西伯利亚州高科技项目推介会”。组织前往德国、比利时、瑞士三国开展生物医药大健康产业交流合作活动。组团前往俄罗斯、波兰开展国际科技交流合作活动，学习莫斯科、华沙开展国际科技交流合作及科研运营管理的先进经验。组织赴澳门参加莞澳人才联合培优论坛及有关交流活动，推动了东莞市与澳门高校在联合培养研究生方面的合作。

【知识产权强市创建】 2017年，全市专利申请量和获授权量分别为81 275件和45 204件，分别同比增长56.92%和58.28%，均位居全省第3位。其中，发明专利申请量和获授权量分别为20 402件和4 969件，分别同比增长30.92%和34.95%，分别位居全省第4位和第3位。PCT国际专利申请量为1 829件，同比增长108.79%，位居全省第3位。截至2017年12月，全市国内有效发明专利量为17 087件，位居全省第3位。2017年，东莞市获得第十九届中国专利优秀奖6项；第四届广东专利奖9项，其中金奖1项。

知识产权运用促进工程　开展新一代通讯技术专利导航项目，立项3个专利微导航项目。推动市知识产权交易服务中心组建线下运营团队，市知识产权交易服务中心已完成知识产权交易系统开发和验收，全年经服务中心交易的合同金额达到1 319.9万元，实现151项专利技术的成功对接，并整合科技成果信息2.9万条，专家2 972名，高校院所250所。发布东莞市工业机器人产业专利导航成果，成立了东莞市机器人和智能装备产业专利联盟。

知识产权质量提升工程　举办了10期知识产权专业人才培训班，1 900多人参加；已经完成两批专利资助项目；认定了25家2017年度专利优势企业；企业贯彻《企业知识产权管理规范》国家标准数量达到367家。

知识产权发展环境优化工程　举办“走进科技载体、服务创新创业”、粤港知识产权与中小企业发展（东莞）研讨会等各类宣讲活动60场，4 500多人参加；在《中国知识产权报》和《东莞日报》宣传市知识产权工作成效和获得市专利金奖的项目。

知识产权大保护工程　成功在松山湖挂牌广州知识产权法院东莞诉讼服务处，东莞市知识产权局2017年共处理各类案件222宗，同比增长101.81%，其中立案专利侵权纠纷案件88宗、假冒专利案件30宗、展会专利侵权纠纷案件104宗。建立重点企业知识产权保护直通车制度，认定知识产权保护重点企业136家，其中9家被省认定为“省知识产权保护重点企业”；认定5家“东莞市知识产权保护重点市场”。新增3个知识产权维权援助中心工作站，签署了《电子商务领域知识产权执法维权合作协议》，开启电子商务专利行政执法模式。设立家具行业专利纠纷调解处、第三代半导体产业专利联盟、东莞市机器人和智能装备产业专利联盟等组织，协调解决行业内部发生的知识产权纠纷，增强应对国际知识产权纠纷与诉讼的整体保护能力。

【民生科技】　出台了《东莞市国家可持续发展实验区建设工作方案（2016—2018）》和《东莞市国家可持续发展实验区领导小组工作制度》，切实推动东莞市国家可持续发展实验区建设各项工作。发动企业申报省级以上社会科技发展类项目，协助多家企事业单位注册广东省自然科学基金依托单位，获2017年广东省自然科学基金项目立项24项、资助360万元，获2017年广东省公益研究与能力建设专项资金（农村领域、社会发展）项目6项、资助75万元，获2017年广东省自筹经费类科技计划项目立项5项。组织实施市级社会科技发展项目，全年重点项目立项48项、资助905.9万元，一般项目立项416项，其中医疗卫生单位项目363项，高等院校、科研机构单位项目53项。

（王少波）

中山市

【概况】 2017年，中山市获认定的国家高新技术企业数量连续3年翻番增长，2017年总量预计达1 724家，较2014年增长687%，增速居全省第1；高新技术产品获认定通过4 883件，连续两年保持3倍增长速度。全年新增2家国家级和2家省级科技企业孵化器，新增4家国家级和3家省级众创空间，新增省级国际众创空间2家，新增中山创客·众创空间1家，市级以上科技企业孵化器和众创空间累计达59家，其中国家和省级28家。中山快速维权经验获世界知识产权组织列入我国首个典型案例进行研究。专利质押融资“中山模式”获国家知识产权局肯定并推广。中山市成为全国中小企业知识产权战略推进工程试点城市。广州知识产权法院中山诉讼服务处实现功能升级，开展全国首场专利侵权纠纷远程数字庭审。

【政府科技投入】 2017年，中山市地方财政科技投入29.1亿元，市级科技财政专项资金增至5.13亿元，包括安排科技发展专项资金4.36亿元；安排科学技术事业发展专项资金1 500万元；安排科技统计规范化建设工作经费200万元；安排广东省科学院技术转移专项经费1 000万元；安排人才发展专项资金2 500万元；安排知识产权专项资金2 500万元。

【科技政策法规】 2017年，中山市坚持向创新要动力、要活力、要潜力，全年共出台和修订科技创新政策21项，以国家自主创新示范区建设为核心，以集聚创新创业人才政策、建设创新型城市、知识产权示范城市、专项资金管理办法、科技创新平台建设、知识产权保护、新型研发机构、科技信贷风险准备金、科研项目资金管理等政策为具体内容，形成了惠及企事业单位、平台和个人，覆盖企业发展全生命周期创新需求的科技扶持政策体系。加强顶层设计，制定《中山国家自主创新示范区发展规划纲要（2016—2025年）》《中山市加快推进大众创业万众创新实施方案》《关于进一步促进科技成果转移转化的实施意见》《关于进一步完善市级财政科研项目资金管理等政策的实施方案（试行）》《中山市加强知识产权保护工作方案》《中山市科技创新平台体系建设实施方案》。

加强督查考核，印发《中山市创新发展2017年工作要点》《中山市各镇区创新驱动发展工作任务评价监测实施办法》《2017年各镇区创新驱动发展工作任务评价监测指标体系》和《广东省创新驱动发展“八大举措”监测　创新驱动发展工作考核指标管理手册（2014—2017年）》，将创新驱动和自创区建设各项工作任务分解到各部门、各镇区，全市上下共同抓创新。

2017年，市科技局加大科技创新券的发放力度，有631家企业领取创新券1 596张，总额度为8 004万元。开展2批次的科技创新券兑现工作，兑现创新券352张、金额2 674.44万元。创新券政策实施3年来，共发放了科技创新券2 637张，金额1.44亿元，累计有1 207家企业领取，是广东省创新券业务开展最早最有成效的地市之一。3年共开展了8批兑现工作，成功兑现科技创新券955张，兑现资金6 091.71万元，资金兑现率为42.3%，直接带动企业投入研发费3.81亿元，达到预期效果。

【科技服务管理】 2017年，中山市科技局持续加强中山市科技创新管理一体化系统建设，完成功能模块28个、申报项目5 270项、完成专家评审132次，全过程留痕管理不断增强。首次引进第三方专业会计审计机构，对112个在研市级重大科技项目和51个在研市级重大社会公益科技项目开展中期检查，梳理问题形成报告，要求项目承担单位限期整改。加强科技诚信管理，年内发出《信用评级告知书》74份，将55个单位、78名个人列入失信名单，进一步防范资金使用风险。

开展市科技奖励评审和省科技奖励推荐，受理市科学技术奖申报262项，评审产生市科技进步奖97项、专利奖28项、新型研发机构优秀奖3家。申报省科学技术奖励科技成果59项，创历史申报数量之最，全市拟奖励单位7个，其中二等奖1个、三等奖6个。

加强行政审批窗口服务，全年共受理业务15 604项，增长138.7%，服务企业和个人超10 000次。技术合同认定及技术产权交易稳步推进，共办理技术合同认定登记114项次，合同交易总额超1.0 936亿元，技术交易额为1.0 751亿元。

【科技企业培育】 2017年，中山市积极推进高新技术企业树标提质，全市高新技术企业发展呈现高速度增长、高质量发展的“双高”态势。全年两批次推荐1 395家企业申报高新技术企业，增长125%，评审通过946家，高新技术企业数量预计达1 724家，认定数量连续3年翻番增长。推荐申报省级高新技术企业培育库企业1 674家，增长176.7%，第一批公示通过333家。推荐申报省级高新技术产品5 450件，认定通过4 883件，连续两年保持3倍的增长速度。

落实高新技术企业人才入户入学积分工作，全年为符合条件的116家高新技术企业的305人加分，合计加分5 315分。制定推动高新技术企业“树标提质”若干措施，新增对纳入省高新技术企业培育库企业、搬迁至中山市的高新技术企业（含培育入库）、首次上规高新技术企业的财政扶持，加大对高新技术企业科技贷款贴息、科技创新券、知识产权贯标认证的扶持力度，推动全市高新技术企业上规模上水平。

【技术创新平台】 2017年，中山市大胆创新，探索建立形式多样、机制灵活的新型研发机构发展模式，全力打造新型创新载体。新增省级新型研发机构2家、市级新型研发机构10家，市级以上新型研发机构累计57家，其中省级11家。成功引进以中国科学院大学、中国科学院近代物理所等高端创新资源，共建国科大创新中心（中山），国科离子医疗中山产业基地也在加紧推进。

中山工业技术研究院加快推动合作高校建设高端研发平台，新建了光纤传感器、第三代半导体、电子信息与检测、智能制造数字化、网络与智能信息5个平台，落户工研院的平台2017年服务企业797家，开展各类合作项目67项，合同金额1.36亿元，研发新产品39种，申请发明专利49件。工研院孵化面积3万m^2，成功创建国家级科技企业孵化器，新增入孵企业24家、累计入孵企业85家。工研院工作的优异成绩获得上级部门的高度肯定，荣膺“全国科技管理系统先进集体”称号。

新增省级工程技术研究中心96家、市级135家，累计省级264家、市级678家。新增认定市级协同创新中心11家，累计达27家；在智慧可见光和智能制造研究评价领域新增2个省部产业技术创新联盟，全市创新联盟数量增至12个。中山日用电器特色产业基地、中山古镇照明器材设计与制造特色产业基地、中山阜沙精细化工特色产业基地3家国家火炬特色产业基地顺利通过科技部火炬中心组织的复核。推荐小榄镇申报国家半导体智能照明创新型产业集群建设试点、推荐翠亨新区申报国家精密智能装备创新型产业集群试点。市生产力促进中心迁入中山职业技术学院创新楼办公，全市科技服务集聚基地正式运作，已引进科技服务机构7家，服务企业超1 000家，特别是引进国内技术专利与科技服务交易领军企业（厦门科易网科技有限公司）建设“中山市技术转移和知识产权交易协同创新中心”，为企业提供技术转移、知识产权、科技金融等技术创新服务。全年办理技术合同登记118份，技术交易额10 902万元，增长36.77%。

【科技企业孵化器】 2017年，中山市孵化育成体系建设进一步完善，提质增效速度加快。全年新增2家国家级和2家省级科技企业孵化器，新增4家国家级和3家省级众创空间，新增省级国际众创空间2家，新增中山创客·众创空间1家，市级以上科技企业孵化器和众创空间累计达59家，其中国家和省级28家。

出台《中山市加快推进大众创业万众创新实施方案》，大力推进双创工作，火炬区获批国家双创示范基地、翠亨新区被纳入省级双创示范基地。编制《中山孵化器手册》，宣传推介中山市孵化器建设绩效。

国际孵化器建设取得突破性进展，引进以色列魏茨曼研究所、美国加州大学伯克利分校等全球顶尖创新资源，组建中以（中山）科技创新中心、签订美国加州大学伯克利分校天文台加速器合作协议。在国内首次引进以色列孵化培训体系，举办"以色列国际孵化器管理精英课程第一期培训班"，并组织中山优秀孵化器负责人赴以色列学习最先进的孵化器运营体系。全省首次开展国际众创空间认定，中山市占了2/3，分别是中以（中山）科技创新中心、广东逸仙科技企业孵化器。

【科技人才队伍】　2017年，中山市科技局贯彻落实市人才新政"18条"政策精神，深入挖掘全市创新创业团队资源，加强高层次科技人才队伍建设。2017年度新增省级创新创业科研团队1个；12个市级创新创业科研团队项目通过专家评审，4个"广东特支计划"科技创业领军人才入围答辩。

【科技金融结合】　2017年，中山市科技金融专项资金投资750万元参股点亮基金，是中山市第一支天使类投资基金。全市共设立科技创新创业投资基金5支，总规模12.2亿元，累计投资项目35个，其中投资中山项目17个。出台《中山市科技信贷风险准备金管理办法》，修订《中山市科技金融专项资金使用办法》。市级科技信贷风险准备金池扩大到2.5亿元，合作银行达10家，科技信贷入池企业693家，2017年审批贷款金额48.99亿元，实际贷款22.57亿元。18家企业获得2017年科技贷款贴息支持239.9万元。探索形成"银行+保险+风险补偿基金+评估机构"的专利质押融资风险共担"中山模式"，获得国家知识产权局肯定和推广，并列入广东省2017年知识产权工作要点，341家企业入池，23家企业获得专利质押贷款5 850万元，合作银行的专利质押数322件与佛山南海并列全国第1。大力发展科技保险，全市累计参保企业258家，保费1 918万元，保险金额315.96亿元，惠及企业高管和关键研发人员3 099人。62家企业获得2017年科技保险补贴358.09万元。

【创新创业大赛】　2017年，中山市继续举办中国创新创业大赛广东·中山赛区暨中山市科技创新创业大赛，创新宣传策略，将全中基金、建设银行、中山报业等纳入大赛协办单位，加强项目与市科技创新创业投资基金等金融机构的对接。全市参赛企业共309家，数量连续两年在广东赛区排名第2，获得国家、省、市三级赛事奖项73项，其中中山迈雷特智能装备有限公司荣获省决赛一等奖，实现中山市省赛一等奖零的突破。17家获奖企业获得股权投资或银行投资。

【知识产权工作】　2017年，中山市优化知识产权宏观管理机制，修订《中山市知识产权专项资金使用办法》，支持企业通过PCT途径申请国际专利，支持高新技术企业建立符合创新发展的知识产权管理制度。

专利工作　全年专利申请量和获授权量分别达到42 168件和27 444件，增长32.11%、24.05%，其中发明专利申请量和获授权量分别达到7 808件和1 493件，增长21.49%、23.7%，有效发明专利拥有量5 586件，PCT专利申请量172件，同比增长12%。荣获中国专利优秀奖7项、中国外观设计优秀奖1项。新增54家具有自主创新能力的企业通过了国家贯标认证。创新专利质押融资模式，设立总规模达4 000万元的知识产权质押融资贷款风险补偿资金，创新引入专利贷款保证保险，建立"政府+保险+银行+评估公司"共担风险的专利质押融资"中山模式"，撬动合作银行为企业提供不少于4亿元的知识产权质押融资贷款，推动知识产权、金融与产业发展有效融合。印发《中山市知识产权质押融资风险补偿资金管理方案》保障风险补偿资金规范使用。专利质押融资"中山模式"获国家知识产权局肯定并推广。

知识产权保护　2017年，中山市专利侵权纠纷案件立案784宗，数量全省第1，增长34%，查处假冒专利案件29宗，增长70.5%。实施严格的知识产权保护制度，建立全市重点企业知识产权保护直通车制度，修订或制定行政处罚自由裁量量化标准、重大行政执法决定法制审核目录等知识产权保护制度建设相关文件10项，进一步规范行政执法行为。积极推广古镇灯饰产业知识产权快速维权中心建设经验，市工业品外观设计保护被世界知识产权组织列为在中国的第一个知识产权保护典型案例进行研究。中山市成为全国中小企业知识产权战略推进工程试点城市。广州知识产权法院中山诉讼服务处提级优化，设立全国首个远程立案、庭审、调解诉讼服务平台，开展全国首场专利侵权纠纷远程数字庭审，实现了知识产权行政保护与司法保护有效衔接。全年移送诉讼证据290件、立案100宗，举办知识产权保护宣传法制培训10多场，有效提升中山诉讼服务处的影响力。

【高新技术产业】 2017年，中山市高技术产业发展加快，高技术制造业增加值210.17亿元，增长11.2%，占规模以上工业增加值比重为18.5%。先进制造业增加值506.32亿元，增长3.2%，占规模以上工业增加值比重为44.6%，其中装备制造业增加值385.62亿元，增长8.3%；制造业竞争力提升，集中优质资源发展工业机器人、高档数控机床、智能光电加工装备等工作母机制造业，工作母机入库企业增至468家。

启用中国航空工业集团中航联创（中山）创新中心。6月15日，中山火炬高技术产业开发区获国务院批准建设国家双创区域示范基地。12月29日，中山市翠亨新区获省发展改革委批准建设省级双创示范基地。

健康医药产业实现产值544.2亿元，比上年增长10.2%。其中产值超10亿元以上的医药企业8家，上市公司11家，有九州通医药集团股份有限公司、山德士（中国）制药有限公司、完美（中国）有限公司、中山市中智药业集团有限公司等一批健康医药产业行业龙头企业。拥有国家健康基地、华南现代中医药城、中德（中山）生物医药产业园、翠亨医疗器械科技园等多个产业发展平台，形成以生物制药、医疗器械、医疗信息为主导产业，保健食品、化妆品、健康服务业协同发展的产业集群格局。年内，中山市谋划创建国家生物医药科技创新区。

【农业科技】 2017年，中山市加快农业科技创新，支持单位、企业与高等院校、科研院所共建农业科技创新研究开发中心。4月13日，坦洲镇农业服务中心与广东省农业科学院共建坦洲特色水果研究工作站。8月，市农业科技推广中心被省农业厅评为省级现代农业（中山）科技成果转化中心基地，中山市华盟农业科技有限公司的现代农业（中山协同创新应用）研究院获评为省级现代农业新型研究开发机构。市农产品质量监督检验所“土壤中典型持久性有机污染物检测新方法及防控技术研究”项目获中山市科技进步奖二等奖。

实施科普惠农兴村计划，评审申报2017年度“科普惠农兴村计划”项目的农村专业技术协会、农村科普示范基地及农村科普带头人，授予中山市顺迎蔬菜水果专业合作社“科普惠农先进集体”称号，奖励补助款5万元。

【科技宣传与科普工作】 2017年，中山市开展科普“三下乡”（指文化、科技、卫生）活动130场次，开展科普教育“进社区、进学校、进农村、进企业”、科普进“修身学堂”等特色科普进基层宣传活动。组织100名专家组成科普讲师团，编印科普讲座提纲15个类别共50项主题，由基层单位和群众按需点单，提供“菜单式”科普服务。以举办图片展览、专家授课、咨询解答等形式在镇区基层开展主题科普教育活动200场。

开展青少年科技教育和科技创新活动，举办主题为“创新 体验 快乐 成长”的2017年中山市青少年科普活动周活动，以主会场、分会场的形式，分别策划组织青少年科技创新大赛、青少年科普剧大赛、航空航海模型竞赛三大项主会场活动，组织和发动全市各镇区、中小学校、科普教育基地、学会（协会、研究会）同步开展106项分会场活动，直接参与的青少年学生 5 万人，间接参与的青少年学生及成年人13万人，带动掀起全市青少年科技创作活动新高潮。

举办中小学教师科学教育研修班，组织开展机器人竞赛活动、青少年航空航海模型竞赛活动组织工作者及教练员培训班。支持市级各学会为本领域科技工作者组织相关专业技术和继续教育培训班，举办QC小组操作实务培训班、食品检验人员国家职业资格考前培训班、食品加工企业检验人员培训班等。

【产学研结合工作】 2017年，中山市发挥协同创新专项资金引导作用，完善全市协同创新体系建设，修订《中山市协同创新中心认定管理暂行办法》和《中山市协同创新专项资金使用办法》，重点支持协同创新载体建设，通过后补助方式支持企业协同外部资源开展产业关键、共性技术攻关或设立海外研发机构。2017年新增认定市级协同创新中心11家，其中公共协同创新服务平台6家，涉及精准医疗、技术交易、环境治理、灯具检测、食品安全、纺织服装等行业领域，重点引进国内技术专利与科技服务交易领军企业厦门科易网科技有限公司联合市生产力促进中心建设“中山市技术转移和知识产权交易协同创新中心”，为企业提供技术转移、政策应用、知识产权、科技金融等专业化、一站式技术创新服务。2017年围绕协同创新、专业镇建设等主题组织了“斯坦福—硅谷创新模式”专题讲座及经验分享交流会、斯坦福大学创新创业经验交流会；赴惠州参加首届中国高校科技成果交易会；考察对接浙江大学、南京大学和东南大学等高校；围绕东升镇办公家具和童车等特色产业的工业设计资源对接交流会等各类产学研交流对接活动6场次，参会企业高管、科研负责人等近200人次。

【科技成果与奖励】 2017年，中山共有7项科技成果获得广东省科技奖励，其中二等奖1个、三等奖6个。开展了2016年度中山市科学技术奖的组织评审工作，评出科学技术进步奖项目97个、专利奖项目28个、新型研发机构优秀奖单位3家。技术合同认定及技术产权交易稳步推进，共办理技术合同认定登记134项次，合同交易总额超12 996万元，技术交易超12 689万元，同比上升59%。

（黄奋敏　蔡　蕊）

江门市

【概况】 2017年，江门市各项科技指标不断攀升。全市高新技术企业达729家，比2016年翻一番，增速全省第1。加强高新技术企业后备企业梯队建设，高新技术企业培育库入库企业252家，培育科技型小微企业达2 078家。省、市级新型研发机构累计分别达到6家、23家。新认定省级工程技术研究中心121家，累计省级工程技术研究中心238家，总数位居全省第5位。市级工程技术研究中心932家，规模以上工业企业研发机构覆盖率达43.3%，主营业务收入5亿元以上工业企业研发机构实现全覆盖。知识产权创造能力不断提升，启动国家知识产权示范城市培育工作。

【科技政策环境】 2017年江门市出台了《关于促进高新技术企业发展补助资金试行细则》等政策，印发《关于进一步加强市级科技计划项目管理意见》，进一步完善科技计划管理体系。

【科技金融】 建成科技金融服务中心2家、科技支行8家、科技小贷公司2家、风险投资基金4家。与中行、建行、融和农商3家银行签订了战略合作协议，为江门市科技型企业提供300亿元的信贷支持。首创“研发贷”金融产品，支持金融机构为科技企业研发投入提供信贷资金。全市共有21家企业获得银行机构研发贷款余额共3.1亿元。持续开展科技贷款贴息，共安排贷款贴息扶持资金928万元，专利权质押评估费补贴扶持资金15.8万元，拉动贷款金额6.5亿元。推进科技风险投资基金运作。通过风险投资基金运作，引导社会资金向高新技术及战略性新兴产业聚集，为科技企业拓宽融资渠道。全市风险投资基金总规模达6.4亿元，投资项目19个，总投资3.57亿元。

【创新载体建设】

科技园区 市科技局承担江门市推进“三资融合”试点工作领导小组办公室职责，在2016年高新区单独设立了区科技创新局的基础上，2017年，高新区科技工作已构建“7+7”的众创空间、孵化器体系，积极推动网商时代同年拿下省级众创空间试点单位和国家级科技企业孵化器培育单位，并向国家级发起进攻，最终通过认定为国家众创空间备案单位。截至2017年年底，高新拥有区国家级科技企业孵化器1家、国家级科技企业孵化器培育单位2家、国家众创空间备案2家，孵化育成体系中孵化器、众创空间各拥有市级以上牌子6块，全市增速最快。五大国家级平台先后落户高新区，包括珠三角（江门）国家自主创新示范区的核心区，小微企业双创核心区，侨梦苑，创新型特色园区和全国博士后创新示范中心。

孵化器、众创空间 为加快推进江门市科技企业孵化育成体系建设，江门市积极落实有关扶持孵化器建设的5条政策，分别就孵化器的产权、面积给予政策支持，还对孵化器内创业投资失败项目和对在孵企业信贷风险损失给予一定的补偿等，支持江门市科技小微企业的发展。2017年，江门市已建成科技企业孵化器数量22家，科技企业孵化器面积达38万m^2，孵化器在孵企业数量达734家，当年毕业企业74家，累积毕业企业达269家。2017年新增2家国家级培育单位，1家粤港澳台科技企业孵化器。截至2017年年底，江门市国家级孵化器2家，国家级培育单位3家。建成众创空间24家，面积4.5万m^2，已服务团队、企业800多家。2017新增3家省级众创空间试点单位，使江门市国家备案众创空间有3家，省级众创空间试点单位4家。孵化器、众创空间已实现江门三区四市的全覆盖。

特色科技产业基地　截至2017年年底，江门有3个国家特色产业基地（国家火炬计划江门半导体照明特色产业基地、国家火炬计划江门新材料产业基地、国家火炬计划江门纺织化纤产业基地），2个省级基地［广东省火炬计划麦克风特色产业基地（江门市）、广东省火炬计划光机电特色产业基地（江门）］。

省、市级工程技术研究开发中心　2017年，全市新认定省级工程技术研究中心121家，其中企业类120家，公益类1家，新增数量位居全省地级市第3位，增幅为珠三角第1位。截至2017年年底，江门市省级工程技术研究中心已增至238家，总数位居全省地级市第5位。新认定市级工程技术研究中心489家，累计达到932家。规模以上工业企业研发机构覆盖率达到43.87%，主营业务5亿元以上工业企业研发机构实现了全覆盖。

专业镇转型升级　截至2017年年底，江门市已建成省级专业镇24个，市级专业镇10个。根据《广东省科学技术厅关于组织实施2017年省级科技专项资金纵向协同管理省市联动项目的通知》，拟按照省财政支持经费1：1配套，即省、市各安排100万元，合计200万元用于支持月山镇协同创新中心建设。通过加强专业镇产业协同创新中心建设，实现高校及科研机构与专业镇内行业协会、企业等各创新要素协同创新发展，推动专业镇转型升级。

科技型中小企业技术创新基金项目　2017年，继续采取江门市科技型中小企业技术创新资金项目申报和江门市‘科技杯’创新创业大赛参赛项目捆绑联动方式进行，以整合财政资金资源，加大对项目的扶持力度。2017年，江门市共188个项目成功报名大赛，经大赛各阶段评比，按决赛最终成绩评选出成长组的前20名和初创组的前5名企业获并纳入立项计划。

在省赛中，江门市有18个项目在省赛获得扶持资金，其中净雨公司还夺得省赛新材料行业初创组一等奖，这是江门市项目首次在省赛获得一等奖的荣誉；在国赛方面，目前国赛正在进行中，江门市有4家企业入围国赛决赛，翰盈激光入围新材料行业30强，获全国优秀奖。

【高新技术企业及产业】　以发展培育科技型小微企业为抓手，构建“孵化器入孵企业—科技型小微企业—高企培育入库企业—高新技术企业—创新型企业”多级联动、逐级提升的科技型企业育成体系，培养和发掘了一批拥有核心关键技术及知识产权，研究开发实力强、注重产学研合作、具有一定的成果转化能力、成长性高的优秀企业，带动了区域科技创新水平的提升，有效地发挥了江门市创新驱动发展的主体作用。2017年新增高新技术企业培育入库企业250家。

国家高新技术企业培育与认定　截至2017年年底已初步构建起“申报一批、储备一批、培育一批”的高企梯队。江门市将高企培育作为高新技术产业发展的“牛鼻子”来抓，2017年共组织两批724家企业申报高新技术企业，通过高企认定423家，累计有效高企存量达到730家，实现了翻番，全省增长率第1，超额完成省科技厅设定的上限目标以及市政府重点工作任务中下达的全市国家高新技术企业2017年存量650家的考核目标。

科技型小微企业名录库建设　江门市向各市（区）发布征集科技型小微企业名录的通知，常年受理申报并持续更新江门市科技型小微企业名录，把入库的科技型小微企业作为培育高企的后备梯队，对符合条件的科技型小微企业实行优先扶持，实现资源的精准覆盖。2017年江门市已公布11批共2 120家企业进入名录库。

优惠政策落实　落实科技型中小企业研发费用按75%加计扣除的优惠政策，发挥江门小微双创基地示范城市的示范作用，开展江门市科技型中小企业评价工作。截至2017年年底，科技型中小企业评价系统上已注册企业419家。

省高新技术产品认定　2017年共收到维达纸业（中国）有限公司等247家企业交来797个高新技术产品申报书，经省评定，有714个产品通过高新技术产品认证。

【科技计划重点项目】　2017年，江门市以增强自主创新能力为主线，大力扶持重大科技专项和关键核心技术攻关。积极申报省级重大科技计划项目，在LED、前沿与关键技术创新等领域立项9项，获得850万元资金支持。

【科技合作与交流】 6月，组织江门市30多家企业参加首届科交会突出高校科技成果交易与转化，借助科交会这个平台，促进企业与高校及科研机构开展产学研对接合作。交易会期间，江门市广东富华重工制造有限公司与吉林大学代表签订合作协议，引进吉林大学团队建立企业研发中心，共同攻关“整体驱动桥壳体挤压成形及自动化制造技术”项目，五邑大学的“全自动智能网球球童系统”项目也入选本届交易会成果展示项目。

12月28日，举办了江门市小微企业创新创业周活动启动仪式、江门市高校科技成果展暨校企对接洽谈会等活动。启动仪式上，促成了江门市一批重大科技合作、人才合作、平台建设等项目进行了签约，包括江门市人民政府与广东省知识产权局共建知识产权服务珠西创新驱动发展强市合作协议，江门市人民政府与广东省科学院全面战略合作框架协议等重大成果对接项目。其中江门市科技局与中行、建行、融和农商行签订的战略合作协议，将为江门市科技型企业提供总额达300亿元的信贷支持，支持企业超4 000家，支持科技型中小微企业的家数不低于80%。

【防震减灾】

地震值班和突发事件信息报送 执行24小时地震值班和加强地震信息报告工作，2017年江门市地震局共报告《突发事件信息专报》2期、《震情速报》14期。

预警工作实施 开展“国家地震烈度速报与预警工程项目”地震预警及烈度速报终端建设。根据国家烈度速报与预警工程项目要求和广东省地震局的统一部署，江门市拟建设国家烈度速报与预警工程台站100个，其中基准站6个、基本站15个、一般站79个。2017年8月底和9月初，江门市地震局首次完成4个地震预警及烈度速报终端建设，该终端可快速获悉地震信息和报告地震烈度，为指挥抗震救灾工作提供决策依据。

示范工程建设 在地震安全示范社区创建方面，2017年全市新增了8个省级地震安全示范社区，新增蓬江区环市街怡康社区、江海区外海街道永康社区、新会区会城街道碧桂园社区3个国家级地震安全示范社区。截至2017年年底，江门市被认定为广东省地震安全示范社区的达到18个，被认定为国家地震安全示范社区的达到12个。根据广东省地震局《关于下达广东省地震安全农居示范工程建设任务的通知》文件精神，江门市已建成了13条地震安全示范村。在此基础上，江门市地震局继续推进地震安全示范社区创建工作，2017年1月再次到台山市调研，在台山市北陡镇沙头冲村新建1条地震安全农居示范村。

在防震减灾科普示范学校创建方面有新进展。2017年5月，印发《江门市防震减灾科普示范学校建设工作方案》，以“教育一个孩子，影响一个家庭，带动整个社会”为重点，推动江门市防震减灾示范学校创建工作。江门市地震局积极指导和督促学校防震减灾示范学校创建工作的开展，共有7所学校向江门市地震局提交了申报材料，10月20日，该7所学校的申报材料经专家组评审通过。

应急演练 6月2日，江门市地震局组织开展了江门市突发地震事件“双盲”演练，江门市和各市（区）地震工作部门工作人员参与演练。9月26日，江门市地震局组织开展了2017年江门市地震应急通讯及现场处置模拟演练，市、县、镇、村相关单位工作人员共180多人参与演练。2017年，江门市地震局先后指导了江门市范罗冈小学、恩平市平东中学和恩平市独醒中学等中小学进行地震应急疏散演练。

防震减灾助理员队伍建设 5月，江门市在基层换届后，及时更新了防震减灾助理员信息。截至2017年年底，江门市镇、村基层防震减灾助理员人数达1 826人。9月，江门市地震局在全市范围内举办了8场防震减灾助理员培训班，参训人数达1 800多人，提高了防震减灾助理员队伍的整体水平。

地震宏观异常观测点管理和建设 2016年9月，江门市地震局在鹤山市共和镇建成一个地震宏观异常观测点。2017年4月3日，该观测点报告发现动物异常，经过综合分析，排除地震前兆可能。11月7日，江门市地震局赴开平市百合镇某农场实地勘察，决定新建一个地震宏观异常观测点。该观测点于12月1日正式开始观测。

防震减灾知识宣传普及 5月6日，围绕“减轻社区灾害风险，提升基层减灾能力”的防灾减灾日主题，江门市地震局举办了“新会地震台公众开放日”宣传活动。江门市地震局积极开展防震减灾科普知识进学校、进机关、进企业、进社区、进农村“五进”宣传活动，2017年累计派发宣传册或宣传单张近万份。5月，江门市地震局派员到恩平市平东中学、恩平市独醒中学和江门市范罗冈小学讲授防震减灾知识。江门市地震局还积极参与全省千场防灾减灾知识巡回宣传活动，分别于6月20日、6月27日、7月11日到蓬江区、新会区和台山市开展防灾减灾科普知识讲座，惠及群众近千人。

城市地震灾害风险点、危险源排查整治　根据《江门市人民政府办公室关于印发〈2017年江门市突发事件风险隐患排查和整改情况工作方案〉的通知》和《广东省地震局关于开展城市地震灾害风险点、危险源排查整治专项行动的工作方案》的文件精神，江门市地震局制定了《江门市地震局关于开展城市地震灾害风险点、危险源排查整治专项行动的工作方案》。经过深入排查，全市共查出场所类C级校舍3处，排查范围内的大中型化工厂、炼油厂及储存设施、大中型水库大坝及枢纽工程均未发现有地震灾害风险点。2017年1月，江门市地震局派人实地查勘地震灾害风险点、危险源的情况。截至2017年8月底，在有关部门和单位的共同努力下，3处C级校舍都已完成拆除工作，风险隐患彻底消除。

【科技成果奖励】　2017年，江门市6项科技成果共7个完成单位获得省科技奖励项目，其中广东新会美达锦纶股份有限公司牵头完成的“纳米杂化技术及其在功能化聚酰胺6纤维中的应用”获一等奖，其他5个项目获三等奖。

【农业科技计划项目】　截至2017年年底，全市拥有省级现代农业科技创新中心6家，涉农高新技术企业31家、新型研发机构2家、工程技术研究中心26家、科技特派员工作站6家、院士工作站3家、2条省级农业星火技术产业带。

企业科研机构培育　以增强企业自主创新能力为主线，强化政策支持力度，大力推进农业企业科技创新平台建设。制定出台《关于江门市工程技术研究中心等科研机构建设资助试行办法》，农业领域企业科技平台予以倾向性支持，突出财政资金对创新平台建设的支撑和引导作用。2017年，江门市农业领域新增省级工程技术研究中心2家、市级新型研发机构1家、市级工程技术研究中心11家。

产学研合作　一是鼓励科研院所与江门市企业开展产学研合作，将科技成果带到江门市转化，促进江门市企业科技转型、技术创新。举办2017年江门市农业科技成果对接活动，江门市企业与中国热带农业科学院、省农科院、五邑大学和佛山科学技术学院等科研院所签订了20多项产学研合作协议。二是发挥农业龙头企业的创新引领作用。积极支持无限极（中国）有限公司完善企业内部科技管理，引导其联合华南理工大学、南方医科大学、中国农业大学、华南农业大学等高校及科研院所组建省部院产学研结合研发基地，提升企业研发实力。三是大力开展农村科技特派员工作，由市政府与华南农业大学、广东省农业机械研究所签署了全面合作协议。引进了高校、农科院所的130多名农村科技特派员到基层开展科研服务工作。

农产品深加工科技攻关　经江门市科学技术局批准，江门市五邑中医院建立“江门市新会陈皮研究院”，挖掘新会陈皮药用价值，推进新会陈皮与江门市中医药产业融合发展。实施一批产业链条长、牵动性强的重点项目，按照“公司+基地+农户”的模式，支持海洋鱼类产品、禽类、菌类、果蔬等农副产品的深加工，提高加工精深度，形成一批直接到“餐桌”的特色品牌。新会陈皮、参皇鸡、金山火蒜、马冈鹅等地方特色产品的品牌升值持续提升。

【知识产权工作】　2017年，江门市知识产权综合指标量质齐升。发明专利申请量5 687件（提前完成“十三五”目标），同比大幅增长96.58%；获发明专利授权量589件，同比增长8.27%；发明专利拥有量2 796件，同比增长31%；PCT专利申请量133件，同比大幅增长75%。

巩固试点成效，开展范培育　2017年，市人民政府印发了《江门市开展国家知识产权示范城市培育工作方案》，标志着江门市正式进入国家知识产权示范城市培育阶段。江门市将按照《国家知识产权试点示范城市（城区）评定和管理办法》关于创建示范培育阶段工作的要求，加快实施创新驱动发展战略。

推广试点经验，完善示范体系 江门市高度重视知识产权试点工作，发挥先行先试的作用，以点带面形成了全市各市区竞相以实施示范为抓手，推动知识产权事业全面发展的好势头。

一是推进知识产权园区和县（区）建设。2017年，江门高新区获批“国家知识产权试点园区”和“国家知识产权强县示范区”。积极推动江门高新区深入实施知识产权战略，促进知识产权创造运用，增强知识产权意识，提升区域创新能力。

二是大力开展知识产权示范优势企业培育工作。2017年，江门市新增1家国家知识产权优势企业、1家省知识产权示范企业、2家省知识产权优势企业和10家市知识产权示范企业。其中嘉宝莉化工集团股份有限公司被认定为国家知识产权优势企业，恩平市海天电子科技有限公司被认定为广东省知识产权示范企业，广东富华重工制造有限公司和广明源光科技股份有限公司被认定为广东省知识产权优势企业。

三是积极组织企业申报上级知识产权项目。海鸿电气有限公司的“110kV电压等级立体卷铁心电力变压器研发项目”和广东嘉士利食品集团有限公司的“果乐果香果酱夹心饼干”等项目获得省局专利技术实施计划项目立项，并得到经费支持。企业专利技术实施率不断提高，专利技术许可、转让显著增加，社会效益明显。2017年江门市荣获3项广东专利优秀奖，并首获广东发明人奖。江门市桥博设计研究院有限公司“钢桁腹组合PC梁及其施工方法”，广东富华重工制造有限公司“车轴挤压成形装置控制系统”“一种制动蹄弯板连续模及其使用方法”获得广东专利奖优秀奖。李勇（江门市桥博设计研究院有限公司）获得广东发明人奖。

着力运用推广，促进创新发展 结合江门市知识产权发展实际，在深化知识产权质押融资、探索专利保险试点以及开展专利产业导航等方面加大工作力度，促进知识产权转化运用，把知识产权的创造和运用有机结合起来，丰富知识产权保护工作恒久的活力。

一是继续推进知识产权资产化。开展知识产权质押融资。通过制定完善知识产权质押融资和专利评估的扶持政策，积极组织企业申报知识产权质押融资项目备案。与中国建设银行江门分行搭建合作平台，出台《科技型小微企业“邑科贷”业务管理办法》，设立200万元的风险准备金池，着力推动专利贷等五款子产品的信贷业务。2017年，成功实现专利质押融资贷款6 359万元。

二是探索专利保险试点工作。江门市通过制定了《江门市专利保险试点工作方案》《江门市专利保险国家试点2017年实施方案》等政策，对试点期间的工作进行规划和部署，明确了专利保险试点工作的主要任务和重点工作。9月26日，举行了江门市专利保险试点启动会，市知识产权局与中国人保财险江门分公司和中国平安财险江门分公司签订了战略合作协议，并举行了江门市专利保险试点启动仪式。2017年试点工作探索开展专利费用补偿保险，努力构建政府引导、企业参与、市场化运作的专利保险服务体系，积极促进知识产权与金融资源的紧密结合。

三是开展产业发展专利导航。联合省知识产权研究与发展中心开展江门市轨道交通装备产业发展专利导航工程。6月，江门市举办了江门市轨道交通装备产业发展专利导航成果发布会，这是江门市首项实施专利导航的重要成果。通过探索开展专利导航，运用专利制度的信息功能和专利分析技术系统引导产业发展，通过对专利数据的深入挖掘和分析，帮助轨道交通装备产业企业明晰创新方向和重点，提高了创新效率和水平，防范和规避知识产权风险，强化产业竞争力。

突出工作重点，力促小微双创 为方便各科技型小微企业申报扶持资金，江门市对科技型小微企业的专利创造资助项目于年内常年受理申报，定期审核。还组织了市科技型小微企业实施发明专利技术运用和产业化项目、国内专利代理资助项目和百所千企知识产权服务对接工程资助项目的申报。2017年合计发放专利创造“红包”555.938万元用于资助1 726项专利申请和获授权，惠及272家科技型小微企业，全面兑现落实扶持政策，积极推行普惠性扶持办法。2017

年，全市小微企业获专利授权3 287件，同比增长53.53%。

强化服务创新，优化资源供给　首次组织实施百所千企知识产权服务对接工程项目。组织服务机构切实为江门市企业举办专利信息利用培训，开展对企业的知识产权宣传、培训，帮助企业建立、完善知识产权管理制度，指导、协助企业对现有创新成果进行梳理，提炼和挖掘具有新颖性、创造性和实用性的创新成果申请专利。

广东省首个国家知识产权局专利信息传播利用（广东）基地站点落户江门市。2017年9月，江门市专利信息传播利用站点落户五邑大学，成功举办了江门市专利信息传播利用站点授牌仪式暨培训班。江门市专利信息传播利用站点是广东省首个在地级市挂牌成立的国家知识产权局专利信息传播利用（广东）基地站点。

加强行政执法，完善保护机制　一是做好打击侵权假冒综合协调工作。4月25日，江门市开展打击侵权假冒专项执法检查行动。推动五部门知识产权信息共享协作机制实施，形成保护合力。二是加强专利侵权纠纷调处工作，维护专利权人合法权益。2017年，调处专利侵权纠纷案件12件，作出专利侵权纠纷处理决定2个，取得了良好的法律效果和社会效果。三是认真开展各类专项执法行动，营造良好市场环境。主要开展了箱包皮具打假专项行动、互联网领域专利侵权假冒专项治理、知识产权执法维权护航行动、治理专利代理资格证书挂靠行为专项行动、屈臣氏牙刷假冒专利专项行动。

【产学研合作】　江门市以新一轮省部院产学研结合工作为契机，积极探索创新协同创新合作模式，建立健全产学研合作机制，出台实施“1+8”科技创新和“1+15”人才政策体系，大力推进以企业为主体、市场为导向、产学研相结合技术创新平台体系建设，加强人才引进培育，加速科技成果转化与产业化。截至2017年年底，江门市已经与全国50多所高校和科研院所建立了产学研合作关系，建立了省、市级产学研技术创新联盟7个，国家级企业技术中心3家和国家级重点实验室（检测中心）2家，省级新型研发机构、院士工作站、工程技术研究中心、企业技术中心等省级研发机构共295家；市级研发机构996家，引进260名科技特派员入驻企业，逐步形成以企业为主体，产学研相结合，多层次、全链条发展的研发机构体系。引进具有博士学位或高级职称以上企业科技特派员260名。承担省级以上产学研合作项目或成果转移转化项目100多项，获批资金近亿元。2017年全市技术交易登记额达5.5亿元。

科技创新政策环境　2017年出台《江门市科学技术局 江门人力资源和社会保障局 江门市财政局关于重大企业科技创新平台建设资助实施办法》，对江门市企业建立国家级和省级科研平台，每家资助资金200万元和100万元；出台的关于创新科研团队引进和资助暂行办法，按等次最高给予1 000万元的专项资助。

健全产学研合作长效机制　2017年组建了“广东省轨道交通装备产业技术创新联盟”等三大省级产学研产业技术创新联盟及“广东省水性涂料产业技术创新及知识产权保护战略联盟”及“广东省电子废弃物循环利用产业技术创新战略联盟”等四大市级产学研产业技术创新联盟，实现企业、高校和科研机构在战略层面的有效结合，全力提升产业的整体创新水平。

区域协同创新平台体系　2017年江门市与中国科学院的合作，建设国家级重大试验平台——江门中微子实验。该试验站预计总投入3.5亿元，被中科院高能物理研究所称为“大亚湾二期实验”，科学意义重大。无限极与英国剑桥大学合作共建无限极剑桥研究中心，四方威凯与德国巴斯夫集团（BASF）共建涂料实验室，维达与瑞典爱生雅集团（SCA）合作共建企业研发中心。江门市规模以上工业企业研发机构覆盖率达到43.3%，主营业务收入5亿元以上工业企业研发机构实现全覆盖。

校企联合重大技术攻关　据统计，2017年江门市通过产学研合作，研发新产品2 100个，实现产值220亿元，新增利税24亿元。广东优巨先进材料研究有限公司打破国外对PES材料工业化技术的垄断，可生产高质量聚醚，摆脱对进口技术的依赖，引领着国内的聚醚风，年毛利达到1亿元。台山市华兴光电科技有限公司是全球第四家生产低位高质量磷化铟单晶衬底材料的企业，控制着制定生产标准的权利，在国内占据技术龙头地位。

科技成果转化和产业化　强化科技成果转移转化市场化服务，促进科技成果与企业的有效对接。一是抓好重大应用型科技研发及转化，广东华艺卫浴实业有限公司、嘉宝莉化工集团股份有限公司等企业主导开展的省应用型科技研发专项资金项目获得省立项，立项资金达2 000万元。二是贯彻落实《关于印发科技创新券后补助实施细则的通知》《关于江门市企业技术交易的扶持办法》等政策，通过政策资金补助促进企业引进技术成果，进一步激发企业创新发展的活力。三是加快推进珠西产业科技创新服务中心建设，构建线上与线下相结合的服务模式，加快国内外创新成果与江门市产业对接。

【科技交流与合作】　充分发挥深圳作为国家首个创新型城市、国家自主创新示范区的示范作用，以及江门作为国家级小微双创示范城市、“珠西战略”策源地和主战场的战略优势，推动江深双创合作，促进两地在创业创新平台、体制机制改革、人才建设等多方面展开对接，配合市商务局邀请了10家深圳的风投、孵化器运营单位参加“抢抓湾区合作商机，共建产业发展平台”2017深圳江门招商推介会。

根据《广东省科学技术厅关于发布2018年广东省科技发展专项资金前沿与关键技术创新类项目（粤港联合创新领域）指南的通知》的精神，推荐嘉宝莉、嘉士利、海信、朗天等公司申报的粤港项目4项。

推荐了江门市的海信（广东）空调有限公司申报广东省科技厅的协同创新与平台环境建设项目（国际科技合作领域方向），企业的申报项目名称为“智能电网云平台监控的网络智能用电空调器及系统研究和应用”。最终该项目获得省立项，立项资金100万元。

【科普工作】

“品牌”科普活动　2017年，市科协举办了5场大型品牌科普活动，承办省文化科技卫生“三下乡”系列活动，组织开展全市50多场“社区科普大讲堂”活动；指导各级基层科协组织、学会协会常态化地开展如“计量科普与我常在”“气象科普亲子游”“桥博馆科普一日游”等各类丰富多彩的科普活动。市科协全年组织科技专家和科普志愿者近500人次，服务群众3万多人次，派发科普宣传资料10万多份。

科普惠农兴村活动　市科协联合各级科协、科普示范镇和示范基地，有针对性推广实用技术推广、服务农民，助力精准扶贫，全年共组织科技人员700多人次，开展小分队下乡服务和实用技术培训超过200期（次），服务和培训农户近3万人次，发放农技书籍3万多册、资料7.5多万份。市级科普惠农项目共“奖补”11个单位及个人29万元，推荐4个省科普惠农项目共获“奖补”40万元，另资助15万元联合开展水稻三控与低毒杀螺技术等多个新技术新品种项目推广。

校园科学创新教育　开展“大手拉小手——科普报告希望行”活动，邀请中国科学院8名老科学家共开展62场科普讲座；联合广东科学馆开展江门市大篷车进校园活动10多场次；举办市青少年科技创新实践能力挑战赛暨青少年机器人竞赛和第33届青少年科技创新大赛，联合主办第五届省青少年科技创新实践能力挑战赛；组队参加省各类比赛，均获优异成绩。此外，指导各市区科协、相关中小学校开展科技馆进校园、青少年“创客”教育和校园科技节等精彩纷呈的科教活动。四是加强科普设施信息化建设，推进优质科普惠民。加大经费投入支持科普示范镇街和市级科普教育基地的科普设施建设，联合开展“科普一日游”活动；加强科普信息化建设，开通“江门科普”微信公众号和微博；鼓励科技工作者进行原创性的科普创作，编印《中药材传统鉴别手册》《登革热、寨卡病毒防控手册》等原创科普小册子。

【科技团体建设】　201年，市科协集中优势资源扶持引导，优化学会治理结构。通过对市级学会开展摸底调研，甄选出具有潜在优势的学会，进一步优化经费资助办法，将经费向这些学会倾斜。截至2017年年底，全市共25个学会58个项目获批资助，同时加强经费使用的后续跟踪，动态掌控学会工作情况。分类指导、深化学会治理结构改革，鼓励学会发展个人会员和承接政府转移职能。

完善学术平台回归本源，创新学术活动机制。市科协创新学术交流模式，培育江门重点学术交流品牌。引导学会改进会议形式，回归学术本源，举办学术沙龙、讲座等30余场；各类学术交流40多场；各类培训近20班次。继续实施科技人才成长计划，开展全市优秀自然科学学术论文评选，表彰100篇优秀学术论文。将“海智计划”作为基层党建“书记项目”立项，筹划“海智计划”工作站建设。

提升科技服务扎根基层，创新服务基层模式。组织市级学会依托建立的33个（3个省级）学会科技服务站，采取双向沟通单向服务的模式，以基层科技需求为导向，以科技服务站为辐射点，以点带面，充分发挥学会组织网络和人才智力优势，为基层单位提供定制化服务60余项。结合8家广东省院士专家企业工作站建设，将院士、专家等高端人才引进企业，帮助企业解决技术难题；借此鼓励在企业中成立科协，加强对科技人员管理和服务，培养科技创新人才，促进产学研合作。

（黄京华）

阳江市

【产学研结合】 截至2017年年底，阳江市建立了特派员工作站2个，院士工作站1个，产学研创新联盟2个，共有26家高校向该市56家企业派驻了91名科技特派员。推进企业与省部高校、科研院所开展产学研合作，共向省科技厅推荐省科技发展专项资金项目7项，包括省重大科技专项项目2项，应用型科技研发项目5项。组织企业申报阳江市科技计划项目（产学研合作领域）8项，包括重大科技专项3项，产学研协同创新项目5项，其中6个项目获得市级科技经费扶持共560万元。

2017年，阳江市新增省级工程技术研究中心4家，市级工程技术研究中心41家。全市共有26家省级工程技术研究中心，有109家市级工程技术研究中心，实现了主营业务收入5亿元以上企业研发机构全覆盖，规模以上工业企业建设研发机构覆盖率达21.18%。

【新型研发机构】 截至2017年年底，阳江市共组建了市级新型研发机构4家，省级新型研发机构1家。2017年，该市大力培育“阳江市奇正建筑科技研究院”，初步完成硬件设施建设和组建了一支优秀研发队伍。同时，不断挖掘和引导有足够资质的企业投资组建新型研发机构。发动组织阳江市智慧农业科技开发有限公司、阳西县创富种养殖有限公司分别组建了阳江市智慧农业研究院和阳江市创富农业科学研究院，均通过了阳江市新型研发机构认定。

【科技服务体系】 截至2017年年底，全市共有科技服务业机构5家，其中市区4家、阳西县1家，为全市农业科技等行业提供了科技咨询、技术推广等专业技术服务。2017年，培育发展1个科技服务业机构，扶持项目经费共30万元。

【科技计划项目】 2017年，共组织实施省级科技计划项目5项，市级科技计划项目46项。市科技计划项目共设5大专项18个专题，其中：“重大科技专项”设3个专题即五金刀剪智能加工技术研发与产业化、新材料的研发创新、五金刀剪协同创新中心建设；“产业技术创新专项”设2个专题，即社会发展领域技术攻关、企业研究开发财政补助；“协同创新专项”设7个专题，即产学研协同创新成果转化项目、阳江市新型研发机构建设项目、阳江市新型研发机构认定、阳江市重点实验室建设、阳江市企业重点实验室建设、科技服务骨干机构培育、海洋高新技术研发与创新科技成果转化；“科技创新环境建设专项”设1个专题，即阳江市引进创新科研团队项目；“知识产权发展专项 ”设5个专题，即知识产权优势企业和示范企业评定、企业知识产权管理规范实施项目、知识产权服务提升项目、县（市、区）专利工作促进项目、专利导航项目。

【科技成果】 2017年，阳江市优秀科技成果不断涌现，发展态势良好。全年在市级科技部门登记的科技成果共38项。

2017年，阳江市组织开展了2016年度市级科技奖评审工作，共评选出34项获奖项目，其中，一等奖3项、二等奖9项、三等奖22项。同时，推荐了优秀项目申报2016年度省科技奖，1个项目获得省科技奖三等奖。

【高新技术产业】 2017年，全市共有41项产品获省科技厅认定为广东省高新技术产品。阳江十八子刀剪制品有限公司和广东拓必拓科技股份有限公司被评为2017年度创新型试点企业。阳江市伟艺抛磨材料有限公司等18家企业纳入广东省高企培育库；阳江市金恒达化妆工具有限公司等13家企业被认定为高新技术企业；广东广青金属科技有限公司等5家企业通过高新技术企业重新认定。2017年，阳江市高新技术企业存量达36家，高新技术企业工业总产值达321.89亿元。

2017年，商创汇众创空间、阳职青创等2个众创空间被认定为2017年度广东省众创空间试点单位，阳江市电商创客孵化基地被认定为国家级孵化器培育单位。

【农业科技】 2017年，全市共有12个市级农业科技项目，扶持项目经费共148万元；共有6个纵向协同管理省市联动科技精准扶贫精准脱贫产业基地建设项目获得立项，扶持项目经费共160万元。2017年，阳江市获批农村科技特派员7个。该市分别在阳西县、江城区、海陵区、高新区建设农村信息服务中心7个，农村信息培训中心5个，信息化体验站点240个，有力地推进了农村信息化基础设施的建设，农业新品种、新技术的开发、推广、应用也取得较好成效。

【科技人才队伍】 广东广青金属科技有限公司引进的高端不锈钢冶炼技术创新团队入选2017年省“扬帆计划”，获得省300万元资金扶持。2017年，共有4个创新团队获得市级创新团队立项。截至2017年年底，全市共有7个省“扬帆计划”创新团队，9个市级科技创新团队。

【技术创新专业镇】 截至2017年年底，阳江市有省级专业镇15个，市级专业镇14个，覆盖了五金刀剪、金属制品、海洋养殖与捕捞、农业种养、旅游五大领域。围绕专业镇特色产业技术创新的需要，建立了东城镇五金刀剪产业技术创新服务平台等3个专业镇中小微企业服务平台。

【知识产权工作】 2017年，阳江市被国家知识产权局确定为国家知识产权试点城市，全市深入实施知识产权战略纲要，推动创新驱动发展。2017年，阳江市专利申请量3 265件，同比增长58.96%，其中发明专利151件，同比增长29.06%；获专利授权量2 179件，同比增长49.66%，其中发明专利32件，同比下降3.03%。全市有效注册商标14 118件，中国驰名商标3件，广东省著名商标36件，地理标志商标2件。

知识产权管理 加强知识产权宣传。坚持日常宣传与专项宣传、普及宣传与重点宣传相结合，举办了“4.26”知识产权宣传周、中国专利周、知识产权进校园系列活动，开展宣传活动8场次，派发宣传资料10 000多份。举办知识产权培训。2017年，阳江市知识产权局制订了《2017年知识产权人才培训计划表》，加强基层知识产权培训教育，开展知识产权进县区、进高校活动，组织举办知识产权培训讲座6场次，培训相关人员1 200多人次。做好知识产权贯标工作。2017年，扶持3项企业知识产权管理规范实施项目，新增5家企业通过知识产权贯标认证，全市共有知识产权贯标企业6家。加大专利资助力度。根据《阳江市专利申请资助办法》，对企业事业单位、机关、团体和本市个人申请国内外发明专利、实用新型专利、外观设计专利进行资助，鼓励发明人积极发明创造，推动创新发展。2017年，共资助专利申请421件，资助金额26.3万元。

知识产权培育 2017年，广东凌霄泵业股份有限公司获得第十九届中国专利优秀奖，阳江鸿丰实业有限公司被认定为广东省知识产权优势企业，阳江市拓必拓实业有限公司、阳江喜之郎果冻制造有限公司、广东广青金属科技有限公司、阳江伟艺抛磨材料有限公司4家企业被认定为市级知识产权优势企业。扶持实施5项县区专利工作促进项目、1项知识产权服务提升项目和1项专利导航项目，评选出“阳江市专利奖”31项。

知识产权保护 2017年，阳江市在江城、阳东、阳春、阳西4个县区推行“县区专利行政执法试点”，由县区专利行政部门负责本行政区域内的专利保护和管理，强化县区基层执法力量。同时，建立重点企业知识产权保护直通车制度，构建重点企业知识产权保护便捷响应通道。阳江市拓必拓科技股份有限公司进入广东省知识产权保护重点企业库，阳江十八子集团有限公司等30家企业进入阳江市知识产权保护重点企业库。2017年，阳江市知识产权局制订了《阳江市知识产权局查处假冒专利行为“双随机一公开”工作方案》，坚持公平公正原则调处专利纠纷，共立案处理专利纠纷案件22宗、查处假冒专利案件55

宗，结案率100%。阳江市工商管理局开展重点区域整治，查处各类商标违法案件55宗。阳江市版权局加强对版权市场和互联网文化市场的监管力度，查处出版物案件7宗。

【科普工作】 2017年，阳江市以“科技进步月”“全国科普日”“防灾减灾日”为契机，组织开展一系列主题科普活动，普及科学知识，在全社会营造崇尚科学的良好风尚。

主题科普活动 3月29日，在阳西县儒洞镇文化广场举行2017年阳江市文化科技卫生“三下乡”活动暨“村会科普协作”行动启动仪式；6月13日，在阳江市美术馆举办“2017年科技进步活动月启动仪式暨魅力科普阳江市首届科普书画摄影作品展开幕式”；9月16日，全国科普日期间，共组织15组亲子家庭参加核电研学体验营活动。据统计，科技进步活动月、全国科普日活动期间全市共举办科普展览16次，科普讲座、科普报告会28次，科技咨询服务44次，义诊24次，科技培训16次，发放宣传资料共3万多份。

学术交流活动 2017年，共举办《阳江科协论坛》2期，在《阳江日报》主办《科普之窗》栏目12期，市级学会共开展各类学术活动85场次，交流学术论文105篇。如市医学会共举办各种学术会议16场，其中承办包括有国家级、省级及市级的继续教育项目培训，还有承办各专业广东省医学学术直通车；市通信学会举办中国电信阳江分公司开展转型升级战略3.0的学术交流会。

科普服务工作 组织实施基层科普行动计划。围绕“建立一个协会、振兴一批产业、带富一方百姓”的总体发展思路，培育和发展农村专业技术协会、农村科普示范基地和农村科普带头人，扎实开展科普惠农工作。2017年“阳东区那龙镇亨垌村伯发生猪养殖协会”“广东阳江八果圣食品有限公司大八益智农村科普示范基地”“阳西县荔枝新品种引选与推广科普示范基地”“阳春市河西街道合岗居委会刘万源”和“阳西县新圩镇新圩村委会南门村林华兴”被确定为“2017年广东省科普惠农兴村计划奖补单位和个人”。省科协、省财政厅对确定为奖补单位和个人分别奖励15万元、5万元，并授予“广东省科普惠农兴村先进单位”和“广东省农村科普带头人”称号。

【防震抗灾】 2017年，阳江市地震局在全省市县防震减灾工作2016年年度考核获得全省先进单位称号，参加全国考核荣获全国先进单位称号；参加全省、全国地震观测资料质量评比活动，均获优秀成绩，2017年广东省地震流体、形变和电磁台站运行管理评比月评结果1—9月份连续第一。

地震基础设施建设 阳江市GNSS观测基准站试运行后，顺利通过验收，开展正常监测值班。完成了阳江市GNSS地壳运动观测台网12个观测站的基建验收，3个观测站的仪器安装和防雷工程。广东阳江地震监测卫星地面站通过验收，进入正常监测值班，进行了防雷改造，加装了地网和接闪杆，建设了引水工程、绿化工程，进行大院硬底化等。完成了国家地震烈度速报与预警项目工程项目的所有52个台站及12个预警信息接收终端选址安装等相关工作。配合国家二测中心的专家开展流动重力观测基准点基本点两个观测点的选址和建设工作。完成了阳江地震烈度速报和预警实验台网升级改造，更换新的加速度计，将原有的宽带传输升级为光纤传输，加强了防雷地网建设和供电线路整改。完成了阳江破坏性近震快速反应系统项目两个台站的仪器安装与调试工作。

地震监测预报 2017年，阳江市加强地震监测预报日常工作，坚持特殊时期震情每天一报告制度，召开年中、年度地震趋势会商会。做好本年度有感地震速报、震情分析等工作。全面开展群测群防工作，“三网一员”（地震宏观测报网、地震灾情速报网、地震科普宣传网和防震减灾助理员队伍）建设不断加强和完善。开展广东阳江地震监测卫星地面站监测值班、阳江深孔及其相邻地表地磁对比观测与数据分析、阳江深孔地磁观测数据与其地下介质磁性特征关系等项目，为研究地震前兆工作提供数据支撑。开展地震流动台演练工作，设立了流动台应急组。坚持在地震宏观异常、发生有感地震或特殊时段召开不同层次的会商会。依法加强地震观测环境保护工作。做好全市地震监测仪器、台站的维护检修工作。

灾害与应急　圆满完成2月9日、3月5日、6月25日分别发生在洋边海的M2.3级、M2.7级、M2.3级地震应急处置工作，维护社会稳定。联合应急、安监、住建等部门，在各县（市、区）开展地震安全乡镇（街道）建设工作。先行先试，建成全市首家防震减灾示范企业海洋石油阳江实业有限公司。继续开展防震减灾示范社区工作。完善地震灾害快速评估和应急辅助决策系统。完成破坏性近震快速反应触发系统项目研究。多渠道开展地震灾害与应急宣传、培训工作。利用地震科普教育基地开展宣传活动，利用大学生暑期“三下乡”社会实践活动组织地震应急志愿者深入到农村开展防震减灾宣传，联合市教育局、市应急指挥中心抓好防震减灾教育“四个一”进校园年度工作。每年春秋两季在市委党校开展2期干部培训班，面对市直处级干部、县级科级干部和镇领导班子成员进行防震减灾的宣传教育。在全市机关、企事业单位、学校广泛开展防震减灾百场公益讲座，2017年共开展了70场。

（黄　君）

湛江市

【概况】　2017年，湛江市着重在优化创新环境、强化创新主体、推进平台建设、深化政产学研合作、实施知识产权战略等方面开拓创新，科技创新工作取得了可喜成效。国家知识产权试点城市进入培育阶段，国家农业科技园通过验收，“湛江海洋生物创新型产业集群”获批广东省创新型产业集群建设试点，广东省科学院生物科技产业园在湛江挂牌成立。

【科技创新氛围营造】　5月8日，湛江市召开全市创新发展大会，贯彻落实全省创新发展大会精神，动员全市上下大力实施创新驱动发展战略，加快推进经济结构调整和产业转型升级，为湛江振兴发展提供强力支撑。大会表彰奖励了2016年度“南海西部油田稳产1 000万方勘探开发关键技术”等63项科技成果。

12月6—8日，市科技局组织科技专家宣讲团走进基层，在全市范围内开展5场巡回宣讲培训会，其中设立湛江市区1个主会场及廉江市、遂溪县、吴川市和雷州市4个分会场，为企业科技创新提供指导帮助及政策解读。来自全市科技型企业、科研院校以及科技中介服务机构负责人共计近2 000人次参加培训会。

【科技计划项目】　全年各类科技项目立项369项，其中市财政资金科技专项竞争性分配项目107项，共安排经费2 600万元；省级科技计划项目24项，获扶持经费1 085万元。全年共组织26家企业申报广东省省级企业研究开发财政补助资金，获批补助资金1 846.09万元。

【孵化育成体系建设】　积极推动科技企业孵化器和众创空间建设，实施县（市、区）科技企业孵化器、众创空间全覆盖行动，全年共支持市级财政资金357.7万元。2017年，新增国家级科技企业孵化器培育单位2家、省级众创空间2家、市级科技企业孵化器2家、市级众创空间1家。截至2017年年底，全市拥有众创空间和科技企业孵化器16家，其中国家级、省级众创空间4家。规划建设科技企业孵化加速器1个，“众创空间+孵化器+加速器+科技园区”的孵化链条逐步建立。截至2017年年底，全市共有孵化场地面积3.2万多m^2，在孵企业共333家。

【企业研发机构建设】　2017年，市科技局印发了《关于推动全市规模以上工业企业研发机构全覆盖工作方案》；支持规模以上工业企业设立研发机构，实施主营业务收入5亿元以上大型骨干企业研发机构全覆盖行动。2017年，全市新增省级工程技术研究中心18家、省级现代农业科技创新中心（基地）19家、市级工程中心5家。截至2017年年底，全市拥有省级重点实验室9家、工程中心65家，市级重点实验室25家、工程中心46家，院士工作站2家、特派员工作站2家、新型研发机构1家，全市各类研发机构达到254家，比2017年增长43家，增长20.4%，省级以上研发机构达124家，增长49.4%，广东省产业技术创新联盟4个。

【民生科技创新】　该市围绕民生科技需求，积极组织重大疾病预防与诊断、大气污染防治、废弃物综合利用等关键技术研究和推广应用，组织实施非资助项目238项，医药应用基础和疾病防治技术研究25项。

【创新创业培训宣传】　为进一步帮助企业提高创新能力和专利发明能力，促进该市研发机构建设，市科技局组织科技专家宣讲团走进基层，

12月6—8日在全市范围内开展5场巡回宣讲培训会，近2 000人次参加培训会。市科技局还充分利用地方主流媒体和湛江金科网等宣传平台，围绕该市科技创新重要政策、重大事件、创新典型等进行报道宣传，营造了浓厚的创新创业氛围。

【高新技术产业】　本年，湛江市委、市政府提出了“五大产业发展计划”，制定出台了《湛江市高新技术产业培育计划（2017—2020年）》，全市高新技术产业实现了快速发展，全年新增高新技术企业46家，高新技术企业由79家增长到125家，增长近60%；新增31家高新技术企业培育入库企业。拥有高新技术产品911个，增长了45.9%；全市高新技术产业产值达605亿元，超额完成上级下达的指标任务。

2017年，湛江高新区的创新资源集聚度全市最高，全区高新技术企业26家，占全市的20%；高新技术产品产值182亿元，占全市的31%；省级以上技术研发机构18家，占全市的33%；市级研发机构22家，占全市的28%。建有科技企业孵化器4家，占全市的50%，已形成较为完善的创新创业体系。

2017年，为加快海洋科技创新中心（原南方海谷启动区）建设，市科技局牵头成立了海洋科技产业创新中心建设协调领导小组，制定了《加快海洋科技产业创新中心建设方案》。截至2017年年底，总部大厦、科技创新大厦建设工作已基本完成，海洋科技展厅已建成并试运行。

【农业创新主体培育】　湛江市积极组织发动企业、科研院校和创新创业机构做好“星创天地”和省级现代农业科技创新中心的建设工作，2017年获批国家级“星创天地”4家、省级3家，省级现代农业科技创新中心12家、现代农业科技创新中心（基地）9家。继续实施农村科技特派员工作，新增省级农业科技特派员入库75人。

科技部在2013年9月批准湛江为第五批国家农业科技园区建设单位，3年共承担了18项建设任务。2017年，园区顺利通过了科技部的验收。2017年，由市科技局组织南方海谷建设协调领导小组申报的“湛江海洋生物创新型产业集群”获批准为广东省创新型产业集群建设试点。12月14日，由广东省科学院与湛江市政府合作共建的广东省科学院湛江研究院和广东省科学院生物科技产业园成立揭牌仪式在湛江甘蔗研究中心举行。截至2017年年底，湛江海洋种业科技园区可行性研究项目已完成相关工作，并通过了专家组的验收。该研究拟将湛江海洋种业园区选址在徐闻下洋镇东部沿海地区，规划面积200hm^2，按照“一园五区”布局建设，包括特色种业示范区、海水种业研发创新区、产业配套服务区、科技交流与专家公寓区、公共配套服务设施区。

【科技与金融】　2017年，该市被列入广东省普惠性科技金融7个试点市之一，获得省专项资金450万元的支持。市科技局印发了《关于开展普惠性科技金融试点工作的实施方案》，出台了《关于开展普惠性科技金融试点工作的实施方案》，加大了对科技企业的融资支持，与建设银行湛江分行联合推动该项工作。同时继续与中国银行湛江分行开展科技企业风险贷工作，通过科技信贷风险准备金撬动银行资金支持科技企业发展。截至2017年年底，3 320万元的科技信贷风险准备金累计支持科技企业18家，授信金额2.01亿元。全年有30家中小微企业申请科技创新券，金额达635万元。科技支行已提供授信支持的企业29家，授信金额2.9亿元，有效解决了该市部分中小科技企业“融资难”问题。2017年有1家高新技术企业挂牌“新三板”，是该市首家成功在“新三板”挂牌的企业。

【政产学研合作】　该市开展广东省科学院湛江行对接活动，促进科研院所产业技术与该市企业需求的有效对接，为湛江企业技术创新提供支撑。围绕该市小家电、羽绒等传统优势产业创新发展需求，经省科技厅批准，本年新增2家省级产业创新联盟——广东省小家电产业技术创新联盟、广东羽绒加工产业技术创新联盟，取得了零的突破，有力地促进了传统优势产业转型升级。截至2017年年底，该市企业与上海交通大学、中山大学、华南理工大学、中国海洋大学、北京科技大学、华中农业大学等高校院所，通过科技特派员等合作形式建立了紧密的产学研合作关系。

【科技成果及奖励】

科技成果登记　2017年，全市共登记技术合同189项，同比增长22.73%，技术合同交易额8 306.7万元，同比增长74.62%；其中高校、科研院所转让技术181项，占比95.77%，金额5 515.19万元，占比66.39%。高校向企业转移技术成果138项，居粤东西北地区第1。

科技成果奖励　由广东省农业科学院蔬菜研究所等单位完成的“华南辣椒抗逆机理研究及耐逆新品种选育与应用”等12项成果获得2017年度广东省科学技术奖。由中海石油（中国）有限公司湛江分公司牵头完成的“南海高温高压钻完井关键技术及工业化应用”成果获得2017年度国家科技进步奖一等奖，这是该市有史以来获得的最高级别科技奖项，也是本年广东省唯一1项牵头获得的一等奖。2017年，全市共评选出2016年度湛江市科技进步奖特等奖1项、一等奖10项、二等奖15项、三等奖16项，专利金奖5项、专利优秀奖16项。

【知识产权工作】　2017年，湛江市通过国家知识产权试点城市考核验收。根据《湛江市开展国家知识产权示范城市培育工作方案》，12月6日进入国家知识产权示范城市培育阶段。2017年，湛江市30家企业通过《企业知识产权管理规范》国家认证（简称“贯标”）。

专利工作　11月10日，市科技局（知识产权局）组织召开全市专利工作座谈会，国家、省驻湛科研院所、高校以及市属单位等30多家单位负责人和业务代表参加了座谈。会议主要目的是“把脉”查找问题，“对症开药”推动工作，落实《湛江市高新技术产业培育计划（2017—2020）》的任务分工，努力提升高校、科研院所等单位的研发创新能力。

2017年，湛江市共资助申请专利2 398件，资助经费261.81万元。在年度财政资金科技专项竞争性分配项目中单列“工业企业技术转化专题”计划专项，其中设立8个项目，扶持经费120万元。继续开展“湛江市专利奖”评选活动，评出金奖5名、优秀奖16名，奖金总额达57万元。

2017年，该市专利申请受理量6 861件，同比增长26.73%，获授权量3 006件，同比增长17.24%，PCT专利申请总量4件。广东冠豪高新技术股份有限公司被评为国家知识产权优势企业。由广东鸿基羽绒制品有限公司完成的“一种提高水洗羽绒清洁度及蓬松度的装置及其方法”和由湛江广东五洲药业有限公司完成的“一种连消系统及其在药用干酵母生产中的应用”获得第十九届中国专利优秀奖。广东冠豪高新技术股份有限公司、广东鸿基羽绒制品有限公司分获第四届广东专利金奖、优秀奖。

知识产权宣传培训　2017年，湛江市知识产权局联合宣传、工商、版权、公安、质监、海关等部门，利用“3・15”保护消费者权益日、“4・26”世界知识产权日、“5・15”全国打击和防范经济犯罪宣传日、“12・4”全国法制宣传日等，通过悬挂横额、出版墙报、组织知识产权活动一条街、派发知识产权宣传资料、开展行政执法等活动开展宣传。

4月19日，湛江市知识产权局召开了科技型企业专利质押融资与普惠金融座谈会，召集有关企业深入沟通了专利质押融资、专利保险工作具体开展事宜，拉开“知识产权宣传周”序幕。4月26日，在霞山区祥源广场和赤坎区凯德广场分别举办了两场“4・26”知识产权日宣传活动。遂溪县经济信息化和科技局邀请广东金岭糖业集团有限公司等17家企业在琴苑公园开展以“创新改变生活”为主题的“4.26世界知识产权日暨国际长寿养生基地+产品”宣传活动。市（区）两级公安、文广新、工商、知识产权局等20多家单位开展了联合执法检查，巡查了卜蜂莲花、沃尔玛超市等商家2 000余件商品。4月28日，湛江市赤坎区举行知识产权专题讲座，邀请行业专家深入基层企业宣传专利保护知识。至此，2017年湛江市“知识产权宣传周”系列活动圆满收官。翻印《中华人民共和国专利法》《广东省专利条例》《湛江市科学技术局（知识产权局）专利资助办法》10 000余册并向社会发放。举办企业知识产权对接座谈会、专利质押融资和专利保险培训班等专题活动，培训各类人员近5 000人次。

2017年，湛江市知识产权局联合岭南师范学院、广东海洋大学、广东海洋大学寸金学院、广东文理职业学院、广东省农工商职业学院举办大学生外观设计大赛活动。湛江市对优秀设计作品进行奖励，并全额资助申请国家专利。

11月29日，广东省知识产权培训基地（广东海洋大学）在学校多功能厅举办第十一届专利周宣传活动，拉开了湛江市2017年专利周系列宣传活动的序幕。广东海洋大学师生约500人参加宣讲。

知识产权保护及服务　2017年，该市积极维护市场经济秩序，共处理专利行政案件110宗，较前一年大幅增长，其中专利侵权案件37宗，假冒专利案件72宗，协助省维权援助中心处理电商案件1宗。是年，湛江市知识产权局参与行政诉讼2宗，年内终审胜诉1宗，等待开庭1宗。建立湛江市知识产权保护重点企业库，首批入库企业44家。广东恒兴饲料实业股份有限公司进入广东省知识产权保护重点企业库。4月10日，由广东省知识产权局主办、湛江市知识产权局承办的粤西片区专利行政执法工作调研座谈会在湛江市召开。12月14日，中国海洋经济博览会（以下简称“中国海博会”）在湛江市奥体中心开幕。市知识产权局应中国海博会筹备委员会邀请，全程现场进行展会专利保护工作。

2017年，深圳市兴科达知识产权代理有限公司湛江分公司正式营业，湛江市知识产权服务机构数量增至5家，同比增长25%。湛江市首家行业专利联盟——湛江市羽绒产业知识产权联盟正式成立。

2017年，湛江市积极推进知识产权质押融资工作，联合廉江长江村镇银行股份有限公司共同探索专利质押融资新模式，年内廉江三圣电器有限公司、广东天启电器有限公司、廉江市伊莱顿电器实业有限公司等3家企业顺利完成首笔专利质押贷款，总贷款额达810万元。

1月9日，在湛江市知识产权局指导下，广州奥凯信息咨询有限公司、湛江南锋知识产权代理有限公司联合召开了企业知识产权集体“贯标”启动大会。在会议现场，湛江25家企业代表与广州奥凯信息咨询有限公司正式签约。12月5日，市科技局（知识产权局）在华和国际酒店召开联盟授牌暨“贯标”颁证大会，29家“贯标”企业代表上台领取了《企业知识产权管理规范》认证证书。

【科普工作】　2017年，市科协联合市科技局、遂溪县政府、市科普中心等单位，在遂溪县岭北中学举办2017年广东省文化、科技、卫生“三下乡”科普进校园、进农村活动（湛江遂溪站）。联合徐闻县科协举办全国科普日主场活动，举办科技培训3场次。市气象学会举办湛江市气象科普教育基地开放参观活动，介绍气象科普基地内容并进行科普问答，举办台风灾害防御知识科普讲座。坡头区科协举办健康养生科普报告会。是年，市科协系统及所属学会举办学术与科技交流活动200多场次，受众3.7万人次，开展科普活动130多场次，受众近5万人次。

7月23日，市科技局组织专家和企业到徐闻锦和镇举办科技一条街活动。内容包括农、林、畜牧、渔业、卫生保健等方面的知识，接受服务群众2 000多人次。中国热带农业科学院南亚热带作物研究所、湛江市畜牧技术推广站、湛江市水产技术推广中心站、湛江市农垦科学研究所、湛江中心人民医院、湛江第一中医院以及徐闻县正茂和牛有限公司等企业参与。

【科协、学会建设】

科技学术交流　2017年，市科协组织参加在吉林省长春市召开的第十九届中国科协年会；组织参加在贵州黔南州召开的中西南学会学研究第35届年会和省学会研究会组织的各项学术交流活动。市级学会（协会、研究会）邀请国内外专家学者到湛江开展学术交流活动100多场次，参加人数近2万人次。在2017中国海洋经济博览会期间举办国际现代渔业论坛。8月23日在遂溪县气象局召开全市科普工作交流会，推广遂溪县气象局利用自身防灾优势抓好科普工作的经验。

学会科技服务站建设　省营养学会廉江人民医院科技服务站和省甘蔗学会湛江科技服务站均得到省科协专项资金支持，开展助力湛江发展科技服务活动。市科协2017年新建市材料研究学会聚鑫新能源科技服务站和市教育信息技术协会湛江技师学院科技服务站，并组织省级专家到这2个科技服务站举办专题讲座。是年，共建立了市级科技服务站16个、省级4个。

科普惠农　2017年，该市有1个农村专业技术协会、2个农村科普示范基地、2个农村科普带头人获省“基层科普行动计划”项目先进单位和个人，争取省“奖补资金”55万元。市评出1个农村专业技术协会、5个农村科普示范基地、2个农村科普带头人，发放奖补资金32万元。通过实施科普惠农项目，辐射带动农户 50万户，平均每户年增收3 600元。

第三届中欧生命科学论坛 11月22—24日，由中国科学技术协会海智办、全欧华人专业协会联合会联合主办，湛江市科学技术协会承办的第三届中欧生命科学论坛在湛江举行。论坛以“创新、交流、合作”为主题，由开幕式、主题报告、项目路演和项目签约四部分组成。来自英国、法国、德国、意大利、瑞士、瑞典、比利时7国的17名专家（其中博士15人、硕士2人，含4名非华裔专家）携带4个主题报告和15个项目参会。通过报告、路演、现场对接、实地考察，在新药和新型疗法研发、新型医疗器械、体外检测诊断系统及耗材、生命科学在老龄产业的应用等方面，与湛江企事业单位实现交流和对接，签订合作意向4项。

千会万企金桥工程 根据《湛江市科协实施“千会万企金桥工程”工作方案》，组织和发动学会（协会、研究会）与企业开展合作，通过技术合作、成果转化等方式，提升学会能力和企业创新能力，形成有效化解科技和经济相互脱节问题的“科协模式”。本年省科协拨出专项资金资助市科协和湛江农垦局举办农垦湛江垦区国家现代农业科技园之元素农业双创示范园区探索与实践研讨会，推动湛江农业创新发展。国家、省和市水产学会连续3年在中国海博会期间在湛江举办国际现代渔业论坛，国内外专家云集湛江共谋水产业创新发展。

大众创业万众创新活动周活动 9月15—21日，该市与全省、全国同步举办“2017年大众创业万众创新活动周”活动。活动由市科学技术协会主办，围绕“双创促升级、壮大新动能”主题，进行科技成果转化签约、创客创业故事分享、北部湾双创论坛、创新创业大赛、项目路演、成果展示、现场咨询等一系列活动。市科协邀请8名国内专家学者围绕创新、创业问题，分别在广东海洋大学、岭南师范学院、广东文理职业学院、湛江市第一技工学校、海田科技孵化器举办“双创”培训6场，受众1 500多人。

湛江海智工作基地建设 2017年，市科学技术协会完善了“海智计划”工作机制，出台《中国科协海智计划广东（湛江）工作基地工作站管理办法》，在继续支持和指导湛江科技企业孵化器、湛江经济技术开发区管委会、奋勇高新区3个海智工作站基础上，新建广东海洋大学、广东医科大学、岭南师范学院3个海智工作站，构建“海智计划”广东（湛江）工作基地运行网络。通过现有的6个海智工作站广泛收集各行各业对海外科技人才、科技项目和技术的需求，并通过中国科协海智网络对外发布技术、人才需求71项。

青少年科技教育 10月20—21日，市科学技术协会邀请中国科学院老科学家科普演讲团6名老科学家，为中小学校师生举办科普报告会24场，受众约2.5万人。从4月开始，举办2017湛江市青少年航空模型大赛，大赛包含项目8个，全市近万名中小学生参加比赛。评出一等奖93个、二等奖177个、三等奖237个，获奖人数507人。举办2017年粤东西北（湛江市）青少年机器人竞赛教练员培训班，来自全市80所中小学校的88名科技老师参加培训。先后组织青少年科技夏令营活动2批。第一批组织20名湛江市青少年赴中科院（北京）开展科学普及夏令营活动；第二批组织来自湛江市、茂名市、佛山市、广州市、珠海市的197名中小学生开展为期五天的2017湛江（茂名）航天航空军事科学普及夏令营。举办“创客教育进校园”活动，建立湛江市青少年创客梦工场，在湛江市第八小学、第十六小学、第二十九小学开始试点上课。打造青少年科技精英班，在全市范围内选拔40名学生进入青少年科技精英班进行培训。组织青少年科技创新大赛。举办2017年湛江市青少年网上科技制作大赛。至11月底，参赛人数近400人，湛江市青少年网上科技制作大赛网页浏览量和点击量4万人次。

2月12日，由市科学技术协会、市教育局、市科技局联合主办的湛江市第三十二届青少年科技创新大赛在岭南师范学院举行。大赛主题为“创新、体验、快乐、成长”。来自全市100多所学校的学生参加了活动，参加市级比赛作品

308件，经县（市、区）选拔评选，选出优秀青少年科技创新成果奖60项，优秀科技辅导员创新成果奖10项，优秀科技实践活动奖25项，优秀少年儿童科学幻想绘画奖80项。获奖作品推荐参加第三十二届广东省青少年科技创新大赛，其中，湛江市14项学生创新项目参加终评，获一等奖1项、二等奖4项、三等奖9项，专项奖10项。湛江市第二十五小学被广东省青少年科技创新大赛组委会评为全省十佳优秀组织单位，湛江一中培才学校老师崔丽丽被授予“十佳”优秀科技辅导员称号。在展示项目中，湛江市获科幻绘画二等奖、三等奖各1项；科技实践活动二等奖2项、三等奖1项；科技辅导员科技创新成果二等奖1项、三等奖2项。

【防震减灾】湛江市地震局坚持“预防为主，防御与救助相结合”的工作方针，稳步推进该市地震监测预报、震灾防御、应急救援和科技创新“三加一体系”建设。2017年，湛江地区有市级地震监测中心1个，由7个市级测震子台，1个省级测震子台，5个强震监测点，2个前兆地下流体监测点和3个宏观观测点组成。市辖地震局（办）7个，全市从事防震减灾事业工作人员54人（含业余观测员7人）。湛江地区全年记录到地震16次，其中最大震级ML3.1。

地震监测　2017年，全市地震监测台站共8个，加上共享周边地区7个监测台站数据，该市可用于分析处理的测震台站达15个，可有效监测该市境内1.0级以上地震，并实现5分钟快速测定地震三要素的目标。在地震监测设施建设方面，完成国家地震烈度速报与预警台站建设项目前期选址工作。按照国家局和省局技术规范和要求，完成了90个一般台站的宏观勘选任务和16个基本台、基准台站的建站用地意向书签订工作，确保台站用地计划的顺利实施。开展吴川吉兆湾深井地震前兆台站建设工作。保障地震监测台网高效运行，每月对地震监测设施与观测环境进行排查，台网运行率保持在95%以上。优化群测群防工作体系。2017年加大投入对雷州盐场观测点进行了升级改造，前兆观测数据的实用性、可靠性得到有效提升。截至2017年年底，湛江市已建起3个地震骨干测报点和20多个地震宏观测报点，专群结合的地震监测体系已初具规模。市地震局成功筹办粤西地区2018年度地震趋势会商会议。完成该市建（构）筑物抗震设防性能普查基础资料数据入库工作。

10月26日—12月30日，市地震局在湛江市主要部门安装预警信息接收终端，加强地震应急预警信息共享工作。在该市共18家学校及重点企事业单位安装了地震预警信息接收终端。

防震减灾科普宣传教育　充分利用“5·12”防灾减灾日、“7·28”唐山地震纪念日等宣传时机，通过上街下乡宣传、开展专题讲座、播放防震减灾宣传影片、开展防震知识问答等方式，到遂溪县、霞山区等地开展涵盖各部门、各行业人员的防震减灾授课，在全社会全方位开展防震减灾宣传。截至2017年年底，湛江市已建设完成湖光岩地震馆、东坡岭地震科普馆、湛江市第五中学防震减灾示范学校3个省级防震减灾科普教育基地。

（陈嘉贤）

茂名市

【科技政策法规】 3月1日，茂名市科技局出台了《茂名市科学技术奖励实施细则》，进一步突出科学技术奖励政策导向，促进科技成果转化。12月28日，茂名市制定印发了《茂名市科学与技术发展“十三五”规划（2016—2020年）》。

【科技计划项目】 2017年，茂名市共申报国家、省科技计划项目87项，其中国家级项目2项，获立项20项，获下达资金1 425万元。共受理茂名市科技计划项目525项，立项367项，安排资金130万元。

【企业技术创新平台】 2017年，茂名市有广东省奥克环氧精细化工工程技术研究中心、广东省冠利海洋水产品健康养殖与精深加工工程技术研究中心、广东省鳄鱼及其深加工制品精深加工工程技术研究中心等21家工程中心获批创建省级工程技术研究中心，有茂名市石化设备可靠性维修工程技术研究中心、广东华茂种业工程技术研究中心、茂名鱼类产品精深加工及资源利用技术工程技术研究中心等45家工程中心被认定为市级工程技术研究中心。

【孵化育成体系】 2017年，茂名高新区科技企业孵化器获认定为国家级科技企业孵化器，实现国家级科技企业孵化器零的突破。高新区圆梦创客获认定为国家级众创空间，国家级众创空间增加到4家。国信创谷、丰能双创孵化中心获认定为茂名市科技企业孵化器，市级科技企业孵化器增加到5家。在广东科技孵化育成服务平台登记的科技企业孵化器和众创空间总数增加到18家，数量实现翻番。在2017年广东省科技企业孵化器、众创空间运营评价，茂名市高新区科技企业孵化器被评为良好（B级）孵化器、中团众创空间被评为优秀（A级）众创空间。

【产学研结合】 2017年，茂名市加强与高校、科研院所的对接交流，先后与广东工业大学、华南理工大学、南开大学深圳研究院开展了产学研对接。9月，省科学院副院长李定强带领18个院属研究所45位精英专家团队到茂名市举行“科技服务地方行”活动。“产学研结合茂名示范市”项目已顺利通过省科技厅验收。“茂名罗非鱼产业链提升关键技术研发及产业化”“罗非鱼胶原蛋白肽高效生产关键技术及应用”两个重大专项突破了一批产业关键技术，多项技术达到国内领先水平。

【科技金融】 2017年，茂名市科技局分别与中国银行茂名分行、建设银行茂名分行举行科技金融座谈会，建立了科技金融工作协商机制，通过建设银行茂名分行的“‘Fit粤’科技金融”、中国银行茂名分行的“科技通宝”和“集采通宝”等为创新型企业进行科技贷款，共实现贷款额度9.25亿元，授信额度6.8亿元。2017年，茂名市知识产权局与中国银行茂名分行联合举办茂名市专利质押融资银企对接会，共同推进茂名市知识产权质押融资工作，有1家获得中国银行茂名分行1 600万元的专利质押融资贷款。

【科技成果与奖励】 2017年，组织申报广东省科学技术奖励26项，获省科技厅受理22项，获省级科技奖8项，其中二等奖2项、三等奖6项。

2017年，茂名市评出市级科学技术奖项目46项，其中一等奖8项、二等奖9项、三等奖29项。广东石油化工学院、茂名臻能热电有限公司和福建龙净环保股份有限公司共同完成的一等奖项目“燃煤电厂电袋复合除尘技术与应用”属节能环保高科技领域，主要应用于热电厂和炼化企业燃煤锅炉烟气净化系统。针对热电厂大气污染物排放治理问题，开发了燃煤电厂电袋复合除尘技术。该项目获国家授权发明专利1件、实用新型专利6件，发表论文4篇，项目整体技术达到国内先进水平。经统计，项目已经为茂名臻能热电有限公司节能增效900多万元，减少烟尘排放166.24 t/a，社会与经济效益显著。

【高新技术产业】　2017年，茂名市共组织104家企业申报高新技术企业认定，全市存量高新技术企业达到111家，增加41家，增长59%。2017年共组织113家企业申报省高新技术企业培育入库，申报数同比增长93.1%。2017年申报广东省高新技术产品133个，同比增长166%，获认定125个，同比增长166%，申报数量和获认定数量均首次超过100个，取得历史最好成绩。

2017年，高新区在科技创新方面成绩突出，连获多个国家级牌子，被科技部重新认定为“国家火炬计划茂名高新区石化产业基地”，打造粤西地区首个“国家知识产权试点园区”和“国家级科技企业孵化器”，圆梦创客晋升“国家众创空间”。圆梦园创业孵化基地被认定为“广东省创业孵化示范基地”。新增2家市级科技企业孵化器、12家高新技术企业、6家省级工程技术研究中心，1家省新型研发机构、1家茂名石化院士工作站。

【农业科技】　2017年，茂名市积极发展农业科技创新平台，有院士企业专家工作站、“星创天地”、工程中心、现代农业创新中心、研究院等多层次平台，形成国家、省、市级相结合的创新平台体系。

2017年，茂名市组建了蔬菜产业技术联合体并参与建设国家科技特派员创业链，创建了罗非鱼产业产学研技术创新联盟，实施科技创新项目18项，共获得专利12项，核心区和示范区有9个基地的15个品种通过国家绿色食品认证。

2017年，茂名市获省批准新增农村科技特派员49人，农村科技特派员项目3项，组织有针对性的科技下乡活动和科技培训活动10期，农村科技特派员科技下乡咨询服务60人次。

【专业镇及特色产业基地】　2017年，茂名市电白七迳镇、高州大井镇、信宜洪冠镇被认定为省级专业镇。“根子镇荔枝、龙眼产业升级示范”“北运蔬菜专业镇现代农业综合服务平台建设升级与示范”两个省级专业镇转型省级示范项目进展顺利。组织实施“公馆镇罗非鱼技术创新服务平台建设”等3个省级专业镇中小微企业服务平台建设项目，指导“石化下游产品精细化加工研发服务平台建设”项目完成结题验收。

【知识产权工作】　2017年，全市专利申请量6 629 件，同比增长77.86%，其中发明专利申请量1 644 件，增长126.13%；获专利授权1867件，同比增长17.2 %。

2017年，茂名市推荐的广东新华粤华德科技有限公司“一种裂解C8馏分中苯乙炔选择性加氢反应方法”专利荣获第十九届中国专利优秀奖，茂名市企业取得突破首次获得中国专利奖。茂名市开展了第七届茂名市专利奖的评审工作。评出专利奖金奖项目2项、优秀奖项目17项、优秀发明人6人。

2017年，茂名市依法查处各类知识产权案件，加大对知识产权案件打击力度，立案查处假冒专利案件16件。

2017年，茂名市推荐的信宜江东电子有限公司被认定为国家知识产权优势企业。茂名市组织认定市知识产权示范企业20家、市知识产权优势企业30家。

【科普工作】　2017年，全市800多名农村科技特派员主动深入企业和农村调研，有针对性地经常组织乡镇科技集市活动和科技培训活动。全市举办各类咨询服务6次，开办技术培训班10期，受训农民2 000多人次。同时农村科技特派员有一部分深入企业和农村开展技术指导和开办田间课堂，推动一批农村实用技术的推广和进一步提高农民的科技种养水平。

【防震减灾】　2017年，茂名市地震监测台网全年正常运行，确保了地震观测数据传输记录的连续性、可靠性和准确性。建设了3个省级防震减灾科普教育基地，积极做好“5 · 12”防灾减灾宣传周活动，“民生与法治”等科普展和科技咨询活动。到中小学校开展和指导防震应急疏散演练，累计有2 500多名师生参加了演练。完成市地震应急指挥中心改造升级，继续建设完善应急避难场所，新增新湖公园、春苑公园2个应急避难场所，全市地震应急避难场所达到5家，地震应急避难的总面积达29万m^2，可容纳18万人左右临时应急避险。妥善处置电白区羊角镇3级有感地震工作，及时派出工作组到地震现场进行实地勘测，指导应急处置和震情信息的报送。加强部门应急联动合作，与市安监局签订了应急联合合作协议。

（文　妙）

肇庆市

【概况】　2017年，肇庆市有县及县级以上国有研究与开发机构、科技情报和文献机构16个，净增高新技术企业101家，有效存量共289家，高新技术产品产值1 213.48亿元；规模以上工业企业研发机构覆盖率达35%；新增国家级科技企业孵化器2家，国家级众创空间2家；新增省级创新平台54家（总数163家）；新增科技企业孵化器12家（共20家）；建有众创空间11家。发明专利申请量1 848件，发明专利拥有量996件（每万人2.44件）。引进1名长江学者带项目、团队、资金落户肇庆，入选国家“百千万人才工程”1人，评选出第一批西江创新创业团队6个、创新领军人才2名，申报第二批西江创新创业团队15个、西江创新创业领军人才12名。市知识产权局被评为2017年度全国知识产权系统人才工作先进集体，市地震局应急指挥中心被中国地震局授予2017年市级地震应急指挥系统优秀奖。

【创新环境营造】

全市创新发展大会　2月28日，肇庆市召开全市创新发展大会，学习贯彻全省创新发展大会精神，实施创新驱动发展战略，部署创新驱动发展工作。会议提出，要走创新驱动发展之路，打赢创新转型、提质发展硬仗，为建设枢纽门户城市注入动力。端州区、高要区、肇庆高新区、肇庆学院、风华高科公司、华师大光电产业研究院的代表在会上发言。

肇庆（北京）创新创业投资环境推介会　9月13日，肇庆（北京）创新创业投资环境推介会在北京会议中心召开。推介会以“创新创业”为主题。清华大学等高校科研院所及北大方正、京东集团、中关村科技、启迪控股、博天环境、盛景网联等重点企业代表共500多人出席活动。市长范中杰作投资环境推介。至年底，有50多家北京大型企业表示有投资肇庆意向，其中市科技局跟进项目12个，计划投资34.86亿元；签约合同项目6个，计划投资28.11亿元，实际到位资金3.48亿元。

第二届“星湖杯”创新创业大赛　4—10月，肇庆市举办第六届中国创新创业大赛（广东—肇庆赛区）暨肇庆市第二届“星湖杯”创新创业大赛。大赛由市科技局主办，市生产力促进中心、市经济发展促进会、市科技中心承办。参赛企业139家，其中初创组38家、成长成熟组101家。有56家企业晋级复赛，其中初创组设一等奖1个、二等奖2个、三等奖3个；成长成熟组设一等奖1个、二等奖2个、三等奖3个。13家企业被推荐参加省决赛，获省赛二等奖1个、优胜奖12个，其中广东中洲环保实业有限公司和肇庆兆达光电科技有限公司参加国赛分别获得新能源及节能环保行业优胜奖和先进制造行业优秀奖。

【政策法规建设】　2017年，肇庆市启动国家创新型城市和知识产权示范城市创建，实施“1133”工程，设立10亿元产业投资引导基金，研发投入占GDP比重提高至1.5%左右。出台《肇庆市知识产权专项资金管理办法》《珠三角（肇庆）国家自主创新示范区空间发展规划（2017—2025年）》《肇庆市建设国家创新型城市试点工作实施方案》《肇庆市新型研发机构认定和扶持暂行办法》《肇庆市高新技术企业扶持暂行办法》等扶持高新技术企业、科技企业孵化器、知识产权、新型研发机构和科技金融等“1+N”系列科技配套政策。8月11日，肇庆市国家自主创新示范区建设和创新发展工作推进会在肇庆高新区召开，提出要按照省建设珠三角国家自主创新示范区部署，围绕建设珠三角连接大西南枢纽门户城市目标定位，实施创新驱动发展战略，加快建设国家自主创新示范区。肇庆高新区制定《关于加快实施创新驱动发展战略　建设国家自主创新示范区的若干意见》《加快肇庆高新区国家自主创新示范区建设工作方案（2017—2021）》。肇庆高新区由国家知识产权试点园区升级为示范园区，建成鼎湖高层次人才“双创园”、高新区创新创业科学园等人才创新创业平台，实现“百千万人才工程”国家级人选、“珠江人才计划”创新创业团队和领军人才“零”的突破。

【科技体制改革】　2017年，肇庆市制定完善高新技术企业认定和培育、创新平台、知识产权等创新政策，出台《肇庆市建立重点产业和重点市场知识产权保护机制工作方案》《关于建立肇庆市重点企业知识产权保护直通车制度的工作方案》，修订出台《肇庆市工程技术中心认定管理办法》等，带动各县（市、区）出台县级配套政策，初步形成相对完善的科技体制改革体系。

【科技企业孵化器】　12月27日，科技部火炬中心公布2017年国家级科技企业孵化器名单，肇庆市大学科技园发展有限公司和肇庆高新区创新创业服务中心名列其中，实现肇庆市国家级科技企业孵化器“零”的突破。

【科技创新孵化平台】　2017年，肇庆市通过出台系列扶持政策，加大财政投入，完善服务体系，科技创新孵化平台建设成效显著。截至2017年年底，新增省级创新平台54家（总共163家），超额完成省下达的新增15家、市下达的新增20家任务。建成科技企业孵化器20家，比上年增长12家，孵化面积27.28万m^2，在孵企业533家，实现县（市、区）全覆盖。拥有国家级孵化器2家、省级孵化器2家、市级孵化器8家，其中肇庆学院大学科技园、肇庆高新区创新创业服务中心被科技部评为国家级科技企业孵化器；备案众创空间11家，其中国家级众创空间3家、省级试点单位2家，加速器1家，基本建成“众创空间—孵化器—加速器”全链条的孵化平台。

【肇庆市创新创业中心】　5月16日，肇庆市创新创业中心（下称中心）在端州七路睦岗园区挂牌，肇庆市创新创业中心有限公司同时注册，由肇庆市西大资产经营管理有限公司承担具体运营，以肇庆市大学生创新创业实训基地建设和科技企业孵化相结合形式，创建“产、学、研”及“培训、实训、孵化”为一体的综合性创新创业孵化基地。6月，该中心被评为广东省小型微型企业创业创新示范基地。至年底，中心入驻企业63家，其中科技型企业45家、第三方服务型机构4家，入驻个人工作室70个，培育高新技术企业1家；举行各类创业服务活动30场次，服务企业105家。

【高新技术产业】

高新技术企业　2017年，肇庆市有高新技术企业289家，比上年存量净增101家，增长54%。高新技术产品产值1 213.48亿元，高新技术制造业增加值58.62亿元，增长13.3%，占规模以上工业企业增加值比重6.6%。列入省高新技术企业培育计划企业59家。全年举办高新技术企业培训班9期，300多家企业派员参加培训。212家企业参加高新技术企业认定和复审，其中143家企业被认定为高新技术企业；引进高新技术企业3家。

高新区建设　2017年，肇庆高新区被国家知识产权局确定为国家知识产权示范园区，创新创业服务中心成为国家级科技企业孵化器；新增高新技术企业28家、省级以上创新平台18家；新增国家知识产权优势企业2家、省知识产权示范企业1家。有15家企业申报省级工程中心，其中13家获认定；22家企业申报市级工程中心，21家获认定。广东第一个拥有量子通信自主知识产权的企业——广东国腾量子科技有限公司落户肇庆高新区。截至2017年年底，全区培育和建成新型研发机构5家，建立各级重点实验室、工程技术研究中心共86个，其中省级实验室2个、工程中心34个、市级工程中心50个。设立7 000万元科技金融专项资金，整合区内外银行、证券、风投、担保等资源为科技企业提供金融服务。

【省部院产学研结合】

规模以上工业企业研发机构建设　2017年，肇庆市出台《肇庆市推进规模以上工业企业研发机构建设实施方案》，协助有条件的企业建立创新平台，扩大研发机构覆盖面，确保大型工业企业研发机构全覆盖。规模以上工业企业研发机构覆盖率25%，超额完成省里下达的目标任务；主营业务收入5亿元以上的工业企业研发机构覆盖率100%。全市组织45家企业申报省级工程中心认定，有42家企业获认定。

企业科技特派员　2017年，肇庆市引进北京理工大学、哈尔滨工业大学、电子科技大学、中山大学、华南理工大学、华南师范大学、暨南大学等国内30所高校科技特派员及助理共320名，分别被派驻到市级或县级的163家企业，开展科技服务。

【农业科技】　2017年，肇庆市科技部门经多方沟通，促成广东省农科院茶叶研究所与下帅乡的单枞茶龙头企业怀集县仙山茶叶加工厂建立合作关系，在标准化无公害栽种、新品种栽培、加工工艺等方面提供技术支持和人员培训，进而辐射示范带动下帅乡的单枞茶产业持续健康发展。

12月14日，广东省科技厅在肇庆高新区的大华农生物药品有限公司，举行广东省第一批现代农业科技创新中心、创新基地和“星创天地”项目的授（挂）牌仪式。肇庆市农科所获评广东省现代农业科技创新中心，肇庆大华农生物药品有限公司、封开县智诚家禽育种公司、广宁县润添农产品合作社被评为广东省现代农业科技创新基地，怀集县助农电子商务有限公司获评“星创天地”项目。

【科技计划项目】　2017年，肇庆市科技部门受理科技项目250个，立项215个。完成创新指导类项目结题验收141项。加强科技计划项目立项、实施、结题验收等监督，依法实施项目的申报、评审、立项等，组织申报“2017年度广东省科技发展专项资金项目（第三批）”24个，其中省重大科技专项4个、省应用型科技研发项目20个，共获资金1 100万元。开展“2017年肇庆市产业核心技术攻关及应用型研发省市联动项目”申报，推荐上省项目18个，申报资金1 000万元，已获研发资金200万元。

【科技成果与技术市场】　2017年，肇庆市办理科技成果登记35项；全市获2017年度广东省科学技术奖三等奖3项，分别为“片式叠层电感器湿法用银电极浆料”“中介电常数微波介质陶瓷材料开发及在器件中的应用”和“贡柑新品种选育及管件栽培技术研究与利用”。全市经各级科技行政部门登记技术合同30项，技术合同成交额3 140万元。

【科技金融】　2017年，肇庆市开展科技创新券后补助工作，以创新券后补助方式无偿资助科技创新活动，优化创新创业环境。全年完成90家申报单位材料受理，申报资金1.27亿元，经过专家评审、结果公示等，47家符合条件的企业获补助，兑现补助资金900万元。肇庆高新区出台科技金融等“1+N”系列配套政策，制定《加快肇庆高新区国家自主创新示范区建设工作方案（2017—2021）》，设立7 000万元科技金融专项资金，整合区内外银行、证券、风投、担保等资源，为科技企业提供金融服务。

【知识产权工作】

国家知识产权示范城市培育　2017年，《肇庆市开展国家知识产权示范城市培育工作方案》印发，成立国家知识产权示范城市培育工作领导小组，加大示范培育工作的统筹推进力度。年内，实施知识产权强区战略，建成国家级知识产权示范试点县（园区）5个，其中肇庆高新区成为国家知识产权示范园区，高要区为国家知识产权强县工程示范试点县，四会市和广宁县为国家知识产权强县工程试点县，端州区为广东省首个国家传统知识知识产权保护试点县。出台《肇庆市知识产权专项资金管理办法》。实施知识产权强企战略，新增国家知识产权优势企业4家、省级知识产权示范优势企业2家、市级知识产权试点企业7家，知识产权贯标认证企业15家。培养知识产权人才，支持3家市级知识产权教育培训基地开展业务培训，参训人员2 000多人次；肇庆市知识产权局获评2017年度全国知识产权系统人才工作先进集体，成为全省获此殊荣唯一的地级市产权局。

专利申请与授权　2017年，肇庆市继续实施专利数量和质量双提升计划，全市发明专利申请量、申请专利量、专利拥有量分别增长25%以上。专利申请量为5 341件，比上年增长62.24%；其中发明专利为1 848件，增长122.12%。获专利授权量为2 332件，增长19.90%；其中发明专利188件、实用新型1 392件、外观设计752件。《专利合作条约》（PCT）国际专利申请量36件，增长125%。有效发明专利拥有量996件，增长25%；万人发明专利拥有量2.44件。肇庆市风华锂电池有限公司的“锂离子电池正极材料及其制备方法”、肇庆市桥博设计研究院有限公司“波形钢腹板组合PC桥梁及其施工方法”获第十九届中国专利优秀奖，为肇庆企业连续三年获此奖项。

知识产权保护　2017年，肇庆市依法严厉打击专利侵权假冒行为，查处专利侵权假冒案件86件，其中专利侵权案件47件、假冒专利案件39件，全部按时结案，办案数量、结案率创历年新高。统筹协调全市打击侵权假冒工作领导小组成员单位，开展专项行动121次，立案查处案件823件，案值6 697.2万元，罚没641.3万元。

印发《肇庆市科技计划和知识产权信用体系建设方案》，明确知识产权守信和失信行为的激励和惩戒标准及方法。开通知识产权保护重点企业直通车，新增省级知识产权保护重点企业2家、市级105家。建设知识产权维权援助体系，成立广东知识产权维权援助中心肇庆分中心，将产权保护和援助服务有机结合，推动企业创新创造。

【肇庆市科技中心】　2017年，市科技中心利用内设展厅组成的科技馆展厅，布置科普展品，向社会各界传播自然科学知识，接待学校、社会团体等30批次2万余人次。

科技志愿者服务　2017年，肇庆市科技馆学雷锋志愿者服务站公开招募志愿者50次，招募人数超过200人次，志愿者来自高校、企事业单位和社会各阶层；市科技馆根据志愿者年龄层及能力构成，将其划分为学生志愿者、普通志愿者、专家志愿者。开展志愿者培训6次，形成一套较为完善的激励、培训、考核制度。组织志愿者开展展厅环境卫生整治、文明交通劝导、展厅讲解指引、科普进校园、科普进社区等活动50次。

科普活动　2017年市科技中心配合市科协多次开展自然科学普及活动：5月17日，在城区七星岩东门广场举办“全省科技进步活动月启动仪式”；5月26日，在龙禧小学举行“校园科技节”，通过派发科普资料，开展益智游戏，举办科技图片展览等，激发青少年“爱科学、学科学、用科学”兴趣。年内，市科技中心分别与市第七小学、龙禧小学、睦岗小学等开展未成年人思想道德教育7次；邀请市委党校、市教育局、第二中学的老师到市科技中心学术报告厅分别做主题为“我快乐我做主”“小学生学习能力与情商训练”“大手牵小手　爱心助成长”等讲座；分别与百花小学、睦岗小学、肇庆学院、市六小等学校举办主题为“做诚信小公民”“爱我中华，振兴中华”“崇法尚德　健康成长”等道德讲堂11次。

【防震减灾】

防震减灾服务　2017年，肇庆市投资100多万元，建设4个地震烈度观测站（全市共10个观测站），安装9个地震预警信息接收终端，实现在广东省东北部及近海或珠江口外海发生强震后10～20秒内接收到地震预警，为民众逃生避险、重大工程紧急处置和政府应急处理提供服务。在各县（市、区）地震局建设视频会议系统，实现国家、省、市、县视频会议联通，构建全市一体化的大应急地震工作体系，使灾情及救灾指令实现从国家到基层的上传下达。市地震局搭载市气象局应急视频系统，实现市、县多个部门的点对点或一点对多点的视频会议功能，形成覆盖面广的服务节点网络。

地震监测预报　2017年，肇庆市升级改造市地震应急指挥中心硬件，安装9个预警终端设备、1台地震流动监测仪，升级市地震应急指挥及辅助决策系统，提升地震应急处置能力。

地震应急救援　2017年，肇庆市在各中小学校、社区开展地震应急避险演练。11月10日，市科技局联合市教育局、市卫计局、市气象局和市地震局，开展一次跨部门、跨区域的地震应急综合演练，各县（市、区）、肇庆高新区的地震、教育、气象、卫计等部门参与演练，参演人数约6万人。

地震应急避难场所建设　2017年，肇庆市地震局按照地震应急避难场所国家标准，把全市8个避难场所从三类升级改造为二类，完善场所内各项应急设施，设置应急物资仓库，按要求配备应急物资、基本医疗救助与卫生防疫设施：新增图像监控摄像头80多个、对讲机20台、各类标志牌100多块，储备20个应急移动厕所。卫计、消防、肇水集团新修订各自的城市避难场所应急预案，确保在避难场所启动后可及时提供救灾物资、设备和措施。

地震宣传　2017年，肇庆市科学技术局组织专家到各乡镇开展“减少灾害风险，建设安全肇庆”防震减灾科普宣导活动，在各县（市、区）开展宣讲活动25场，参加人数1.6万多人，其中在鼎湖区逸夫小学首次进行全网公开直播防震减灾科普宣讲课。省地震局在市委党校举办以防震减灾为主题的讲座，县处级领导干部、乡镇党委（街道党工委）书记、县（市、区）局长、中青年干部共200人参加讲座。

（史盛兰）

清远市

【概况】 2017年，清远市新增高新技术企业62家，超额完成市委、市政府下达新增40家的任务。新增省级工程中心42家，同比增长131.25%，新增市级工程中心104家，同比增长200%，完成全市主营业务收入5亿元以上工业企业研发机构全覆盖，规模以上工业企业研发机构覆盖率20%以上的任务目标。组建了全市首家省级新型研发机构，实现零的突破。新增国家级科技企业孵化器培育单位1家，广东省众创空间试点单位1家，孵化育成体系日趋完善。全市科技研发费（R&D）6.2亿元。全市高新技术企业所得税减免2.34亿元，企业研发经费加计扣除所得税减免4 604万元，省级企业研究开发财政补助资金4 435.51万元，市级企业研究开发财政补助资金993.45万元。拥有省“扬帆计划”创新创业团队6个，市级创新创业科研团队6个，数量居粤东西北地区第1。

【科技计划项目】清远市共获2017年度广东省科技计划项目立项支持13项，其中省应用型科技研发专项资金项目1项，产学研合作领域4项，高新区及孵化育成体系建设领域2项，农村科技领域1项，科技服务公共服务体系建设3项，科普创新发展领域1项，科技创新创业人才服务领域1项，支持经费1 067.13万元。审核推荐申报省级企业研发费补助资金企业89家。

2017年，清远市科技计划项目立项52项，共下达项目资金1 795万元。组织申报2018年度清远市科技计划项目，网上受理项目184项，经形式审查，符合申报要求的126项；组织申报2017年清远市社会发展领域自筹经费科技计划项目，共受理项目233项；组织申报了2018年市级知识产权专项项目，共受理2018年清远市知识产权专项资金项目32项，拟立项项目14项。受理申报市级企业研究开发财政补助资金企业87家，下达补助资金1 000万元。

【科技环境营造】

科技政策制定　2017年，清远市出台了《清远市激励科技创新十条政策》《清远市落实创新驱动发展近期重点工作任务评价监测实施办法的工作方案》《2017年清远市规模以上工业企业和5亿元以上工业企业研发机构建设工作方案》《清远市普惠性科技金融试点工作实施方案》《清远市重点企业知识产权保护直通车制度实施方案》《清远市工程技术研究开发中心管理办法》等多份科技政策文件，进一步完善了清远市自主创新政策体系，营造出科技创新良好氛围。

科技政策制定实施　2017年，清远市科技创新券立项157项，其中一般券11项、专项券38项、补助券108项，券额合计2 594万元；兑现项目116项，其中专项券8项，补助券108项，兑现金额合计850.08万元。

10月27日，市国税局、地税局、科技局联合召开清远市贯彻实施“6项减税政策”暨“科技创新政策”阶段性成果发布会。市委常委、常务副市长李新全，市国税局、地税局、科技局的主要领导和干部职工代表以及50户企业代表参加了会议。企业代表围绕享受“6项减税政策”及“科技创新政策”的情况作了发言。市委常委、常务副市长李新全对市国税局、地税局、科技局在落实相关政策方面取得的成绩给予肯定和表扬，并与市国税局、地税局、科技局代表分别向企业发放了“税收优惠红包”和研发奖补资金“支票”。

清远市博士科创协会成立　为更好地组织博士们献计献策、挖掘智慧，更好地服务于清远，11月8日，由清远市科技局指导，清远市博士科创协会主办的“清远市博士科创协会成立大会”在华南863科技创新园召开。该协会由清远市医疗、生物、化学等各界博士组成，截至2017年年底，拥有会员82人，会员单位10个。

【科技成果管理与奖励】 制定并出台了《清远市科技成果登记申请指南（试行）》，2017年共受理科技成果登记业务35项。

清远市企业获2017年度广东省科学技术奖三等奖2项，分别为广东埃力生高新科技有限公司的“一种一元或多元气凝胶隔热材料及其制备方法”和清远市简一陶瓷有限公司的“三维打印布料技术与全通体大理石瓷砖研制”。

【高新技术产业】

高新技术企业 2017年，清远市着力于高新技术企业的培育、认定和管理，高新技术企业数量迅速增长。共举办了7场高新技术企业政策宣讲会，组织企业申报高新技术企业认定。截至2017年年底，清远市拥有高新技术企业174家，同比增长55.36%；高新技术企业入库培育企业103家，同比增长20%；获省科技厅对高新技术企业培育新入库企业奖补1 452.52万元。

高新技术产品 2017年共组织企业申报认定高新技术产品419个，与2016年相比高新技术产品数量增加255个，同比增长155%。

高新区 清远高新区申报的“清远高性能结构材料创新型产业集群”被省科技厅认定为广东省创新型产业集群建设试点单位，为清远新材料产业发展提供了更好的平台和机遇。“清远高性能结构材料创新型产业集群”通过主动整合省内的创新资源，营造适合技术开发、成果转化及产业化的环境氛围，逐步建成创新体系健全、创新要素集聚、经济效益好、辐射带动能力强的创新型特色产业集群，进一步提升清远新材料产业在国内外的综合竞争力。

【技术创新平台】 2017年，清远市新增省级工程中心42家，市级工程中心104家。截至2017年年底，全市共有各级工程中心231家。其中，国家级工程中心1家，省级工程中心74家，市级工程中心156家，已完成主营业务收入5亿元以上工业企业研发机构全覆盖，规模以上工业企业研发机构覆盖率达20%以上的目标。根据广东科技统计创新平台运营情况表统计数据，2017年清远市创新平台研发新产品生产项数778项，研发新产品产值182.7亿元，从业人员20 053人，工程技术研究开发中心已成为清远市科技创新的重要载体和力量。2017年，清远市组建了首家省级新型研发机构——广东聚航新材料研究院有限公司，实现零的突破。

【孵化育成体系】 金创电子商务产业园被认定为2017年度国家级科技企业孵化器培育单位，连山创新创业中心被认定为省众创空间试点单位。截至2017年年底，清远市共有国家级孵化器1家，国家级孵化器培育单位4家，市级科技企业孵化器4家；国家级众创空间1家，广东省众创空间试点单位3家。

【产学研结合】 科技特派员队伍不断壮大，截至2017年年底，共有170多名来自各大高校、科研院所的科技特派员进驻清远市企业。高校参与研发平台不断增加，省、市工程中心80%以上都有高校科研机构参加组建。佳致研究院依托中南大学和容大生物股份有限公司依托华南农业大学组建的新型研发机构正在有序推进中。新组建了以广东聚航新材料研究院有限公司、广东华澜浩宇科技创新有限公司、广东佳纳能源科技有限公司为牵头单位的3家新材料产业技术联盟。

【科技金融】 自清远市联合科技信贷试点方案实施以来，清远市积极开展联合科技信贷试点工作，着力解决科技型中小微企业融资难问题。2017年，组织6批联合科技信贷风险准备金入池工作，为21家科技型中小企业提供贷款，授信额度共计2.225亿元。

10月16日，清远市出台《清远市普惠性科技金融试点工作实施方案》，进一步发挥财政资金的引导和杠杆效应，推动科技、金融、产业的融合，在市联合科技信贷风险准备金（2 000万元）的基础上，向省科技厅申请500万元省级配套风险准备金，开展普惠性科技金融试点工作，引导科技金融广泛惠及小微科技型企业及各类创新创业主体。

【专利与知识产权工作】 10月24日，清远高新区获国家知识产权局授牌“国家知识产权试点园区”，标志着清远高新区知识产权工作进入新的起点，建设试点时限为2017年1月—2019年12月。

专利申请、授权及奖励　2017年全市专利申请量达4 174件，其中发明专利申请量为962件，分别同比增长44.43%和123.20%。获专利授权量为1 906件，其中发明专利授权量为137件，分别同比增长21.25%和69.14%。截至2017年12月底，清远有效发明专利拥有量569件，每万人口发明专利拥有量从2016年年底的1.04件上升至1.48件。广东容大生物股份有限公司“一种干混悬剂及其制备方法和应用”获第十九届中国专利优秀奖。约克广州空调冷冻设备有限公司“空气源热泵系统和用于该空气源热泵系统的化霜排”获第四届广东专利优秀奖。

知识产权贯标工作　2017年3月30日，在天安智谷一楼会议室举办了企业联合贯标启动仪式暨培训大会，邀请了资深贯标专家就知识产权贯标背景、意义和导入步骤，进行了详细解读，并从建立体系、机构、制度、流程等方面阐述了知识产权贯标的核心，以及运营、研发、采购、销售、财务和人力资源等部门知识产权工作内容。各贯标企业主要负责人对贯标工作进行表态，现场宣读贯标负责人的任命。知识产权贯标启动会的召开，标志着企业规范知识产权管理的开始。截至2017年年底，全市通过知识产权贯标认证企业27家，其中2017年新认定国家知识产权优势企业5家，省知识产权示范企业1家，省知识产权优势企业1家。

专利联合执法检查　8月17—18日，清远市知识产权局与广州市知识产权局、清远市公安局、清远市工商局、清远市食品药品监督管理局、清城区知识产权局等单位联合开展查处侵权和假冒专利专项行动。联合执法组到清城区义乌商贸城、小市南埗市场等商品集聚重点场所，以“食品、药品、日用品”等民生商品为重点对象开展查处行动，共检查商店（铺）40多家，检查涉及专利的商品上百件，立案7宗。

【防震减灾】 2017年，清远市加强了地震应急基础条件建设，对地震应急基础数据进行梳理更新，对系统性资料进行补充完善。建设完成了清远市地震应急指挥中心，实现省市二级地震应急指挥系统的互联互通。协调相关单位完善地震应急避难场所的建设。开展地震预警信息接收终端安装工作，在各县（市、区）选择7家单位，安装接收珠江三角洲地震烈度速报与预警台网产出地震信息接收终端，以开展地震超快速报和预警功能示范。

（张　凌）

潮州市

【高新技术企业发展】　2017年，申报高新技术企业认定二批次总数达到53家，比2016年增加165%；2017年通过专家评审的企业共有44家，通过率达83%，远远超过全省平均通过率将近20个百分点，全市高新技术企业存量已达到79家，超额完成省科技厅下达的65家目标任务。潮州市注重梯队培育，共组织了43家企业申请入库培育，申请量超过2016年1倍以上。

【创新平台建设】　2017年全市共新认定9家省级工程中心，其中企业类6家，高校类（韩山师范学院）3家；新组建市级工程中心两批共14家。截至2017年年底，全市累计拥有省级工程中心49家（含高校类）、市级工程中心97家。推进新型研发机构建设，潮州市潮安区庵埠食品与软包装研究所获广东省新型研发机构的认定，取得零的突破。建立健全科技公共服务平台，推进“市县镇企”四级创新服务平台的建设，潮州—中山产业创新中心举办了多场培训班、知识讲座，庵埠—小榄生产力促进中心及广东五研检测技术有限公司申报省“科技服务机构培育”项目，获得立项资助经费30万元。

2017年，潮州市迅速落实中国潮州（餐具炊具）知识产权快速维权中心编制问题，潮州市机构编制委员会批准设立中国潮州（餐具炊具）知识产权快速维权中心，为潮州市科技局管理的正科级事业单位，公益一类，核定事业编制10名。市政府投入104万元筹建经费，于9月完成场地装修设计、机房建设、信息化建设、网络系统调试等工作，并通过省知识产权局的验收。

【科技计划项目】　2017年潮州市组织实施各类科技计划，推动科技成果转化，着力突破产业关键核心技术，共获得省级资金支持6 000多万元。其中推荐35家企业申报2017年广东省企业研究开发省级财政补助资金，获得省补助资金约2 600万元；推荐2017年省级科技专项资金纵向协同管理省市联动项目22项，获资助850万元。

同时，积极推进已到期项目的结题验收工作，2017年共审核提交省级科技计划项目验收申请16项，受省科技厅委托组织省级科技计划项目验收11项；组织市级科技计划项目验收39项，结题率位居粤东西北地区第2位。

【科技企业孵化器】　大力推进科技企业孵化器建设，超额完成省科技厅下达的完成认定4家孵化器的任务，在省孵化在线平台登记孵化器6家、众创空间4家、在孵企业129家，其中认定国家级、省级和市级众创空间各1家，孵化育成体系建设跃居粤东西北地区前列。

【科技成果与奖励】　开展技术合同认定登记工作，2017年度登记注册企业4家，完成技术合同认定登记6项。开展2017年科技创新券后补助申报工作，有14家申报单位获创新券后补助200万元。完成2016年度市科学技术进步奖励评审有关工作，由市人民政府授予潮州市科学技术进步奖励项目37项。潮州三环（集团）股份有限公司的“高品质电子陶瓷元件关键技术及大规模产业化”和广东中包公司的“节能降耗的多制式多功能智能双列制袋装备的研发及应用”项目分别获2017年度省科技奖一等奖、三等奖。

【专业镇创新发展】　2017年，联饶镇被认定为省级专业镇，全市省级专业镇达到21个；枫溪区、庵埠镇、古巷镇、浮滨镇、城西街道5个省级专业镇被认定为潮州市创新发展示范专业镇。推动并完成年产值5亿元以上大型工业企业研发机构全覆盖，全市主营业务收入5亿元以上企业设立研发机构的比例达到100%。

【知识产权工作】

专利产出与奖励　2017年，全市专利申请量为5 688项，同比增长5.55%，位居全省第12位；获授权量4 227项，同比增长11.35%，位居全省第10位；全市“每万人口发明专利拥有量”为2.22件，居全省第11位，居粤东西北各市第2位。4项专利荣获第十九届中国专利优秀奖，其中发明专利2项，实用新型专利1项，外观设计专利1项。全市累计获评中国专利优秀奖18项，凯普生物公司的发明专利荣获第十八届中国专利金奖，实现了潮州市国家专利金奖零的突破，是粤东西北地区唯一获奖项目。

知识产权保护　2017年专利侵权纠纷案件立案28宗，联合县区知识产权局与镇政府开展查处假冒专利专项行动，立案查处假冒专利案件5宗。做好专利知识产权质押融资和金融结合工作，与有关单位研究出台知识产权质押风险补偿金政策。出台了《潮州市知识产权质押融资补贴办法》和《潮州市专利保险补贴办法》两份规范性文件，2017年度专利质押融资额突破200万元。在巩固国家知识产权试点城市建设工作基础上，印发了潮州市开展国家知识产权示范城市培育工作方案。

【科技金融】　经市政府同意，印发了《潮州市科技信贷风险准备金管理办法》，发挥财政资金的引导和杠杆效应，推动科技、金融、产业的融合，改善科技企业的融资环境。市科技局与建设银行潮州分行签订科技型企业信贷风险准备金业务合作协议，市财政出资1 000万元（首期到位资金200万元），建设银行潮州分行放大10倍以上，为科技型企业提供信贷业务。市科技局还与中国银行潮州分行签订《潮州市科技金融综合服务战略合作框架协议》，进一步深化合作，贯彻落实国家创新驱动发展战略，改善潮州市科技型企业的融资环境，促进科技成果的资本化和产业化，发挥财政资金的引导和杠杆效应，推动科技、金融、产业的融合。

【产学研结合】积极推动产学研融合发展，截至2017年年底，潮州市与中科院广州分院、广东工业大学、华南理工大学等6家高校或科研机构建立了产学研全面合作关系，共有170多家企业与50多所高校及科研院所开展产学研合作。

2017年，市政府与韩山师范学院共建的先进陶瓷材料创新研究中心获省科技厅“一市一重点”项目立项，8月3日揭牌成立。该中心围绕潮州市陶瓷特色产业打造一个高水平的科研创新平台，获得资助经费500万元。

【创新人才队伍建设】　2017年，潮州市组织申报“扬帆计划”引进创新创业团队项目4项，全部通过专家评审，“扬帆计划”立项数量连续四年排在粤东西北各市首位。

（罗远鹏）

揭阳市

【科技创新政策环境】　9月27日，揭阳市政府出台《揭阳市科技创新发展八项措施（2017—2021）》，每年安排6 000万元以上市级科技发展专项资金，从支持科技攻关、实施科技后补助、配套国家省奖励、支持科技金融融合发展、实施专利资助及奖励、强化科技系统能力建设、推动对德对欧科技合作创新、支持创新团队和优秀人才引进8方面助力科技创新工作。

【科技金融融合】　2017年全市4支金融科技产业融合风险准备金总额达到7 240万元，中国银行揭阳分行累计为全市36家风险准备金入池企业发放贷款2.806亿元。

【科技服务体系】　推进南方（揭阳）科技成果交易平台建设，完成服务器数据更新，平台新增高等院校5家，发布成果622项，完成成果登记4个，专利服务192个，科技查新27个。

【高新技术产业】　出台《揭阳市高新技术企业培育发展实施方案（2017—2020年）》，对获得高新技术企业认定和培育入库企业分别给予30万元和10万元的奖励。按照培育一批、认定一批和巩固提高一批的思路，常态化调查摸底发动，精心挑选培育对象，对照高新技术企业培育条件补齐短板。

3月15—16日，市科技局、财政局、国税局、地税局联合在市区和普宁市举办高新技术企业申报认定培训会，300多人参加了培训。全市高新技术企业净增33家，总量98家；认定高新技术产品169个，比增55%，全市高新技术企业量质双提升。

启动创建国家高新区工作，积极主动对接省科技厅，争取省科技厅的支持。配合做好高新区扩区更名工作，国家高新区申报工作有序推进。

【企业科技创新】　持续加大财政资金投入，采取发放企业研发费后补助、高新技术企业培育补助、创新券等方式，加大对企业创新活动的普惠性投入。全市55家企业获得省研发费后补助2 790.37万元，补助金额比2016年增长52%，创历史新高。21家企业获得揭阳市科技创新券后补助479万元，引导企业用于开展科技创新活动费用1 812.67万元。实施“百企科技攻关”计划，着力开展应用型技术开发。

【孵化育成体系】

科技企业孵化器　加强政策扶持，出台《科技“四众”促进“双创”实施意见》《加强科技企业孵化器（众创空间）用地管理的意见》《揭阳市孵化器后补助试行办法》。2017年全年新增孵化器1家、众创空间4家（含省级“星创天地”2家，其中1家列入科技部备案“星创天地”）；1家孵化器被认定为国家级科技企业孵化器培育单位，2家众创空间被认定为省众创空间试点单位。至2017年年底，全市累计有科技企业孵化器5家、众创空间7家，孵化面积16.6万m^2，在孵企业167家，在孵项目153个。

新型研发机构　截至2017年年底，全市拥有省级新型研发机构2家，分别是揭阳市中科金属研究院有限公司和巨轮股份智能制造装备研究院。拥有研发人员580人，拥有单价10万元以上的科研仪器设备原值达到19 424.1万元，有效发明专利15件，技术服务收入达2 572.7万元，近3年成果转化收入累计达270 552万元。

【科技创新平台建设】　2017年，全市新增省企业重点实验室1个、省级创新平台20个。推动规模以上工业企业建设研发机构451个，覆盖率23.6%，其中主营业务收入5亿元以上工业企业152家，实现全覆盖。新增广东省企业重点实验室1家（巨轮智能装备股份有限公司的“广东省智能制造技术与装备企业重点实验室”），获得省专项资金70万元。新增省级工程技术研究中心12家，累计53家；新增市级工程技术研究中心22家，累计111家。推动揭阳市鸿兴投资集团有限公司、广东加德伟自动化有限公司组建院士工作站，全市现有院士工作站10个，努力打造高端科技人才平台。新增企业科技特派员37名，特派员工作站6个。

2017年，普宁市池尾街道办事处获认定为广东省技术创新专业镇，普宁市梅林镇和揭西县良田乡获认定为揭阳市技术创新专业镇。全市现有省级专业镇22个，市级专业镇38个。

【产学研合作】 2017年，揭阳市组织60多家科技型企业到省内和华东、北京等地区10所高校科研院所开展产学研对接活动，20多家企业与高校院所达成合作意向，部分企业形成实质性合作，建立产学研合作基地。

【科技人才队伍建设】 落实省“扬帆计划”等重大人才工程，引进创新型人才和科研团队。揭阳市润达肠衣有限公司引进的“低分子肝素和硫酸乙酰肝素标准化与产业化创新团队”入选2016年“扬帆计划”引进创新创业团队项目，成为该市首个入选“扬帆计划”引进创新创业团队的项目，获得年度单项最高的省级财政扶持资金500万元。组织申报2017年省“扬帆计划”引进创新创业团队项目4个，其中广东润华药业有限公司引进的“纳米结晶药物研发及产业化创新团队”和广东富利盛仿生机器人股份有限公司引进的“智能仿人服务机器人创新团队”2个项目已列入拟入选名单进行公示；组织申报2017年“广东特支计划”科技创业领军人才项目1项、科技创新领军人才项目2项。

【知识产权工作】 2017年，揭阳市有4家企业获评国家级知识产权优势示范企业，实现零的突破；7家公司通过知识产权贯标认证，累计达到8家，居粤东地区首位。

知识产权创造 2017年全市专利申请量5 188件，同比增长7.06%，其中发明专利申请量342件，同比增长39.6%；获专利授权量3 932件，同比增长29.38%，其中获发明专利授权量65件；PCT专利申请量18件。广东利泰制药股份有限公司的“含少量抗氧化剂的十八复方氨基酸注射液及其制备方法”项目和巨轮智能装备股份有限公司的“双层圆盘式刀库装置”等2项项目获得第十九届中国专利优秀奖项目，全市累计5项。

知识产权保护 市知识产权局联合县（市、区）知识产权局组织开展了以医疗器械、生活用品、家用电器、食品为重点查处假冒专利专项行动4次，立案查处假冒专利案件4宗，结案4宗，没收违法所得13 912元。受理专利侵权纠纷案件2宗，处理电商领域专利侵权判定案件1宗，受理展会专利侵权纠纷案件17宗。促进企业与保险机构的服务对接，全市有4家企业的4项专利参与投保，保额达到55万元。引进广州三环专利商标代理有限公司在中德生态城设立分公司，该市专利代理机构（含分支机构）达到4家，知识产权服务机构不断壮大，服务能力逐步提升。

知识产权投诉举报与维权援助 建立健全知识产权投诉举报机制。在揭阳市科技局网站发布有关专利纠纷与假冒专利的投诉举报指南，12345热线也开通了投诉举报渠道。2017年共接到市12345热线办转来投诉6宗，普宁市知识产权局转来投诉1宗，都及时给予答复；接受专利纠纷处理请求2宗，已立案处理。

知识产权宣传培训 改版揭阳市科技局网站，丰富信息内容和提高宣传质量，网站逐步成为公众和媒体了解揭阳科技工作的重要渠道和窗口。推出“揭阳科技”微信公众号，对省、市推动科技创新发展的重大政策进行宣传、解读，及时转载省、市各类科技项目申报通知。开展“4·26”世界知识产权日、中国专利周宣传活动。着力抓好科技创新政策法规的宣讲培训工作。积极配合省科技厅举办“广东省2017年重大创新政策法规巡回宣讲培训活动”；先后举办了规模以上及大型企业研发机构覆盖培训、知识产权与企业竞争力提升、高新技术企业申报认定等一系列政策宣讲、培训班6场次，参加培训约1 800人次。

【技术交易】 认定技术合同登记数3个，合同交易金额近5 000万元，实现零的突破。

（王壮豪）

云浮市

【科技计划项目】 2017年度全市共申报省级以上项目85项（其中，中央引导地方科技发展专项资金项目6项，纵向协同管理省市联动项目14项），共申请经费9 580万元；省级以上科技计划项目立项29项，立项资金3 108万元。其中，国家项目2项，立项资金68万元。受理各县（市、区）推荐市级项目40项，立项21项，支持经费200万元。其中，“云计算与大数据公共服务平台建设及应用”“广东省云浮市石材产业科技创业孵化育成链条”分别获得广东省科技计划项目经费2 000万元和300万元的支持，“科创服务平台”获国家科技计划项目经费50万元。

【农业科技】 组织2017年纵向协同管理省市联动项目，实施科技精准扶贫精准脱贫产业基地建设项目6项，立项资金160万元。组织第一批省现代农业科技创新中心备案，其中广东省马林食品科技创新中心、广东省天绿皇帝柑科技创新中心、广东省天宝中兽医科技创新中心、广东省十二岭亚热带水果酒科技创新中心、广东省恒兆竹制品科技创新中心5家列入省第一批农业创新中心名单。组织省第一批“星创天地”备案，全市共有4家通过第一批备案。其中，云浮市云安区润丰农产品贸易有限公司承担的“新供销电商扶贫星创天地”得到省推荐申报国家“星创天地”备案并通过国家第二批“星创天地”备案。加强农村特派员管理，健全农业社会化科技服务体系，选派征集广东省省级农业科技特派员入库5项。

【民生科技】 强化科技在水污染综合防治领域的支撑作用，加快科技成果转化与推广应用，广东益康生环保科技有限公司的“高浓度养殖废水深度处理工艺”被列入《广东省水污染防治技术指导目录》。组织实施2017年市级医药卫生科技计划项目共24项。同时，加强项目监督管理，完成了农业领域省级项目验收6项，市级项目验收5项，市级医药卫生项目验收20项。

【科技与金融】 根据“广东省科技金融综合服务中心”平台建设的要求，云浮市不断完善“广东省科技金融综合服务中心云浮分中心”网络平台建设。继续抓好“云浮市科技信贷风险准备金”工作，年内引导合作的金融机构和科技小额贷款公司为全市科技型中小企业发放新增贷款1 200万元。

【创新创业】 2017年组织全市18家企业参加国家、省的科技创新创业大赛，通过初赛、复赛，最后新兴县的广东益康生环保服务有限公司进入省赛决赛，并获得大赛“新能源及节能环保行业初创组”优胜奖。

【科普工作】 2017年，广东大唐农林科技有限公司的“大唐农林科技教育基地”、郁南县青少年宫的“郁南县青少年科技教育基地”、云浮市云浮中学的“云浮市云浮中学科普基地”通过了广东省青少年科技教育基地申报认定。截至2017年年底，全市共建省级青少年科技教育基地6个，分别为：云浮市青少年宫青少年科技教育基地、广东省新兴中药学校中药标本青少年科技教育基地、广东南山森林公园青少年科技教育基地、大唐农林科技教育基地、郁南县青少年科技教育基地和云浮市云浮中学科普基地。

【科技人才队伍】 根据《关于印发2016年“扬帆计划”入选名单的通知》，广东温氏食品集团股份有限公司引进的“种猪遗传改良科技创新团队”入选2016年“扬帆计划”引进创新创业团队项目，获得300万元资助。该项目是云浮市首次成功申报“扬帆计划”引进创新创业团队项目，实现了该市“扬帆计划”引进创新创业团队项目零的突破。

【高新技术产业】

高新技术企业　2017年组织了两批共44家企业申报高新技术企业，同比增长175%；共有20家企业顺利通过专家评审，新增高新技术企业16家，全市有效期内高新技术企业数量达到39家，同比增长70%。

2017年组织了两批共60家企业申报省高新技术企业培育入库企业，同比增长233%。其中广东国鸿氢能科技有限公司等20家企业通过了评审，共获得省级财政奖补资金1 204.35万元。

高新技术产品　2017年组织了43家企业共93个产品申报广东省高新技术产品，同比增长221%。其中广东万事泰集团有限公司等37家企业的83个产品被认定为广东省高新技术产品，同比增长246%。截至2017年年底，有效期内的省高新技术产品共119个，同比增长129%。

【科技企业孵化器】

加强对云浮高新区孵化器、新兴县创新中心、郁南县创新创业服务中心等创新创业载体的指导，并就市创新创业载体普遍存在的运营管理体制不完善，公共创业服务体系不健全、技术平台建设不完善、企业融资困难、缺乏专业技术人才和创新团队，缺乏有效手段吸引企业入孵等问题提出意见和建议。2017年新增1个孵化器、1个众创空间在广东省科技企业孵化育成服务平台登记，目前共有7个创新创业载体在平台登记。

【科技成果与奖励】

科技奖励　云浮市有5项成果获得2017年度广东省科学技术奖，分别是：由广东粤电云河发电有限公司参与完成的“动力用煤降损与环境污染治理关键技术研究及工程应用”科技成果获一等奖；由广东凌丰集团股份有限公司独立完成的“高效节能双层不锈钢压力锅的研发及产业化应用”等4项成果获得三等奖。

“高效节能双层不锈钢压力锅的研发及产业化应用”项目产出一款创新设计了多重安全保护装置、锅身带夹套双层结构、牵引—开合结构，可应用于多种烹调方式的“高效节能双层不锈钢压力锅”。该成果获国家授权发明专利1项、实用新型专利1项、外观设计专利1项。该成果的设计还获得了德国政府支持的“2010年度厨具创新奖”、中国工业设计最高奖项“2011中国创新设计红星奖（银奖）”。

科技成果登记　2017年，云浮市获市级科技成果登记50项。云浮市登记的科技成果项目2017年实现净利润达2.07亿元，实交税金6 841万元，出口创汇1 780万元。其中基于“高效节能双层不锈钢压力锅的研发及产业化应用”项目，建成了一个年产拥有自主研发技术的20万个高档不锈钢压力锅的生产基地，该技术产品销售收入累计达8 032万元，产品出口欧美市场，年出口创汇906万美元，实现利润931万元，为国家增加税收945万元。

技术合同认定　完成了高新区爱德克斯（云浮）汽车零部件有限公司的“关于汽车用制动器零部件等技术许可及援助合同（2016年度）”的认定登记工作，认定合同交易金额3.0 375亿元，认定技术交易金额1 127.3 196万元。通过技术合同认定登记，企业办理了减免增值税68.81万元。

【科技创新平台】

工程技术研究开发中心　2017年，以广东雷允上药业有限公司为依托单位组建的“广东省呼吸系统用药工程技术研究中心”等10家工程技术研究中心被认定为省级工程中心，全市有8家单位获市级工程中心认定。截至2017年年底，全市累计有国家级工程中心1家、省级25家、市级31家。

新型研发机构建设　2017年，云浮市依托广东工业大学、广东华南工业设计院的实力和创新资源，开展市级新型研发机构认定工作，其中云浮市华云创新设计中心通过专家评审，获认定为市级新型研发机构。同时推荐其申报省级新型研发机构，获省级专家评审认定，成为云浮市第二家省级新型研发机构。全市累计有新型研发机构省级2家、市级2家。

【产学研合作】 2017年，云浮市加强省部产学研对接，与仲恺农业工程学院签订科技合作框架协议，为特色农业发展提供技术支撑。与广东省药科大学和广东省生物工程研究所合作，开展专门针对生物制药企业的技术需求征集，促使广东药科大学、广东省生物工程研究所、广东省科学院就相关领域技术成果与企业开展产学研合作对接。与新兴中药学校、广东省中药研究所、广药集团交流，推动南药产业产学研对接。组织全市20多家企业参加“首届中国高校科技成果交易会”，其中11家企业在中国高校科技成果交易平台提交技术需求，促进企业与高校的互动交流。

组织实施省级产学研协同创新项目，申报省级应用型重大专项4项，申报省市联动项目——云浮市专业镇协同创新中心项目2项，获批立项1项，立项金额100万元。组织实施市级产学研结合项目和新型研发机构发展专项，立项18项，立项金额225万元。抓好产学研项目实施跟踪管理和到期项目结题验收工作，召开“石材废弃物资源化利用”和“硫化工水污染控制及资源化关键技术研究与应用”两个产学研重大专项项目结题验收推进会，并向省提交验收材料。对省立项的7个在研项目进行监督检查，发现问题，及时整改。完成省级项目验收21项，完成率67%。由新兴县新城镇人民政府承担的“不锈钢特色产业产学研合作创新平台”重点项目通过省科技厅监审处验收。

企业科技特派员 建立企业科技特派员工作站，积极鼓励高校和科研院所科研人员深入企业一线开展技术咨询、技术服务、成果转化等工作，建立服务企业、服务基层长效机制。该市经过省科技厅备案的全国13家高校和科研院所的36名企业科技特派员进驻到全市18家企业开展科研活动。建立省级企业科技特派员工作站1家，获建站经费50万元。开展了云浮市企业科技特派员补助工作，对中山大学苏微微等22名特派员进行补助，累计金额达19.8万元。

【技术创新专业镇】 云浮市专业镇协同创新中心建设稳步进行。为加快协同创新中心建设，组织申报省、市级专业镇协同创新平台建设项目2项，获经费120万元。郁南县大方镇南药专业镇创新能力培育与创新环境建设项目，获省立项经费50万元。2017年，云浮市获认定省级技术创新专业镇1家。截至2017年年底，云浮市一共有26家省级专业镇。

【防震减灾】 在2017年度广东省市县防震减灾工作年度考核中，云浮市地震局被评为地级市“优秀单位”。

防震减灾科普宣传 利用“3·15”国际消费者权益日“5·12”防灾减灾日、10月13日“国际减灾日”等重要时段，联合各县（市、区）地震、教育、科协等部门，邀请省地震局专家在云浮市云浮中学、云城区高峰镇洞殿小学、云安区南乡中学、云安区富林镇寨塘村、罗定市黎少中心小学、罗定市龙湾镇、新兴县蚕岗中学、新兴县第一中学、郁南县西江中学组织开展了7场防震减灾知识现场咨询活动、10场防震减灾知识科普讲座、10次避震应急疏散演练，发放宣传资料逾5万份。借助邮政互联网广告平台，通过“微信朋友圈”的形式，分两次向云浮地区的32万个微信用户投放了防震减灾知识科普宣传广告。利用云浮电视台、《云浮日报》，播出防震减灾科普教育片，登载科普宣传文章。多形式、多途径科普活动的开展，切实增强了民众防震减灾意识。

地震烈度速报与预警工程项目建设 按广东省地震局的统一部署，积极推进地震烈度速报与预警工作项目建设。1月，组织并指导云浮市各县（市、区）地震部门如期完成了市辖区内64个一般站和10个预警信息接收单位工程初步设计信息调查填报工作。9月，配合省地震局实施“珠江三角洲地震烈度速报与预警台网建设项目”建设，完成云城区云浮市田家炳中学、云城区思劳镇中心小学、云安区云安中学、罗定市罗定中学、新兴县第一中学、郁南县西江中学、郁南县连滩中学7家地震预警信息接收示范单位的现场安装条件调查。12月，协助省地震局技术人员在该7家示范单位完成地震预警信息接收终端设备的安装。

地震应急能力建设 商请相关部门收集更新了全市人口、经济、建筑、学校、医院、水库、交通、应急物资储备、应急避难场所、地震紧急救援力量、地质灾害隐患点、易燃易爆等危险源分布等有关数据，推动了各地各有关部门开展各级各类应急预案编制、修订工作。调整了市防震抗震救灾工作领导小组成员。8月10日，组织开展了地震应急救援桌面模拟演练，市防震抗震救灾工作领导小组全体成员参加了演练，省地震局专家对演练进行指导并对全体成员开展了地震应急管理知识培训。与市气象局签订合作框架协议，建立定期沟通交流、信息共享与发布、预警会商机制，以便共同构建部门联动机制。

震害防御　应市发改局、市住建局、罗定市人民政府、云浮新区管委会、市妇幼保健院、广东华方工程设计有限公司等单位要求，就《粤桂黔高铁经济带合作试验区广东园云浮分园基础设施建设专项规划（2017—2030）》《云浮市城区工程地质调查及地基基础设计指南项目》、云浮罗定机场升级改造、新区建设及市妇幼保健院改扩建工程、云安中医院建设工程地震安全性评价工作等提供防震减灾规划建议及相关地震资料，落实抗震设防要求，强化地震安全性管理，为云浮社会经济建设和发展服务。继续开展城市地震灾害风险点危险源排查整治工作。

跨市跨地区防震减灾工作合作与交流　为巩固防震减灾合作成果，强化跨市跨区域地震应急机制建设，加强与周边地市合作与交流，2017年3月，云浮市地震局派员前往阳江市地震局考察学习。6月，梧州市地震局一行4人到云浮市地震局开展调研与工作交流。9月，云浮市地震局受邀派员参加梧州市举行的2017年苍梧5.4级地震应急救援综合演练；云浮市地震局参加在阳江举行的第二届粤桂交界及邻近地市防震减灾工作交流会。该交流会上审议并签署了《粤桂交界及邻近地市地震工作部门基层党组织联创联建协议》，以联创联建促创新，以党建促防震减灾事业发展。10月，云浮市地震局派员参加了在湛江市举行的粤西片区2018年地震趋势会商会；梧州市地震局有关人员到云浮市地震应急指挥中心收看了广东省2018年度地震活动趋势会商会，会后两局就粤桂交界地区2018年地震趋势进行了交流。

【知识产权工作】　2017年，全年共受理申请专利资助1 884件，专利奖励891件，审核发放专利资助及奖励金额合计99.86万元。联合云浮市科粤知识产权服务有限公司对云浮石材机械制造和不锈钢产业集群的专利信息进行收集、检索、分析、整合，并免费推送到各中小微企业。积极开展知识产权优势企业培育工作，有效促进知识产权示范优势企业的创新发展。2017年，认定7家企业为云浮市知识产权优势企业，进一步增强了企业的知识产权意识。此外，辅导、推荐市科特机械有限公司申报省级知识产权优势企业；开展专利质押融资工作，配合银行办理专利质押融资贷款1宗，融资额2 000万元。

专利产出　2017年，全市专利申请量1 884件，同比增长26.61%，其中发明专利申请量260件，实用新型专利申请量1 123件，外观设计专利申请量501件；获专利授权891件，同比增长10.41%，其中发明专利授权27件，实用新型专利授权475件，外观设计专利授权389件。PCT国际专利申请量2件。

打击侵权假冒　按照打击侵权假冒工作要求，切实发挥打击侵权假冒工作领导小组办公室的统筹组织作用，加强与各有关职能部门的沟通协调，抓好打击侵权假冒工作的开展。根据国家、省的部署，组织开展“2017—云剑联盟”区域联合打击互联网领域侵权假冒行为等专项行动。据统计，2017年双打行动中市各级行政机关出动执法人员3万余人次，检查企业、门店15 000多家，开展专项行动70多场次，共查处案件500多宗，涉案金额6 000多万元，捣毁制销假窝点5个，抓获犯罪嫌疑人28名，刑拘15名，逮捕14名，缴获假药、制假烟丝、制假机器、成品烟支等物品一大批，涉案物品价值400多万元。

专利行政执法　一是实施重点产业和重点企业保护直通车制度，将石材、不锈钢、加工机械等产业群列入知识产权重点保护产业，将22家企业纳入市级知识产权保护重点企业库，并推荐2家企业申报省知识产权保护重点企业库，其中1家企业加入省知识产权保护重点企业库。二是按照省工作部署，着力提高知识产权保护队伍的执法水平，组织人员多次参加省局的执法培训，提升其专利执法能力。三是坚持日常执法检查和专项执法相结合。组织开展专项执法活动3场，出动执法人员80多人次，检查企业、门店100多家，检查专利商品1 800余件，查处假冒专利案件5宗，切实维护群众合法权益。四是先后选派执法人员参加第121、122届广交会驻会执法工作，处理展会侵权案件35宗，圆满完成工作任务。五是组织召开粤西四市专利行政执法合作联席会议，总结交流粤西片区的专利行政执法工作情况，分析专利执法中遇到的问题和困难，研究探索跨区域专利行政执法的新方式、新途径。

（黄子源　谭璘峰　何燕红　阮锦丽
傅小铃　李　畾　陈怡莹）

科技统计资料

全省科技统计指标

科技人力

2017年，广东省国有企业、事业单位专业技术人员达155.10万人，在国有企事业单位专业技术人员中，工程技术人员、农业技术人员、科学研究人员分别有17.0万人、1.32万人、1.10万人，分别占总体的10.96%、0.85%、0.71%，与2016年相比，工程技术人员、科学研究人员、教学人员和其他人员数量均有所增长（见表10–1–1）。

表10–1–1　全省国有企业、事业单位专业技术人员数（2012—2017）

指标	2012		2013		2014		2015		2016		2017	
	绝对人数（人）	比重	绝对人数（人）	比重	绝对人数（人）	比重	绝对人数（人）	比重	绝对人数（人）	比重	绝对人数（人）	比重
工程技术人员	151 998	10.42%	139 807	9.61%	155 964	10.45%	139 817	9.65%	151 883	10.22%	169 994	10.96%
农业技术人员	12 256	0.84%	12 538	0.86%	12 772	0.86%	16 076	1.11%	16 681	1.12%	13 161	0.85%
卫生技术人员	264 976	18.16%	269 147	18.49%	283 499	18.99%	288 384	19.90%	308 402	20.75%	306 208	19.74%
科学研究人员	5 021	0.34%	3 813	0.26%	5 850	0.39%	6 139	0.42%	7 340	0.49%	10 992	0.71%
教学人员	861 104	59.02%	888 962	61.07%	888 862	59.53%	928 348	64.06%	893 189	60.10%	897 089	57.84%
其他人员	163 663	11.22%	163 663	9.71%	146 148	9.79%	70 491	4.86%	108 587	7.31%	153 566	9.90%

注：其他人员含经济人员、财会人员、统计人员、文艺人员、外语翻译人员。

科技经费

R&D经费保持稳定增长。2017年全省R&D经费2 343.63亿元，比2016年增长15.2%；R&D经费占全省地区生产总值（GDP）的比例为2.61%，比上年提高0.06个百分点；政府科技经费拨款823.89亿元，比2016年增长10.9%，占财政支出的5.48%，比2016年下降0.05个百分点（见表10–1–2）。

表10-1-2　全省科技活动经费增长情况（2012—2017）

指标	2012	2013	2014	2015	2016	2017
R&D经费（亿元）	1 236.15	1 443.45	1 605.45	1 798.17	2 035.14	2 343.63
#占GDP比重	2.17%	2.32%	2.37%	2.47%	2.56%	2.61%
政府科技经费拨款（亿元）	246.71	344.94	274.33	569.55	742.97	823.89
占政府财政支出的比重	3.34%	4.1%	3.00%	4.44%	5.53%	5.48%

2017年，全省科研机构R&D经费投入83.84亿元，高等院校投入137.53亿元，企业投入2 083.01亿元，分别占总体的3.6%、5.9%、88.9%。按经费来源分，政府资金240.40亿元，占10.3%；企业资金2 047.59亿元，占87.4%；国外资金6.25亿元，占0.3%；其他资金49.39亿元，占2.1%（见表10-1-3）。

表10-1-3　全省R&D经费明细情况（2017）

单位：亿元

项目	合计
R&D经费	2 343.63
#政府资金	240.40
企业资金	2 047.59
国外资金	6.25
其他资金	49.39

科技研究机构

2017年，广东省科技研究机构增至23 318个，其中科研机构有199个，全日制普通高校科技研究机构有1 369个，工业企业科技研究机构有20 030个，其他类型科技研究机构有1 720个，分别占总数的0.9%、5.9%、85.9%和7.4%（见表10-1-4）。

表10-1-4　全省科技研究机构概况（2017）

指标	合计	工业企业	科研机构	高等院校	其他
研究机构数（个）	23 318	20 030	199	1 369	1 720
R&D人员（万人）	63.42	54.69	1.76	1.20	5.77
R&D经费支出（亿元）	1 797.61	1 526.67	83.84	24.32	162.78

【科学研究与技术开发机构】　2017年，全省共有科研机构199个，R&D人员1.76万人，R&D经费为83.84亿元。

【高等院校科技机构】　2017年，广东省有高等院校151所，拥有研究机构1 369个。高等院校科技机构共有R&D人员1.20万人，R&D经费为24.32亿元。

【工业企业研究机构】 2017年，工业企业办研究开发机构20 030个，机构R&D人员54.69万人。全年工业企业办研究开发机构R&D经费1 526.67亿元。

科研课题与科技成果

2017年，全省各类单位共开展R&D课题项目17.02万项，参与R&D课题项目人员54.0万人年，R&D课题项目经费2 223.57亿元。

科技成果不断涌现。2017年，全省科技执行部门共发表科技论文115 802篇，其中科研机构8 510篇，高等院校88 644篇，企业10 349篇。全省科技执行部门共申请专利25.69万件，其中科研机构、高等院校、企业分别申请专利3 522件、20 401件、230 380件。全省科技执行部门共出版科技著作3 039种，其中科研机构、高等院校分别出版214种、2 703种（见表10-1-5）。2017年，全省共获国家科技进步奖38项，获省级科技奖励成果246项，省级重大科技成果登记2 511项（见表10-1-6）。

表10-1-5 全省科研课题及科技产出情况（2017）

指标	合计	企业	科研机构	高等院校	其他
R&D课题项目数（项）	170 214	78 765	8 034	79 050	4 365
R&D课题人员（人年）	540 010.7	488 676.1	11 622.7	25 826.3	13 885.6
R&D课题经费内部支出（亿元）	2 223.57	2 080.08	46.39	76.10	21.00
专利申请数（件）	256 912	230 380	3 522	20 401	2 609
发表科技论文（篇）	115 802	10 349	8 510	88 644	8 299
出版科技著作（种）*	30 39	–	214	2703	122

*注：因企业出版科技著作无汇总数，合计数不包含企业的数据。

表10-1-6 国家及省级科技成果奖励情况（2012—2017）

单位：项

指标	2012	2013	2014	2015	2016	2017
国家科技奖励成果	26	28	46	32	33	38
省级科技奖励成果	280	262	249	237	239	246
省级重大科技成果	1 799	1 809	1 748	2 133	1 963	2 511

（幸　雯）

科技统计表

表10-2-1 全部县以上部门属科技机构概况（2017年）

10-2-1-1 主要指标

主要指标	单位	政府部门属科技机构					非政府部门属研究与开发机构和综合技术服务业有R&D活动的事业单位	转制机构
		县以上部门属研究与开发机构合计	自然科学和技术领域	社会与人文科学领域	科技信息和文献机构	县属研究与开发机构		
机构数	个	178	154	10	14	273	110	46
职工总数	人	22 913	21 310	733	870	27 758	1 652	10 792
单位在职从事科技活动人员	人	19 673	18 295	694	684	19 770	991	6 857
大学本科及以上学历	人	16 157	14 927	628	602	17 026	242	5 514
R&D人员折合全时工作量	人年	13 432	12 669	602	161	12 367	183	2 934
科技活动收入	千元	12 818 253	12 140 737	415 887	261 629	11 711 918	208 763	4 707 417
政府拨款	千元	904 3 533	8 488 386	402 395	152 752	9 046 817	205 062	29 187
科技经费内部支出	千元	11 858 805	11 266 608	381 160	211 037	9 955 444	182 463	768 402
资产购建支出	千元	3 139 911	3 121 515	13 631	4 765	3 021 906	18 433	103 773
R&D经费内部支出	千元	7 469 527	7 080 873	337 602	51 052	5 144 783	23 746	680 528
固定资产	千元	14 346 315	13 759 503	247 620	339 192	17 950 113	242 306	3 052 038
课题数	个	9 337	8 898	261	178	3 816	137	686
课题经费支出	千元	5 497 912	5 264 288	190 497	43 127	3 513 355	32 358	577 419
R&D课题经费支出	千元	4 519 541	4 305 482	189 511	24 548	3 060 668	15 452	557 329
课题投入人员	人年	13 235	12 438	523	274	11 735	347	2 690
R&D课题投入人员	人年	10 804	10 149	512	144	10 005	152	2 610
专利申请受理	项	3 475	3 470	2	3	2 834	3	567
专利授权	项	1 878	1 876	0	2	1 503	1	403
科技论文	篇	8 064	7 570	349	145	4 718	61	894
科技专著	种	331	164	156	11	66	0	13

注：以下各表的范围为县以上政府部门属研究与开发机构，即自然、社人、信息文献3个领域中的机构。

表10-2-2 全部县以上部门属科技机构、人员和经费概况（2017年）

10-2-2-1 按地域分布

地域	机构数（个）	从业人员总数（人）	单位在职科技活动人员		经费收入总额（千元）		科技活动贷款（千元）	科技活动贷款（千元）	科技经费支出
				大学本科及以上学历		政府资金			
总　计	**178**	**22 913**	**19 673**	**16 157**	**16 085 646**	**9 871 484**	**480**	**15 393 731**	**11 858 805**
广州市	86	17 430	14 912	12 587	13 214 341	7 342 337	0	12 813 301	9 535 051
韶关市	7	233	176	101	74 266	56 027	0	70 358	55 490
深圳市	5	2 067	1955	1 820	1 604 480	1 433 118	0	1 481 721	1 477 472
珠海市	6	378	303	250	204 148	191 645	0	86 149	72 281
汕头市	9	405	357	154	81 259	66 108	0	78 370	57 940
佛山市	3	125	81	67	64 154	62 081	0	62 606	50 446
江门市	3	81	52	38	25 443	18 302	0	28 948	17 899
湛江市	11	735	603	418	390 491	324 949	0	357 606	266 057
茂名市	8	153	132	61	34 129	33 705	0	33 483	30 168
肇庆市	5	110	99	50	33 737	26 651	0	31 283	27 386
惠州市	7	194	174	94	86 289	84 116	0	70 304	59 813
梅州市	5	178	166	97	53 980	50 099	0	60 827	50 863
汕尾市	3	16	16	6	2 846	2 846	0	2 591	2 402
河源市	2	17	15	9	3 077	3 077	0	2 747	2 463
阳江市	1	52	37	9	13 001	12 549	0	10 801	9 849
清远市	0	0	0	0	0	0	0	0	0
东莞市	8	483	378	288	143 009	111 184	480	145 361	102 604
中山市	2	72	58	48	24 988	24 301	0	24 988	19 194
潮州市	2	79	79	33	17 467	16 723	0	15 020	12 728
揭阳市	3	81	64	16	11 353	10 532	0	11 675	7 778
云浮市	2	24	16	11	3 188	1 134	0	5 592	921

10-2-2-2 按隶属关系分布

隶属关系	机构数（个）	从业人员总数（人）	单位在职科技活动人员		大学本科及以上学历		科技活动贷款（千元）	经费支出总额（千元）	
				大学本科及以上学历		政府资金			科技经费支出
总 计	**178**	**22 913**	**19 673**	**16 157**	**16 085 646**	**9 871 484**	**480**	**15 393 731**	**11 858 805**
地方部门属	158	14 893	12 283	9 651	8 900 627	4 478 064	480	8 822 172	5 867 624
省级部门属	62	9 436	8 007	6 596	6 539 348	2 931 144	0	6 384 185	4 153 910
副省级城市属	15	2 142	1 547	1 302	1 260 208	661 545	0	1 470 530	920 362
地市级部门属	81	3 315	2 729	1 753	1 101 071	885 375	480	967 457	793 352
中央部门属	20	8 020	7 390	6 506	7 185 019	5 393 420	0	6 571 559	5 991 181
中国科学院	6	3 698	3 651	3 310	3 636 727	3 309 261	0	3 477 700	3 280 665

10-2-2-3 按服务的国民经济行业分布

行业	机构数（个）	从业人员总数（人）	单位在职科技活动人员		经费收入总额（千元）		科技活动贷款（千元）	经费支出总额（千元）	
				大学本科及以上学历		政府资金			科技经费支出
总 计	**178**	**22 913**	**19 673**	**16 157**	**16 085 646**	**9 871 484**	**480**	**15 393 731**	**11 858 805**
农、林、牧、渔业	73	4 289	3 432	2 284	2 129 217	1 792 833	480	1 987 833	1 489 987
农业	34	2 214	1 783	1 096	907 359	745 933	0	902 904	695 414
林业	14	792	620	380	435 804	393 113	0	372 027	288 894
畜牧业	7	335	277	241	136 656	77 803	480	150 432	117 579
渔业	4	274	231	180	239 462	209 436	0	183 822	154 643
农、林、牧、渔专业及辅助性活动	14	674	521	387	409 936	366 548	0	378 648	233 457
采矿业	1	104	100	78	60 832	32 436	0	61 687	54 371
有色金属矿采选业	1	104	100	78	60 832	32 436	0	61 687	54 371
制造业	13	1 457	1 268	1 025	997 298	807 081	0	925 733	767 328

（续上表）

行业	机构数（个）	从业人员总数（人）	单位在职科技活动人员		经费收入总额（千元）		科技活动贷款（千元）	经费支出总额（千元）	
				大学本科及以上学历		政府资金			科技经费支出
农副食品加工业	2	623	534	390	351 976	251 232	0	350 422	276 395
石油、煤炭及其他燃料加工业	1	17	9	4	3 974	3 974	0	4 154	3 276
医药制造业	2	410	410	381	368 230	341 724	0	323 270	321 538
化学纤维制造业	1	36	19	17	38 705	21 219	0	34 970	4 593
专用设备制造业	5	277	221	197	220 251	175 892	0	198 617	148 491
铁路、船舶、航空航天和其他运输设备制造业	1	72	60	34	12 222	12 061	0	12 353	12 019
计算机、通信和其他电子设备制造业	1	22	15	2	1940	979	0	1 947	1 016
交通运输、仓储和邮政业	1	26	24	21	14 160	9 769	0	15 861	8 649
水上运输业	1	26	24	21	14 160	9 769	0	15 861	8 649
信息传输、软件和信息技术服务业	2	257	248	225	175 002	93 455	0	173 741	127 828
电信、广播电视和卫星传输服务	1	173	165	148	108 487	74 558	0	118 995	103 813
软件和信息技术服务业	1	84	83	77	66 515	18 897	0	54 746	24 015
科学研究和技术服务业	62	12 676	11 407	9 905	9 292 275	6 323 162	0	8 758 090	7 590 252
研究和试验发展	35	7 292	6 647	5 803	5 879 956	4 193 595	0	5 282 627	4 539 091
专业技术服务业	20	4 765	4 247	3 629	3 221 260	2 038 114	0	3 331 834	2 911 618
科技推广和应用服务业	7	619	513	473	191 059	91 453	0	143 629	139 543
水利、环境和公共设施管理业	13	2 268	1 647	1 415	1 262 042	404 512	0	1 226 648	733 703
水利管理业	4	1 306	879	761	558 980	153 692	0	543 630	374 988
生态保护和环境治理业	9	962	768	654	703 062	250 820	0	683 018	358 715
教育	1	101	97	93	84 537	79 252	0	84 537	52 375
教育	1	101	97	93	84 537	79 252	0	84 537	52 375
卫生和社会工作	7	1 553	1 285	967	1 934 179	219 519	0	2 020 467	923 242

（续上表）

行业	机构数（个）	从业人员总数（人）	单位在职科技活动人员	大学本科及以上学历	经费收入总额（千元）	政府资金	科技活动贷款（千元）	经费支出总额（千元）	科技经费支出
卫生	7	1 553	1 285	967	1 934 179	219 519	0	2 020 467	923 242
文化、体育和娱乐业	4	158	141	120	119 941	98 460	0	131 615	105 571
文化艺术业	2	82	70	57	80 878	66 651	0	87 130	75 982
体育	2	76	71	63	39 063	31 809	0	44 485	29 589
公共管理、社会保障和社会组织	1	24	24	24	16 163	11 005	0	7 519	5 499
国家机构	1	24	24	24	16 163	11 005	0	7 519	5 499

表10-2-3　全部县以上部门属科技机构人员概况（2017年）

10-2-3-1　按地域分布

单位：人

地域	从业人员总数			外来流动科技活动人员		离退休人员
		单位在职科技活动人员	女性	外聘的流动学者	非本单位在读研究生	
总　计	**22 913**	**19 673**	**7 404**	**439**	**2 737**	**10 518**
广州市	17 430	14 912	5 674	335	2 594	7 338
韶关市	233	176	49	10	5	333
深圳市	2 067	1 955	810	25	0	25
珠海市	378	303	77	8	65	49
汕头市	405	357	133	0	0	458
佛山市	125	81	33	2	0	216
江门市	81	52	20	0	0	37
湛江市	735	603	219	24	37	978
茂名市	153	132	31	0	0	138
肇庆市	110	99	31	0	0	210

（续上表）

地域	从业人员总数	单位在职科技活动人员		外来流动科技活动人员		离退休人员
			女性	外聘的流动学者	非本单位在读研究生	
惠州市	194	174	52	0	0	118
梅州市	178	166	74	0	0	160
汕尾市	16	16	3	0	0	8
河源市	17	15	5	0	0	0
阳江市	52	37	6	0	0	24
清远市						
东莞市	483	378	108	35	34	157
中山市	72	58	25	0	2	101
潮州市	79	79	35	0	0	63
揭阳市	81	64	17	0	0	24
云浮市	24	16	2	0	0	81

10-2-3-2 按隶属关系分布

单位：人

隶属关系	从业人员总数	单位在职科技活动人员		外来流动科技活动人员		离退休人员
			女性	外聘的流动学者	非本单位在读研究生	
总　计	**22 913**	**19 673**	**7 404**	**439**	**2 737**	**10 518**
地方部门属	14 893	12 283	4 745	163	663	7 317
省级部门属	9 436	8 007	3 138	87	545	3 889
副省级城市属	2 142	1 547	593	4	16	948
地市级部门属	3 315	2 729	1 014	72	102	2 480
中央部门属	8 020	7 390	2 659	276	2 074	3 201
中国科学院	3 698	3 651	1 341	221	1 902	1 251

表10-2-4 全部县以上部门属科技机构人员按工作性质分类（2017年）

10-2-4-1 按地域分布

单位：人

地域	单位在职科技活动人员				生产经营活动人员	其他人员
		科技管理	课题活动	科技服务		
总 计	**19 673**	**2 469**	**12 033**	**5 171**	**1 308**	**1 932**
广州市	14 912	1 938	8 916	4 058	963	1 555
韶关市	176	28	90	58	31	26
深圳市	1 955	61	1 579	315	60	52
珠海市	303	47	204	52	38	37
汕头市	357	52	196	109	28	20
佛山市	81	12	50	19	15	29
江门市	52	9	30	13	17	12
湛江市	603	101	335	167	62	70
茂名市	132	31	62	39	14	7
肇庆市	99	20	65	14	4	7
惠州市	174	54	72	48	0	20
梅州市	166	28	109	29	7	5
汕尾市	16	2	0	14	0	0
河源市	15	3	0	12	0	2
阳江市	37	5	28	4	0	15
清远市						
东莞市	378	46	202	130	53	52
中山市	58	7	13	38	0	14
潮州市	79	12	54	13	0	0
揭阳市	64	7	28	29	14	3
云浮市	16	6	0	10	2	6

10-2-4-2 按隶属关系分布

单位：人

隶属关系	单位在职科技活动人员				生产经营活动人员	其他人员
		科技管理	课题活动	科技服务		
总　计	**19 673**	**2 469**	**12 033**	**5 171**	**1 308**	**1 932**
地方部门属	12 283	1 870	7 537	2 876	1 135	1 475
省级部门属	8 007	1 141	5 191	1 675	494	935
副省级城市属	1 547	306	787	454	389	206
地市级部门属	2 729	423	1 559	747	252	334
中央部门属	7 390	599	4 496	2 295	173	457
中国科学院	3 651	248	2 493	910	0	47

10-2-4-3 按机构所属学科领域分布

单位：人

学科领域	单位在职科技活动人员				生产经营活动人员	其他人员
		科技管理	课题活动	科技服务		
总　计	**19 673**	**2 469**	**12 033**	**5 171**	**1 308**	**1 932**
自然科学领域	3 352	368	1 880	1 104	80	138
农业科学领域	4 344	685	2 624	1 035	435	632
医学科学领域	1 633	135	1 128	370	0	231
工程科学与技术领域	9 028	940	5 618	2 470	747	803
社会、人文科学领域	1 316	341	783	192	46	128

表10-2-5　全部县以上部门属科技机构科技活动人员的资历和文化程度（2017年）

10-2-5-1　按地域分布

单位：人

地域	单位在职科技活动人员	学历					职称		
		博士毕业	硕士毕业	本科毕业	大专毕业	其他	高级	中级	其他
总　计	**19 673**	**3 785**	**5 639**	**6 733**	**2 083**	**1 433**	**5 187**	**6 029**	**8 457**
广州市	14 912	2 936	4 365	5 286	1 411	914	4111	4 467	6 334
韶关市	176	0	17	84	36	39	37	61	78
深圳市	1 955	670	740	410	70	65	434	757	764
珠海市	303	69	78	103	21	32	100	71	132
汕头市	357	0	18	136	88	115	62	46	249
佛山市	81	1	25	41	8	6	25	33	23
江门市	52	0	10	28	3	11	18	17	17
湛江市	603	67	188	163	183	2	140	250	213
茂名市	132	0	5	56	41	30	42	50	40
肇庆市	99	1	18	31	23	26	18	28	53
惠州市	174	6	23	65	30	50	26	36	112
梅州市	166	1	21	75	53	16	55	53	58
汕尾市	16	0	0	6	9	1	0	3	13
河源市	15	0	2	7	6	0	3	6	6
阳江市	37	0	1	8	14	14	10	9	18
清远市									
东莞市	378	33	116	139	35	55	72	82	224
中山市	58	1	9	38	5	5	15	19	24
潮州市	79	0	1	32	21	25	13	15	51
揭阳市	64	0	0	16	23	25	4	21	39
云浮市	16	0	2	9	3	2	2	5	9

10-2-5-2 隶属关系分布

单位：人

隶属关系	单位在职科技活动人员	学历					职称		
		博士毕业	硕士毕业	本科毕业	大专毕业	其他	高级	中级	其他
总　计	**19 673**	**3 785**	**5 639**	**6 733**	**2 083**	**1 433**	**5 187**	**6 029**	**8 457**
地方部门属	12 283	1 508	3 280	4 863	1 543	1 089	3 104	3 365	5 814
省级部门属	8 007	1 237	2 252	3 107	832	579	2 069	2 285	3 653
副省级城市属	1 547	125	439	738	188	57	448	393	706
地市级部门属	2 729	146	589	1 018	523	453	587	687	1 455
中央部门属	7 390	2 277	2 359	1 870	540	344	2 083	2 664	2 643
中国科学院	3 651	1 737	904	669	146	195	1 116	1 469	1 066

表10-2-6 全部县以上部门属科技机构经费收入（2017）

10-2-6-1 按地域分布

单位：千元

地域	科技活动收入	政府资金				非政府资金			生产经营活动收入	其他收入
			财政拨款	承担政府科研项目收入	其他		技术性收入	国外资金		
总　计	**12 818 253**	**9 043 533**	**5 905 818**	**26 202 22**	**517 493**	**3 774 720**	**2 489 141**	**14 361**	**994 004**	**2 273 389**
广州市	10 106 841	6 567 090	4 126 473	1 984 378	45 6239	3 539 751	2 272 616	14 361	942 501	2 164 999
韶关市	62 547	47 099	41 262	4 849	988	15 448	15 085	0	1 531	10 188
深圳市	1 599 505	1 432 838	961 233	449 652	21 953	166 667	166 667	0	4 318	657
珠海市	187 627	187 147	147 966	39 181	0	480	480	0	6 740	9 781

（续上表）

地域	科技活动收入	政府资金				非政府资金			生产经营活动收入	其他收入
			财政拨款	承担政府科研项目收入	其他		技术性收入	国外资金		
汕头市	61 184	61 144	48 107	5 449	7 588	40	0	0	11 995	8 080
佛山市	54 629	53 491	52 126	1 310	55	1 138	1 128	0	0	9 525
江门市	17 931	17 150	8 859	8 291	0	781	781	0	4 487	3 025
湛江市	351 404	322 937	222 643	83 546	16 748	28 467	13 893	0	12 599	26 488
茂名市	32 328	31 948	29 474	2 080	394	380	0	0	0	1 801
肇庆市	27 666	25 712	21 932	3 780	0	1 954	0	0	2 806	3 265
惠州市	78 049	78 049	66 019	7 284	4 746	0	0	0	1 361	6 879
梅州市	50 934	47 257	38 518	8 589	150	3 677	2 554	0	3	3 043
汕尾市	2 699	2 699	2 699	0	0	0	0	0	0	147
河源市	3 077	3 077	2 819	0	258	0	0	0	0	0
阳江市	12 356	12 107	8 934	2 620	553	249	249	0	0	645
清远市										
东莞市	123 293	107 605	82 159	18 704	6 742	15 688	15 688	0	5 558	14 158
中山市	19 194	19 194	19 194	0	0	0	0	0	0	5 794
潮州市	15 690	15 690	15 181	509	0	0	0	0	0	1777
揭阳市	10 292	10 292	9 250	0	1 042	0	0	0	105	956
云浮市	1 007	1 007	970	0	37	0	0	0	0	2 181

10-2-6-2 按隶属关系分布

单位：千元

隶属关系	科技活动收入	政府资金				非政府资金			生产经营活动收入	其他收入
			财政拨款	承担政府科研项目收入	其他		技术性收入	国外资金		
总　计	**12 818 253**	**9 043 533**	**5 905 818**	**2 620 222**	**517 493**	**3 774 720**	**2 489 141**	**14 361**	**994 004**	**2 273 389**
地方部门属	6 525 863	3 853 022	2 645 924	1 091 124	115 974	2 672 841	1 547 425	1 032	604 115	1 770 649
省级部门属	4 813 781	2 484 489	1 591 253	833 711	59 525	2 329 292	1 207 746	1 032	431 004	1 294 563
副省级城市属	740 447	530 087	363 278	142 549	24 260	210 360	210 360	0	131 423	388 338
地市级部门属	971 635	838 446	691 393	114 864	32 189	133 189	129 319	0	41 688	87 748
中央部门属	6 292 390	5 190 511	3 259 894	1 529 098	401 519	1 101 879	941 716	13 329	389 889	502 740
中国科学院	3 480 456	3 189 789	2 071 894	733 619	384 276	290 667	234 917	11 672	20 955	135 316

10-2-6-3 按服务的国民经济行业分布

单位：千元

行业	科技活动收入	政府资金				非政府资金			生产经营活动收入	其他收入
			财政拨款	承担政府科研项目收入	其他		技术性收入	国外资金		
总　计	**12 818 253**	**9 043 533**	**5 905 818**	**2 620 222**	**517 493**	**3 774 720**	**2 489 141**	**14 361**	**994 004**	**2 273 389**
农、林、牧、渔业	1 753 750	1 601 179	1 123 672	424 373	53 134	152 571	124 238	773	63 452	312 015
农业	745 394	680 273	514 811	114 994	50 468	65 121	49 501	91	17 640	144 325
林业	387 910	371 257	270 855	98 911	1 491	16 653	15 150	0	17 281	30 613

（续上表）

行业	科技活动收入	政府资金				非政府资金			生产经营活动收入	其他收入
		政府资金	财政拨款	承担政府科研项目收入	其他	非政府资金	技术性收入	国外资金		
畜牧业	114 959	74 476	42 755	31 721	0	40 483	33 726	0	3 011	18 686
渔业	219 662	209 243	163 692	45 398	153	10 419	10 419	0	17 357	2 443
农、林、牧、渔专业及辅助性活动	285 825	265 930	131 559	133 349	1 022	19 895	15 442	682	8 163	115 948
采矿业	48 101	32 180	10 347	21 833	0	15 921	15 662	259	11 864	867
有色金属矿采选业	48 101	32 180	10 347	21 833	0	15 921	15 662	259	11 864	867
制造业	858 685	746 609	308 100	247 581	190 928	112 076	991 51	555	27 655	110 958
农副食品加工业	297 183	212 407	92 501	119 411	495	84 776	79 887	0	0	54 793
石油、煤炭及其他燃料加工业	2 460	2 460	2 460	0	0	0	0	0	0	1 514
医药制造业	364 238	338 476	99 627	55 328	183 521	25 762	17 842	555	0	3 992
化学纤维制造业	4 399	4 399	2 751	1 648	0	0	0	0	17 486	16 820
专用设备制造业	177 430	175 892	108 232	60 748	6 912	1 538	1 422	0	9 697	33 124
铁路、船舶、航空航天和其他运输设备制造业	12 061	12 061	1 615	10 446	0	0	0	0	141	20
计算机、通信和其他电子设备制造业	914	914	914	0	0	0	0	0	331	695
交通运输、仓储和邮政业	5 668	2 825	2 736	89	0	2 843	2 843	0	0	8 492
水上运输业	5 668	2 825	2 736	89	0	2 843	2 843	0	0	8 492
信息传输、软件和信息技术服务业	132 744	77 811	35 843	41 968	0	54 933	54 933	0	2 897	39 361
电信、广播电视和卫星传输服务	94 257	63 509	26 193	37 316	0	30 748	30 748	0	2 652	11 578

（续上表）

行业	科技活动收入	政府资金				非政府资金			生产经营活动收入	其他收入
		政府资金	财政拨款	承担政府科研项目收入	其他	非政府资金	技术性收入	国外资金		
软件和信息技术服务业	38 487	14 302	9 650	4 652	0	24 185	24 185	0	245	27 783
科学研究和技术服务业	7 816 051	5 922 264	3 911 777	1 749 525	260 962	1 893 787	1 732 637	12 774	706 306	769 918
研究和试验发展	4 784 117	3 965 242	2 613 808	1 188 285	163 149	818 875	664 966	11117	566 709	529130
专业技术服务业	2 846 356	1 866 355	1 225 557	542 985	97 813	980 001	972 770	1 657	135 279	239 625
科技推广和应用服务业	185 578	90 667	72 412	18 255	0	94 911	94 901	0	4 318	1 163
水利、环境和公共设施管理业	802 326	346 054	222 632	118 393	5 029	456 272	454 564	0	181 830	277 886
水利管理业	470 649	141 754	116 780	24 974	0	328 895	328 895	0	74 342	13 989
生态保护和环境治理业	331 677	204 300	105 852	93 419	5 029	127 377	125 669	0	107 488	263 897
教育	52 375	52 375	52 375	0	0	0	0	0	0	32 162
教育	52 375	52 375	52 375	0	0	0	0	0	0	32 162
卫生和社会工作	1 241 971	169 146	145 246	16 460	7 440	1 072 825	4 792	0	0	692 208
卫生	1 241 971	169 146	145 246	16 460	7 440	1 072 825	4 792	0	0	692 208
文化、体育和娱乐业	98 088	84 596	84 596	0	0	13 492	321	0	0	21 853
文化艺术业	72 197	59 026	59 026	0	0	13 171	0	0	0	8 681
体育	25 891	25 570	25 570	0	0	321	321	0	0	13 172
公共管理、社会保障和社会组织	8 494	8 494	8 494	0	0	0	0	0	0	7 669
国家机构	8 494	8 494	8 494	0	0	0	0	0	0	7 669

表10-2-7　全部县以上部门属科技机构经费支出（2017）

10-2-7-1　按地域分布

单位：千元

地域	科技经费内部支出	科技经费日常支出				科研基建	生产经营支出	其他支出
			人员劳务费	设备购置费	其他日常支出			
总　计	**11 858 805**	**9 806 390**	**4 266 517**	**1 087 496**	**4 452 377**	**2 052 415**	**800 326**	**2 592 846**
广州市	9 535 051	8 304 369	3 568 806	936 364	3 799 199	1 230 682	722 998	2 421 677
韶关市	55 490	54 435	36 190	2 197	16 048	1 055	992	13 876
深圳市	1 477 472	777 900	298 046	101 342	378 512	699 572	3 894	355
珠海市	72 281	55 505	27 492	7 212	20 801	16 776	5 366	8 331
汕头市	57 940	57 940	38 452	1 026	18 462	0	13 552	6 878
佛山市	50 446	50 140	25 618	1 465	23 057	306	1 368	10 792
江门市	17 899	17 331	7 830	494	9 007	568	4 116	1 763
湛江市	266 057	199 857	91 782	18 895	89 180	66 200	24 774	64 044
茂名市	30 168	26 695	18 482	0	8 213	3 473	943	2 372
肇庆市	27 386	26 886	19 570	509	6 807	500	1 806	2 091
惠州市	59 813	37 953	34 695	304	2 954	21 860	0	10 491
梅州市	50 863	42 313	22 153	13 141	7 019	8 550	147	9 817
汕尾市	2 402	2 402	2 133	32	237	0	0	189
河源市	2 463	2 463	2 076	0	387	0	0	284
阳江市	9 849	8 336	6 296	675	1 365	1 513	0	845
清远市								

（续上表）

地域	科技经费内部支出	科技经费日常支出				科研基建	生产经营支出	其他支出
			人员劳务费	设备购置费	其他日常支出			
东莞市	102 604	101 244	39 051	2 786	59 407	1 360	18 157	24 600
中山市	19 194	19 194	10 478	488	8 228	0	0	5 794
潮州市	12 728	12 728	10 236	0	2 492	0	0	2 292
揭阳市	7 778	7 778	6 886	566	326	0	1 454	2 443
云浮市	921	921	245	0	676	0	759	3 912

10-2-7-2　按隶属关系分布

单位：千元

隶属关系	科技经费内部支出	科技经费日常支出				科研基建	生产经营支出	其他支出
			人员劳务费	设备购置费	其他日常支出			
总　计	**11 858 805**	**9 806 390**	**4 266 517**	**1 087 496**	**4 452 377**	**2 052 415**	**800 326**	**2 592 846**
地方部门属	5 867 624	5 306 680	2 432 980	500 175	2 373 525	560 944	669 138	2 279 962
省级部门属	4 153 910	3 999 301	1 822 850	377 214	1 799 237	154 609	447 721	1 782 383
副省级城市属	920 362	625 625	258 703	87 533	279 389	294 737	164 329	385 839
地市级部门属	793 352	681 754	351 427	35 428	294 899	111 598	57 088	111 740
中央部门属	5 991 181	4 499 710	1 833 537	587 321	2 078 852	1 491 471	131 188	312 884
中国科学院	3 280 665	2 306 071	819 756	398 461	1 087 854	974 594	20 954	176 081

10-2-7-3 按机构所属学科领域分布

单位：千元

学科领域	科技经费内部支出	科技经费日常支出				科研基建	生产经营支出	其他支出
			人员劳务费	设备购置费	其他日常支出			
总 计	**11 858 805**	**9 806 390**	**4 266 517**	**1 087 496**	**4 452 377**	**2 052 415**	**800 326**	**2 592 846**
自然科学领域	2 305 752	1 955 539	782 229	299 936	873 374	350 213	63 303	279 672
农业科学领域	1 936 678	1 739 307	830 269	178 216	730 822	197 371	157 380	657 664
医学科学领域	1 244 277	1 240 693	330 529	72 052	838 112	3 584	0	1 051 703
工程科学与技术领域	5 798 222	4 297 720	2 008 616	520 013	1 769 091	1 500 502	525 086	407 788
社会、人文科学领域	573 876	573 131	314 874	17 279	240 978	745	54 557	196 019

10-2-7-4 按服务的国民经济行业分布

单位：千元

行业	科技经费内部支出	科技经费日常支出				科研基建	生产经营支出	其他支出
			人员劳务费	设备购置费	其他日常支出			
总 计	**11 858 805**	**9 806 390**	**4 266 517**	**1 087 496**	**4 452 377**	**2 052 415**	**800 326**	**2 592 846**
农、林、牧、渔业	1 489 987	1 335 183	646 270	128 417	560 496	154 804	140 924	348 914
农业	695 414	622 530	356 018	65 362	201 150	72 884	63 707	138 506
林业	288 894	270 698	118 637	33 972	118 089	18 196	39 506	40 896
畜牧业	117 579	116 689	47 774	6 962	61 953	890	7 367	25 486
渔业	154 643	102 458	24 923	5 185	72 350	52 185	18 459	10 720

（续上表）

行业	科技经费内部支出	科技经费日常支出				科研基建	生产经营支出	其他支出
			人员劳务费	设备购置费	其他日常支出			
农、林、牧、渔专业及辅助性活动	233 457	222 808	98 918	16 936	106 954	10 649	11 885	133 306
采矿业	54 371	54 371	33 487	8 173	12 711	0	6 832	484
有色金属矿采选业	54 371	54 371	33 487	8 173	12 711	0	6 832	484
制造业	767 328	724 730	283 356	116 254	325 120	42 598	46 841	111 393
农副食品加工业	276 395	248 155	113 650	34 101	100 404	28 240	22 622	51 405
石油、煤炭及其他燃料加工业	3 276	3 200	2 860	0	340	76	78	800
医药制造业	321 538	320 124	97 417	61 006	161 701	1 414	0	1 732
化学纤维制造业	4 593	4 228	1 122	597	2 509	365	13 558	16 819
专用设备制造业	148 491	137 603	60 848	19 534	57 221	10 888	9 729	40 397
铁路、船舶、航空航天和其他运输设备制造业	12 019	10 404	6 559	1 016	2 829	1 615	163	0
计算机、通信和其他电子设备制造业	1 016	1 016	900	0	116	0	691	240
交通运输、仓储和邮政业	8 649	7 559	4 174	1 080	2 305	1 090	0	7 212
水上运输业	8 649	7 559	4 174	1 080	2 305	1 090	0	7 212
信息传输、软件和信息技术服务业	127 828	105 070	63 226	9 133	32 711	22 758	2 811	43 102
电信、广播电视和卫星传输服务	103 813	81 055	45 864	8 088	27 103	22 758	2 653	12 529
软件和信息技术服务业	24 015	24 015	17 362	1 045	5 608	0	158	30 573

（续上表）

行业	科技经费内部支出	科技经费日常支出				科研基建	生产经营支出	其他支出
			人员劳务费	设备购置费	其他日常支出			
科学研究和技术服务业	7 590 252	5 828 661	2 549 063	770 783	2 508 815	1 761 591	410 113	624 150
研究和试验发展	4 539 091	3 421 416	1 554 803	404 352	1 462 261	1 117 675	280 489	329 472
专业技术服务业	2 911 618	2 281 518	967 364	363 174	950 980	630 100	126 286	293 930
科技推广和应用服务业	139 543	125 727	26 896	3 257	95 574	13 816	3 338	748
水利、环境和公共设施管理业	733 703	667 044	381 598	32 466	252 980	66 659	185 040	307 905
水利管理业	374 988	343 923	190 992	9 254	143 677	31 065	116 315	52 327
生态保护和环境治理业	358 715	323 121	190 606	23 212	109 303	35 594	68 725	255 578
教育	52 375	52 375	35 131	1 541	15 703	0	0	32 162
教育	52 375	52 375	35 131	1 541	15 703	0	0	32 162
卫生和社会工作	923 242	921 072	233 604	11 057	676 411	2 170	0	1 097 225
卫生	923 242	921 072	233 604	11 057	676 411	2 170	0	1 097 225
文化、体育和娱乐业	105 571	104 826	31 846	8 592	64 388	745	7 765	18 279
文化艺术业	75 982	75 982	17 511	3 240	55 231	0	0	11 148
体育	29 589	28 844	14 335	5 352	9 157	745	7 765	7 131
公共管理、社会保障和社会组织	5 499	5 499	4 762	0	737	0	0	2 020
国家机构	5 499	5 499	4 762	0	737	0	0	2 020

表10-2-8 全部县以上部门属科技机构基本建设与固定资产（2017年）

10-2-8-1 按地域分布

单位：千元

地域	基本建设投资实际完成额	科研仪器设备	科研土建工程	科研基建	政府资金	企业资金	事业单位资金	其他资金	年末固定资产原价	科研房屋建筑物	科研仪器设备	进口
总　计	**2 194 169**	**1 515 073**	**537 342**	**2 052 415**	**1 581 423**	**23 387**	**447 102**	**503**	**14 346 315**	**4 523 783**	**7 239 771**	**2 305 501**
广州市	1 364 257	792 390	438 292	1 230 682	760 155	23 387	446 660	480	12 049 610	3 924 949	6 106 560	2 160 151
韶关市	1 055	844	211	1 055	963	0	92	0	66 465	42 860	15 940	3 028
深圳市	699 572	695 716	3 856	699 572	699 549	0	0	23	865 416	0	723 949	25 816
珠海市	16 947	7 765	9 011	16 776	16 776	0	0	0	119 712	26 655	41 160	0
汕头市	0	0	0	0	0	0	0	0	74 751	48 754	17 298	0
佛山市	306	258	48	306	306	0	0	0	56 730	35 616	6 631	0
江门市	5 738	0	568	568	568	0	0	0	39 044	23 211	5 417	0
湛江市	68 931	13 065	53 135	66 200	66 200	0	0	0	594 047	252 252	216 966	112 603
茂名市	3 473	2 748	725	3 473	3 473	0	0	0	12 046	2 536	4 847	0
肇庆市	500	500	0	500	500	0	0	0	34 958	8 539	2 349	0
惠州市	21 860	581	21 279	21 860	21 860	0	0	0	48 716	21 671	8 976	0
梅州市	8 550	391	8 159	8 550	8 450	0	100	0	47 591	4 386	37 540	0
汕尾市	0	0	0	0	0	0	0	0	653	0	66	0
河源市	0	0	0	0	0	0	0	0	1 203	665	249	0
阳江市	1 620	30	1 483	1 513	1 263	0	250	0	14 060	7 520	1 230	0
清远市												
东莞市	1 360	785	575	1 360	1 360	0	0	0	292 426	118 418	45 829	2 625
中山市	0	0	0	0	0	0	0	0	8 945	0	2 621	1 278
潮州市	0	0	0	0	0	0	0	0	8 156	3 624	705	0
揭阳市	0	0	0	0	0	0	0	0	8 352	1 857	1 286	0
云浮市	0	0	0	0	0	0	0	0	3 434	270	152	0

10-2-8-2　按隶属关系分布

单位：千元

隶属关系	基本建设投资实际完成额	科研仪器设备	科研土建工程	科研基建	政府资金	企业资金	事业单位资金	其他资金	年末固定资产原价	科研房屋建筑物	科研仪器设备	进口
总　计	**2 194 169**	**1 515 073**	**537 342**	**2 052 415**	**1 581 423**	**23 387**	**447 102**	**503**	**14 346 315**	**4 523 783**	**7 239 771**	**2 305 501**
地方部门属	566 392	388 728	172 216	560 944	217 620	23 387	319 457	480	7 284 077	2 684 044	3 115 058	798 061
省级部门属	154 780	79 332	75 277	154 609	78 311	23 387	52 431	480	4 781 134	1 720 980	2 345 025	742 284
副省级城市属	294 737	283 973	10 764	294 737	28 153	0	266 584	0	1 399 498	530 645	528 805	51 240
地市级部门属	116 875	25 423	86 175	111 598	111 156	0	442	0	1 103 445	432 419	241 228	4 537
中央部门属	1 627 777	1 126 345	365 126	1 491 471	1 363 803	0	127 645	23	7 062 238	1 839 739	4 124 713	1 507 440
中国科学院	974 594	956 795	17 799	974 594	958 801	0	15 793	0	3 777 733	384 062	2 518 026	837 580

表10-2-9　全部县以上部门属科技机构课题概况（2017年）

10-2-9-1　按地域分布

地域	课题数合计（个）	R&D课题	课题经费内部支出（千元）	政府资金	R&D课题经费	课题投入人员（人年）	R&D人员
总　计	**9 337**	**7 705**	**5 497 912**	**3 714 640**	**4 519 541**	**13 235**	**10 804**
广州市	8 104	6 685	4 845 046	3 127 266	3 925 943	10 669	8 880
韶关市	31	12	11 106	9 374	6 310	59	26
深圳市	679	656	462 316	412 001	456 957	996	909
珠海市	21	20	28 084	28 064	25 084	210	203
汕头市	52	31	14 556	13 779	9 091	184	136
佛山市	35	14	15 810	15 766	10 190	76	31
江门市	22	11	5 892	5 892	4 378	30	21

（续上表）

地域	课题数合计（个）		课题经费内部支出（千元）			课题投入人员（人年）	
		R&D课题		政府资金	R&D课题经费		R&D人员
湛江市	197	152	37 910	37 910	25 973	331	191
茂名市	13	4	6 397	6 370	4 421	33	13
肇庆市	18	11	2 977	1 122	2 490	37	23
惠州市	39	25	19 294	15 174	10 576	90	52
梅州市	32	17	6 865	5 128	3 724	132	46
阳江市	8	5	1 240	1 100	840	8	6
东莞市	65	52	35 342	30 802	30 353	290	223
中山市	5	4	1 500	1 500	1 300	29	15
潮州市	5	1	557	557	66	12	2
揭阳市	10	5	2 771	2 586	1 846	42	28
云浮市	1	0	250	250	0	6	0

10-2-9-2 按隶属关系分布

隶属关系	课题数合计（个）		课题经费内部支出（千元）			课题投入人员（人年）	
		R&D课题		政府资金	R&D课题经费		R&D人员
总　计	**9 337**	**7 705**	**5 497 912**	**3 714 640**	**4 519 541**	**13 235**	**10 804**
地方部门属	4 045	3 275	2 518 013	1 462 350	2 120 323	7 556	5 922
省级部门属	3 301	2 759	2 159 889	1 185 056	1 846 754	5 258	4 355
副省级城市属	321	275	166 714	123 044	141 350	708	563
地市级部门属	423	241	191 410	154 251	132 220	1 591	1 004
中央部门属	5 292	4 430	2 979 900	2 252 289	2 399 218	5 678	4 882
中国科学院	3 491	3 266	1 671 008	1 534 699	1 491 412	3 225	2 968

10-2-9-3 按课题活动类型分布

活动类型	课题数合计（个）	R&D课题	课题经费内部支出（千元）	政府资金	R&D课题经费	课题投入人员（人年）	R&D人员
总 计	**9 337**	**7 705**	**5 497 912**	**3 714 640**	**4 519 541**	**13 235**	**10 804**
基础研究	2 784	2 784	1 370 312	1 077 235	1 370 312	3 285	3 285
应用研究	2 673	2 673	1 451 737	933 600	1 451 737	3 364	3 364
试验发展	2 248	2 248	1 697 492	1 178 292	1 697 492	4 155	4 155
R&D成果应用	490	0	337 852	231 015	0	928	0
科技服务	1 142	0	640 519	294 498	0	1 503	0

10-2-9-4 按服务的国民经济行业分布

行业	课题数合计（个）	R&D课题	课题经费内部支出（千元）	政府资金	R&D课题经费	课题投入人员（人年）	R&D人员
总 计	**9 337**	**7 705**	**5 497 912**	**3 714 640**	**4 519 541**	**13 235**	**10 804**
农、林、牧、渔业	1 631	1 201	426 233	396 042	309 441	2 389	1 601
农业	831	581	186 813	173 195	128 167	1 122	710
林业	230	187	78 007	77 818	63 832	434	302
畜牧业	184	141	64 663	53 332	49 237	233	171
渔业	138	109	35 414	35 414	23 262	286	205
农、林、牧、渔专业及辅助性活动	248	183	61 336	56 283	44 943	314	214
采矿业	68	68	48 412	33 586	48 412	77	77
有色金属矿采选业	68	68	48 412	33 586	48 412	77	77
制造业	573	533	319 422	304 457	276 517	910	818

（续上表）

行业	课题数合计（个）	R&D课题	课题经费内部支出（千元）	政府资金	R&D课题经费	课题投入人员（人年）	R&D人员
农副食品加工业	153	140	53 544	49 155	50 405	210	192
石油、煤炭及其他燃料加工业	2	1	3 200	3 200	3 000	9	6
医药制造业	344	326	221 823	212 733	188 963	510	460
化学纤维制造业	2	2	2 623	1 138	2 623	16	16
专用设备制造业	69	61	33 109	33 109	26 403	111	90
铁路、船舶、航空航天和其他运输设备制造业	3	3	5 122	5 122	5 122	54	54
交通运输、仓储和邮政业	9	5	7 610	89	4 623	24	15
水上运输业	9	5	7 610	89	4 623	24	15
信息传输、软件和信息技术服务业	181	113	70 854	24 000	38 642	186	111
电信、广播电视和卫星传输服务	150	100	63 138	17 939	33 768	121	74
软件和信息技术服务业	31	13	7 716	6 061	4 874	66	37
科学研究和技术服务业	6 027	5 020	3 201 273	2 512 444	2 687 041	7 420	6 246
研究和试验发展	3 510	3 227	2 075 547	1 601 051	1 786 591	4 862	4 281
专业技术服务业	2 466	1 763	1 108 887	903 391	886 815	2 311	1 795
科技推广和应用服务业	51	30	16 839	8 002	13 634	247	170
水利、环境和公共设施管理业	462	401	513 720	267 333	352 165	981	809
水利管理业	51	40	306 129	78 353	182 243	379	293
生态保护和环境治理业	411	361	207 591	188 980	169 923	603	516
教育	61	59	13 860	643	13 360	70	63
教育	61	59	13 860	643	13 360	70	63

（续上表）

行业	课题数合计（个）	R&D课题	课题经费内部支出（千元）	政府资金	R&D课题经费	课题投入人员（人年）	R&D人员
卫生和社会工作	298	280	833 856	131 682	727 359	1 071	965
卫生	298	280	833 856	131 682	727 359	1 071	965
文化、体育和娱乐业	24	23	60 454	44 357	60 444	93	90
文化艺术业	7	7	59 408	43 311	59 408	62	62
体育	17	16	1 046	1 046	1 036	31	28
公共管理、社会保障和社会组织	3	2	2 219	7	1 538	13	9
国家机构	3	2	2 219	7	1 538	13	9

10-2-9-5　按课题所属学科分布

学科	课题数合计（个）	R&D课题	课题经费内部支出（千元）	政府资金	R&D课题经费	课题投入人员（人年）	其中：R&D人员
总　计	**9 337**	**7 705**	**5 497 912**	**3 714 640**	**4 519 541**	**13 235**	**10 804**
数学	14	12	3 251	2 389	3 013	20	16
信息科学与系统科学	51	42	62 272	43 411	59 303	143	117
力学	11	11	9 454	8 954	9 454	12	12
物理学	48	48	17 573	15 229	17 573	33	33
化学	100	92	31 921	19 827	28 688	130	110
地球科学	1 314	1 226	708 935	673 547	599 201	1 326	1 091
生物学	1 277	1 231	509 658	478 769	453 197	1 463	1 371
心理学	1	1	600	600	600	1	1
农学	1 374	983	382 745	356 454	279 083	1 814	1 201

（续上表）

学科	课题数合计（个）	R&D课题	课题经费内部支出（千元）	政府资金	R&D课题经费	课题投入人员（人年）	其中：R&D人员
林学	261	213	81 468	80 683	67 150	466	331
畜牧、兽医科学	226	173	63 938	54 163	52 081	272	212
水产学	178	138	48 286	47 716	33 176	341	243
基础医学	60	58	37 099	33 615	35 484	100	96
临床医学	278	263	838 404	159 700	732 779	861	773
预防医学与公共卫生学	72	70	38 240	14 320	37 671	236	230
药学	60	57	19 948	13 677	18 551	45	43
中医学与中药学	15	12	3 842	1 885	3 235	13	9
工程与技术科学基础学科	160	145	120 039	55 679	102 595	529	443
信息与系统科学相关工程与技术	36	23	38 721	25 262	30 324	91	67
自然科学相关工程与技术	183	158	119 340	111 808	118 675	227	225
测绘科学技术	42	41	68 042	65 135	67 646	41	40
材料科学	346	315	194 123	160 894	159 297	430	380
矿山工程技术	50	50	29 598	20 406	29 598	51	51
冶金工程技术	19	18	12 588	10 353	11 588	25	22
机械工程	102	76	77 168	48 187	53 779	345	266
动力与电气工程	36	30	35 996	12 912	27 497	47	25
能源科学技术	583	517	193 325	148 023	161 535	422	368
核科学技术	5	3	5 635	0	3 066	16	10
电子与通信技术	219	195	456 043	222 301	359 600	762	670
计算机科学技术	162	134	153 676	85 442	102 455	257	195
化学工程	56	46	16 858	15 127	9 753	144	106

（续上表）

学科	课题数合计（个）		课题经费内部支出（千元）			课题投入人员（人年）	
		R&D课题		政府资金	R&D课题经费		其中：R&D人员
产品应用相关工程与技术	23	21	44 201	12 192	44 047	160	152
纺织科学技术	2	2	2 623	1 138	2 623	16	16
食品科学技术	63	60	13 690	11 529	12 932	67	62
土木建筑工程	2	1	4 170	3 930	1 850	16	9
水利工程	44	33	298 739	71 189	177 159	333	254
交通运输工程	9	5	7 610	89	4 623	24	15
航空、航天科学技术	5	5	3 579	3 579	3 579	31	31
环境科学技术及资源科学技术	1 394	850	494 885	422 495	380 788	1 100	849
安全科学技术	9	7	3 731	1 519	3 020	25	21
管理学	113	39	37 235	36 090	21 204	151	78
马克思主义	4	4	7 309	7 309	7 309	29	29
哲学	2	1	1 061	1 061	290	6	1
宗教学	7	7	3 935	205	3 935	14	14
语言学	1	1	576	576	576	2	2
文学	3	3	1 014	854	1 014	12	12
艺术学	2	2	2 055	2 055	2 055	12	12
历史学	10	10	5 103	5 103	5 103	17	17
考古学	3	3	56 753	40 656	56 753	39	39
经济学	144	134	83 280	77 577	79 524	272	254
政治学	5	5	1 312	1 312	1 312	5	5
法学	3	3	1 700	1 700	1 700	6	6

（续上表）

学科	课题数合计（个）		课题经费内部支出（千元）			课题投入人员（人年）	
		R&D课题		政府资金	R&D课题经费		其中：R&D人员
社会学	30	30	16 306	16 306	16 306	48	48
民族学与文化学	12	12	5 050	923	5 050	19	19
新闻学与传播学	2	0	460	460	0	1	0
图书馆、情报与文献学	20	4	3 276	3 213	449	56	3
教育学	61	58	15 804	3 208	15 035	71	62
体育科学	19	18	1 655	1 035	1 645	34	31
统计学	6	6	2 016	871	2 016	8	8

10-2-9-6　按课题技术领域分布

技术领域	课题数合计（个）		课题经费内部支出（千元）			课题投入人员（人年）	
		R&D课题		政府资金	R&D课题经费		R&D人员
总　计	**9 337**	**7 705**	**5 497 912**	**3 714 640**	**4 519 541**	**13 235**	**10 804**
非技术领域	384	341	240 653	176 735	202 859	629	546
信息技术	382	336	408 584	240 198	335 744	692	548
生物和现代农业技术	3 119	2 596	1 119 886	1 046 410	917 079	4 159	3 280
新材料技术	403	367	192 620	178 963	157 109	517	453
能源技术	625	558	219 005	166 027	187 271	479	427
激光技术	3	3	288	288	288	7	7
先进制造与自动化技术	315	249	295 352	151 370	196 132	806	629
航天技术	6	6	34 908	33 783	34 908	35	35
资源与环境技术	2 816	2 150	1 343 522	1 055 998	1 045 972	2 488	2 096
其他技术领域	1 284	1 099	1 643 095	664 868	1 442 180	3 423	2 784

10-2-9-7　按课题来源分布

课题来源	课题数合计（个）	R&D课题	课题经费内部支出（千元）	政府资金	R&D课题经费	课题投入人员（人年）	R&D人员
总　计	**9 337**	**7 705**	**5 497 912**	**3 714 640**	**4 519 541**	**13 235**	**10 804**
国家重大科技专项	42	37	20 399	20 209	19 089	64	51
国家自然科学基金课题	1 229	1 229	470 117	353 409	470 117	1 279	1 279
国家863计划课题	11	11	4 148	4 128	4 148	15	15
国家科技支撑（攻关）计划课题	23	20	13 004	12 554	10 160	38	35
国家重点研发计划课题	273	252	264 393	201 061	231 661	615	554
国家973计划课题	30	30	17 813	17 813	17 813	49	49
国家公益性行业科研专项	46	39	22 133	21 855	16 656	60	45
国家社会科学基金课题	10	9	2 072	2 071	2 022	12	11
除上述国家计划外由中央政府部门下达的课题	1 059	936	1 246 156	956 382	997 664	1 835	1 543
地方自然科学基金课题	519	504	220 430	74 513	191 392	555	516
地方科技支撑（攻关）计划课题	1 815	1 403	1 058 674	673 768	886 775	2 369	1 879
地方社会科学基金课题	53	50	14 626	14 626	13 649	71	56
除上述地方计划外由地方政府部门下达的课题	2 448	1 999	1 271 424	947 650	1 045 627	3 953	2 986
企业委托：各类生产企业委托课题	818	348	400 820	28 686	171 824	641	357
自选：本机构选定并支付费用的课题	446	409	158 680	133 872	153 628	676	614
国际合作课题	74	63	41 630	36 458	39 867	79	68
其他：不能归入前述各类的课题	441	366	271 393	215 585	247 449	924	744

10-2-9-8 按课题合作形式分布

合作形式	课题数合计（个）	R&D课题	课题经费内部支出（千元）	政府资金	R&D课题经费	课题投入人员（人年）	R&D人员
总 计	**9 337**	**7 705**	**5 497 912**	**3 714 640**	**4 519 541**	**13 235**	**10 804**
与境外机构合作	151	143	114 258	88 930	112 147	184	172
与国内高校合作	346	304	226 079	190 902	212 378	675	585
与国内独立研究机构合作	518	414	462 861	392 995	383 928	1 093	889
与境内注册的外商独资企业合作	8	6	3 908	1 979	2 491	13	9
与境内注册的其他企业合作	565	409	441 613	256 251	259 730	980	745
独立研究	7 424	6 204	3 844 422	2 655 051	3 232 530	9 636	7 919
其他	325	225	404 771	128 532	316 339	654	484

10-2-9-9 按课题的社会经济目标分布

社会经济目标	课题数合计（个）	R&D课题	课题经费内部支出（千元）	政府资金	R&D课题经费	课题投入人员（人年）	R&D人员
总 计	**9 337**	**7 705**	**5 497 912**	**3 714 640**	**4 519 541**	**13 235**	**10 804**
环境保护、生态建设及污染防治	1 513	882	670 316	539 040	422 599	1 280	891
环境一般问题	74	55	22 714	20 803	19 644	85	59
环境与资源评估	122	82	37 574	18 120	18 032	93	64
环境监测	181	105	137 236	108 435	101 342	213	144
生态建设	130	81	83 802	81 258	64 052	164	124

（续上表）

社会经济目标	课题数合计（个）		课题经费内部支出（千元）			课题投入人员（人年）	
		R&D课题		政府资金	R&D课题经费		R&D人员
环境污染预防	185	105	47 462	38 230	38 834	144	120
环境治理	803	436	338 392	269 055	177 556	559	358
自然灾害的预防、预报	18	18	3 138	3 138	3 138	21	21
能源生产、分配和合理利用	670	590	243 195	184 750	205 300	538	466
能源一般问题研究	535	480	180 081	138 999	153 425	389	343
能源矿产的勘探技术	3	3	2 630	2 630	2 630	5	5
能源矿物的开采和加工技术	9	8	3 921	2 586	2 921	12	9
能源转换技术	7	6	3 139	2 758	3 034	6	5
能源输送、储存与分配技术	8	4	325	301	301	3	2
可再生能源	41	38	20 457	18 032	18 272	35	33
能源设施和设备建造	20	17	11 907	8 062	9 720	24	20
能源安全生产管理和技术	7	4	5 605	146	3 178	22	12
节约能源的技术	30	25	10 512	7 365	8 211	33	29
能源生产、输送、分配、储存、利用过程中污染的防治与处理	10	5	4 620	3 872	3 610	8	8
卫生事业发展	671	646	1 088 351	397 886	959 884	1 591	1 440
卫生一般问题	86	77	437 631	76 361	389 353	373	329
诊断与治疗	268	260	444 720	154 657	395 499	573	530
预防医学	68	67	23 883	18 415	23 674	184	181
公共卫生	16	15	4 038	2 758	3 678	36	34
营养和食品卫生	20	20	8 519	8 426	8 519	28	28

（续上表）

社会经济目标	课题数合计（个）	R&D课题	课题经费内部支出（千元）	政府资金	R&D课题经费	课题投入人员（人年）	R&D人员
药物滥用和成瘾	1	1	457	457	457	2	2
社会医疗	17	17	32 384	14 544	32 384	42	42
卫生医疗其他研究	195	189	136 719	122 269	106 321	352	294
教育事业发展	75	65	16 568	3 010	14 614	86	69
教育一般问题	60	56	14 196	1 534	13 347	72	61
学历教育	1	1	166	10	166	1	1
非学历教育与培训	4	3	1 079	514	539	4	3
其他教育	10	5	1 127	952	562	9	4
基础设施以及城市和农村规划	93	77	83 149	45 897	55 011	230	138
交通运输	24	17	15 276	4 092	11 954	42	32
通信	7	6	25 818	5 420	16 785	24	17
广播与电视	1	1	526	526	526	1	1
城市规划与市政工程	20	19	6 641	6 311	5 838	26	24
农村发展规划与建设	19	17	22 891	21 206	8 343	102	31
交通运输、通信、城市与农村发展对环境的影响	22	17	11 998	8 342	11 566	34	34
基础社会发展和社会服务	500	378	307 350	238 656	275 821	1 179	931
社会发展和社会服务一般问题	187	166	97 164	91 769	91 581	370	314
社会保障	4	4	3 167	3 167	3 167	5	5
公共安全	21	18	18 312	13 600	17 679	80	69
社会管理	1	1	89	89	89	1	1

（续上表）

社会经济目标	课题数合计（个）	R&D课题	课题经费内部支出（千元）	政府资金	R&D课题经费	课题投入人员（人年）	R&D人员
就业	1	1	1	1	1	1	1
法律与司法	2	2	450	450	450	2	2
政府与政治	2	2	1 642	1 265	1 642	6	6
国际关系	1	1	189	189	189	1	1
遗产保护	5	4	57 221	40 996	57 093	41	40
语言与文化	3	3	2 912	2 912	2 912	9	9
文艺、娱乐	5	5	2 513	2 353	2 513	16	16
宗教与道德	8	7	3 916	543	3 627	13	12
传媒	1	0	120	120	0	0	0
科技发展	143	108	79 125	47 392	74 514	432	384
国土资源管理	8	4	7 002	5 477	768	60	5
其他社会发展和社会服务	108	52	33 528	28 333	19 598	144	67
地球和大气层的探索与利用	1 209	1 189	630 827	557 248	612 530	1 141	1 112
地壳、地幔，海底的探测和研究	583	581	250 238	245 677	250 082	404	399
水文地理	26	23	89 307	24 102	74 990	87	82
海洋	485	472	240 472	236 901	236 869	511	495
大气	40	38	18 699	18 544	18 479	81	78
地球探测和开发其他研究	75	75	32 110	32 023	32 110	58	58
民用空间探测及开发	13	13	54 516	50 721	54 516	49	49
飞行器和运载工具研制	3	3	2 370	2 370	2 370	23	23
发射与控制系统	3	3	4 389	594	4 389	9	9

（续上表）

社会经济目标	课题数合计（个）	R&D课题	课题经费内部支出（千元）	政府资金	R&D课题经费	课题投入人员（人年）	R&D人员
卫星服务	5	5	47 379	47 379	47 379	9	9
空间探测和开发其他研究	2	2	378	378	378	8	8
农林牧渔业发展	2 251	1 700	685 823	634 954	523 422	3 139	2 205
农林牧渔业发展一般问题	229	156	66 345	60 733	42 840	326	227
农作物种植及培育	796	581	189 224	176 505	135 094	1 161	748
林业和林产品	188	151	57 984	57 760	45 970	315	209
畜牧业	206	161	57 795	51 471	49 297	242	199
渔业	165	130	44 104	43 122	31 770	302	221
农林牧渔业体系支撑	539	410	184 412	164 225	141 264	609	450
农林牧渔业生产中污染的防治与处理	128	111	85 960	81 139	77 188	183	151
工商业发展	948	798	1 106 369	525 933	807 244	2 305	1 853
促进工商业发展的一般问题	47	30	15 405	10 704	10 655	52	32
产业共性技术	154	141	80 338	66 073	71 450	366	325
非能源资源矿产的开采	1	1	203	203	203	0	0
食品、饮料和烟草制品业	103	89	27 215	21 285	23 475	109	96
纺织业、服装及皮革制品业	8	7	5 272	3 051	5 172	27	27
化学工业	25	24	34 994	29 251	13 494	46	34
非金属与金属制品业	25	15	16 460	7 016	7 593	22	13
机械制造业（不包括电子设备、仪器仪表及办公机械	79	58	46 819	32 022	35 889	175	127

（续上表）

社会经济目标	课题数合计（个）	R&D课题	课题经费内部支出（千元）	政府资金	R&D课题经费	课题投入人员（人年）	R&D人员
电子设备、仪器仪表及办公机械	110	90	428 538	195 945	326 131	687	558
其他制造业	37	32	27 187	16 726	20 082	63	56
热力、水的生产和供应	2	2	1 266	1 223	1 266	1	1
建筑业	1	1	360	128	360	0	0
信息与通信技术（ICT）服务业	45	36	70 430	44 823	60 937	126	101
技术服务业	263	232	320 579	73 175	200 011	550	405
金融业	4	2	2 194	2 194	2 110	7	6
商业及其他服务业	10	9	1 692	1 213	1 551	8	7
工商业活动中的环境保护、污染防治与处理	34	29	27 418	20 901	26 865	66	64
非定向研究	1 244	1 244	500 738	438 405	500 738	1 385	1 385
自然科学领域的非定向研究	846	846	266 370	256 730	266 370	861	861
工程与技术科学领域的非定向研究	118	118	75 741	42 920	75 741	154	154
农业科学领域的非定向研究	36	36	3 275	3 275	3 275	29	29
医学科学领域的非定向研究	142	142	87 623	84 484	87 623	139	139
社会科学领域的非定向研究	33	33	12 707	10 108	12 707	42	42
人文科学领域的非定向研究	31	31	30 830	29 499	30 830	116	116
其他	38	38	24 191	11 388	24 191	44	44
其他民用目标	144	117	108 512	95 942	85 664	308	260
国防	6	6	2 199	2 199	2 199	5	5

表10-2-10 全部县以上部门属科技机构课题经费内部支出按活动类型分类（2017年）

10-2-10-1 按地域分布

单位：千元

地域	课题经费内部支出					
		基础研究	应用研究	试验发展	R&D成果应用	科技服务
总　计	**5 497 912**	**1 370 312**	**1 451 737**	**1 697 492**	**337 852**	**640 519**
广州市	4 845 046	1 195 737	1 245 702	1 484 503	306 625	612 478
韶关市	11 106	0	1 560	4 750	2 757	2 039
深圳市	462 316	163 662	185 214	108 081	2 008	3 351
珠海市	28 084	0	527	24 557	3 000	0
汕头市	14 556	0	910	8 180	2 236	3 229
佛山市	15 810	65	3 674	6 451	1 243	4 378
江门市	5 892	148	3 059	1 170	1 314	200
湛江市	37 910	7 834	6 686	11 453	7 497	4 440
茂名市	6 397	0	3 000	1 421	900	1 076
肇庆市	2 977	0	0	2 490	0	487
惠州市	19 294	2 866	0	7 710	5 220	3 498
梅州市	6 865	0	0	3 724	912	2 229
阳江市	1 240	0	0	840	150	250
东莞市	35 342	0	838	29 515	3 015	1 974
中山市	1 500	0	0	1 300	0	200
潮州市	557	0	0	66	491	0
揭阳市	2 771	0	566	1 280	485	440
云浮市	250	0	0	0	0	250

10-2-10-2　按隶属关系分布

单位：千元

隶属关系	课题经费内部支出					
		基础研究	应用研究	试验发展	R&D成果应用	科技服务
总　计	**5 497 912**	**1 370 312**	**1 451 737**	**1 697 492**	**337 852**	**640 519**
地方部门属	2 518 013	471 531	691 415	957 378	194 032	203 657
省级部门属	2 159 888	443 366	571 404	831 984	164 160	148 974
副省级城市属	166 714	20 709	95 830	24 811	1 019	24 346
地市级部门属	191 410	7 456	24 181	100 583	28 853	30 337
中央部门属	2 979 900	898 782	760 322	740 114	143 820	436 862
中国科学院	1 671 008	748 221	515 484	227 707	103 303	76 293

表10-2-11　全部县以上部门属科技机构课题投入人员按活动类型分类（2017）

10-2-11-1　按地域分布

单位：人年

地域	课题投入人员					
		基础研究	应用研究	试验发展	R&D成果应用	科技服务
总　计	**13 235**	**3 285**	**3 364**	**4 155**	**928**	**1 503**
广州市	10 669	2 824	2 829	3 228	648	1 141
韶关市	59	0	4	23	18	15
深圳市	996	365	408	136	24	64
珠海市	210	0	4	199	7	0
汕头市	184	0	26	111	20	28
佛山市	76	2	6	23	4	41
江门市	30	4	2	15	8	1
湛江市	331	77	56	57	97	44

（续上表）

地域	课题投入人员					
		基础研究	应用研究	试验发展	R&D成果应用	科技服务
茂名市	33	0	6	7	12	8
肇庆市	37	0	0	23	0	14
惠州市	90	13	0	39	20	18
梅州市	132	0	0	46	37	50
阳江市	8	0	0	6	1	2
东莞市	290	0	7	216	16	52
中山市	29	0	0	15	0	14
潮州市	12	0	0	2	10	0
揭阳市	42	0	17	11	8	6
云浮市	6	0	0	0	0	6

10-2-11-2　按隶属关系分布

单位：人年

隶属关系	课题投入人员					
		基础研究	应用研究	试验发展	R&D成果应用	科技服务
总　计	**13 235**	**3 285**	**3 364**	**4 155**	**928**	**1 503**
地方部门属	7 556	1 243	1 762	2 917	657	978
省级部门属	5 258	1 089	1 199	2 066	400	504
副省级城市属	708	86	366	111	12	133
地市级部门属	1 591	67	198	739	246	342
中央部门属	5 678	2 042	1 602	1 239	271	525
中国科学院	3 225	1 534	1 091	343	123	134

表10-2-12 全部县以上部门属科技机构专利（2017年）

10-2-12-1 按地域分布

地域	专利申请受理数（件）		专利授权数（件）			有效发明专利数（件）	专利所有权转让及许可数（件）	专利所有权转让与许可收入（千元）
		发明专利		其中：发明专利	其中：国外授权			
总 计	**3 475**	**2 431**	**1 878**	**1 059**	**34**	**11 935**	**86**	**62 904**
广州市	1 953	1 415	1 118	582	23	4 220	61	10 884
韶关市	11	6	9	4	0	13	0	0
深圳市	1 271	864	585	416	11	7 308	23	51 700
珠海市	65	33	18	7	0	57	2	320
汕头市	1	0	1	0	0	7	0	0
佛山市	4	2	1	1	0	1	0	0
江门市	2	2	0	0	0	3	0	0
湛江市	132	90	130	37	0	248	0	0
茂名市	2	0	0	0	0	0	0	0
惠州市	1	1	0	0	0	0	0	0
梅州市	2	2	2	2	0	10	0	0
东莞市	30	16	14	10	0	67	0	0
云浮市	1	0	0	0	0	1	0	0

10-2-12-2 按隶属关系分布

隶属关系	专利申请受理数（件）		专利授权数（件）			有效发明专利数（件）	专利所有权转让及许可数（件）	专利所有权转让与许可收入（千元）
		发明专利		其中：发明专利	其中：国外授权			
总 计	**3 475**	**2 431**	**1 878**	**1 059**	**34**	**11 935**	**86**	**62 904**
地方部门属	1 351	971	641	316	8	2 306	40	2 684

（续上表）

隶属关系	专利申请受理数（件）		专利授权数（件）			有效发明专利数（件）	专利所有权转让及许可数（件）	专利所有权转让与许可收入（千元）
		发明专利		其中：发明专利	其中：国外授权			
省级部门属	1 182	874	552	279	8	1 909	30	2 364
副省级城市属	25	12	22	2	0	85	8	0
地市级部门属	144	85	67	35	0	312	2	320
中央部门属	2 124	1 460	1 237	743	26	9 629	46	60 220
中国科学院	1 630	1 154	847	602	26	8 669	42	59 270

10-2-12-3 按国民经济行业分布

行业	专利申请受理数（件）		专利授权数（件）			有效发明专利数（件）	专利所有权转让及许可数（件）	专利所有权转让及许可数（件）
		发明专利		其中：发明专利	其中：国外授权			
总　计	**3 475**	**2 431**	**1 878**	**1 059**	**34**	**11 935**	**86**	**62 904**
农、林、牧、渔业	362	243	246	98	0	797	18	1 387
农业	159	97	80	42	0	294	0	0
林业	24	11	21	11	0	104	0	0
畜牧业	74	69	26	19	0	168	12	117
渔业	74	43	64	12	0	170	4	950
农、林、牧、渔专业及辅助性活动	31	23	55	14	0	61	2	320
采矿业	34	30	17	10	0	51	2	40
有色金属矿采选业	34	30	17	10	0	51	2	40
制造业	232	159	172	84	2	511	6	5 300
农副食品加工业	114	83	66	32	0	218	0	0

（续上表）

行业	专利申请受理数（件）		专利授权数（件）			有效发明专利数（件）	专利所有权转让及许可数（件）	专利所有权转让及许可数（件）
		发明专利		其中：发明专利	其中：国外授权			
医药制造业	22	22	32	30	2	202	6	5 300
化学纤维制造业	4	4	1	1	0	3	0	0
专用设备制造业	77	45	67	21	0	88	0	0
铁路、船舶、航空航天和其他运输设备制造业	15	5	6	0	0	0	0	0
信息传输、软件和信息技术服务业	166	118	69	23	1	179	1	0
电信、广播电视和卫星传输服务	156	108	68	22	1	176	1	0
软件和信息技术服务业	10	10	1	1	0	3	0	0
科学研究和技术服务业	2 451	1 762	1 252	795	25	9 964	47	54 847
研究和试验发展	2 121	1 542	1 029	692	20	9 118	41	54 457
专业技术服务业	305	207	221	101	5	814	6	390
科技推广和应用服务业	25	13	2	2	0	32	0	0
水利、环境和公共设施管理业	205	103	112	44	6	365	12	1 330
水利管理业	86	21	52	16	0	113	0	0
生态保护和环境治理业	119	82	60	28	6	252	12	1 330
卫生和社会工作	21	13	10	5	0	64	0	0
卫生	21	13	10	5	0	64	0	0
文化、体育和娱乐业	2	2	0	0	0	4	0	0
体育	2	2	0	0	0	4	0	0
公共管理、社会保障和社会组织	2	1	0	0	0	0	0	0
国家机构	2	1	0	0	0	0	0	0

10-2-12-4　按机构所属学科领域分布

学科领域	专利申请受理数（件）	发明专利	专利授权数（件）	其中：发明专利	其中：国外授权	有效发明专利数（件）	专利所有权转让及许可数（件）	专利所有权转让与许可收入（千元）
总　计	**3 475**	**2 431**	**1 878**	**1 059**	**34**	**11 935**	**86**	**62 904**
自然科学领域	467	375	218	145	10	1 051	10	357
农业科学领域	519	360	381	158	3	1 252	31	2 797
医学科学领域	43	35	42	35	2	266	6	5 300
工程科学与技术领域	2 442	1 658	1 235	721	19	9 354	39	54 450
社会、人文科学领域	4	3	2	0	0	12	0	0

表10-2-13　全部县以上部门属科技机构专利（2017年）

10-2-13-1　按地域分布

地域	科技论文（篇）	国外发表	科技著作（种）	形成国家或行业标准数（项）	集成电路布图设计登记数（件）	植物新品种权授予数（项）	软件著作权数（件）	新药证书数（件）
总　计	**8 064**	**3 424**	**331**	**273**	**0**	**64**	**376**	**2**
广州市	5 782	2 364	305	107	0	61	306	2
韶关市	32	2	0	0	0	0	0	0
深圳市	1 613	936	13	148	0	0	58	0
珠海市	86	60	0	0	0	0	10	0
汕头市	29	0	0	0	0	2	0	0
佛山市	22	1	0	0	0	0	0	0
江门市	3	0	0	0	0	0	0	0
湛江市	285	55	6	15	0	1	0	0
茂名市	21	0	0	0	0	0	0	0

（续上表）

地域	科技论文（篇）	国外发表	科技著作（种）	形成国家或行业标准数（项）	集成电路布图设计登记数（件）	植物新品种权授予数（项）	软件著作权数（件）	新药证书数（件）
肇庆市	21	0	1	0	0	0	0	0
惠州市	32	0	1	0	0	0	0	0
梅州市	62	0	0	0	0	0	0	0
河源市	2	0	0	1	0	0	0	0
阳江市	5	0	0	0	0	0	0	0
东莞市	47	4	0	2	0	0	2	0
中山市	9	2	0	0	0	0	0	0
潮州市	1	0	0	0	0	0	0	0
揭阳市	5	0	5	0	0	0	0	0
云浮市	2	0	0	0	0	0	0	0

10-2-13-2 按隶属关系分布

隶属关系	科技论文（篇）	国外发表	科技著作（种）	形成国家或行业标准数（项）	集成电路布图设计登记数（件）	植物新品种权授予数（项）	软件著作权数（件）	新药证书数（件）
总 计	**8 064**	**3 424**	**331**	**273**	**0**	**64**	**376**	**2**
地方部门属	3 545	884	263	197	0	59	185	1
省级部门属	2 700	728	84	43	0	30	148	1
副省级城市属	313	7	172	13	0	27	17	0
地市级部门属	532	149	7	141	0	2	20	0
中央部门属	4 519	2 540	68	76	0	5	191	1
中国科学院	3 244	2 072	24	4	0	1	76	0

10-2-13-3 按国民经济行业分布

行业	科技论文（篇）	国外发表	科技著作（种）	形成国家或行业标准数（项）	集成电路布图设计登记数（件）	植物新品种权授予数（项）	软件著作权数（件）	新药证书数（件）
总 计	**8 064**	**3 424**	**331**	**273**	**0**	**64**	**376**	**2**
农、林、牧、渔业	1 383	308	43	23	0	58	47	0
农业	556	81	18	6	0	54	38	0
林业	347	67	9	2	0	1	0	0
畜牧业	221	90	4	0	0	3	2	0
渔业	172	57	4	13	0	0	4	0
农、林、牧、渔专业及辅助性活动	87	13	8	2	0	0	3	0
采矿业	58	2	0	0	0	0	0	0
有色金属矿采选业	58	2	0	0	0	0	0	0
制造业	284	117	3	21	0	2	3	1
农副食品加工业	151	31	1	15	0	2	1	1
医药制造业	79	77	0	0	0	0	0	0
化学纤维制造业	3	0	0	0	0	0	0	0
专用设备制造业	51	9	2	6	0	0	2	0
交通运输、仓储和邮政业	1	0	0	0	0	0	0	0
水上运输业	1	0	0	0	0	0	0	0
信息传输、软件和信息技术服务业	91	14	0	0	0	0	28	0
电信、广播电视和卫星传输服务	57	14	0	0	0	0	16	0
软件和信息技术服务业	34	0	0	0	0	0	12	0
科学研究和技术服务业	5 351	2 749	115	226	0	1	244	1
研究和试验发展	3 993	2 226	87	40	0	1	127	0
专业技术服务业	1 286	520	23	38	0	0	112	1

（续上表）

行业	科技论文（篇）	国外发表	科技著作（种）	形成国家或行业标准数（项）	集成电路布图设计登记数（件）	植物新品种权授予数（项）	软件著作权数（件）	新药证书数（件）
科技推广和应用服务业	72	3	5	148	0	0	5	0
水利、环境和公共设施管理业	469	130	55	3	0	3	43	0
水利管理业	215	22	9	1	0	0	37	0
生态保护和环境治理业	254	108	46	2	0	3	6	0
教育	57	0	110	0	0	0	0	0
教育	57	0	110	0	0	0	0	0
卫生和社会工作	314	104	0	0	0	0	9	0
卫生	314	104	0	0	0	0	9	0
文化、体育和娱乐业	55	0	5	0	0	0	2	0
文化艺术业	34	0	2	0	0	0	0	0
体育	21	0	3	0	0	0	2	0
公共管理、社会保障和社会组织	1	0	0	0	0	0	0	0
国家机构	1	0	0	0	0	0	0	0

10-2-13-4　按机构所属学科领域分布

学科领域	科技论文（篇）	国外发表	科技著作（种）	形成国家或行业标准数（项）	集成电路布图设计登记数（件）	植物新品种权授予数（项）	软件著作权数（件）	新药证书数（件）
总　计	**8 064**	**3 424**	**331**	**273**	**0**	**64**	**376**	**2**
自然科学领域	1 776	1 114	29	15	0	1	54	0
农业科学领域	1 756	416	92	35	0	61	68	1
医学科学领域	390	181	0	0	0	0	9	0
工程科学与技术领域	3 689	1 698	48	207	0	2	242	1
社会、人文科学领域	453	15	162	16	0	0	3	0

表10-2-14　全部县以上部门属科技机构 R&D人员（2017年）

10-2-14-1　按地域分布

单位：人

地域	R&D人员	女性	按工作量分		按学历分			
			R&D全时人员	R&D非全时人员	博士毕业	硕士毕业	本科毕业	其他
总　计	**16 100**	**6 388**	**11 219**	**4 881**	**3 788**	**5 498**	**4 808**	**2 006**
广州市	13 008	5 185	8 950	4 058	2 987	4 430	3 978	1 613
韶关市	60	12	10	50	0	11	31	18
深圳市	1 722	804	1 224	498	656	707	268	91
珠海市	245	60	218	27	66	65	82	32
汕头市	187	54	85	102	0	14	101	72
佛山市	39	16	37	2	1	13	20	5
江门市	34	12	21	13	0	7	24	3
湛江市	239	85	188	51	46	124	57	12
茂名市	17	5	12	5	0	2	10	5
肇庆市	23	6	23	0	0	6	6	11
惠州市	82	27	80	2	2	17	23	40
梅州市	59	22	54	5	1	19	26	13
阳江市	18	3	0	18	0	1	5	12
东莞市	322	86	272	50	28	78	157	59
中山市	15	9	15	0	1	4	8	2
潮州市	2	0	2	0	0	0	1	1
揭阳市	28	2	28	0	0	0	11	17

10-2-14-2　按隶属关系分布

单位：人

隶属关系	R&D人员	女性	按工作量分		按学历分			
			R&D全时人员	R&D非全时人员	博士毕业	硕士毕业	本科毕业	其他
总　计	**16 100**	**6 388**	**11 219**	**4 881**	**3 788**	**5 498**	**4 808**	**2 006**
地方部门属	8 491	3 319	5 969	2 522	1 489	2 631	3 005	1 366
省级部门属	6 083	2 390	4 231	1 852	1 220	1 888	2 010	965
副省级城市属	870	309	638	232	115	279	372	104
地市级部门属	1 538	620	1 100	438	154	464	623	297
中央部门属	7 609	3 069	5 250	2 359	2 299	2 867	1 803	640
中国科学院	4 339	1 895	3 217	1 122	1 802	1 577	695	265

10-2-14-3　按机构所属学科领域分布

单位：人

学科领域	R&D人员	女性	按工作量分		按学历分			
			R&D全时人员	R&D非全时人员	博士毕业	硕士毕业	本科毕业	其他
总　计	**16 100**	**6 388**	**11 219**	**4 881**	**3 788**	**5 498**	**4 808**	**2 006**
自然科学领域	3 283	1 582	2 432	851	1 172	1 030	771	310
农业科学领域	2 982	1 072	2 202	780	672	910	836	564
医学科学领域	1 793	865	1 165	628	308	509	667	309
工程科学与技术领域	7 164	2 517	4 788	2 376	1 456	2 719	2 230	759
社会、人文科学领域	878	352	632	246	180	330	304	64

表10-2-15 全部县以上部门属科技机构R&D人员折合全时工作量（2017年）

10-2-15-1 按地域分布

单位：人年

地域	R&D折合全时工作量				
		研究人员	按活动类型分组		
			基础研究人员	应用研究人员	试验发展人员
总 计	**13 432**	**9 079**	**4 093**	**4 189**	**5 150**
广州市	10 772	7 407	3 388	3 398	3 986
韶关市	27	10	0	4	23
深圳市	1 470	895	597	646	227
珠海市	228	179	0	5	223
汕头市	144	71	0	26	118
佛山市	38	33	2	9	27
江门市	22	14	5	2	15
湛江市	211	165	82	67	62
茂名市	15	6	0	8	7
肇庆市	23	12	0	0	23
惠州市	80	48	19	0	61
梅州市	58	47	0	0	58
阳江市	8	4	0	0	8
东莞市	291	171	0	7	284
中山市	15	12	0	0	15
潮州市	2	0	0	0	2
揭阳市	28	5	0	17	11

10-2-15-2　按隶属关系分布

单位：人年

隶属部门	R&D折合全时工作量	研究人员	按活动类型分组		
			基础研究人员	应用研究人员	试验发展人员
总　计	**13 432**	**9 079**	**4 093**	**4 189**	**5 150**
地方部门属	7 045	4 814	1 448	2 098	3 499
省级部门属	5 070	3 487	1 262	1 363	2 445
副省级城市属	723	505	107	471	145
地市级部门属	1 252	822	79	264	909
中央部门属	6 387	4 265	2 645	2 091	1 651
中国科学院	3 826	2 845	2 000	1 370	456

10-2-15-3　按机构所属学科领域分布

单位：人年

学科领域	R&D折合全时工作量	研究人员	按活动类型分组		
			基础研究人员	应用研究人员	试验发展人员
总　计	**13 432**	**9 079**	**4 093**	**4 189**	**5 150**
自然科学领域	2 825	2 027	1 558	656	611
农业科学领域	2 560	1 719	549	509	1 502
医学科学领域	1 562	1 092	778	609	175
工程科学与技术领域	5 762	3 708	1 096	1 931	2 735
社会、人文科学领域	723	533	112	484	127

10-2-15-4 按服务的国民经济行业分布

单位：人年

地域	R&D折合全时工作量	研究人员	按活动类型分组		
			基础研究人员	应用研究人员	试验发展人员
总 计	**13 432**	**9 079**	**4 093**	**4 189**	**5 150**
农、林、牧、渔业	1 994	1 320	438	355	1 201
农业	912	594	159	142	611
林业	363	227	72	72	219
畜牧业	213	164	57	36	120
渔业	244	199	126	68	50
农、林、牧、渔专业及辅助性活动	262	136	24	37	201
采矿业	97	77	7	23	67
有色金属矿采选业	97	77	7	23	67
制造业	987	711	361	288	338
农副食品加工业	275	124	71	61	143
石油、煤炭及其他燃料加工业	8	2	0	8	0
医药制造业	509	444	284	175	50
化学纤维制造业	16	10	0	0	16
专用设备制造业	119	83	6	44	69
铁路、船舶、航空航天和其他运输设备制造业	60	48	0	0	60
交通运输、仓储和邮政业	16	10	0	0	16
水上运输业	16	10	0	0	16

（续上表）

地域	R&D折合全时工作量	研究人员	按活动类型分组		
			基础研究人员	应用研究人员	试验发展人员
信息传输、软件和信息技术服务业	117	67	3	13	101
电信、广播电视和卫星传输服务	79	35	0	8	71
软件和信息技术服务业	38	32	3	5	30
科学研究和技术服务业	7 937	5 425	2 515	2 640	2 782
研究和试验发展	5 429	3 818	1 813	1 714	1 902
专业技术服务业	2 269	1 432	662	766	841
科技推广和应用服务业	239	175	40	160	39
水利、环境和公共设施管理业	1 021	685	228	300	493
水利管理业	453	253	91	88	274
生态保护和环境治理业	568	432	137	212	219
教育	97	47	0	97	0
教育	97	47	0	97	0
卫生和社会工作	1 051	646	494	432	125
卫生	1 051	646	494	432	125
文化、体育和娱乐业	101	85	47	27	27
文化艺术业	70	62	43	0	27
体育	31	23	4	27	0
公共管理、社会保障和社会组织	14	6	0	14	0
国家机构	14	6	0	14	0

表10-2-16 全部县以上部门属科技机构R&D经费支出（2017年）

10-2-16-1 按地域分布

单位：千元

地域	R&D经费内部支出	按活动类型分			按来源分					R&D经费外部支出
		基础研究	应用研究	试验发展	政府资金	企业资金	事业单位资金	国外资金	其他资金	
总 计	**7 469 527**	**2 193 400**	**2 334 874**	**2 941 253**	**5 650 956**	**417 863**	**1 321 561**	**8 254**	**70 893**	**212 248**
广州市	6 659 494	1 950 962	2 028 760	2 679 772	4 924 538	345 038	1 317 478	8 254	64 186	210 085
韶关市	6 310	0	1 560	4 750	4 933	1 305	72	0	0	0
深圳市	589 626	227 997	276 327	85 302	514 725	71 500	0	0	3 401	1 633
珠海市	47 046	0	746	46 300	47 026	20	0	0	0	0
汕头市	13 353	0	3 541	9 812	12 576	0	777	0	0	0
佛山市	15 380	66	6 270	9 044	15 380	0	0	0	0	400
江门市	4 739	149	3 059	1 531	4 739	0	0	0	0	0
湛江市	36 983	11 067	8 968	16 948	36 727	0	0	0	256	0
茂名市	5 052	0	3 000	2 052	5 052	0	0	0	0	0
肇庆市	2 990	0	0	2 990	1 140	0	1 850	0	0	0
惠州市	16 767	3 158	0	13 609	16 767	0	0	0	0	0
梅州市	6 430	0	0	6 430	6 430	0	0	0	0	0
阳江市	1 310	0	0	1 310	1 310	0	0	0	0	0
东莞市	59 474	1	859	58 614	55 040	0	1 384	0	3 050	130
中山市	1 300	0	0	1 300	1 300	0	0	0	0	0
潮州市	209	0	0	209	209	0	0	0	0	0
揭阳市	3 064	0	1 784	1 280	3 064	0	0	0	0	0

10-2-16-2　按隶属关系分布

单位：千元

隶属关系	R&D经费内部支出	按活动类型分			按来源分					R&D经费外部支出
		基础研究	应用研究	试验发展	政府资金	企业资金	事业单位资金	国外资金	其他资金	
总　计	**7 469 527**	**2 193 400**	**2 334 874**	**2 941 253**	**5 650 956**	**417 863**	**1 321 561**	**8 254**	**70 893**	**212 248**
地方部门属	3 376 958	628 265	1 027 736	1 720 957	2 223 344	86 826	996 089	62	70 637	15 391
省级部门属	2 792 428	568 983	792 873	1 430 572	1 726 307	80 900	920 973	62	64 186	14 861
副省级城市属	294 208	47 497	188 448	58 263	225 475	0	68 733	0	0	0
地市级部门属	290 322	11 785	46 415	232 122	271 562	5 926	6 383	0	6 451	530
中央部门属	4 092 569	1 565 135	1 307 138	1 220 296	3 427 612	331 037	325 472	8 192	256	196 857
中国科学院	2 341 932	1 226 166	824 092	291 674	2 127 964	128 346	79 087	6 535	0	184 994

10-2-16-3　按机构所属学科领域分布

单位：千元

学科领域	R&D经费内部支出	按活动类型分			按来源分					R&D经费外部支出
		基础研究	应用研究	试验发展	政府资金	企业资金	事业单位资金	国外资金	其他资金	
总　计	**7 469 527**	**2 193 400**	**2 334 874**	**2 941 253**	**5 650 956**	**417 863**	**1 321 561**	**8 254**	**70 893**	**212 248**
自然科学领域	1 854 833	1 047 681	427 534	379 618	1 633 125	48 183	161 788	3 661	8 076	193 924
农业科学领域	1 108 659	160 704	215 062	732 893	1 013 090	3 753	64 471	0	27 345	1 110
医学科学领域	1 024 880	413 079	451 611	160 190	413 061	7 841	603 890	88	0	0
工程科学与技术领域	3 102 275	517 083	990 630	1 594 562	2 271 150	346 617	460 481	4 505	19 522	16 421
社会、人文科学领域	378 880	54 853	250 037	73 990	320 530	11 469	30 931	0	15 950	793

表10-2-17　全部县以上部门属科技机构R&D经费内部支出（2017年）

10-2-17-1　按地域分布

单位：千元

地域	R&D经费内部支出	经常费支出				基本建设费		
			人员费用	设备购置费	其他		仪器设备费	土建费
总　计	**7 469 527**	**6 516 381**	**2 828 891**	**820 637**	**2 866 853**	**953 146**	**518 121**	**435 025**
广州市	6 659 494	5 750 955	2 426 908	707 917	2 616 130	908 539	489 470	419 069
韶关市	6 310	6 238	5 916	0	322	72	0	72
深圳市	589 626	574 184	283 044	99 849	191 291	15 442	13 752	1 690
珠海市	47 046	30 747	17 091	6 548	7 108	16 299	7 292	9 007
汕头市	13 353	13 353	10 268	225	2 860	0	0	0
佛山市	15 380	15 074	6 720	488	7 866	306	258	48
江门市	4 739	4 739	3 630	11	1 098	0	0	0
湛江市	36 983	26 494	16 450	3 381	6 663	10 489	5 640	4 849
茂名市	5 052	5 052	3 477	0	1 575	0	0	0
肇庆市	2 990	2 490	2 339	0	151	500	500	0
惠州市	16 767	16 334	14 551	278	1 505	433	433	0
梅州市	6 430	6 430	5 227	119	1 084	0	0	0
阳江市	1 310	990	960	30	0	320	30	290
东莞市	59 474	58 728	29 132	1 225	28 371	746	746	0
中山市	1 300	1 300	500	0	800	0	0	0
潮州市	209	209	184	0	25	0	0	0
揭阳市	3 064	3 064	2 494	566	4	0	0	0

10–2–17–2 按隶属关系分布

单位：千元

隶属关系	R&D经费内部支出	经常费支出				基本建设费		
			人员费用	设备购置费	其他		仪器设备费	土建费
总　计	**7 469 527**	**6 516 381**	**2 828 891**	**820 637**	**2 866 853**	**953 146**	**518 121**	**435 025**
地方部门属	3 376 958	3 177 115	1 489 280	315 003	1 372 832	199 843	81 059	118 784
省级部门属	2 792 428	2 692 847	1 226 600	243 915	1 222 332	99 581	39 227	60 354
副省级城市属	294 208	269 579	137 026	55 995	76 558	24 629	19 735	4 894
地市级部门属	290 322	214 689	125 654	15 093	73 942	75 633	22 097	53 536
中央部门属	4 092 569	3 339 266	1 339 611	505 634	1 494 021	753 303	437 062	316 241
中国科学院	2 341 932	2 049 132	739 015	363 019	947 098	292 800	275 001	17 799

10–2–17–3 按机构所属学科领域分布

单位：千元

学科领域	R&D经费内部支出	经常费支出				基本建设费		
			人员费用	设备购置费	其他		仪器设备费	土建费
总　计	**7 469 527**	**6 516 381**	**2 828 891**	**820 637**	**2 866 853**	**953 146**	**518 121**	**435 025**
自然科学领域	1 854 833	1 531 073	568 402	255 753	706 918	323 760	285 684	38 076
农业科学领域	1 108 659	1 010 799	478 282	125 967	406 550	97 860	35 897	61 963
医学科学领域	1 024 880	1 022 002	272 608	62 726	686 668	2 878	1 464	1 414
工程科学与技术领域	3 102 275	2 573 868	1 289 919	367 529	916 420	528 407	194 835	333 572
社会、人文科学领域	378 880	378 639	219 680	8 662	150 297	241	241	0

10-2-17-4 按机构服务的国民经济行业分布

单位：千元

行业	R&D经费内部支出	经常费支出				基本建设费		
			人员费用	设备购置费	其他		仪器设备费	土建费
总　计	**7 469 527**	**6 516 381**	**2 828 891**	**820 637**	**2 866 853**	**953 146**	**518 121**	**435 025**
农、林、牧、渔业	890 110	808 467	387 548	92 293	328 626	81 643	26 858	54 785
农业	370 518	344 246	196 973	36 463	110 810	26 272	24 475	1 797
林业	201 535	185 944	84 982	31 575	69 387	15 591	764	14 827
畜牧业	103 210	102 459	42 286	5 688	54 485	751	679	72
渔业	122 427	91 275	17 813	5 185	68 277	31 152	0	31 152
	92 420	84 543	45 494	13 382	25 667	7 877	940	6 937
采矿业	48 412	48 412	30 013	7 950	10 449	0	0	0
有色金属矿采选业	48 412	48 412	30 013	7 950	10 449	0	0	0
制造业	486 647	473 480	163 854	95 501	214 125	13 167	6 709	6 458
农副食品加工业	128 706	118 712	58 369	27 068	33 275	9 994	5 230	4 764
石油、煤炭及其他燃料加工业	3 000	3 000	2 660	0	340	0	0	0
医药制造业	267 528	266 114	76 398	51 969	137 747	1 414	0	1 414
化学纤维制造业	2 623	2 258	1 122	98	1 038	365	365	0
专用设备制造业	76 077	75 821	18 746	15 350	41 725	256	256	0
铁路、船舶、航空航天和其他运输设备制造业	8 713	7 575	6 559	1 016	0	1 138	858	280
交通运输、仓储和邮政业	5 040	5 040	2 783	720	1 537	0	0	0
水上运输业	5 040	5 040	2 783	720	1 537	0	0	0

（续上表）

行业	R&D经费内部支出	经常费支出				基本建设费		
			人员费用	设备购置费	其他		仪器设备费	土建费
信息传输、软件和信息技术服务业	67 667	55 377	36 084	7 427	11 866	12 290	0	12 290
电信、广播电视和卫星传输服务	55 305	43 015	26 201	7 319	9 495	12 290	0	12 290
软件和信息技术服务业	12 362	12 362	9 883	108	2 371	0	0	0
科学研究和技术服务业	4 584 514	3 802 790	1 696 297	577 105	1 529 388	781 724	470 769	310 955
研究和试验发展	2 770 773	2 344 632	1 126 612	339 747	878 273	426 141	128 689	297 452
专业技术服务业	1 783 905	1 442 074	560 330	234 101	647 643	341 831	328 328	13 503
科技推广和应用服务业	29 836	16 084	9 355	3 257	3 472	13 752	13 752	0
水利、环境和公共设施管理业	508 838	446 221	261 486	23 823	160 912	62 617	12 080	50 537
水利管理业	254 947	225 206	120 628	8 757	95 821	29 741	3 122	26 619
生态保护和环境治理业	253 891	221 015	140 858	15 066	65 091	32 876	8 958	23 918
教育	36 426	36 426	32 542	1 041	2 843	0	0	0
教育	36 426	36 426	32 542	1 041	2 843	0	0	0
卫生和社会工作	757 115	755 651	196 000	10 757	548 894	1 464	1 464	0
卫生	757 115	755 651	196 000	10 757	548 894	1 464	1 464	0
文化、体育和娱乐业	80 947	80 706	18 984	4 020	57 702	241	241	0
文化艺术业	74 981	74 981	17 237	3 240	54 504	0	0	0
体育	5 966	5 725	1 747	780	3 198	241	241	0
公共管理、社会保障和社会组织	3 811	3 811	3 300	0	511	0	0	0
国家机构	3 811	3 811	3 300	0	511	0	0	0

大事记

2017年广东科技大事记

【1月】

4日

2016年度广东省科学技术奖评审委员会工作会议在广州召开。会议由省科学技术奖评审委员会主任委员、省科技厅厅长黄宁生主持。会上，袁宝成副省长为第六届广东省科学技术奖评审委员会委员颁发聘书；会议共评出拟奖项目260项，其中特等奖1项、一等奖28项、二等奖76项、三等奖155项。省科学技术奖评审委员会陈小明院士、瞿金平院士、陈勇院士等委员参加会议。省纪委驻厅纪检组、特邀监察员等相关人员应邀全程参加本次评审会。

△4至5日，杨军副厅长率高新技术发展及产业化处主要负责同志赴汕尾市调研科技创新工作，并在深汕特别合作区管委会组织召开深汕特别合作区纳入深圳国家自主创新示范区协调会，实地考察汕尾市职业技术学院科技企业孵化器、信利公司、汕尾高新区，听取汕尾高新区建设进展和汕尾市全市科技创新工作情况汇报。

6日

黄宁生厅长在厅17楼会议室与省食品药品监管局局长骆文智一行就广东科学中心建设广东食品药品（科普）体验馆进行座谈。省科技厅郑海涛副厅长、省食品药品监管局方洪添副局长、广东科学中心卢金贵主任、广州市食品药品监管局钟广静副局长，以及厅办公室、政策法规处、规划财务处、社会发展与农村处相关负责同志参加了会议。

△省科技厅、建设银行广东省分行在广州联合召开普惠性科技金融试点工作启动会议。会上，建设银行广东省分行李洪茂副行长作讲话；建设银行广东省分行有关负责人详细讲解了普惠性科技金融服务试点方案；广州市科创委代表试点单位介绍了试点工作思路；与会代表围绕《普惠性科技金融试点工作实施方案》（征求意见稿）和《中小微科技企业科技创新综合实力评分卡》展开讨论。省科技厅规划财务处、建设银行广东省分行相关部门、7个试点地市科技局（委）、所在地市建设银行分（支）行、科技金融综合服务分中心等相关负责同志参加了会议。

9日

中共中央、国务院在北京召开国家科学技术奖励大会。本省共有33个项目获得国家科学技术奖，其中国家自然科学奖4项、国家技术发明奖6项、国家科技进步奖23项。

10日

何棣华副巡视员在厅17楼会议室会见以色列驻广州总领事南可安先生一行2人，双方讨论如何在双边政府支持下继续推进双方合作共建的产业园等重点项目；下午，何棣华副巡视员在厅17楼会议室会见英国驻广州副总领事梅凯伦女士一行3人，双方就1月18—20日英国创新署代表团到访广东的合作洽谈安排交换意见。科技交流合作处相关负责同志参加了会见。

11日

周木堂副巡视员率社会发展与农村科技处人员调研广州市林业和园林科学研究院，听取市园林院阮琳院长的情况介绍，参观市园林院本部的科技园、兰花栽培基地，召开座谈会听取社会发展与农村科技处工作报告，组织社会发展与农村科技处党支部认真学习了《中国共产党党内监督条例》和《关于新形势下党内政治生活的若干准则》等重要党内法规。

13日

广东省可持续发展实验区专家座谈会在广州召开。会上，与会专家围绕本省新时期可持续发展实验区发展路径以及创建国家可持续发展议程创新示范区的工作思路等议题提出建议和意见；周木堂副巡视员作总结讲话。15位本省可持续发展领域的专家，厅社会发展与农村科技处、省技术经济研究发展中心有关同志参加了会议。

16日

“德国工业4.0”报告交流会在科技合作研究促进中心举行。会上，何棣华副巡视员代表省科技厅致辞；德国联邦教研部关键技术司副司长蔡泽尔博士就德国工业4.0的制定、实施以及与中国科技部门合作的相关情况作主题演讲。省外专局杨佩军副巡视员，厅有关业务处室以及来自省内各高新区、高校、科研院所和企业的相关人员约200人参加了交流会。

17日

省科技厅领导班子召开民主生活会，以学习贯彻党的十八届六中全会精神为主题，围绕“两学一做”学习教育要求，重点对照《准则》和《条例》，结合思想和工作实际，进行党性分析，开展批评和自我批评。省直机关工委副巡视员钟国辉同志，省委组织部干部五处处长李康年同志、主任科员吴君茂同志到会指导。厅党组书记、厅长黄宁生同志主持会议，厅领导班子成员参加会议。副巡视员周木堂、何棣华同志，厅党办、办公室、人事处、省纪委驻厅纪检组负责同志列席会议。

18日

省科技厅在1楼会议室召开离退休同志新春座谈会，黄宁生厅长通报2016年本省科技创新工作的进展情况并代表厅党组和领导班子向全体离退休人员及其家属致以诚挚的新春祝福。何棣华副巡视员以及人事处、机关党委、办公室负责同志参加了会议。

23日

黄宁生厅长、杨军副厅长与到访省科技厅的江门市委书记林应武一行，就江门科技工作发展情况进行座谈。省科技厅规划财务处、高新技术发展及产业化处、产学研结合处负责同志以及江门市委常委利为民、科技局局长谢少谋及相关同志参加了座谈。

△黄宁生厅长、郑海涛副厅长参加厅办公室党支部生活会及民主评议会，听取办公室党支部书记作党支部全年工作情况汇报和下一步工作设想，以及支部各党员进行的批评与自我批评，并对厅办公室工作提出具体要求。

【2月】

6日

周木堂副巡视员与到访省科技厅的广州市科创委王越西副主任一行，围绕创建国家可持续发展议程创新示范区相关事宜进行座谈。会上，广州市同志汇报了广州市关于创建国家可持续发展议程创新示范区的基础条件、创建思路、区域范围和聚焦领域；厅社会发展与农村科技处介绍了创建国家可持续发展议程创新示范区指导思想、基本原则、主要目标、主要任务、创建条件和创建程序。

7日

省委、省政府在广州召开广东省创新发展大会，深入学习贯彻习近平总书记系列重要讲话精神，贯彻落实中央经济工作会议和全国科技创新大会精神，部署加快推动广东省创新驱动发展。会议由马兴瑞省长主持。会上，中共中央政治局委员、广东省委书记胡春华作重要讲话；袁宝成副省长总结前一阶段广东省创新发展工作情况，并对下一阶段工作作具体部署；省委常委、省人大常委会副主任徐少华宣读《广东省人民政府关于颁发2016年度广东省科学技术奖的通报》，表彰获得2016年度广东省科学技术奖的先进单位和个人；珠三角九市和汕头、湛江、茂名市作大会发言。省领导任学锋、许勤、邹铭、蓝佛安，省委有关部委、省直有关单位、省有关人民团体、中直驻粤有关单位，各地级以上市及顺德区党委、政府和相关部门主要负责同志，国家级和省级高新区管委会、部分科研院所、高等院校、高新技术企业、新型研发机构代表，部分省科学技术奖评审委员会委员及获奖者代表，省科技厅领导班子成员、机关各处室及厅属单位负责同志参加了会议。

9日

刘炜副厅长参加产学研结合处党支部召开的民主生活会和民主评议会，听取产学研结合处党支部各位党员对照党章规定和“四讲四有”合格党员要求，围绕政治、纪律、品德、作用四个方面，联系自己的思想和工作实际、岗位职责，展开自我批评、党员互评、对支部提意见等方面进行的发言，并对今后工作提出具体要求。

10日

黄宁生厅长在厅17楼会议室与省政府副秘书长、省援疆前方指挥部总指挥贺宇，佛山市政府常务副市长蔡家华等一行就广东省新一轮科技援疆工作进行座谈，双方就建设喀什广东科学技术研究院与广东公共安全研究院，打造“两院一园一联盟一基金”创新模式等工作交换意见并取得共识。省科技厅副厅长刘炜、省援疆前方指挥部副总指挥王再华，厅办公室、规划财务处、基础研究与科研条件处、产学研结合处、社会发展与农村科技处负责同志及相关人员参加了座谈会。

△何棣华副巡视员在省科技厅会见加拿大艾伯塔省亚太地区高级代表贺文龙一行，双方就进一步落实艾伯塔省与省科技厅签署的合作备忘录中具体项目的合作进行磋商。

15日

省科技厅召开《广东省省级农业科技特派员管理办法（试行）》（讨论稿）专家座谈会。会上，与会代表就《管理办法》修改完善工作提出意见；周木堂副巡视员作总结讲话。省委组织部、省教育厅、省人社厅、省农业厅、省林业厅、省海洋渔业厅、省扶贫办7个省直部门有关处室负责人，以及中科院、省农科院、广东工业大学、仲恺农业工程学院等机构的专家参加了座谈会。

17日

周木堂副巡视员率厅社会发展与农村科技处、省技术经济研究发展中心相关人员赴广东珠海国家农业科技园调研，实地考察了珠海国家农业科技园区“星创天地”基地、广东逸丰生态实业有限公司、鼎元农庄等珠海国家农业科技园区建设单位，并与园区管委会相关人员进行座谈。

20日

省人民政府批准：任命郑海涛同志为广东省科学技术厅副厅长。

21日

省科技厅召开拟申报国家可持续发展议程创新示范区的地市科技局（委）座谈会。会上，周木堂副巡视员作讲话；社会发展与农村科技处同志介绍了创建国家可持续发展议程创新示范区的相关政策扶持、创建条件、组织方式、申报流程和注意事项；省技术经济研究发展中心介绍了创建国家可持续发展议程创新示范区建设主题制定、建设规划编制等相关要求；与会代表围绕申报地区的申报主题、区域范围、存在问题等情况进行了交流。

△21至22日，周木堂副巡视员率厅社会发展与农村科技处、省农科院畜牧研究所有关专家到河源市调研，指导粤东西北创新驱动发展示范县建设，重点推动厅对口帮扶三洞村精准扶贫养鸡场建设。

23日

23至24日，刘炜副厅长率产学研结合处、省科技基础平台中心相关同志赴潼湖生态智慧区调研，先后考察了省科技基础条件平台中心惠州分中心、三航无人机国际技术研究院、广东省互联网+研究院、太库科技等创新平台的建设进展情况，与惠州市政府主要领导会商首届中国高校科技成果交易会相关筹备工作。

27日

郑海涛副厅长出席18届广东科技好新闻暨12届科技新闻学术论文颁奖会并为获奖代表颁奖。

【3月】

1日

全国高新技术企业认定管理工作片会在广州召开。会议由科技部火炬中心郭建平处长主持。会上，黄宁生厅长介绍了本省高新技术企业工作整体情况；郑海涛副厅长代表广东作高新技术企业工作经验介绍；科技部火炬中心翟立新书记通报了全国高新技术企业认定管理工作总体情况，介绍了新修订出台的《高新技术企业认定管理办法》等政策文件的主要精神和有关内容，并对今年各地开展高新技术企业认定工作提出要求；火炬中心高新技术企业处和技术信息处同志分别介绍了高新技术企业政策具体修订要点和高新技术企业工作网的操作要求。新疆、内蒙古、深圳等18个省（市）、自治区科技厅（局）领导及相关工作负责同志共60多人参加了会议。

2日

郑海涛副厅长在17楼会议室与到省科技厅调研科技创新工作的江苏、河南、云南、黑龙江4省科技管理部门同志座谈，并介绍了本省高新技术企业认定、孵化器建设、企业研发后补助等科技创新抓手和政策整体落实情况。省财政厅介绍了研发后补助资金使用情况，省科技厅相关处室分别介绍了本省自主创新示范区建设、孵化育成体系建设、区域科技合作交流等工作开展情况，现场演示了本省高新技术企业申报认定管理系统，同时进行了互动交流。省财政厅工贸处，省科技厅政策法规处、规划财务处、高新技术发展及产业化处、科技交流合作处，省科技情报研究所、省技术经济研究发展中心相关负责同志参加了座谈会。

9日

刘炜副厅长率产学研结合处、省生产力促进中心、佛山市科技局、顺德区经科局和美的集团有关负责同志赴中车青岛四方机车车辆股份有限公司，调研国家高速列车技术创新中心建设情况，与青岛市科技局副局长宋长虹，中车四方党委副书记管玉山、技术部总经理曹志伟、国家工程研究中心副主任刘韶庆等主要负责同志座谈。

14日

由广东省科学技术厅和奥地利交通与科技创新部共同主办的广东—奥地利信息通信技术对接会在广州举行。会上，何棣华副巡视员代表省科技厅致辞；来自中奥双方的23家信息通信企业代表带来了包括物联网、可视化计算机系统、计算机辅助设计、大数据、智慧城市、高能计算机等方向的企业宣讲及项目推介。省科技厅科技交流合作处相关同志，奥地利交通与科技创新部、奥地利驻广州总领事馆、奥地利驻华大使馆科技处、奥地利驻上海总领事馆、奥地利联邦商会等奥方嘉宾参加了会议。

21日

刘炜副厅长赴清华珠三角研究院就研究院建设进展情况进行调研，与研究院常务副院长王德保、副院长赵庆刚及各部门主要负责人座谈，考察了研究院超级电容器、铝离子电池、多相流实时测控等一批重大项目，了解项目进展及团队落地情况。

22日

上午，袁宝成副省长到省科技厅督导调研重点工作推进情况，听取黄宁生厅长汇报省科技厅第一季度重点工作的主要工作措施、重点工作任务落实情况以及近期工作打算，并对省科技厅工作提出要求。省科技厅领导班子全体成员，省政府办公厅综合处、督查室相关人员，厅机关各处室负责同志参加了座谈。

△下午，2017年珠三角国家自主创新示范区建设工作会议在广州召开。会上，省自创办常务副主任、省科技厅厅长黄宁生汇报了珠三角国家自主创新示范区2016年工作总结和2017年工作要点；省自创办副主任、省科技厅副厅长杨军作珠三角国家自创区先行先试政策制定的说明与下一步工作安排；省住房和城乡建设厅总工程师陈天翼汇报珠三角国家自创区空间发展规划编制工作进展情况及下一步工作安排；广东省副省长、省自创办主任袁宝成作总结讲话。珠三角九市分管市领导，市科技、规划部门和国家高新区管委会负责同志，省有关单位负责人，省科技厅高新技术发展及产业化处负责同志参加了会议。

23日

厅党组书记黄宁生同志在厅17楼会议室主持召开党组理论学习中心组（扩大）会议，传达学习贯彻全国两会精神及刘云山常委、马凯副总理在广东代表团的讲话精神。

24日

宽带通信领域技术发展广州企业座谈会在厅17楼会议室召开。会上，高新技术发展及产业化处同志介绍了部省联动开展宽带通信重点研发专项的背景、工作思路，对开展广东省宽带通信领域专项调研和调查问卷要求进行说明；与会代表围绕国际国内宽带通信领域技术发展热点和广东省宽带通信领域发展方向进行交流；杨军副厅长作总结讲话。中国移动广东公司、中国联通广东公司、电科七所、京信通信、广州海格通信、杰赛科技、新岸线等企业技术负责人，华南理工大学、中国电信广州研究院、广东高智新兴产业研究院专家参加了座谈会。

28日

汕头市委、市政府召开全市创新发展大会。会上，黄宁生厅长与汕头市陈良贤书记、科技部高新司曹国英副司长、火炬高技术产业开发中心安道昌副主任共同为汕头国家高新技术产业开发区揭牌，郑海涛副厅长与汕头市林晓湧副市长签订《加快推进粤东科技创新中心建设战略合作框架协议》。

29日

29至30日，周木堂副巡视员参加科技部在福建厦门召开的2017年全国农业科技工作会议，在分组讨论会上介绍广东农业科技发展的特点，并就完善科技创新体系、发展“星创天地”、发展农村科技特派员、加强区域创新驱动、推动科技扶贫等工作提出建议。

30日

省科技厅联合教育部科技发展中心、省教育厅、惠州市政府、省产学研合作促进会在惠州召开全国高校产学研合作工作座谈会。会议由刘炜副厅长主持。会议介绍了广东十多年来开展省部院产学研合作的情况、广东促进科技成果转化的政策环境，并就如何进一步深化广东与各高校的产学研合作进行了充分的讨论。黄宁生厅长在会上作讲话。教育厅副厅长邢锋，惠州市委常委、常务副市长范中杰，北京大学、清华大学、香港中文大学、香港大学等67所高校，以及厅办公室、产学研结合处负责同志共160人参加了会议。

【4月】

1日

科技部资源配置司张晓源司长一行到省科技厅，就部省联动开展宽带通信和新型网络国家重点研发专项进行专题座谈。高新技术发展及产业化处作工作汇报，杨军副厅长、郑海涛副厅长，科技服务业研究院曾璐院长，厅有关业务处室负责人参加座谈。

6日

黄宁生厅长在厅17楼会议室与省经济和信息化委主任涂高坤，副主任郑勇明、吴东文一行，就加强协同创新工作进行座谈。厅办公室、规划财务处、高新技术发展及产业化处、产学研结合处、科技服务与管理处负责同志以及省经济和信息化委相关处室负责同志参加了会议。

△刘炜副厅长出席在省科技厅举行的“广东省科技人才专项办公室”成立仪式并揭牌。

11日

2017年度省科技厅系统党风廉政建设工作会议在厅7楼报告厅召开。会上，厅党组成员、省纪委驻厅纪检组组长陈夫尧同志传达了中央纪委十八届七次全会及省纪委十一届六次全会精神，通报了省纪委“问责为官不为和落实容错机制”工作座谈会有关情况；厅党组书记、厅长黄宁生同志作“以全面从严治党为主线，深入推进党风廉政建设”的主题报告；党组书记、分管领导、机关处室或厅属单位负责人三方共同签署了“2017年度党风廉政建设责任书”和“安全生产责任书”。厅机关公务员及厅属单位领导班子成员参加了会议。

13日

省科技厅党组书记、厅长黄宁生同志在厅17楼会议室主持召开党组会议，专题学习宣传贯彻习近平总书记对广东工作作出的重要批示。

14日

佛山高新区建设创新型特色园区工作交流会在佛山高新区南海园召开。会上，佛山高新区管委会刘涛根主任作佛山高新区建设创新型特色园区工作汇报；与会专家对佛山高新区建设创新型特色园区方案进行点评，并提出了改进建议；科技部火炬中心安道昌副主任、省科技厅杨军副厅长、佛山市人民政府曾祥钳副秘书长分别作讲话。国家和省有关高新区建设领域专家、佛山市和佛山高新区相关负责人、省科技厅高新技术发展及产业化处负责同志共30人参加了会议。

18日

黄宁生厅长在交流中心一楼会议室会见了加拿大安大略省研究创新与科学厅厅长莫伟力带队的科研创新交流代表团一行，并向客人介绍了广东省国际科技合作和科技创新发展的总体概况，双方还就在创新领域开展务实合作、促进研究成果转化及应用等方面交换了意见并达成共识。省科技服务业研究院曾路院长、东莞市科技局吴世文局长、省科技合作研究促进中心吴汉荣主任等相关同志参加了会见。会后，双方在五楼报告厅共同见证了广东省与加拿大安大略省研发创新与科技合作项目的签约。中加企业家代表在现场签署4项项目合作协议，内容包括智能制造、节能环保等。

19日

杨军副厅长在厅7楼会议室与到访的珠海、韶关、顺德高新区相关负责同志座谈，分别听取了珠海高新区管委会闫昊波书记、韶关市万卓培副市长、顺德高新区管委会左子坚副主任介绍高新区建设的最新进展情况及提出的需省科技厅支持的具体工作事项，并对相关请求事项作出回应，同时对下一步工作提出明确要求。

20日

陈夫尧组长参加在北京召开的全国科技行政管理系统纪检工作交流会议，并在会上作题为《推进纪检组规范化建设，提升监督执纪能力水平》的发言。

△刘炜副厅长出席在东莞召开的中国科学院云计算产业技术创新与育成中心第二届理事会第三次会议并讲话。

21日

刘炜副厅长参加在佛山召开的中国科学院佛山产业技术创新与育成中心理事会暨佛山中国科

学院产业技术研究院理事会并讲话；并在三水区区长胡学骏、佛山市科技局党组书记薛立伟的陪同下，对三水区的福田汽车佛山汽车厂和广东星星制冷设备有限公司进行调研，实地了解两家企业的科技创新和投产运营情况。

26日

广东省检察院和省科技厅在厅17楼会议室召开依法服务保障创新驱动发展战略座谈会。会上，省检察院郑红检察长强调全省检察机关要综合运用打击、预防、监督、教育、保护等措施，依法为科技创新撑起法治“保护伞”；黄宁生厅长介绍了近年来广东省重大科技创新政策法规制定及落实情况，并对存在的问题及下一步工作建议进行阐述分析；刘炜副厅长作讲话；中山大学、华南理工大学、广东工业大学、省科学院、省农科院、广东华中科技大学工业技术研究院、中山大学达安基因股份有限公司等单位的负责同志做交流发言。厅机关有关处室、厅属有关单位相关负责同志参加了座谈。

27日

27至28日，周木堂副巡视员参加在武汉召开的全国社会发展科技创新工作会议，并在分组讨论时代表省科技厅作交流发言。

28日

2017年省科技厅系统第一期“学习论坛”在厅7楼报告厅举行。厅党组书记、厅长黄宁生同志作“学习贯彻习近平总书记重要批示精神”辅导报告。本期论坛由厅党组成员、副厅长刘炜同志主持。厅机关全体公务员、厅属单位领导班子成员参加。

【5月】

2日

黄宁生厅长、郑海涛副厅长参加惠州市创新发展大会。会前，黄宁生厅长会见了中国工程院夏佳文院士和王复明院士；会上，郑海涛副厅长与惠州市委常委、常务副市长、潼湖生态智慧区规划建设指挥部总指挥范中杰签订《广东省科学技术厅　惠州市人民政府共建科技体制改革创新示范区合作协议》。厅政策法规处有关负责同志参加了会议。

△科技部黄卫副部长率督查组赴广东督查《国务院关于国家重大科研基础设施和大型科研仪器向社会开放的意见》的落实情况。刘炜副厅长向督查组汇报了广东省贯彻落实《意见》的主要做法与特色，包括《广东省人民政府促进大型科学仪器设施开放共享的实施意见》的颁布实施、省级网络管理平台和省级在线服务平台的建设、与国家网络管理平台的无缝对接，以及广东省试点工作的执行情况、开放共享成效和主要存在的问题与下一步工作计划。深圳市人民政府吴以环副市长、深圳市科技创新委梁永生主任、深圳大学徐晨副校长以及省科技厅基础研究与科研条件处、省平台中心相关负责同志参加了会议。

3日

3至4日，科技部基础司在广东东莞召开2017年基础研究工作会议。会上，刘炜副厅长代表本省作交流发言。黄宁生厅长以及社会发展与农村科技处相关负责同志参加了会议。

4日

黄宁生厅长率中山大学、广东金融学院、仲恺农业工程学院、广东省科技基础条件平台中心主要领导及其组织人事部门负责同志前往韶关市，欢送广东省首批科技专家服务团韶关分团的4位同志。

△黄宁生厅长率队赴韶关调研科技工作，与当地分管科技领导、市县科技局相关负责同志座谈，听取韶关科技工作的情况介绍、高新区建设的最新进展情况和请求省科技厅支持的具体工作事项，实地考察了黄沙坪创新园。何棣华副巡视员，韶关市委常委、副市长万卓培参加了座谈会，厅相关处室负责同志陪同调研。

5日

周木堂副巡视员会见西藏林芝市徐龙海副市长、林芝市科技局人员等一行，双方就《广东省对口支援林芝工作方案》以及《科技合作框架协议》的实施情况进行交流。厅社会发展与农村科技处、人事处有关负责同志参加了座谈。会后，徐龙海副市长一行考察了省农科院、省微生物所、南方医科大学实验动物科技园等国家农业科技园区和科技援藏项目实施单位。

6日

黄宁生厅长出席在中国建设银行广东省分行举行的榜样的力量——2016“FIT粤”科创先锋大赛颁奖典礼并为获奖企业颁奖。

8日

党组书记、厅长黄宁生同志参加监督审计处党支部“两学一做”专题学习活动，对监督审计处在推进科技业务阳光再造、流程重塑、分权制衡工作中取得的成效给予充分肯定，对深化“两学一做”学习教育、加强支部党建工作提出明确要求。

△杨军副厅长率高新技术发展及产业化处、政策法规处和省科技情报研究所相关同志前往中山大学粤港澳发展研究院，就加强粤港澳大湾区科技创新合作的研究以及科技智库建设进行座谈，听取中山大学粤港澳研究院郑德涛院长关于研究院建设、研究工作以及国家高端智库建设的情况介绍。

△杨军副厅长率高新技术发展及产业化处、人事处、省科技情报研究所主要负责同志到佛山欢送刘长虹同志赴佛山高新区挂职，并与当地同志召开座谈会。

△8至10日，杨军副厅长、何棣华副巡视员率团就粤港澳大湾区建设及粤港合作赴港调研，访问香港数码港微软（香港）公司、香港数码港、香港科学园、香港应科院、香港生产力促进局及香港科技大学，分别听取各单位介绍业务和科技创新情况，就粤港澳大湾区建设、粤港合作等作现场交流；在与香港创新科技署召开的粤港科技合作工作会议上，双方就2017粤港联合资助计划的最终立项会商及公示时间、2017年度粤港高新技术专责小组会议时间、粤港澳大湾区建设、合作事宜、粤港科技合作其他推进事项进行了洽谈。中联办刘志明副巡视员、王博列席了会议，广东省科技服务业研究院曾路院长、高新技术发展及产业化处林萍处长及相关人员参加了调研。

9日

刘炜副厅长率暨南大学、华南师范大学主要负责同志赴惠州，欢送科技专家服务团（惠州分团）张开升、方俊彬、陈巧年3位同志赴任，并对各位科技专家寄予厚望和重托。

△刘炜副厅长率队赴惠州调研首届科交会筹备工作情况，听取惠州市汇报科交会筹备工作情况、进度和请求省科技厅协调解决的具体事项。

12日

黄宁生厅长、刘炜副厅长出席在佛山开幕的第三届广东院士高峰年会。

15日

黄宁生厅长、省纪委驻厅纪检组陈夫尧组长、郑海涛副厅长、何棣华副巡视员在厅17楼会议室与广东恒健投资控股有限公司总经理唐军及公司领导班子和相关部门负责同志一行，就加强科技金融合作等工作进行座谈。厅办公室、政策法规处、规划财务处、高新技术发展及产业化处、产学研结合处、社会发展与农村科技处负责同志参加了会议。

△刘炜副厅长出席在广州召开的清华珠三角研究院第一届理事会第二次会议。

△杨军副厅长率高新技术发展及产业化处相关负责同志赴东莞调研第三代半导体产业南方基地建设进展情况，分别与东莞市黄庆辉副市长、南方基地平台公司股东座谈。东莞市科技局、松山湖高新区管委会相关负责同志参加了调研。

16日

省直机关工委钟国辉副巡视员率第六调研组到省科技厅开展“抓党建、促改革、提效率、增干劲”专题调研，对厅领导及厅属各单位的主要负责人进行个别访谈，与机关处室主要负责人进行集中座谈，详细了解厅系统在加强党建推动业务工作、履职尽责方面的基本情况、存在问题和意见，并对厅系统党建工作提出意见和建议。厅党组书记、厅长黄宁生，厅党组成员、副厅长刘炜，相关处室和厅属单位主要负责同志参加了调研。

△全省高新技术企业工作座谈会在厅7楼会议室召开。会上，杨军副厅长总结了2016年全省高新技术企业培育和发展工作并对下一阶段工作提出要求；高新技术发展及产业化处介绍了全省高新技术企业树标提质行动计划，高新技术企业重点联系单位选定方案和2017年高新技术企业培育、高新技术企业认定相关工作安排；各地市与会人员围绕相关议题、高新技术企业认定管理工作中的经验做法和存在问题进行交流。省技术经济研究发展中心、各地级以上市科技局、顺德区经济和科技促进局相关同志共60多人参加了座谈会。

△首届中国高校科技成果交易会工作动员会在厅7楼报告厅召开。会上，教育部科技发展中心产学研合作处刘红斌处长介绍了首届科交会筹备进展；教育部科技发展中心李志民主任，惠州市委常委、常务副市长范中杰分别作讲话；刘炜副厅长作总结发言。教育部科技发展中心、省科技厅产学研结合处、省经信委创新处以及21个地市和顺德区科技部门有关负责同志参加了会议。

△省科技厅和广州市科创委联合组织召开华南技术转移中心建设方案专家论证会。会上，省科

技厅郑海涛副厅长、广州市科创委王越西副主任分别作讲话；省生产力促进中心代表项目筹建方详细汇报了华南技术转移中心建设方案；与会专家从功能定位、建设运营和政策支持等方面进行深入研讨，专家组一致同意该方案通过论证。华南理工大学、华南创新服务研究院、广州产权交易所、广州博鳌纵横网络公司等单位的专家，以及省科技厅科技服务与管理处、省生产力促进中心、粤科金融集团、广州市科创委、南沙区工业和科技信息化局、广东拓思软件园等单位相关同志参加了会议，

17日

黄宁生厅长出席在惠州潼湖生态智慧区举行的碧桂园首个“科技小镇”奠基仪式。

△广东省2017年重大创新政策法规巡回宣讲培训活动在广州拉开帷幕。会议由广州市科创委王越西副主任主持。会上，刘炜副厅长做动员讲话；省科技厅政策法规处、规划财务处、产学研结合处、省科技情报研究所以及广州市地方税务局相关同志分别对《广东省自主创新促进条例》和《广东省促进科技成果转化条例》相关内容、新型研发机构建设相关政策、科技计划项目管理改革与体系建设政策、科技报告制度、财政科研项目资金管理和企业研发费加计扣除税务等主题内容进行解读。广州市科创委及县市区科技行政管理部门负责人，广州属地部委、省属、市属高校、科研院所和新型研发机构的领导及相关人员约600人参加了本次宣讲培训会。

19日

杨军副厅长参加在深圳召开的国家大学科技园中南部片区调研座谈会，并在会上介绍广东科技产业创新情况。

△何棣华副巡视员出席香港科技大学霍英东研究院、先进成型技术学会在广州市南沙区举办的首届智能模塑科技南沙高峰论坛（2017）开幕式暨国际智能制造平台揭牌仪式。

22日

2017年省科技奖励业务培训会在广州召开。会上，郑海涛副厅长作讲话并对2017年度科技奖励工作提出具体要求；科技服务与管理处同志围绕科技奖励政策文件、奖种设置、申报流程、填写注意事项、形式审查要求等内容作重点讲解；省科技创新监测研究中心同志围绕阳光政务平台申报流程、系统操作等内容作详细演示；与会代表进行交流。来自全省各主要高校、科研院所、省直单位、地市科技行政管理部门、拟报奖单位等有关人员350多人参加了此次培训会。

24日

24至26日，杨军副厅长率高新技术发展及产业化处、佛山高新区相关负责同志分别赴科技部资源配置与管理司、火炬中心、国家半导体照明产业联盟，就部省联动实施“宽带通信和新型网络”国家重点研发计划、高新技术企业认定、孵化器建设，以及国家第三代半导体产业南方基地建设等事宜进行商谈。

26日

上午，郑海涛副厅长率应用型专项绩效评估组一行到华南理工大学自动化科学与工程学院进行现场考察评估，听取项目进展情况汇报，实地考察项目研发环境与成果。监督审计处、省技术经济研究发展中心以及华南理工大学相关负责同志参加了现场考察活动。

△下午，郑海涛副厅长参加广东科学中心在学术交流中心报告厅举行的“你应该知道的应急措施”培训活动并讲话。

27日

黄宁生厅长、刘炜副厅长、杨军副厅长、郑海涛副厅长、何棣华副巡视员在厅17楼会议室与梅州市委书记谭君铁、市长方利旭一行就梅州市科技创新相关工作进行座谈。厅办公室、政策法规处、规划财务处、基础研究与科研条件处、高新技术发展及产业化处、产学研结合处、社会发展与农村科技处有关负责同志，梅州市领导余其豹、刘棕会、吴泽桐以及梅州市相关部门负责同志参加了会议。

△厅党组书记、厅长黄宁生同志在厅17楼会议室主持召开党组（扩大）会议，专题传达学习贯彻省第十二次党代会精神，研究贯彻落实意见。厅党组成员、领导班子，机关各处室、广东科学中心、省生产力促进中心、省科服院负责人参加了会议。

【6月】

1日

杨军副厅长在厅17楼会议室主持召开第三代半导体材料与器件专项座谈会。会上，高新技术发展及产业化处介绍了广东省第三代半导体专项组织情况；与会代表就如何加快推动广东省第三代半导体产业发展建言献策。厅高新技术发展及产业化处、规划财务处、产学研结合处、科技服务与管理处相关负责同志，广州、深圳、珠海、佛山、东莞、中山市政府和科技管理部门负责同志以及相关企业代表参加了座谈。

△1至3日，周木堂副巡视员到东源县调研县域创新驱动发展和科技精准扶贫精准脱贫工作，与东源县有关领导围绕《粤东西北县域创新驱动发展示范县实施方案》以及计划召开的县域创新驱动发展现场会有关内容进行交流，在东源县三洞村听取驻村工作队关于“高山生态红肉蜜柚特色产业”及“优质鸡养殖脱贫产业”两个项目的详细介绍，同时出席东源县人民政府与广东省农业科学院合作框架协议签订仪式及“广东省农业科学院东源农业发展促进中心”揭牌仪式。

5日

黄宁生厅长与到本厅交流粤港科技创新工作情况的香港特别行政区全国人大代表、香港特别行政区行政会议成员、香港科技园公司董事会主席罗范椒芬女士和驻港中联办教育科技部刘志明副巡视员一行22人座谈。座谈会由何棣华副巡视员主持。会上，罗范椒芬主席就粤港澳大湾区科技创新合作区建设中如何开展制度创新搭建信息交流平台、集聚核心研发技术、优化人才资源配置、建立长效合作机制等方面提出了建议；黄宁生厅长介绍了广东省科技创新发展的总体情况，并提出了在重点科技领域加强与香港紧密合作的共同愿景；与会代表在加强粤港高水平大学建设、建立公共信息服务平台、加强孵化团队交流合作等方面进行了讨论。香港科技领域6所高校校长、科研机构高管，以及来自省发改委、省港澳办、省科学院、广州市科创委、中山大学、广东工业大学、广东省粤科金融集团有限公司、广州市达安创谷企业管理有限公司、广东聚华印刷显示技术有限公司等相关负责同志和企业代表参加了座谈。

△粤东西北高新区建设国家高新区工作座谈会在厅17楼会议室召开。会上，杨军副厅长介绍了近年来国家及本省国家高新区建设情况；各地市代表分别就本市创建国家高新区工作进展、存在的主要问题、时间安排及工作建议等进行了汇报。高新技术发展及产业化处、省科技情报研究所相关负责同志，来自韶关、梅州、汕尾、阳江、潮州、揭阳、云浮市政府、高新区管委会和市科技局负责同志参加了座谈。

8日

省科技厅在中山大学组织召开广东省实验室建设方案专家论证会。会上，刘炜副厅长作讲话；中科院广州生物医药与健康研究院、深圳市科技创新委员会、中山大学分别代表省实验室牵头组建单位详细汇报了人口与健康领域、网络信息领域和海洋科学领域的广东省实验室建设方案；与会专家从目标定位、研究方向、研究内容、建设规划、机制体制创新和政策支撑等方面进行了深入研讨，提出了进一步完善省实验室建设方案的意见和建议。中山大学陈新滋院士、东南大学曹进德院士、中科院广州地化所彭平安院士分别担任人口与健康领域、网络信息领域和海洋科学领域的省实验室建设方案论证组的专家组长。厅办公室、规划财务处、政策法规处、监督审计处、高新技术发展及产业化处、基础研究与科研条件处和省科技基础条件平台中心等单位相关同志，以及省发展改革委、省经济和信息化委、省教育厅、省国家安全厅、省财政厅等省直部门，以及青岛海洋国家实验室筹建办、山东大学、北京邮电大学、中山大学、华南理工大学、暨南大学、华南师范大学、深圳大学等单位的领导和专家参加了会议。

△8至10日，郑海涛副厅长出席在广东科学中心举办的2017年全国科普讲解大赛并为获奖选手颁奖。

12日

刘炜副厅长出席在惠州会展中心新闻发布中心举行的首届中国高校科技成果交易会新闻发布会并回答记者提问。

14日

中共中央政治局委员、广东省委书记胡春华率团访问英国期间，省科技厅厅长黄宁生与英国创新署常务副署长凯文·博汉在伦敦共同签署了产业技术研发合作谅解备忘录。胡春华书记、刘晓明大使、英中贸易协会主席沙逊勋爵，英国驻广州总领事卢墨雪等共同见证了签约仪式。双方一致决定，将在共同感兴趣的领域促进和资助应用型和原创性的研究及技术开发活动，构建并鼓励以伙伴关系开展商业导向的研发创新合作项目，并对原创性研发创新项目予以资助。

15日

省级科技计划中后期监理和验收工作省市协同改革试点业务培训会在厅7楼报告厅召开。会上，刘炜副厅长作讲话；监督审计处同志围绕本次改革试点的总体思路和目标、主要任务内容和省市各部门职责分工等作介绍和说明；省科技创新监测研究中心同志围绕阳光政务平台验收下放功能、验收管理流程、系统操作指引、相关注意事项等作详细讲解和演示；参会人员就组织验收工作等具体事宜进行交流提问。厅规划财务处、基础研究与科研条件处、高新技术发展及产业化处、产学研结合处、社会发展与农村科技处、科技服务与管理处、科技交流与合作处、监督审计处以及省科技基础条件平台中心、省科技创新监测研究中心等单位相关同志，首批试点市广州、深圳、东莞科技行政管理部门的分管领导，以及监审部门、各业务部门和业务支撑机构的相关人员共50多人参加了本次培训会。

△刘炜副厅长参加在广州举行的2017年广东工业设计产学研合作交流大会暨全国工业设计产学研合作高峰论坛并代表省科技厅致辞。

17日

上午，黄宁生厅长参加在华南理工大学召开的部省联动组织实施国家重点研发计划“宽带通信和新型网络”重点专项座谈会，并在会上介绍本省参与宽带通信和新型网络专项组织工作的基础条件、工作进展和下一步打算。

△下午，广东省政府与科技部在广州签署部省联动组织实施国家重点研发计划“宽带通信和新型网络”重点专项框架协议。中共中央政治局委员、广东省委书记胡春华，全国政协副主席、科技部部长万钢见证双方签约。省长马兴瑞、科技部副部长黄卫在仪式上讲话。黄宁生厅长、杨军副厅长、郑海涛副厅长参加了活动。

19日

19至20日，杨军副厅长参加科技部在山东省青岛市召开的2017年度全国高新技术发展及产业化工作会议。

△19至23日，周木堂副巡视员参加广东省政协社会和法制委员会赴江门就珠三角国家自主创新示范区企业研发投入情况开展的专题调研。

21日

21至22日，杨军副厅长陪同袁宝成副省长到深圳、惠州检查国家自主创新示范区建设进展情况。

22日

黄宁生厅长参加在喀什广东科学技术研究院举办的首届科技援疆论坛并讲话。随后对喀什广东科学技术研究院、喀什广东科技创新信息中心和喀什地区应急医疗科技救援指挥平台的建设情况进行调研，参观相关合作研发单位的重大成果展示，并与专家技术人员进行深入交流。

△广东省科技厅联合教育部科技发展中心、广东省教育厅、广东省经信委及惠州市政府共同主办的以“跨越产学鸿沟　携手创新共赢”为主题的首届中国高校科技成果交易会在惠州会展中心开幕。在开幕式当天上午举办的高等学校技术转移国际高峰论坛中，进行了广东科技成果对接“双十”项目签约、2006年诺贝尔物理奖得主乔治·斯穆特作主题演讲等活动。广东省人大常委会主任李玉妹，教育部党组成员、副部长杜占元，广东省人民政府副省长袁宝成，中国科学院院士韩杰才，中国工程院院士丁文江、王复明，国内外有关大学校长和代表，广东省科技厅刘炜副厅长以及产学研处相关负责人，教育部科技司、科技发展中心、教育管理信息中心，省教育厅、经信委等主办单位以及省直有关单位、惠州市、兄弟城市等领导，以及企业代表、技术转移机构代表、金融投资机构代表等约800人参加了开幕活动。300所海内外高校齐聚惠州，携带约1万项科技项目前来展示、交易，近3 000家企业参会，开展产学研对接合作。

23日

广东省2017年重大创新政策法规巡回宣讲培训活动在广州圆满落幕。会议由广州市科创委副巡视员李洪庆主持。会上，郑海涛副厅长作讲话；厅政策法规处、规划财务处、高新技术发展及产业化处、产学研结合处负责同志分别作相关主题讲解。广州市科创委及县市区科技行政管理部门负责人，广州市及区各有关部门、企业领导及相关人员1 000多人参加了本次宣讲培训会。广州电台、南方网、中国经济导报社、大粤网等近20家媒体进行宣传报道，大粤网、广州电台等全程线上直播。

△何棣华副巡视员出席东源广工大现代产业协同创新研究院挂牌仪式并致辞。

24日

省科技厅、省青年联合会组织省青联科技界部分委员在广州开展“喜迎党的生日，服务科技青年”主题活动。厅系统代表和省青联委员们走进广州创业大街科创咖啡，帮扶青年创客和辅导中国创新创业大赛参赛企业，并就如何解决创业过程中的资金、市场以及创新政策等问题进行交流；参观植物园代表性科研成果基地并为陶铸同志像献花，缅怀学习革命前辈关爱支持科技人才精神。省科技厅副厅长、省青联副主席郑海涛，厅机关党委负责同志和厅系统团员代表、部分省青联委员、青年创客代表、中国创新创业大赛参赛代表共50多人参加这次活动。

△上午，周木堂副巡视员参加第四届广东水稻产业大会，并向与会专家介绍广东省推进科技创新工作的进展以及在水稻育种、栽培技术方面取得的一系列重大突破。

25日

何棣华副巡视员出席由广东省高新科技企业协会、广东省生物技术产业化促进会、希腊共和国驻广州总领事馆在广州联合举办的2017中欧创新经济论坛并致辞。

28日

由省科技厅与英国创新署共同主办，省科技合作研究促进中心与英国驻广州总领事馆承办的中英城市创新项目合作对接会在广州召开。黄宁生厅长出席会议并致辞。中英双方16家机构代表带来了包括智慧交通、大数据解决方案下的平价医疗及智慧可持续城镇环境平台等方向的企业宣讲及项目推介并进行了对接。英国驻广州总领事馆Karen Maddocks代总领事、英国驻华使馆 Holly White科技参赞、英国创新署人员、中国欧盟商会人员、英国企业代表团人员等英方嘉宾出席了会议。

△杨军副厅长参加在广州举办的中国科技企业孵化器30周年·广东系列纪念活动。

30日

刘炜副厅长在厅7楼报告厅主持省科技厅系统第二期学习论坛，论坛邀请厅法律顾问、广东君厚律师事务所一级合伙人刘艳平律师主讲“政府信息公开条例实务探讨与分析”。厅机关全体公务员、厅属单位领导班子成员参加了学习。

【7月】

4日

刘炜副厅长在厅7楼报告厅主持召开省科技厅庆祝中国共产党成立96周年大会。会上，宣布了2017年度广东省科学技术厅系统“迎七一”摄影书法比赛获奖结果，并对优秀组织单位和摄影书法比赛获奖代表颁奖；党组书记、厅长黄宁生同志上题为“不忘初心继续前进，扎实落实省党代会精神”的主题党课，回顾了96年来我党的光辉历程，重温习近平总书记重要批示精神，结合省第十二次党代会精神和工作部署，分析研判国际国内科技发展形势，总结回顾了上半年全省重大科技活动，重点解读近期本省创新驱动发展的15项重点工作，并对近期本厅重点工作进行部署，同时对厅系统开展2017年纪律教育学习月活动进行动员。厅机关全体公务员、厅属单位领导班子成员和厅系统“迎七一”摄影书法比赛获奖代表参加了会议。

△4至5日，何棣华副巡视员参加在哈尔滨举行的第三届黑龙江省高新技术产业创业投资大会。本次活动是2017年度广东省与黑龙江省对口合作中科技交流与合作重点工作的组成部分。大会期间，粤黑双方就两省科技创新合作机制、合作方向等进行交流，初步确定了在双创载体建设等方面先行开展合作。厅科技交流合作处、高新技术发展及产业化处相关同志参加了交流活动。

5日

5至7日，黄宁生厅长陪同袁宝成副省长分别到广州、东莞、佛山检查国家自主创新示范区建设进展情况，先后考察了3市创新型企业和创新服务平台，了解企业和服务平台的发展情况和困难，并召开座谈会听取3市关于国家自创区建设进展的情况汇报。

11日

黄宁生厅长率社会发展与农村科技处有关负责同志到黄村镇三洞村调研指导精准扶贫工作，听取厅驻三洞村第一书记李延军同志的科技精准扶贫工作情况汇报以及东源县、黄村镇有关同志的扶贫相关工作情况汇报，参加三洞村老年人文化活动中心的奠基仪式，入户看望慰问“一对一”帮扶的贫困户，详细了解帮扶对象家庭的生产生活情况，并为贫困户带去了扶贫慰问金。随后，黄宁生同志一行前往优质肉鸡养殖场，参观了养殖场的建设情况。

12日

刘炜副厅长参加科技部科技创新2030重大项目智能制造和机器人专项实施方案编制和论证研讨会，并在座谈会上介绍广东在智能制造和机器人方面的工作情况和提出建议。

13日

黄宁生厅长、杨军副厅长参加袁宝成副省长在省政府主持召开的珠三角国家自主创新示范区建设情况汇报会。

△周木堂副巡视员参加在河源市东源县黄村镇举办的2017年省科技厅农业科技和医疗卫生下乡活动并作讲话。本次活动以“科技支撑 精准扶贫”为主题，为村民带去免费常用药品、约1 000多份农业生产科技小册子和挂图等，省农科院专家开展了技术咨询、发放了农业实用技术资料、水稻种子、农药等农资农技物资，并举办农村养牛和养鸡的实用技术培训班，中山医科大学、省人民医院的医疗专家进行了眼科、高血压和消化内科等方面的义诊活动。周边10多个村的村民400多人参加了活动。

14日

杨军副厅长与省标准化研究院张定康院长到广船国际有限公司调研无人船技术研究工作，了解广船国际有限公司整体情况，与广船国际党委副书记麦荣枝及技术部门负责同志座谈，听取该公司在智能无人船测控、大型静水试验场、无人船场内测试等方面的研究进展。华南理工大学该领域专家、高新技术发展及产业化处相关负责同志参加了调研。

△周木堂副巡视员与新疆维吾尔自治区科技厅仲健副厅长、中科院新疆分院同志等一行座谈，双方就《广东省科学技术厅对口援助新疆喀什地区框架协议》的签订工作、第九届中国科学院—新疆科技合作洽谈会的落实，以及对口科技援助、自主创新示范区建设、科技成果转化政策等交换了意见。厅政策法规处、高新技术发展及产业化处、产学研结合处、社会发展与农村科技处、科技服务与管理处、人事处相关负责同志，中科院广州分院以及相关研究院所人员、广州高新区科研管理人员参加了座谈。

△省科技厅关工委联合厅属广东省科技情报研究所赴佛山南海高新区开展“关心下一代科技体验日”主题活动，参观了广工大数控装备协同创新研究院和一汽大众汽车自动化生产线，集中观看创新产品展，欣赏机器人及无人机表演，齐齐动手制作LED创意灯具、3D打印彩绘等活动。何棣华副巡视员、厅关工委周兆龙主任，佛山市高新区管委会刘长虹副主任参加了活动。

17日

本省领导干部境外培训“科技成果转化与产业创新中心建设”专题研讨班成员到本厅调研，并就科技成果转化与产业创新中心建设相关专题进行座谈。会上，刘炜副厅长对本厅贯彻落实省委、省政府部署，实施创新驱动发展战略，推动科技成果转化与产业创新中心建设作总体介绍；杨军、郑海涛副厅长，何棣华副巡视员及相关处室负责人就如何进一步提升科技成果转化能力，促进人才、科技、资本等创新要素加快流动、有效对接，着力建设产业创新中心作了交流；专题研讨班班长谭君铁以及研讨班成员围绕科技成果转化与产业创新中心建设出谋献策，并提出了意见和建议。厅高新技术发展及产业化处、科技服务与管理处、科技交流合作处负责人参加了会议。

18日

18至21日，周木堂副巡视员赴喀什进行科技援疆工作调研，与喀什地委范宝军委员座谈，出席喀什广东科技创新信息中心战略协议签署暨揭牌仪式，并深入喀什广东科学技术研究院、喀什广东科技创新信息中心和喀什地区科技应急指挥中心进行考察。厅社会发展与农村科技处、广东省援疆指挥部、广东省科技情报研究所、喀什地区科技局等单位有关同志参与了调研。

19日

19至20日，广东省2017年重大创新政策法规巡回宣讲培训科技管理干部专场在东莞市召开。会上，刘炜副厅长作讲话；政策法规处、规划财务处、高新技术发展及产业化处、产学研结合处、科技服务与管理处专家分别对《广东省自主创新促进条例》《广东省促进科技成果转化条例》相关内容、企业研发补助相关政策、科技计划项目管理改革与体系建设政策、财政科研项目资金管理若干政策意见、如何通过政府引导基金解决中小企业融资难问题、科技企业孵化器培育相关政策、高新技术企业培育及税收优惠相关政策、新型研发机构建设相关政策、科技创新券后补助相关政策等主题内容进行解读。与会代表参观了广东生益科技股份有限公司、电子科技大学广东电子信息工程研究院，观摩公司生产通道、国家工程中心实验室和EMC实验室，听取企业负责人对本单位基本情况的介绍，了解企业和研究院的建设、运行、管理和发展情况及最新科学研究进展和效益，深化了对东莞市创新驱动和转型升级的理解。各地市科技局及东莞镇街科技局等单位相关同志，部分高校、科研院所、新型研发机构等负责同志共110多人参加本次培训活动。

△下午，杨军副厅长与广州市科创委刘泉宝副主任一行就广州市参与国家重点研发计划部省联动任务板块有关事宜进行座谈，听取刘泉宝副主任介绍广州市通信领域、材料领域的发展现状和重

点专项规划。与会人员就省科技厅起草的部省联动任务板块管理细则（初稿）进行讨论，对部省联动任务板块的地市财政出资方式、社会资本参与方式及项目管理等问题提出了意见和建议。厅高新技术发展及产业化处、规划财务处、产学研结合处相关负责同志参加了座谈会。

20日

黄宁生厅长、杨军副厅长在厅17楼会议室与湖北省政协副主席、湖北省科技厅厅长郭跃进、彭泉副厅长一行9人，就科技计划管理改革、高新技术企业培育和科技金融等方面工作进行座谈。厅规划财务处、高新技术发展及产业化处、产学研结合处相关同志参加了座谈会。

△刘炜副厅长与中科院上海药物所所长蒋华良、党委副书记厉骏、副所长李佳座谈，商讨推进上海药物所在中山市创建中科院药物创新研究院华南分部。

21日

刘炜副厅长调研上海光源交流国家综合性科学中心建设事宜，听取上海光源负责人的汇报，整体了解上海光源一期建设概况、后续工程建设、在前沿基础研究和高技术开发方面的应用，随后深入工程内部现场参观和调研上海光源开展的研究工作。

22日

周木堂副巡视员参加科技部、国家卫生计生委、中央军委后勤保障部、国家食品药品监管总局联合在北京召开的国家临床医学研究中心建设工作推进会。

24日

广东省科技形势分析暨科技计划监督管理体系建设工作会在广州召开。会上，黄宁生厅长作讲话；规划财务处、高新技术发展及产业化处、政策法规处、产学研结合处、科技服务与管理处、监督审计处分别就全省科技形势分析、自创区建设及孵化育成体系进展、创新政策落实情况、企业设立研发机构情况、技术市场与科技成果转化情况、全省科技计划监督管理体系建设情况等内容作汇报；广州、深圳、东莞、河源等代表做交流发言。各地市级以上市科技局（委）、顺德区经济和科技促进局，省级以上高新区管委会，厅机关各处室、厅属各单位、省粤科金融集团等单位负责同志共100多人参加了会议。

25日

杨军副厅长率高新技术发展及产业化处、省高智新兴产业发展研究院有关负责同志赴北京，与科技部高新技术及产业化司、资源配置与管理司、国家第三代半导体产业技术创新战略联盟，分别就国家重点研发计划“宽带通信和新型网络”重点专项部省联动和第三代半导体南方基地建设工作进行汇报和交流。

27日

广东省第十二届人民代表大会常务委员会第三十四次会议于2017年7月27日表决通过：决定任命黄宁生为广东省人民政府副省长。

△27至28日，杨军副厅长率高新技术发展及产业化处、省科技情报研究所相关同志赴中山市调研科技创新工作及自创区建设情况，参观广东通宇通讯股份有限公司、中山市工业技术研究院等重点企业和平台，深入了解企业和研究院近年取得的成绩和目前存在的一些困难，听取中山市科技创

新工作汇报，传达了省科技形势分析会相关会议精神，同时提出了下一步工作要求；并应邀出席2017粤港澳合作论坛暨粤港澳大湾区发展高层峰会。

△郑海涛副厅长在厅7楼会议室主持召开华南技术转移中心建设第二次工作会议。会议交流了当前华南技术转移中心筹建工作，研讨了相关协调落实事项，提出了下一步工作要求。省科技厅、广州市科创委、南沙区政府、南沙区工科信局、省生产力促进中心、广州交易所集团、广东拓思软件园、南沙产业投资有限公司、广州市生产力促进中心等单位相关负责人员参加了会议。

△何棣华副巡视员参加广东省人民政府与香港特别行政区政府在香港会展中心召开的2017粤港经济技术贸易合作交流会并代表广东省科技厅致辞。

【8月】

1日

刘炜副厅长带队上线广东电台“民声热线”访谈节目，就社会关注的科研经费补贴、大型仪器共享、创新券落实等问题与听众进行互动和解读。

2日

2至3日，2017年广东省高新区工作座谈会在佛山召开。会上，杨军副厅长作讲话；中国科学院中国高新区研究中心执行主任刘会武和广东省科技情报研究所所长曾祥效分别作《解读国家高新区评价结果及广东省如何以评价促高新区创新发展》和《创新驱动发展战略与高新区担当》专题报告；厅高新技术发展及产业化处同志作《全省高新区发展情况与形势》报告，并介绍了国家高新区扩区调区建议方案；省科学技术情报研究所同志介绍了广东省高新区评价办法，并解读广东省高新区评价指标体系；各地市代表针对当地高新区发展面临的主要困难及下一步发展思路、高新区扩区调区、对口帮扶、评价，以及省高新区专项资金支持重点等问题进行交流发言。全省23个高新区主要负责同志以及各地市科技部门联系高新区工作的同志共80人参加会议。

4日

广深科技创新走廊规划与近期行动工作座谈会在厅7楼会议室召开。会上，听取了省城乡规划设计研究院有关同志关于广深科技创新走廊规划与近期行动的工作建议；与会人员提出了相关修改意见；杨军副厅长作讲话。省住房和城乡建设厅郭壮狮副厅长，厅高新技术发展及产业化处、规划财务处、基础研究与科研条件处、产学研结合处，省住房和城乡建设厅城乡规划处、政策研究中心以及省城乡规划设计研究院、省科学技术情报研究所相关同志参加了会议。

11日

省科技厅联合省中医药科学院组织召开省中医药联合科研专项阶段总结暨战略发展规划研讨会。会上，与会专家和代表就广东省科学技术厅—广东省中医药科学院联合科研专项的进展和成效作阶段性总结和现场经验交流，并就专项未来几年的实施规划及2018年项目申报指南进行了研讨；周木堂副巡视员作总结讲话。来自全省医学院校、医疗机构主管科研负责人，中医药科研战略发展专家及企业代表共70人参加了会议。

△何棣华副巡视员出席中国科学院高能物理研究所与东阳光集团签署硼中子俘获治疗（BNCT）

项目合作协议签约仪式。

23日

刘炜副厅长陪同省审计厅党组书记卢荣春一行赴中山大学调研云计算与大数据管理技术，参观国家“天河二号”超级计算广州中心和中山大学工学院智能交通研究中心，分别听取其负责人关于“天河二号”超级计算机系统研发应用情况介绍和广东省智能交通系统重点实验室交通大数据研究开发情况介绍，观看相关云计算与大数据管理技术成果平台演示，并与中山大学相关专家就利用云计算与大数据管理技术实施审计监督“全覆盖”进行交流。省科技厅监督审计处、省审计厅教科文审计处有关人员参加了本次调研活动。

24日

省科技厅、省住房和城乡建设厅组织召开广深科技创新走廊规划座谈会。会议按照中共中央政治局委员、广东省委书记胡春华在省委广深科技创新走廊规划专题会议上的有关要求，围绕创新走廊的发展定位、空间布局、建设重点等关键问题，共同研究探讨如何修改完善广深科技创新走廊规划及下一步工作安排。刘炜副厅长在会上作讲话。厅高新技术发展及产业化处、政策法规处、规划财务处、产学研结合处以及省科技服务业研究院、省科技情报所相关人员参加了会议。

29日

省科技厅在广州召开省科技计划监督管理体系建设座谈会。会上，何棣华副巡视员作讲话；监督审计处介绍省科技计划监督体系建设情况，并讲解最近出台的《广东省科学技术厅关于省级科技计划（专项、基金等）严重失信行为记录与惩戒暂行规定》；中山大学、华南理工大学、省科学院、省农科院4个单位分别介绍开展科技计划监督管理的工作情况。省直有关部门、驻穗有关高校、科研院所、企业集团，以及省科技厅各业务处室、省科技基础条件平台中心和省科技创新监测研究中心有关负责同志40多人参加了会议。

30日

第六届中国创新创业大赛（广东赛区）暨第五届“珠江天使杯”科技创新创业大赛颁奖典礼在佛山南海区举行。会上，黄宁生副省长、杨军副厅长分别为获奖企业颁奖；郑海涛副厅长代表省科技厅致辞。来自互联网和移动互联网、先进制造、电子信息、新能源及节能环保、新材料、生物医药六大行业的96家企业获得了嘉奖，其中一等奖12个、二等奖30个、三等奖54个。科技部火炬高技术产业开发中心、省直有关部门、佛山市政府、各地市科技局（委）等单位负责同志，各地创投机构、金融机构等单位负责人，本届大赛获奖企业代表以及新闻媒体记者等500多人参加了活动。

△广东省援疆指挥部贺宇总指挥与广东省科技厅周木堂副巡视员、新疆维吾尔自治区科技厅仲健副厅长、喀什地区行署杨元飞副专员在新疆昌吉签订协同创新驱动新疆喀什地区发展的战略协议。协议围绕喀什地区科技强警、脱贫攻坚、改善民生、产业发展和研究合作等方面需求，充分发挥科技创新优势资源的引领作用，推动喀什地区总体创新水平尽快进入全国创新型地区行列，共同实现喀什地区社会稳定与长治久安。广东省援疆指挥部、广东省科技厅社会发展与农村科技处、科技服务与管理处、广东省科技合作研究促进中心以及来自中国科学院、全国援疆省市、高校、科研院所和企业的200多名代表参加了本次签约活动。

31日

刘炜副厅长参加广州无线电集团科技创新大会并讲话。

△杨军副厅长、郑海涛副厅长在厅17楼会议室与北京邮电大学原校长方滨兴院士、北京大学许进教授及广州大学校长魏明海等一行，就广州大学人才引进、加强电子信息领域科研力量等工作进行座谈，听取方滨兴院士介绍其团队在网络安全领域的研发情况、许进教授介绍其搭建的探针计算机理论体系、魏明海校长对广州大学科研体系和团队建设等情况的介绍。厅规划财务处、政策法规处、高新技术发展及产业化处有关同志参加了座谈。

【9月】

1日

经省委组织部研究同意：郭大春同志挂任省科技厅党组成员，时间至2018年1月。

6日

6至7日，刘炜副厅长率政策法规处、基础研究与科研条件处、产学研结合处有关同志赴云浮、肇庆开展科技创新工作调研。在云浮参加广东药科大学云浮校区动工仪式，参观考察了雷允上药业公司、广东溢康空气弹簧公司、云浮创新设计中心、云计算大数据产业园、云浮产业转移工业园等，与云浮市委常委、副市长许国，工业园管委会招商局同志及氢能产业与新材料发展研究院的专家和技术骨干进行座谈；在肇庆参观考察了肇庆市创新创业中心、肇庆新区和肇庆市高新区的有关企业和孵化器，并与肇庆市委副书记、市长范中杰，市委常委、组织部部长程步一，副市长李腾飞等领导进行交流。

△6至7日，杨军副厅长赴东莞、深圳调研第三代半导体产业发展情况，实地察看了易事特集团股份有限公司、东莞市中图半导体科技有限公司、东莞市天域半导体科技有限公司、第三代半导体产业南方基地，与东莞市委常委、松山湖高新区党工委书记黄少文座谈；在深圳主持召开广东省第三代半导体产业发展座谈会并在会上介绍本省在发展第三代半导体产业上的布局思路。厅高新技术发展及产业化处有关同志陪同调研。

7日

郑海涛副厅长参加在南海区丹灶镇举行的科技部、联合国开发计划署“促进中国燃料电池汽车商业化发展项目”佛山项目启动仪式暨佛山市南海区新能源汽车（氢能）产业招商推介会并致辞，同时见证了项目签约和启动仪式。

8日

刘炜副厅长参加在广州市番禺区长隆国际会展中心举行的思科智慧城·绿色创新价值峰会开幕式并代表省科技厅致辞。

9日

杨军副厅长参加科技部高新司在南京召开的宽带通信和新型网络实施方案编制专家组会议并发言。

11日

11至12日，省科技厅杨军副厅长、省住房和城乡建设厅郭壮狮副厅长联合带队前往杭州、上海进行创新走廊建设调研。调研组一行分别到浙江省科技厅就杭州城西科创大走廊的相关建设情况进行座谈，听取浙江省科技厅孟小军副厅长对杭州城西科创大走廊建设的总体规划、产业特色、财政支持、取得成效等方面情况的介绍；到上海G60沪嘉杭科创走廊规划展示馆调研，与上海市松江区相关领导进行座谈，听取松江区陈小峰副区长介绍上海松江区和G60沪嘉杭科创走廊建设的发展历程、政府的扶持政策等情况，各方并就三地如何有效进行资源对接共享进行了探讨。省科技厅高新技术发展及产业化处、政策法规处，省住房和城乡建设厅规划处，省科技情报研究所，省技术经济研究中心，省城乡规划设计院有关人员参加了调研。

12日

刘炜副厅长参加在佛山召开的中国科学院佛山产业技术创新与育成中心理事会暨佛山中国科学院产业技术研究院理事会并讲话。

13日

13至14日，省科技厅副厅长、省自创办副主任杨军同志带领珠三角九市自创区相关负责人分别前往广东自贸区南沙、前海蛇口、横琴三大片区现场考察并座谈。来自珠三角九市自创区和自贸区相关负责人就"双自联动"工作的重点领域、项目、政策以及目前发展难题和下一步发展思路开展了深入交流，共同探讨未来合作的可能性。

15日

刘炜副厅长率政策法规处、产学研结合处有关同志赴广东省农业科学院开展科技创新及科技成果转化情况调研，分别在省农科院果树研究所、动物科学研究所召开座谈会，听取研究所负责同志关于近年来科研与科技成果转化工作主要进展、存在问题及有关建议的情况汇报，并与省农科院院长陆华忠、副院长肖更生、何秀古，相关部门负责同志及科研骨干进行交流。

△杨军副厅长出席在清远市举行的第三届"华炬杯"粤东西北创新创业大赛总决赛启动仪式暨环粤港澳大湾区国际"双创"建设高峰论坛并讲话。

△省委批准：王瑞军同志任省科技厅党组书记，免去黄宁生同志的省科技厅党组书记职务。

18日

刘炜副厅长率规划财务处、产学研结合处相关同志赴惠州市仲恺高新区就企业科技创新工作开展调研，先后考察惠州亿纬锂能股份有限公司听取董事长骆锦红介绍亿纬锂能科技创新工作，考察德赛西威汽车电子股份有限公司并听取德赛集团董事长姜捷介绍公司近几年在汽车电子等方面开展的科技创新工作及所取得的成效。惠州市科技局、仲恺区管委会相关领导陪同参加了调研。

25日

王瑞军同志任职党组书记大会在厅7楼报告厅召开。会上，省委常委、组织部部长邹铭以及黄宁生副省长分别作讲话；省委组织部郑庆顺副部长宣布省委批准王瑞军同志任省科技厅党组书记。省委组织部有关同志，省科技厅机关全体干部及直属单位班子成员参加了会议。

26日

广东省建设国家科技产业创新中心暨企业研发机构工作会议在广州召开。会议由中共中央政治局委员、广东省委书记胡春华主持。会上，马兴瑞省长作讲话；黄宁生副省长通报全省科技创新工作进展和企业研发机构建设情况；惠州市、东莞市、广汽汽车工程研究院、深圳大疆创新科技公司、珠海纳睿达科技公司负责人作交流发言。省人大常委会主任李玉妹，省政协主席王荣，省领导任学锋、王伟中、林少春、江凌、袁宝成，省科技厅领导班子、机关各处室及厅属单位主要负责同志参加了会议。

△省人民政府批准：郭大春同志挂任广东省科学技术厅副厅长，挂职时间至2018年1月。

28日

△广东省第十二届人民代表大会常务委员会第三十六次会议决定任命：王瑞军为广东省科技厅厅长。

△党组书记、厅长王瑞军同志在厅17楼会议室主持召开党组会议，传达学习广东省建设国家科技产业创新中心暨企业研发机构工作会议精神、省政府党组专题学习会暨省政府党组（扩大）会议精神，研究贯彻落实意见，并对厅系统党风廉政建设、安全生产及社会稳定工作进行部署。

△郑海涛副厅长在厅7楼报告厅主持召开2017年第3期省科技厅机关学习论坛。论坛上，王瑞军厅长作讲话；省国家保密局督查处饶青处长作《保密责任与防范要略》专题报告；观看了保密教育宣传片《保密常识必知必会》。厅机关全体工作人员及厅属单位中层以上干部和保密干部110多人参加了学习。

△28至30日，受王瑞军厅长委托，郑海涛副厅长带队对广东科学中心、省科技服务业研究院、省科学技术情报研究所、省科技基础条件平台中心、省科技创新监测研究中心、厅机关服务中心等单位进行了节前安全生产检查。

29日

王瑞军厅长带队对厅机关各处室以及大院内厅属各单位进行安全生产、保密和网络安全检查。

【10月】

11日

杨军副厅长参加省政协在广州召开的“珠三角国家自主创新示范区企业研发投入情况”专题协商会，并受省政府委托在会上通报珠三角国家自主创新示范区企业研发投入情况。

13日

省人大常委会副主任周天鸿率省人大常委会科教文卫委员会相关同志到本厅调研，并就本省科技领域立法征集意见情况进行座谈。刘炜、郭大春副厅长，周木堂副巡视员及各处室相关负责同志参加了座谈。

17日

杨军副厅长率高新技术发展及产业化处到惠州市调研比利时微电子研究中心建设情况，听取惠州市科技局同志关于广东比利时微电子研究中心最新进展的汇报，并对惠州市提出的相关问题作出回应；实地考察了潼湖碧桂园科技小镇。

18日

省科技厅组织厅机关全体党员在厅7楼报告厅集中收看党的十九大开幕会实况直播，认真聆听、学习习近平总书记代表十八届中央委员会向大会所作的报告。陈夫尧纪检组长、刘炜副厅长、郑海涛副厅长、周木堂副巡视员收看了开幕会。

△杨军副厅长率省金融办、省地税局有关同志组成第四调研组赴汕头、潮州、揭阳、梅州市调研，在揭阳市组织召开开发区总体规划编制工作座谈会，听取汕头、潮州、揭阳、梅州四市开发区总体情况和国家高新区创建进展情况，并实地考察了揭阳产业转移园等园区，省科技厅高新技术发展及产业化处、省科技情报研究所有关负责同志陪同调研。

25日

王瑞军厅长、刘炜副厅长赴中山市调研并与中山市领导座谈，听取中山市委书记陈旭东介绍中山社会经济发展和实施驱动发展战略的总体情况，以及中山市市长焦兰生介绍中山科技创新工作的一些具体情况。中山市领导徐小莉、李长春等参加了座谈。

△25至26日，杨军副厅长、郑海涛副厅长陪同到本省调研广深科技创新走廊及第三代半导体新材料科技创新情况的科技部高新司周吉峰副司长一行，分别赴华南理工大学调研新材料科技创新情况，考察发光材料与器件国家重点实验室及国家金属材料近净成形工程技术研究中心，听取广深科技创新走廊的基本情况介绍；赴东莞松山湖高新区调研第三代半导体南方基地建设情况，听取南方基地建设专家组成员及省、市、区三级政府对新材料及南方基地支持情况的汇报，并对第三代半导体研发过程中遇到的材料研发、供应链建设、应用场景等进行研讨。

26日

省国土资源档案馆颜建平馆长率省直单位档案评估检评专家及协作组单位成员一行19人，对省科技厅档案工作进行现场评估。会上，厅党组成员、副厅长杨军向检评组汇报了本厅近年来实施创新驱动发展战略所开展的档案管理工作；厅办公室向检评组详细汇报了本厅2014—2017年的档案工作情况。检评组在听取汇报后，对厅机关综合档案室的组织管理、条件保障、基础业务、档案移交和信息化建设、涉密清理以及评估内容真实性等方面情况进行认真细致的现场检查，并参观了厅业务受理窗口和二楼机房。

△粤港高新技术合作专责小组第十四次会议在厅17楼会议室召开。会议由广东省科技厅何棣华副巡视员主持。会上，通过了2016年度的粤港科技合作工作和下一阶段工作计划报告；双方对积极跟踪管理已进行的粤港联合创新资助计划、共同推动粤港澳大湾区建设、继续鼓励粤港高校和科研机构的平台建设、促进粤港科技创新创业、协同推进“一带一路”沿线国家科技合作等推进工作达成共识。杨军副厅长、广东省科技服务业研究院曾路院长、香港特区政府创新及科技局常任秘书长卓永兴、粤港双方高新技术合作专责小组成员以及港澳办有关人员参加了会议，中央人民政府驻香港特别行政区联络办公室教育科技部有关人员列席了会议。

27日

省科技厅党组书记、厅长王瑞军同志在厅17楼会议室主持召开党组（扩大）会议暨中心组学习会议，传达学习党的十九大报告、中纪委工作报告、《中国共产党党章（修正案）》主要内容，以及习近平总书记在党的十九大贵州省代表团会议、十九大闭幕会、十九届一中全会、十九届中央政治局常委同中外记者见面会的重要讲话精神等，研究部署省科技厅系统学习宣传贯彻工作。全体厅领导、厅机关各处室主要负责同志参加了会议。

30日

省科技厅党组书记、厅长王瑞军同志在厅17楼会议室主持召开党组（扩大）会议暨中心组学习会议，进一步深入学习党的十九大精神，研究部署贯彻落实工作举措。会上，传达学习了广东省传达贯彻党的十九大精神大会及省有关会议精神，研究了《省科技厅学习宣传贯彻党的十九大精神工作方案》；厅领导班子成员、粤科金融集团及厅各直属单位负责人分别就十九大精神学习体会、贯彻落实的工作思路和工作举措作了交流汇报；部署下一步全厅系统深入贯彻落实十九大精神有关任务。全体厅领导及厅机关各处室、粤科金融集团、厅各直属单位负责同志参加了会议。

31日

王瑞军厅长与省纪委驻厅纪检组全体干部座谈交流工作，听取驻厅纪检组陈夫尧组长介绍近年来特别是派驻机构全覆盖改革以来，纪检组开展监督执纪问责工作的主要情况和下一步工作思路，以及与会纪检组同志结合自身工作职责的发言。省科技厅办公室、机关党办主要负责同志参加了座谈。

【11月】

1日

杨军副厅长参加在北京召开的第十四届中国国际半导体照明论坛暨2017国际第三代半导体论坛开幕大会。

△郭大春副厅长参加在惠州市举办的第六届中国物联网·云计算技术应用博览会，会后率厅高新技术发展及产业化处、产学研结合处有关同志赴惠州仲恺高新区调研科技创新情况，与高新区科技管理部门负责同志座谈，详细了解仲恺高新区近年来落实省创新驱动八大抓手、高新技术企业培育、产学研合作等情况，并实地考察了TCL集团、德赛西威汽车电子有限公司。

3日

杨军副厅长率高新技术发展及产业化处相关负责同志到云浮调研国家高新区创建进展和氢能研究院，实地考察了云浮高新区、佛山（云浮）产业工业园、飞驰新能源汽车有限公司和氢能研究院，在佛山（云浮）产业工业园召开座谈会，听取云浮市创建国家高新区建设进展情况汇报和佛山对口帮扶云浮氢能产业工作的情况汇报。

△3至5日，周木堂副巡视员出席在罗定市举办的2017广东云浮罗定稻米节暨名优农产品产销博览会，并为“广东省绿色稻米产业技术创新联盟”揭牌。

7日

刘炜、郭大春副厅长在厅17楼会议室与政策法规处党支部、基础研究与科研条件处党支部、产学研结合处党支部以及省科技服务业研究院党支部共同学习党的十九大精神，并就下一步贯彻落实党的十九大精神作出部署。

8日

何棣华副巡视员在厅7楼报告厅主持召开推进学习宣传贯彻党的十九大精神专题党课，厅党组书记、厅长王瑞军以“贯彻新发展理念　推动创新驱动发展”为主题，对深入学习领会党的十九大报告内涵实质进行了深入解读，并结合全省学习宣传贯彻党的十九大精神总体工作方案的要求，对近期加快推进的几项主要工作举措作部署，以及2017年对省委、省政府部署的重点工作的完成情况进行了小结。厅机关全体公务员、厅属单位领导班子成员及负责党务工作同志共110人参加了这次专题党课。专题党课结束后，王瑞军厅长随即主持召开厅务会议，研究部署做好学习贯彻党的十九大精神专题调研工作。

9日

王瑞军厅长、郑海涛副厅长一行到广东科学中心，就学习宣传贯彻党的十九大精神工作进行调研，听取广东科学中心主任卢金贵、党委书记易和汇报广东科学中心学习宣传贯彻党的十九大精神工作以及近年来的运营发展情况。广东科学中心领导班子成员、中层干部等参加了调研座谈会。

10日

王瑞军厅长到省科服院指导开展十九大精神学习宣传贯彻工作，听取省科服院领导班子成员及院直属单位负责同志关于十九大精神学习宣传贯彻情况及下一步工作思路的汇报，省科技厅党办负责人，院直属单位领导班子成员、省科服院本部全体工作人员参加了座谈。

13日

杨军副厅长率厅高新技术发展及产业化处党支部全体成员到韶关市，与韶关市科技局机关党支部共同开展“学习贯彻党的十九大精神，走进红色教育基地”支部活动，并为两个支部上党课；随后考察了高新区建设和高新技术企业，与韶关市委常委、副市长万卓培，韶关市高新区管委会主任黄勤昌等座谈，听取韶关市科技创新工作思路，研讨高新区建设问题；并到韶关液压件厂有限公司、韶关宏大齿轮有限公司、黄沙坪创意园调研，了解企业实施技术创新的情况，对高新技术企业认定、培育中存在的问题进行解答。

△郑海涛副厅长参加厅规划财务处、科技服务与管理处党支部活动，共同学习党的十九大精神，并就今后的贯彻落实工作提出要求。

15日

上午，王瑞军厅长、郭大春副厅长在厅17楼会议室与到本厅调研科技创新工作的黑龙江省佳木斯市市委书记徐建国一行座谈。会上，徐建国书记介绍了佳木斯市科技创新有关发展情况，王瑞军厅长介绍了广东省近年来推进实施创新驱动发展战略的有关做法和成效，郭大春副厅长结合自身在粤黑两地的工作经验对充分发挥两地科技合作互补优势提出了建议；双方就科技企业孵化、战略新兴产业培育和创新平台体系建设等方面工作进行了深入交流。厅办公室、高新技术发展及产业化处和佳木斯市相关部门负责同志参加了座谈。

16日

周木堂副巡视员参加在广州广交会琶洲展馆举行的第八届广东现代农业博览会。

17日

王瑞军厅长在厅7楼报告厅主持召开广东省科技系统深入学习党的十九大精神宣讲会。会上，党的十九大代表、工业和信息化部电子第五研究所国家级重点实验室常务副主任、党支部书记恩云飞同志作题为《学习十九大报告精神，用质量筑牢科技强国中国梦》的专题宣讲，传达了十九大报告的主要要义及内涵，分享了自己学习报告的心得体会，以及从一名科技人员的角度谈十九大参会感受。厅机关全体公务员，广东科学中心、省生产力促进中心、省科服院负责同志，中山大学、华南理工大学、暨南大学、广东工业大学、省科学院等单位有关同志参加了宣讲会。

△何棣华副巡视员陪同党的十九大代表恩云飞同志进基层到省科技情报所座谈，听取曾祥效所长关于省科技情报所的基本情况及学习宣传贯彻十九大精神的情况介绍，与参会人员进行了互动交流。

21日

何棣华副巡视员出席在广东省科技干部学院举办的2017年西藏林芝市科技管理干部研修班开班仪式，并与西藏学员分享《深入贯彻党的十九大精神　着实推进广东科技创新工作》主题报告。

22日

珠三角国家自主创新示范区科技金融工作推进会在广州召开，会议由省政府副秘书长李贻伟主持。会上，黄宁生副省长作讲话；郑海涛副厅长作科技金融工作报告；广州市科创委和建设银行广东省分行分别作工作经验介绍；深圳证券交易所、中国银行广东省分行、省生产力促进中心分别作项目推介，有关单位和机构签订了《广东省促进科技企业挂牌上市专项行动战略合作协议》《共建华南技术转移中心合作框架协议》《科技创新一号股权投资基金合作协议》《关于组建广东粤科科技创新二号投资基金之合作框架协议》等。郭大春副厅长，珠三角地区和汕头、韶关、湛江、清远等地市政府、科技局、高新区管委会，省直有关部门、院校、科研院所和科技金融服务机构等单位共120多人参加了会议。

23日

第十五次泛珠三角区域科技合作联席会议在江西省南昌市召开。会议由广东省科技厅何棣华副巡视员主持。会上，福建省科技厅陈建林处长作泛珠三角区域科技合作第十四届工作报告；江西省科技厅熊绍员副厅长作第十五届工作设想，建议2018年泛珠三角区域科技合作应围绕《国务院关于深化泛珠三角区域合作的指导意见》布局，重点开展制定区域科技创新基础平台共享规则、加快构建区域性科技信息服务平台、加强区域内国家国际科技合作基地的横向交流和联系、强化泛珠三角区域科技合作的宣传、加大与港澳相关科技交流合作；会议确定湖南省科技厅作为第十六次联席会议主席单位。会议期间同步举行了科技评审评估系统共享机制研讨会，并初步达成加强泛珠三角区域内专家共享系统建设的共识。会后，各省区代表赴景德镇考察了江西省国家级国际科技合作基地、陶瓷创新创业基地和科技型企业。来自泛珠三角区域“9+2”各省区科技管理部门代表、主管科技评审评估系统主要负责人40多人参加了会议。

27日

杨军副厅长参加北京理工大学、太空科技南方研究院、深圳市航空业协会在深圳召开的第21届国际宇航科学院人在太空学术研讨会。

△科技部创新发展司吴向副巡视员及国研中心创新发展研究部吕薇部长一行来广州调研并召开座谈会，了解广东省企业基础研究情况，落实科技部领导指示精神。省科技厅郭大春副厅长参加了调研活动。

28日

省科技厅党组书记、厅长王瑞军在厅17楼会议室主持召开党组（扩大）会议暨中心组学习会议，传达学习省委十二届二次全会精神，重点学习了中共中央政治局委员、广东省委书记李希代表省委常委会在全委会上的专题讲话精神，并研究贯彻落实措施。厅领导及厅机关各处室、厅各直属单位负责同志参加了会议。

29日

王瑞军厅长、郭大春副厅长到粤科集团公司就学习贯彻落实党的十九大精神和促进创新驱动发展战略实施等工作进行调研，听取集团公司党委书记、董事长侯外林汇报公司总体情况、近期工作部署和下阶段发展思路。厅办公室、规划财务处主要负责同志参加了调研。

30日

上午，王瑞军厅长、杨军副厅长在厅17楼会议室与到访本厅就申报建设国家结核病临床医学研究中心、打造医学科技创新平台等方面工作进行交流讨论的省卫计委主任段宇飞、巡视员彭炜一行座谈，听取段宇飞主任介绍近年来本省在深化医产学研用结合，推进公共卫生疾病防控方面的进展成效。厅办公室、基础研究与科研条件处、社会发展与农村科技处、科技服务与管理处主要负责同志参加了座谈。

△下午，王瑞军厅长、陈夫尧纪检组长、何棣华副巡视员以及厅人事处、党办负责同志到省政府5号楼3楼会议室向省直机关工委汇报省科技厅加强机关党建近期工作考虑，省直机关工委书记李学同、副书记肖怀跃、组织部长李田参加了座谈交流。

【12月】

1日

王瑞军厅长、杨军副厅长到省生产力促进中心开展贯彻落实十九大精神专题调研，实地考察中心各部门及工业设计创客基地，听取省生产力促进中心陈金德主任汇报中心学习贯彻落实十九大精神情况汇报，并与中心领导班子及各部门负责同志座谈。厅办公室、科技服务与管理处、产学研结合处相关负责同志参加了调研。

2日

王瑞军厅长陪同中科院院长、党组书记白春礼赴深圳就中科院与深圳市共同推进建设深圳国际科技产业创新中心合作调研中科院深圳先进技术研究院，参观劳特伯核磁共振、超声神经调控仪器、高密度电子封装材料与器件，健康大数据、脑科学以及合成生物等多个实验室和中科创客学院，详细了解相关科研成果、平台建设和产业化推进情况，并与科研骨干和相关负责人座谈。深圳市副市长艾学峰、深圳市科技创新委员会党组书记邱宣参加了调研和座谈。

△2至3日，周木堂副巡视员参加中国生态文明论坛惠州年会，出席开幕式、高峰论坛和“环保

装备 中国智造论坛”，参观全国生态文明建设成果（惠州）展，并到惠州潼湖生态智慧区调研。

3日

3至5日，王瑞军厅长参加在上海召开的绿色技术银行建设领导小组会议及可持续发展目标科学技术创新高级别研讨会并致辞。在研讨会期间与“全球科技创新大会（G・STIC）”、世界知识产权组织绿色技术在线交易市场（WIPO Green）等机构负责人就绿色技术领域开展合作进行洽谈。

△周木堂副巡视员出席在惠州市举行的工程医院南方总部（惠州）成立大会并致辞。

4日

周木堂副巡视员出席深圳盖姆石墨烯研究中心揭牌仪式，并到清华大学深圳研究生院调研。

5日

5至6日，刘炜副厅长率产学研结合处相关同志到惠州市开展实施创新驱动发展战略专题调研，考察碧桂园潼湖科技小镇展示馆，听取碧桂园集团助理总裁向俊波对潼湖科技小镇建设规划和进展的汇报；与惠州市科技局及县区有关负责同志前往仲恺高新区、博罗县考察科技型企业，并围绕如何提高科技创新能力、建设科技创新强省与惠州市相关人员进行座谈。

△5至7日，郭大春副厅长、周木堂副巡视员率省科技厅、省卫计委和省农业厅有关人员组成的调研组到汕头市和揭阳市开展创新驱动战略实施情况调研。调研组在揭阳考察了揭阳中德金属城、金属表面处理中心和广东骏东科技有限公司、广东越群海洋生物研究开发有限公司，在汕头市调研了汕头大学、汕头大学医学院、汕头大学第一附属医院、汕头市中心医院、广东以色列理工学院、濠盛水产、卫伦血液制品公司等单位和企业的情况，分别听取各单位实施创新驱动发展战略、开展科技创新有关工作的情况汇报，了解各单位在创新发展中所遇到的困难和问题，并就如何解决问题、更好地促进发展进行讨论。汕头市政府副市长林晓湧和揭阳市政府党组成员杨香品参加了调研活动。

△何棣华副巡视员率厅高新技术发展及产业化处、科技交流合作处和省科技情报研究所相关同志到中山和珠海进行创新驱动发展战略专题调研，分别到中山留学人员创业园、广东逸仙科技企业孵化器与中山市科技局、中山火炬开发区相关负责人座谈，到珠海横琴知识产权交易中心、澳门横琴青年创业谷与珠海市科工信局、珠海高新区管委会、珠海横琴新区管委会相关负责人座谈。

7日

刘炜副厅长出席在云浮市新兴县温氏集团总部大楼举行的广东省自然科学基金“广东省—温氏集团联合基金”签约仪式，并介绍了广东省自然科学基金成立的宗旨、支持范围和主要成效。签约仪式期间，刘炜副厅长率厅基础研究与科研条件处、政策法规处、产学研结合处和技经中心负责人调研了温氏集团基础与应用基础研究情况以及集团实验室等科技创新平台建设情况。

△7至8日，杨军副厅长率厅高新技术发展及产业化处、科技交流合作处和科技情报研究所相关同志先后到广州调研广州中新知识城规划馆和腾飞科技园，并就中新知识城建设规划、科技创新等与广州市科创委、广州中新知识城相关负责人现场交流；到深圳调研华为技术有限公司、天安云谷产业园，并在深圳市科创委召开座谈会，听取深圳市科创委、深圳市各区科技部门相关负责人分别

就广深科技创新走廊与粤港澳大湾区建设、重大科技专项及核心技术供给、提升企业创新能力和国际科技合作等工作的现状、存在问题和建议的重点汇报。

8日

王瑞军厅长、郭大春副厅长在厅17楼会议室与到本省开展科研诚信建设与科技创新调研的科技部政策法规与监督司贺德方司长一行，就如何进一步加强科研诚信建设、分析科技计划诚信体系建设过程中遇到的问题、研究加快推进科研诚信体系建设的新举措和新建议进行座谈。厅政策法规处、监督审计处主要负责同志，以及来自地市科技部门、高校、科研院所、企业共15家单位的科研管理负责人和专家参加了会议。

△由科技部和广东省政府共同主办，广东省科技厅与科技部国际合作司、中国科学院广州分院、广东省科学院以及东莞市政府共同承办的2017中国（东莞）国际科技合作周、科研机构创新成果交易会在东莞举行。开幕式上，诺贝尔化学奖获得者罗伯特·柯尔，波兰科学与教育部副部长亚历山大·博布科，中国科学院党组成员、秘书长邓麦村，科技部原副部长曹健林，广东省副省长黄宁生分别致辞；王瑞军厅长出席了开幕式。本次活动以“科技合作　产研对接　共创未来”为主题，设有六大主题展览和18场科技论坛，并举办十大科技项目签约、十大企业技术难题招标、十大科技成果拍卖等四大专场路演，同时在松山湖、万江、凤岗等3个分会场举办沙龙、论坛等系列活动。来自美国、日本、德国、俄罗斯、波兰、英国、乌克兰、以色列等近30个国家以及我国香港、台湾等地区的262名境外嘉宾出席。本次活动于2017年12月10日圆满结束，共促成洽谈及意向合作项目100多个，成功签约39份，当场交易4项，成交额近5亿元。

13日

王瑞军厅长在厅16楼会议室与到访本厅的省环保厅鲁修禄厅长一行就共同推进环保科技创新工作进行座谈，厅规划财务处、基础研究与科研条件处、社会发展与农村科技处及省环保厅相关部门负责同志参加了座谈。

14日

王瑞军厅长、郑海涛副厅长在厅16楼会议室与到访本厅的建设银行广东省分行行长刘军一行就科技金融合作情况进行座谈，厅规划财务处、高新技术发展及产业化处和建设银行广东省分行相关负责同志参加了座谈。

15日

杨军副厅长在厅17楼会议室召集广州、深圳、珠海、佛山、惠州、中山、东莞等市科技委（局）负责同志，围绕如何加快推动本省人工智能、宽带通信两个领域的技术和产业发展召开工作交流会，研究部署下一步工作。会上，高新技术发展及产业化处通报了本省推动人工智能技术发展、落实宽带通信部省联动专项工作的进展情况和下一步工作打算；与会科技局负责同志介绍了各地工作基础和推进工作的思路和建议，并就如何建立工作保障机制、加强信息沟通、发挥地市参与作用等问题进行了讨论和交流。厅高新技术发展及产业化处、省科学技术情报研究所、省标准化研究院、省高智新兴产业发展研究院有关同志参加了会议。

18日

18至20日，刘炜副厅长出席在广州中国进出口商品交易会展馆举行的2017广东国际应用科技交易博览会暨粤港澳大湾区创新与投资展并代表省科技厅致辞。

19日

王瑞军厅长在交流中心五楼会议室主持召开全省科技系统学习党的十九大精神主题联学活动。会上，中国科学院精准扶贫评估研究中心主任刘彦随，中国科学技术交流中心正厅局级副主任、国际欧亚科学院院士赵新力分别围绕“科技创新、产业发展助力精准扶贫、支撑乡村振兴”“‘一带一路’建成创新之路”作专题辅导报告。主会场设在省科技厅，厅机关全体公务员、厅属单位中层以上干部及工作人员300多人参加了这次活动，分会场通过视频会议形式开到全省各地级以上市科技局（委），覆盖全省科技管理部门工作人员1 000多人。

△刘炜副厅长出席高明区政府与中国科学院过程工程研究所签约仪式并讲话。

△19至21日，厅党组成员、省纪委驻厅纪检组组长陈夫尧同志，带队到省科技厅精准扶贫对口帮扶点—河源市东源县黄村镇三洞村进行扶贫专项监督检查。

20日

20至22日，郭大春副厅长率高新技术发展及产业化处赴江门市、阳江市调研科技创新工作。在阳江调研了阳江电商创客孵化基地、五金刀剪产业技术研究院并与阳江市科技局座谈，在江门调研了维达纸业有限公司、广天机电工业研究院、普加福光电科技有限公司、启迪之星孵化器、网商时代众创空间并与江门市科技局座谈。

21日

王瑞军厅长、郑海涛副厅长在厅17楼会议室与中央驻粤和省内主流媒体就新时代广东科技宣传工作进行座谈，来自人民日报社广东分社、新华社广东分社、经济日报社广东记者站、科技日报社广东记者站、《南方日报》、香港《大公报》的媒体记者结合工作体会，对新时代加强广东科技宣传工作提出了建议。厅办公室、省科技创新监测研究中心负责同志参加了座谈。

△下午，王瑞军厅长及厅领导班子在厅17楼会议室与到访本厅的广州市科技创新委王桂林主任、弓鸿午书记及市科技创新委领导班子一行座谈，听取王桂林主任对广州市推进实施创新驱动发展战略的做法和进展的总体情况介绍，双方并就贯彻落实十九大精神、共同做好岁末年初重点工作及谋划明年工作部署进行了深入讨论。

△刘炜副厅长出席在佛山高新区举行的2017“醒狮杯”国际工业设计大赛颁奖暨“国际设计·智创未来·跨境创新”论坛并致辞。

22日

广东正式启动建设首批4家广东省实验室，中共中央政治局委员、广东省委书记李希，广东省省长马兴瑞出席启动会并为省实验室授牌。省领导林少春、江凌、黄宁生，广州市市长温国辉、深圳市市长陈如桂，省科技厅王瑞军厅长、刘炜副厅长出席活动。首批省实验室由省委、省政府主导，广州、深圳、佛山、东莞市政府组织。其中，广州再生医学与健康广东省实验室主要依托中国科学院广州生物医药与健康研究院和粤港澳地区的相关优势科研力量建设；深圳网络空间科学与技术广东省实验室以哈尔滨工业大学（深圳）为主要依托单位，协同清华大学、北京大学、深圳大学、南方科技大学、香港中文大学（深圳）、中国航天科技集团、中国电子信息产业集团、深圳国家超算中心、华为、中兴通讯、腾讯等单位共建；佛山先进制造科学与技术广东省实验室集聚广东工业大学和粤港澳地区的相关优势科研力量，联合国内外优势研究单位共同组建；东莞材料科学与技术广东省实验室主要由华南理工大学、东莞中子科学中心等单位建设。

25日

广东省自然科学基金与基础研究工作经验交流会在广州召开。会议由刘炜副厅长主持。会上，黄宁生副省长作讲话；王瑞军厅长作广东省自然科学基金与基础研究工作报告；广州市科技创新委员会、中山大学、广东省科学院、南方科技大学、温氏集团等单位代表，以及省杰出青年基金、国家杰出青年基金获得者代表、省基金管理先进工作者代表作典型发言；表彰了省基金管理先进工作单位、先进工作者和长期工作者。

26日

广东省新型研发机构创新发展工作交流会在广州召开。会议由王瑞军厅长主持。会上，黄宁生副省长作讲话；刘炜副厅长作广东省新型研发机构发展情况报告；典型机构代表和专家作经验交流。与会代表参观了清华珠三角研究院、中国科学院广州生物医药与健康研究院、广州智能装备研究院有限公司等新型研发机构。郭大春副厅长，各地市科技管理部门分管新型研发机构的负责同志、各有关高校和科研院所的负责同志、全省新型研发机构代表，以及有关的专家学者200多人参加了会议。

△杨军副厅长参加高新技术发展及产业化处党支部开展的“学习十九大精神，加强作风建设”专题支部学习会，并分享了学习《中国共产党党章》和《在中国共产党第十九次全国代表大会上的报告》的心得和体会。

△全省科技统计工作会议在佛山市召开。郑海涛副厅长参加会议并作讲话。会议总结了2017年全省各项科技统计工作，部署了2018年科技统计调查任务，还进行了科技统计业务培训及网上咨询交流等工作。厅规划财务处、高新技术发展及产业化处和各地级以上市科技局（委）、各高新区、广东省科学院、广东省农科院等有关负责同志共130多人参加了会议。

27日

杨军副厅长参加在惠州仲恺高新区召开的国家第三批创新型产业集群试点工作座谈会，并与参会人员考察了惠州云计算智能终端创新型产业集群，重点参观了信利智能显示有限公司、TCL集团模组整机一体化智能制造产业基地、展讯智能终端核心芯片应用研发产业化基地等重点企业和平台。

28日

王瑞军厅长、杨军副厅长在厅16楼会议室与到访本厅的揭阳市叶牛平市长一行就进一步促进揭阳市创新驱动发展进行座谈。厅规划财务处、高新技术发展及产业化处及揭阳市相关部门负责人参加了座谈会。

△刘炜副厅长率产学研结合处相关同志到江门市大健康国际创新研究院调研科技创新工作，并出席江门市小微企业创业创新启动仪式，同时为一批获得省级新型研发机构、院士工作站、省级重点实验室以及重大科技创新平台的企业、机构颁发了牌匾，共同见证了一批重大科技合作、人才合作、平台建设等项目的签约。

附录

表格索引

主题索引

说　明

1. 本索引采用主题分析法，按主题词汉语拼音字母顺序排列。

2. 索引的主题词后面的数字表示内容所在页码，数字后面的英文字母（a、b）表示该页自左至右的栏别。

H

J

K

N

Q

S

Y

Z